U0805521

城市轨道交通系列教材

轨道交通电气工程概论

高仕斌　主编

科 学 出 版 社
北 京

内 容 简 介

本书全面地介绍了轨道交通交直流牵引供电系统及其负载的基本组成、工作原理与系统结构。本书以“电源—变电所—接触网—负载”为主线进行阐述，具有系统性强、反映先进技术、重点突出的特点。全书共分10章，主要包括轨道交通的发展概况、技术经济特征，轨道交通的基本构成，外部供电电源，交直流牵引变电所，交直流牵引供电方式，轨道交通供电自动化系统，受电弓与接触网系统，电力机车与动车组，牵引供电系统安全保障技术及轨道交通新技术。

本书可作为电气工程及其自动化（铁道电气化、轨道交通自动化）专业的教材，也可作为相关专业的参考资料。

图书在版编目(CIP)数据

轨道交通电气工程概论／高仕斌主编. —北京：科学出版社，2013.8 (2023.11 重印)

城市轨道交通系列教材

ISBN 978-7-03-038503-1

Ⅰ.①轨… Ⅱ.①高… Ⅲ.①轨道交通-电气化铁道-牵引供电系统-高等学校-教材 Ⅳ. ①U223.6

中国版本图书馆 CIP 数据核字（2013）第 205017 号

责任编辑：杨 岭 华宗琪／封面设计：墨创文化
责任校对：华宗琪／责任印制：罗 科

科 学 出 版 社 出版
北京东黄城根北街16 号
邮政编码：100717
http://www.sciencep.com

成都锦瑞印刷有限责任公司印刷
科学出版社发行 各地新华书店经销
*

2013 年 8 月第 一 版 开本：787×1092 1/16
2023 年 11 月第七次印刷 印张：21 1/2
字数：500 000

定价：55.00 元
（如有印装质量问题，我社负责调换）

“城市轨道交通系列教材”编委会

本册编委会

前　言

轨道交通是国家重要的基础设施，与国民经济和人民生活密切相关。世界各国都十分重视轨道交通建设，尤其是高速铁路和城市轨道交通的建设。

截至 2012 年底，中国铁路运营里程达到 9.8 万 km。其中，电气化铁路运营里程 4.8 万千米，高速铁路运营里程达到 9356 km，居世界第一位，超过了世界其他各国高速铁路的总和；中国有 19 个城市（含台北、香港）开通了城市轨道交通，运营里程 2373 km，为广大市民的出行带来了极大便利。到 2020 年，中国铁路运营里程将达到 12 万 km 以上，电气化铁路的运营里程将达到 7.8 万 km 以上，高速铁路的运营里程将达到 1.6 万 km；中国已经进入城市轨道交通大发展时期，到 2020 年，中国将有约 40 个城市建设城市轨道交通，总规划里程 7000 多 km。

为了适应轨道交通的大力发展，国内相关高校先后开办了与轨道交通密切相关的专业或专业方向，为轨道交通的科学研究、工程设计、工程施工和运行管理培养合格的建设者与管理者。为了使广大学子在进入系统的专业知识学习与实践之前，对轨道交通有一个全面、概要性的了解，国内相继出版了几种《轨道交通概论》教材或参考书。轨道交通牵引供电系统、轨道车辆牵引传动系统是轨道交通的重要组成部分，但一直没有一本系统的《轨道交通电气工程概论》，这就是编写本书的目的。

本书全面地介绍了轨道交通交直流牵引供电系统及其负载的基本组成、工作原理与系统结构。主要包括轨道交通的发展概况、技术经济特征，轨道交通的基本构成，外部供电电源，交直流牵引变电所，交直流牵引供电方式，轨道交通供电自动化系统，受电弓与接触网系统，电力机车与动车组，牵引供电系统安全保障技术及轨道交通新技术。

本书以“电源—变电所—接触网—负载”为主线进行阐述，具有系统性强、反映先进技术、重点突出的特点，可作为电气工程及其自动化（铁道电气化、轨道交通自动化）专业的教材，也可作为相关专业的参考资料。

本书由西南交通大学高仕斌教授担任主编。参加本书编写的主要人员及其分工为：第 1 章、第 2 章由赵丽平副教授撰写，高仕斌修改和统稿；第 3 章由张丽讲师、解绍锋副教授、刘炜讲师分别撰写 3.1 节、3.2 节、3.3 节，解绍锋统稿；第 4 章由解绍锋撰写 4.1 节，解绍锋和刘炜共同撰写 4.2 节，解绍锋统稿；第 5 章由张丽、解绍锋、刘炜分别负责 5.1 节、5.2 节和 5.4 节、5.3 节的撰写，解绍锋统稿；第 6 章的 6.1 节由高仕斌撰写，6.2 节、6.3 节、6.4 节和 6.6 节由陈德明副教授撰写，6.5 节由陈维荣教授撰写，高仕斌修改和统稿；第 7 章由吴积钦教授和方岩讲师共同完成，方岩撰写，吴积钦统稿；

第 8 章由冯晓云教授和葛兴来副教授为主撰写，其中，8.1 节、8.2 节和 8.3 节分别由廖永衡博士、苟斌博士和崔恒斌博士撰写，8.4 节由葛兴来副教授撰写，冯晓云教授和葛兴来副教授负责统稿；第 9 章由吴广宁、高波、方岩和李瑞芳分别撰写 9.1 节、9.2 节、9.3 节和 9.4 节，吴广宁统稿；第 10 章由解绍锋、陈德明、葛兴来、陈维荣和张昆仑教授分别撰写 10.1 节、10.2 节、10.3 节、10.4 节和 10.5 节，高仕斌统稿。全书由高仕斌教授修改与统稿。

由于作者水平有限，书中难免存在疏漏之处，恳请读者批评指正。

编者

2013 年 5 月

目　　录

第 1 章 绪　　论

本章主要介绍国内外轨道交通的发展情况及其技术经济特征。

现代综合交通包括航空、水路、铁路、公路及管道运输等交通方式。

航空运输成本高，除客运外，主要适合运载的货物有两类，一类是价值高、运费承担能力强的货物，另一类是紧急需要的物资。

水路运输主要承担大运量、长距离的客货运输，是干线运输中起主力作用的运输形式，担任补充及衔接大批量干线运输的任务。

铁路运输是使用铁路列车运送客货的一种运输方式，主要承担长距离、大运量的客货运输，是干线运输中起主力运输作用的运输形式。

公路运输主要使用汽车，主要承担近距离、小批量的货运，以及水运、铁路运输难以到达地区的长途、大批量货运。

管道运输是利用管道输送气体、液体和粉状固体的一种运输方式。靠物体在管道内顺着压力方向循序移动实现，其管道设备是静止不动的。

现代综合交通完成国民经济建设所需要的运输任务，满足人民的生活生产需要。

轨道交通是现代综合交通的骨干组成部分，它是一种利用轨道承载或引导列车进行货物或人员运输的方式。包括铁路、地铁、轻轨、空中轨道列车、有轨电车和磁悬浮列车等运输方式。

1.1 轨道交通发展概况

1.1.1 电气化铁路

图 1-1　世界上第一条电气化轨道交通系统

电气化轨道交通是利用电能作为牵引原动力的轨道运输的总称。世界上第一条真正意义的电气化轨道交通诞生于 1879 年。1879 年 5 月 31 日，西门子公司和哈尔斯克公司在德国柏林举办的世贸会上联合推出了一条轨距 1 m、全长 300 m 的椭圆形“电气化铁路”，电力机车采用 2.2 kW 串励式二级直流电机驱动，总重 945 kg；由 150 V 外部直流电源经铺设在两轨道中间的第三轨供电，走行轨作为电流回路；“列车”由 3 节敞开式“客车车箱”组成，每节“车箱”可乘坐 6 人；最高运行时速 13 km(如图 1-1 所示)。

就是这条现在看起来非常小的“电气化铁路”，在 4 个月的展览期间实现了平均每天运送乘客 700 多人次，共运送乘客 8 万多人的骄人业绩，它是现代电气化轨道交通的先驱。

130 多年来，最原始的电气化轨道交通已发展为电气化铁路、地铁、轻轨、磁浮等多种形式。

由于两次世界大战的影响，电气化铁路在 20 世纪上半叶发展缓慢。20 世纪 50 年代后，随着工业发达国家急剧增长的运输需要，各国开始了大规模的铁路运输现代化建设，电气化铁路的建设速度不断加快。电气化铁路发展最快的时期是 20 世纪六七十年代，平均每年修建 5000 km 以上。到 20 世纪 70 年代末，工业发达的日本、苏联以及西欧、东欧等国家和地区的主要铁路干线都实现了电气化。目前这些国家正集中精力修建时速 200 km 以上的高速电气化铁路。20 世纪 80 年代后，一些发展中国家也加快了电气化铁路的建设步伐，其中以南非和我国的电气化铁路发展最快，南非在 1997～1998 年就修建了 7898 km 的电气化铁路，创造了世界电气化铁路建设速度的历史纪录。

目前，世界上共 68 个国家和地区修建了电气化铁路，其中，欧洲 38 个、亚洲 12 个、非洲 7 个、美洲 9 个、大洋洲 2 个。拥有 1 万 km 以上电气化铁路的国家有俄罗斯、德国、南非、日本、中国、法国、印度、波兰、意大利。

我国第一条干线电气化铁路是宝成铁路，如图 1-2 所示。1961 年 8 月 15 日，宝鸡至凤州段建成通车。该线全长 93 km，以三个马蹄形和一个螺旋形盘旋于秦岭的崇山峻岭之中，最小曲线半径 300 m、最长隧道达 2360 m、30‰的大坡道长达 20 km，行车条件十分困难。

图 1-2 我国第一条电气化铁路

我国电气化铁路发展初期，主要局限在于隧道多、坡度大的山区铁路。先后建成了宝成、阳安、襄渝（襄樊—安康）、石太（石家庄—阳泉）、宝兰（宝鸡—天水）等电气化铁路。到 1980 年底，共建成电气化铁路 1676 km，发展速度缓慢。

改革开放后，国家确定了以经济建设为中心的基本路线，电气化铁路建设迎来了蓬勃发展的春天，开始从山区向平原、由标准低的边远地区向主要长大干线发展。

“六五”期间修建了京秦、成渝、贵昆（贵阳南—水城西）、太焦（长治北—月山）等电气化铁路，共计 2506 km，比过去 20 年修建的总和还多。

“七五”期间修建了 2764 km 电气化铁路，电气化铁路开始进入陇海、京广繁忙干线，同时还修建了我国第一条以运煤为主、开行万吨重载列车、年运量达 1 亿吨的大秦电气化铁路。大秦铁路扩能改造后运量大幅度增长，2005 年运量达到 2 亿吨，2006 年试验成功2万t重载列车，年运量达到2.5亿t，2012年达到4亿t。

“八五”期间修建了2742 km电气化铁路，时速160 km的准高速铁路——广深电气化铁路建成通车。电气化开始向高速方向进军，广深线的建成和京沪高速铁路前期研究工作，奠定了我国高速电气化铁路的基础。

京秦、大秦、广深电气化铁路的建成通车，分别引入了AT供电、高速、重载技术，使我国电气化铁路技术标准体系日趋完善和成熟。是我国电气化铁路引进吸收国外先进技术、走向现代化的重要里程碑。

“九五”期间电气化铁路建设开始飞速发展，共建成京广（北京—郑州）、成昆、南昆等电气化铁路4311 km。

“十五”期间建成电气化铁路5503 km。哈大电气化铁路系统引进德国技术和装备以及设计和施工技术管理经验，大大推动了我国电气化铁路引进、消化、吸收国外先进技术的步伐；秦沈客运专线是我国自主设计、自主施工建成的第一条进入高速序列的电气化铁路，如图1-3所示，试验时速达到321.5 km，拉开了我国高速客运专线建设的序幕。

图1-3 秦沈客运专线

“十一五”和“十二五”期间，高速铁路建设与投入运行在我国如火如荼地进行。截至2012年底，中国铁路运营里程达到9.8万km，其中，电气化铁路运营里程4.8万千米。

1.1.2 高速铁路

截至2012年底，中国高速铁路运营里程达到9356 km，居世界第一位，超过了世界其他各国高速铁路的总和。

1）日本高速新干线网络化

日本1964年建成世界上第一条高速铁路——东海道新干线，运营速度210 km/h，将东京至大阪的旅行时间缩短了一半。这条专门用于客运的电气化、标准轨距的双线铁路，代表了当时世界高速铁路的最高技术水平。

东海道新干线投运后，以其安全、快速、准时、舒适、运输能力大、环境污染轻、节省能源和土地资源等优越性博得了政府和公众的支持和欢迎。使一度被贬为“夕阳产业”的铁路，显示出强大生命力。

1971年日本国会审议并通过了《全国铁道新干线建设法》，掀起了高速铁路建设的浪潮。1975年山阳新干线通车营业，最高时速270 km；1985年东北新干线通车营业，最高时速240 km；1982年上越新干线通车营业，最高时速240 km；1997年长野新干线通车营业，最高时速 260 km。至 2009 年日本已建成 6 条高速铁路，形成了新干线网络，是世界上修建高速铁路最多的国家之一。日本高速铁路网和日本高速列车分别如图 1-4 和图 1-5 所示。

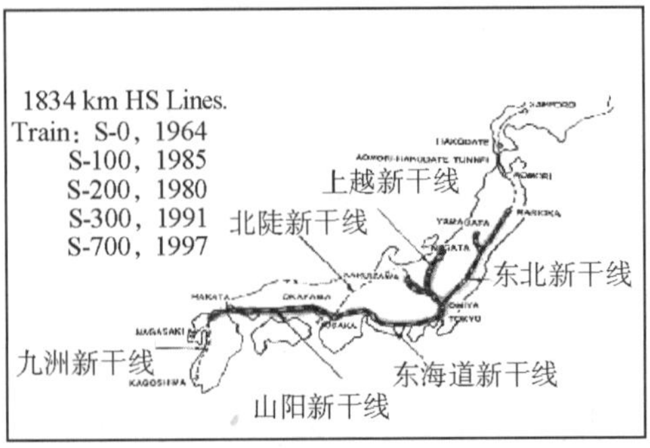

图 1-4　日本高速铁路网

图 1-5　日本高速列车

2）法国以巴黎为中心的高速铁路辐射网

1971 年，法国政府批准修建巴黎—里昂 TGV 东南线（全长 417 km，其中新建线 389 km），1976 年 10 月正式开工，1983 年 9 月全线建成通车。TGV 高速列车最高运行时速 270 km，巴黎至里昂的旅行时间由原来的 3 h 50 min 缩短到 2 h，客运量迅速增长，预期的经济效益良好。TGV 东南线的成功运营证明高速铁路是一种具有竞争力的现代交通工具。

1989 年和 1990 年，法国建成了巴黎—勒芒、图尔的大西洋线，最高时速达到 300 km。1993 年，法国第三条高速铁路 TGV 北方线开通运营，由巴黎经里尔，穿过英吉利海峡隧道通往伦敦，并与欧洲北部比利时布鲁塞尔、德国科隆、荷兰阿姆斯特丹相连，是一条重要的国际通道。

根据规划，法国在 21 世纪的前 10 年内，把东南线延伸至马赛，还要修建通向意大利和西班牙的南部欧洲线以及巴黎至德国斯特拉斯堡的东部欧洲线。法国高速铁路网和法国高速列车分别如图 1-6 和图 1-7 所示。

图 1-6　法国高速铁路网

图 1-7　法国高速列车

3）德国高速铁路

德国高速铁路技术储备不亚于法国，1988 年高速铁路行车试验速度突破 400 km/h 大关，达到 406.9 km/h。因德国高速公路较完善，高速铁路到 20 世纪 90 年代初才开始修建，其建设目标是扩大货运能力、改善运输质量、消除运输瓶颈区间。

德国高速铁路网由改造的旧线和新建高速线混合而成。1991 年建成曼海姆—斯图加特线，1992 年建成汉诺威—维尔茨堡线。高速铁路上开行 ICE 城际高速列车，时速 250 km。1993 年以来，ICE 高速列车进入柏林，把德国首都纳入 ICE 高速运输系统。ICE 穿过德国与瑞士边界，实现了苏黎世—法兰克福等线路的国际直通运输。目前，德国正在新修柏林—汉诺威、科隆—法兰克福两条高速铁路。德国高速铁路网和德国高速列车分别如图 1-8 和图 1-9 所示。

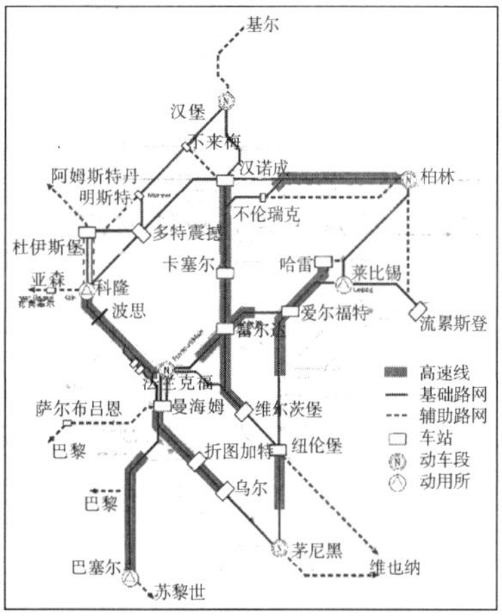

图 1-8　德国高速铁路网

图 1-9　德国高速列车

4）西班牙高速铁路

1992 年 4 月，西班牙在巴塞罗那奥运会前夕开通了马德里—塞维利亚高速铁路，赶上了世界高速运输的发展步伐。西班牙高速列车简称 AVE，采用法国技术，最高时速达 300 km。

1994 年西班牙政府决定修建第二条准轨高速铁路：马德里—巴塞罗那—法国边境线，全长 760 km，可客货混运。2009 年 1 月西班牙政府公布了高速铁路 10 年建设规划，将修建成总里程达 9000 km 的全国高速铁路网。

5）中国高速铁路发展规划

2004 年 1 月，国务院通过了《中长期铁路网规划》，确定了“扩大规模、完善结构、提高质量、快速扩充运输能力、迅速提高装备水平”的铁路网发展目标。根据规划，到 2020 年，我国铁路营业里程将达到 12 万千米以上，复现率和电化率分别达到 50%和 60%以上，主要繁忙干线实现客货分线，基本形成布局合理、结构清晰、功能完善、衔接顺畅的铁路网络，运输能力满足国民经济和社会发展需要，主要技术装备达到或接近国际先进水平。其中高速客运专线 12000 km，形成“四纵四横”的高速客运通道，同时，还将建成环渤海圈、长江三角洲、珠江三角洲地区快速客运系统铁路约 2000 km。中国的中长期规划实现后，距离在 2000 km 以内，将实现“夕发朝至”；距离在 4000 km

以内，将实现一日到达。中长期铁路网规划示意图如图 1-10 所示。

2008 年 11 月，《中长期铁路网规划调整》经国家批准后颁布实施，将客运专线建设目标由 1.2 万千米调整为 1.6 万千米以上。在维持原“四纵四横”基础骨架不变的情况下，增加了 4000 km 客运专线。包括杭甬深客运专线向北延伸至上海，杭长客运专线向西延伸至昆明等连接线。

京津高速铁路 2005 年 7 月 4 日开工建设，2008 年 8 月 1 日投入运营。它是我国第一条时速 350 km 的城际高速铁路，全长约 120 km，设 5 座车站。使用时速 350 km 的 CRH3 型及 CRH2C 型电动车组，全程运行时间约 29 min，设计最小发车间隔为 3.5 min。

京沪高速铁路是《中长期铁路网规划》中投资规模最大、技术含量最高的一项工程，也是我国第一条具有世界先进水平的高速铁路。正线全长约 1318 km，全线为新建双线，设计时速 350 km，初期运营时速 300 km。2008 年 4 月 18 日开工建设，2010 年投入运营。

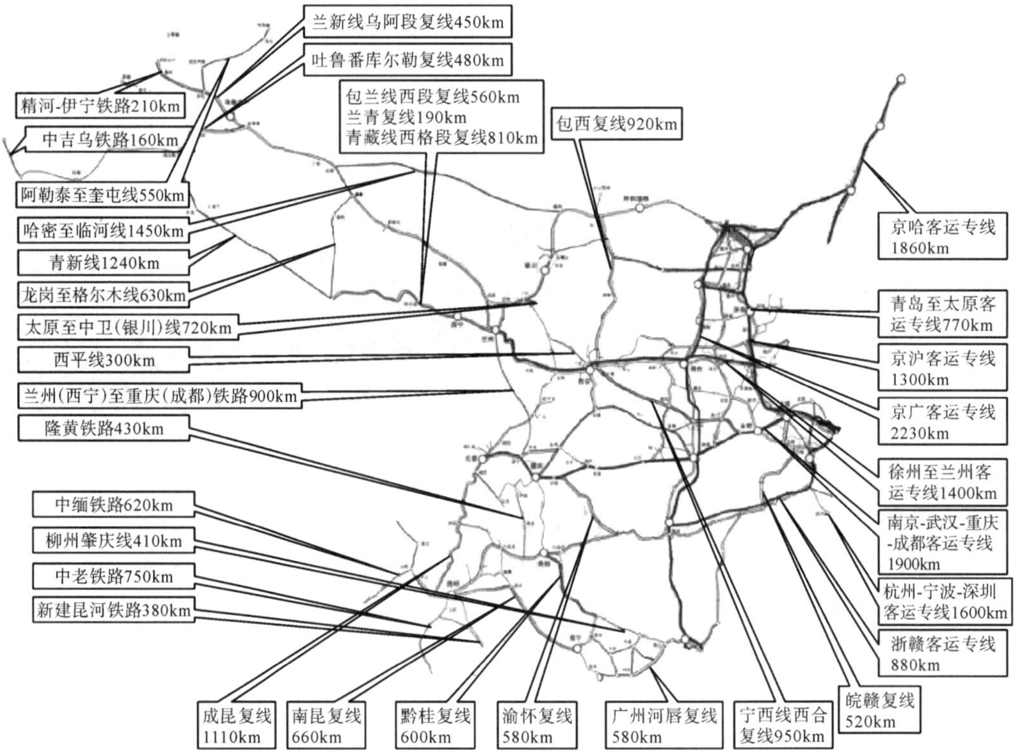

图 1-10　中长期铁路网规划示意图

1.1.3　城市轨道交通

城市轨道交通是城市公共交通的骨干。它具有节能、省地、运量大、全天候、无污染等特点，属绿色环保交通体系，特别适应于大中城市。截至 2012 年底，中国有 19 个城市开通了城市轨道交通，运营里程 2373 km，为广大市民的出行带来了极大便利。目前，中国已经进入城市轨道交通大发展时期，到 2020 年，中国将有约 40 个城市建设城市轨道交通，总规划里程 7000 多千米。

城市轨道交通种类繁多，技术指标差异较大，世界各国评价标准不一，采用不同的分类方法可以有不同的分类结果。

按运能范围、车辆类型及主要技术特征可分为有轨电车、地下铁道、轻轨交通、市郊铁路、单轨交通、新交通系统、磁悬浮交通7类。

1）有轨电车

有轨电车（Tram或Streetcar）是使用电车牵引、轻轨导向、1～3辆编组运行在城市路面线路上的低运量轨道交通系统。有轨电车是最早发展的城市轨道交通之一，一般设在城市中心穿街走巷运行，具有上下车方便的特点。

世界上第一条有轨电车线1888年5月在美国弗吉尼亚州里士满市开通。20世纪20年代，美国有轨电车总长达2.5万千米。20世纪30年代，欧洲、日本、印度和我国有轨电车有了很大发展。1906年，我国第一条有轨电车线在天津北大关—老龙头火车站（今天津站）建成通车，随后上海、北京、抚顺、大连、长春等城市相继修建了有轨电车或电铁客车，有轨电车在当时的城市公共交通中发挥了重要作用。

旧式有轨电车单向运输能力一般在1万人次/h以下，通常采用地面路线，与其他车辆混合运行，运行速度一般为10～20 km/h。由于运能、挤占道路、噪声等问题，20世纪六七十年代，世界上各大城市纷纷拆除有轨电车线路，改建运量大的地铁或轻轨道交通。我国的有轨电车在20世纪50年代末已拆得所剩无几，仅大连、长春两城市保留。大连还对有轨电车进行了改造，使其成为城市的一张名片。

旧式有轨电车已停止了发展，基本上完成了历史使命。经改造后的现代有轨电车与轻轨道交通已很接近，只是车辆尺寸稍小一些，运营速度接近20 km/h，单向运能可达2万人次/h。

2）地下铁道

地下铁道简称地铁（Metro或Underground Railway或Subway），是城市快速轨道交通的先驱。它是单向输送能力在每小时3万人次以上、轴重相对较重的城市轨道交通系统。

地铁是由电力牵引、轮轨导向、轴重相对较重、具有一定规模运量、按运行图行车、车辆编组运行在地下隧道内，或根据城市的具体条件，运行在地面或高架线路上的快速轨道交通系统。

地铁的单向运能为3万人次/h，最高可达6万～8万人次/h。最高速度可达90 km/h，旅行速度可达40 km/h以上，可4～10辆编组，车辆运行最小间隔可低于1.5 min。驱动方式有直流电机、交流电机、直线电机等。

地铁造价昂贵，每千米投资在3亿～6亿元人民币。地铁有建设成本高、建设周期长的弊端，但同时又具有运量大、建设快、安全、准时、节省能源、不污染环境、节省城市用地的优点。地铁适用于出行距离较长、客运量需求大的城市中心区域。一般认为，人口超过百万的大城市就应该考虑修建地铁。

1863年1月10日世界上第一条地下铁道在英国伦敦建成，使用蒸汽机车，建成后的第一年，输送旅客950万人。

经过100多年的发展，世界上已经有100多座城市建成了地下铁道，线路总长度超过7000 km，年客运总量约为230亿人次。其中，东京地铁近2000 km，年运量在100亿人次以上；伦敦共有 9 条、408 km 地铁；巴黎轨道交通承担了公共交通 70%的运量，有 15 条、199 km 地铁；纽约有地铁线 27 条，长 443 km；莫斯科拥有一个跨及全市的立体交叉地铁网，总长 243 km，140 多个车站，由一条环线和 8 条放射线组成，日运量高达 800 多万人次。

我国第一条地铁 1969 年 10 月在北京建成通车，西起苹果园、东至北京站，线路全长 24 km。目前，除北京、天津、上海、广州、香港、台北等 19 个城市建设有地铁外，哈尔滨、青岛、石家庄、郑州、长沙、兰州等 35 个城市正在建设、筹建或规划中。

地下铁道由于大部分线路在地下或高架通行，所以技术水平要求较高，可靠性和安全性要求也高。地铁系统与国家干线铁路一样，主要由线网、轨道、车站、车辆、通信信号等设备构成，要求各部门能够有机结合，协同动作，最大限度地完成输送任务。

3）轻轨交通

轻轨（Light Rail Transit，LRT）是在有轨电车的基础上改造发展起来的城市轨道交通系统。轻轨是反映在轨道上的荷载相对于铁路和地铁的荷载较轻的一种交通系统。

轻轨最初是指采用轻型轨道的城市交通系统。轻轨当初使用轻型钢轨，现在已采用与地铁相同质量的钢轨，所以，目前国内外都以客运量或车辆轴重的大小来区分地铁和轻轨。在我国《城市轨道交通工程项目建设标准（试行本）》中，把每小时单向客流量为 0.6 万～3 万人次的轨道交通定义为中运量轨道交通，即轻轨。

1986 年建成的加拿大温哥华市的轻轨交通系统，是世界上技术最先进的，全长 22.5 km，其中 13 km 为高架结构，设车站 16 座，车辆总数 114 辆，行车间距 3～5 min，信号系统由计算机控制，全部列车以无人驾驶全自动控制方式运行。粗略统计，全世界已有 60 多个城市修建了 360 多条轻轨交通线路，总营业里程约 1500 km。

我国第一条轻轨是 2001 年 12 月投入运营的长春市轻轨 1 号线。目前，我国有 20 多个城市投入了大量人力和物力，进行不同程度的轻轨交通项目建设前期工作和可行性研究。

轻轨一般采用地面和高架相结合的方法建设，路线可以从市区通往近郊。列车编组采用 3～6 辆铰接式车体。由于轻轨采用了线路隔离、自动化信号、调度指挥系统和高新技术车辆等措施，最高速度可达 60 km/h，克服了有轨电车运能低、噪声大等问题。

由于具有投资少（每千米造价在 0.6 亿～1.8 亿元人民币）、建设周期短、运能高、灵活等优点，所以轻轨交通方兴未艾、发展很快。

轻轨有以下三类模式：一是改造旧式有轨电车为现代化的轻轨，以德国、苏联及东欧各国为典型代表；二是利用废弃铁路线路改建成轻轨路线，以美国圣迭戈轻轨为代表，欧洲也有类似的情况，如瑞典的哥德堡、德国的卡尔·马克思州，另外，我国上海 5 号线、武汉轨道交通 1 号线一期工程也属于这种方式；三是建设轻轨新线路的方式，对有些城市而言，修建轻轨比修建地铁更经济实惠，因此，如菲律宾马尼拉、荷兰鹿特丹、中国香港等城市都新修了轻轨线路。

经过 100 多年的发展，轻轨已形成三种主要类型：钢轮钢轨系统、线性电机牵引系统和橡胶轮轻轨系统。

钢轮钢轨系统即新型有轨电车，是应用地铁先进技术对老式有轨电车进行改造的成果。

线性电机牵引系统是由线性电机牵引、轮轨导向、车辆编组运行在小断面隧道及地面和高架专用线路上的中运量轨道交通系统。在加拿大、日本、美国和我国广州、北京都有应用。线性电机列车具有车身矮、重量轻、噪声低、通过小半径曲线和爬坡能力强等优点，可以轻便地钻入地下，爬上高架，是地下与高架接轨的理想车型。

橡胶轮轻轨系统采用全高架运行，不占用地面道路，具有振动小、噪声低、爬坡能力强、转弯半径小、投资较少等优点。

4）市郊铁路

市郊铁路指的是建在城市内部或内外结合部，线路设施与干线铁路基本相同，服务对象以城市公共交通客流，即短途、通勤旅客为主。

城市铁路通常分成城市快速铁路和市郊铁路两部分。城市快速铁路是指运营在城市中心，包括近郊城市化地区的轨道系统，其线路采用电气化，与地面交通大多采用立体交叉。市郊铁路是指建在城市郊区，把市区与郊区，尤其是与远郊联系起来的铁路。市郊铁路一般和干线铁路设有联络线，设备与干线铁路相同，线路大多建在地面，部分建在地下或高架。其运行特点接近于干线铁路，只是服务对象不同。

市郊铁路是城市铁路的主要形式。市郊铁路是伴随着城市规模的扩大、卫星城的建设而发展起来的，通常使用电力牵引和内燃牵引，列车编组多在 4～10 辆，最高速度可达 100～120 km/h。市郊铁路运能与地铁相同，但由于站距较地铁长，运行速度超过地铁，可达 80 km/h 以上。

5）单轨交通

单轨也称为独轨（Monorail），是指通过单一轨道梁支撑车厢并提供导引作用而运行的轨道交通系统，其特点是车体比承载轨道要宽。以支撑方式的不同，分为跨座式和悬挂式两种。跨座式是车辆跨座在轨道梁上行驶，如图 1-11 所示；悬挂式是车辆悬挂在轨道梁下方行驶，如图 1-12 所示。

图 1-11　跨座式单轨列车

图 1-12　悬挂式单轨列车

单轨是采用一条大断面轨道并全部为高架线路的轨道交通。跨座式轨道由预应力混凝土制作，车辆运行时走行轮在轨道上平面滚动，导向轮在轨道侧面滚动导向。悬挂式轨道大多由箱形断面钢梁制作，车辆运行时走形轮沿轨道走形面滚动，导向轮沿轨道导向面滚动导向。

单轨的车辆采用橡胶轮，电气牵引，最高速度可达 80 km/h，旅行速度为 30～35 km/h，列车可 4～6 辆编组，单向运送能力为 1 万～2.5 万人次/h。

单轨道交通历史悠久，早在 1821 年英国 Dalmer 就开发了单轨铁路，并因此获得发明专利。1888 年，法国在爱尔兰铺设了约 15 km 的跨座式单轨铁路，采用蒸汽机车牵引，从此有动力的单轨走向实用化阶段，但因为车厢摇摆、噪声大等原因，1942 年这条线路停止运营。1893 年，德国 Langen 发明了悬挂式单轨车辆，1901 年在伍珀塔尔开始运营，线路长 13.3 km，其中 10 km 跨河架设，成为利用街道上空建设独轨铁路的先驱。这条线路至今仍在使用，成为该市的一个历史景观。

随着科技的进步，单轨技术日臻成熟，轨道、车辆和通信信号都有了很大发展，再加上单轨可以利用道路和河流的上方空间，单轨技术受到一定的重视。特别是 1958 年研制出跨座式、混凝土轨道和橡胶充气轮胎的单轨制式，即目前所称的 ALWEG 型。美国、日本、意大利等许多国家都建设了这种形式的单轨道交通，其中日本建成多条单轨系统，是使用单轨最多的国家。

我国首条跨座式单轨线路是在有“山城”之称的重庆修建的。重庆轨道交通 2 号线一期工程于 2004 年建成，全线于 2006 年开通，全长 14.35 km。单轨客车技术从日本引进，由长春轨道客车股份有限公司制造成功。跨座式单轨道交通十分适合重庆市道路坡陡、弯急、路窄的地形特点，同时由于结构轻巧、简洁、易融于山城景色，取得了较好的景观效果。

与轮轨相比单轨有很多突出的优点。单轨客车的走行轮采用特制的橡胶车轮，所以振动和噪声大为减少；两侧装有导向轮和稳定轮，控制列车转弯，运行稳定可靠。高架单轨因轨道梁仅为 85 cm 宽，不需要很大空间，可适应复杂地形的要求，同时对日照和城市景观影响小。单轨道交通占地少、造价低、建设工期短，它的工程建筑费用仅为地铁的 1/3。

当然，单轨也存在橡胶轮与轨道梁摩擦产生橡胶粉尘的现象，对环境有轻度污染，列车运行在此区间发生事故时救援比较困难。

6）新交通系统

新交通系统（Automated Guideway Transit，AGT）是一个模糊的概念，不同国家对此有不同的理解，目前没有统一和严格的定义。广义上认为，AGT 是所有现代化新型公共交通方式的总称。狭义上定义为由电气牵引，具有特殊导向、操作和转向方式的橡胶轮车辆，单车或数辆编组运行在专用轨道梁上的中小运量轨道运输系统。

新交通系统中车辆在线路上可无人驾驶自动运行，车站无人管理，完全由中央控制室的计算机集中控制，自动化水平高。它与独轨道交通有许多相同之处，最大的区别在于该系统除有走行轨外，还设有导向轨，故新交通系统也称为自动导轨交通。

新交通系统最早出现在美国，当初多为一种穿梭式往返运输乘客的短距离交通工具，被称为“水平电梯”或“空中巴士”、“快速交通”。后来逐渐发展成一种城市客运交通工具。日本和法国作了进一步的技术改造和发展，使其成为城市中一种中运量客运交通系统。日本称为新交通系统（意指含有高度自动化新技术的交通系统），区别于其他各种交通运输工具。法国称为VAL系统，来源于轻型自动化车辆（Vehicle Automatique Leger）的法文字母字头的拼音。

新交通系统自1963年美国西尼电气公司研发面世后，在世界许多地方被逐渐推广采用，日本和法国在技术和规模上处于领先的地位。目前，世界各地已有几十条规模不等、用途不同、具体构造不同的新交通系统线路。日本有10条线路，由于日本将高架独轨和新交通系统看成现代化的象征，故使用国家的财政资助，促进了新交通系统的发展。

目前，我国内地的新交通系统处在起步阶段，天津市于2007年在滨海新区开通了全长7.6 km的亚洲首条胶轮导轨线路，北京市于2008年奥运会前开通了服务于首都机场T3航站楼的新交通系统，上海市也于2009年开通了胶轮导轨电车。我国台湾地区的台北市1996年3月投入运营的木栅线，线路全长10.8 km，其中高架线10 km、地下线0.8 km，采用VAL制式，属中运量新交通系统。我国香港20世纪90年代后期建设的新机场从登机厅到机场主楼，建成了一条长约1 km采用VAL制式的新交通系统。

7）磁悬浮交通

磁悬浮交通（Magnific Levitation for Transportation）是一种与传统机车车辆不同的新型交通运输方式。磁浮车辆不依靠车轮与轨道之间的机械接触，而是由磁力实现其支承、导向和牵引的非接触式交通工具。

1922年，德国Hermann Kemper首先提出了磁浮列车的设想，但直到20世纪60年代后磁浮列车才得到真正发展。这主要得益于电力电子技术、超导技术、计算机与信息技术等现代技术的迅速发展。目前，德国和日本的磁浮交通技术处于领先水平。

日本现建有18.4 km高速超导长定子型磁浮列车试验路，电动斥力超导磁浮列车的最高试验速度可达550 km/h。另外，日本还建有数千米长的中低速常导短定子型磁浮列车试验线。在这两种形式中，前者用于大城市之间的干线交通，后者用于城市或城郊的交通运输。

德国建有31.5 km高速常导长定子型磁浮列车试验线，其技术比较成熟，电磁吸力型磁浮列车的速度可达450 km/h。原计划修建柏林—汉堡292 km的磁悬浮铁路，因资金计划问题，于2002年宣布搁浅。

英国于1985年建成一条从伯明翰机场至英特纳雄纳尔车站之间共600 m长的低速常导短定子型磁浮列车线，但目前已停运。

其他国家，如苏联和韩国都建有数百米长的低速常导短定子型磁浮列车试验线。美国、意大利和加拿大对磁浮列车也有研究，但没有实际的试验线路。

我国从20世纪80年代开始研究磁浮列车。西南交通大学1994年10月建成我国首条43 m长4 t磁浮车试验线、2000年12月31日研制成功世界首辆高温超导载人磁悬浮实验车；2000年，我国建成了上海龙阳路—浦东机场的高速磁浮列车线路，运行最高时速450 km；2009年6月15日，我国首列具有完全自主知识产权的实用型中低速磁悬浮列车，在中国北车唐山轨道客车有限公司下线，2012年1月20日，我国首辆商用中低速磁悬浮列车在中国南车株洲电力机车有限公司下线（图1-13）。

图 1-13　磁悬浮列车

1.2　轨道交通技术经济特征

1.2.1　高速铁路的技术经济优势

高速铁路技术是当代世界铁路的重大技术成就，集中反映了一个国家铁路牵引动力、线路结构、运行控制、运输组织和经营管理等方面的技术进步，也体现了一个国家科技和工业水平。高速铁路在经济发达、人口密集的地区具有突出的经济效益和社会效益。

与公路、航空相比，高速铁路的主要技术经济优势主要体现在如下几个方面。

1）速度快

速度快是高速铁路技术水平的最主要标志，各国都在不断提高列车运行速度。法国、日本、德国、西班牙和意大利高速列车的最高运行时速分别达到了 350 km、300 km、330 km、270 km 和 300 km。如果作进一步改善，运行时速可以达到 350～400 km。除最高运行速度外，旅客更关心的是旅行时间，而旅行时间是由旅行速度决定的，高速列车可以大大缩短全程旅行时间。以北京至上海为例，在正常天气情况下，乘飞机的旅行全程时间（含市区至机场、候检等全部时间）为 5 h 左右，如果乘高速铁路的直达列车，全程旅行时间则为 5～6 h，与飞机相当；如果乘既有铁路列车，最快需要 10 h 左右；若与高速公路比较，以上海到南京为例，沪宁高速公路 274 km，汽车平均时速 83 km，行车时间为 3.3 h，加上进出上海、南京两市区一般需 1.7 h，旅行全程时间为 5 h，而乘高速列车，仅需 2 h 左右。

分析表明，运营速度为 250～300 km/h 的高速铁路，与公路（100 km/h）、航空（700 km/h）的旅行时间相比，在运距 250～600 km 和 200～800 km 的范围内具有明显优势。如果考虑到高速列车的安全、方便、舒适、票价等优点，其“优势运距”还可延伸。

2）安全性好

高速铁路由于在全封闭环境中自动化运行，又有一系列完善的安全保障系统，所以其安全程度是任何交通工具无法比拟的。高速铁路问世35年来，日本、德国、法国等几个主要高速铁路国家，一天要发出上千对的高速列车，其事故率及人员伤亡率远远低于其他现代交通运输方式。因此，高速铁路被认为是最安全的。与此相比，全世界由于公路交通伤亡事故每年死亡25万～30万人；2006年，全球民用航空交通中有26起涉及旅客死亡的航空器事故，共造成836名旅客死亡。

3）输送能力大

输送能力大是高速铁路的主要技术优势之一。目前各国高速铁路几乎都能满足最小行车间隔4 min的要求。日本东海道新干线高峰期发车间隔为3分半钟，平均每小时发车达11列，在东京与新大阪间的两个半小时的运行路程中，开行“希望”号1列、只停大站的“光”号7列以及各站都停的“回声”号3列，每列车可载客1200～1300人，年均输送旅客达1.2亿人次，品川站建成后，东京站发车密度15列/h。东海道新干线目前每天发送旅客人数是开通之初的6倍多，最高达到37万人/日（1991年）。相比较而言，4车道高速公路年平均单向输送能力为8760万人；目前最大的飞机可乘坐300～400人，两地飞行按单向每天20架计算，每天单向输送旅客仅7000～8000人。

4）受气候变化影响小，正点率高

高速铁路全部采用自动化控制，可以全天候运营，除非发生地震。据日本新干线风速限制的规范，若装设挡风墙，即使在大风情况下，高速列车也只要减速行驶，如风速达到25～30 m/s，列车限速在160 km/h；风速达到30～35 m/s（类似11、12级大风），列车限速在70 km/s，而无需停运。飞机机场和高速公路等，在浓雾、暴雨和冰雪等恶劣天气情况下，必须关闭停运。

正点率高也是高速铁路深受旅客欢迎的原因之一。由于高速铁路系统设备的可靠性和较高的运输组织水平，可以做到旅客列车极高的正点率。西班牙规定高速列车晚点超过5 min就要退还旅客的全额车票费；日本规定到发超过1 min就算晚点，晚点超过2 h就要退还旅客的加快费。高速列车极高的准时性深得旅客信赖。

5）舒适方便

高速铁路一般每4 min发出一列车，日本在旅客高峰时每3分半钟发出一列车，旅客基本上可以随到随走，不需要候车。为方便旅客乘车，高速列车运行规律化，站台按车次固定化等。这是其他任何一种交通工具无法比拟的。高速铁路列车车内布置非常豪华，工作、生活设施齐全，座席宽敞舒适，走行性能好，运行非常平稳。减震、隔音，车内很安静。乘坐高速列车旅行几乎无不便之感，无异于愉快的享受。

6）能源消耗低

如果以“人/km”单位能耗来进行比较，高速铁路为1，则小轿车为5，大客车为2，飞机为7。高速列车利用电力牵引，不消耗宝贵的石油等液体燃料，可利用多种形式的能源。

7）环境影响小

当今，发达国家对新一代交通工具选择的着眼点是对环境影响小。高速铁路符合这种要求，明显优于汽车和飞机。

8）经济效益好

高速铁路投入运行以来，备受旅客青睐，其经济效益也十分可观。日本东海道新干线开通后仅 7 年就收回了全部建设资金，自 1985 年以后，每年纯利润达 2000 亿日元。德国 ICE 城市间高速列车每年纯利润达 10.7 亿马克。法国 TGV 年纯利润达 19.44 亿法郎。

1.2.2 城市轨道交通的主要特性

1）主要技术特征

运输能力：城市轨道交通由于高密度运转、列车行车时间间隔短、行车速度高、列车编组辆数多，具有较大的运输能力。单向高峰每小时的运输能力最大可达到 6 万～8 万人次（市郊铁道）；地铁达到 3 万～6 万人次，甚至达到 8 万人次；轻轨 1 万～3 万人次，有轨电车能达到 1 万人次，城市轨道交通的运输能力远远超过公共汽车。据文献统计，地下铁道每千米线路年客运量可达 100 万人次以上，最高达到 1200 万人次，如莫斯科地铁、东京地铁、北京地铁等。城市轨道交通能在短时间内输送较大的客流，据统计，地铁在早高峰时 1 h 能通过全日客流的 17%～20%，3 h 能通过全日客流的 31%。

准时性：由于在专用行车道上运行，不受其他交通工具干扰，不产生线路堵塞现象并且不受气候影响，是全天候的交通工具，列车能按运行图运行，具有可信赖的准时性。

速达性：由于运行在专用行车道上，不受其他交通工具干扰，车辆有较高的运行速度，有较高的启、制动加速度，多数采用高站台，列车停站时间短，上下车迅速方便，换乘方便，使乘客较快地到达目的地，缩短了出行时间。

舒适性：与常规公共交通相比，城市轨道交通由于运行在不受其他交通工具干扰的线路上，城市轨道车辆具有较好的运行特性，车辆、车站等装有空调、引导装置、自动售票等直接为乘客服务的设备，城市轨道交通具有较好的乘车条件，其舒适性优于公共电车、公共汽车。

安全性：由于运行在专用轨道上，没有平交道口，不受其他交通工具干扰，并且有先进的通信信号设备，极少发生交通事故。

充分利用地下和地上空间：大城市地面拥挤、土地费用昂贵。城市轨道交通由于充分利用了地下和地上空间的开发，不占用地面街道，能有效缓解由汽车大量发展而造成的道路拥挤、堵塞现象，有利于城市空间合理利用，特别有利于缓解大城市中心区过于拥挤的状态，提高了土地利用价值，并能改善城市景观。

运营费用较低：由于主要采用电气牵引，而且轮轨摩擦阻力较小，与公共电车、公共汽车相比节省能源，运营费用较低。

环境低污染：由于采用电气牵引，与公共汽车相比不产生废气污染。城市轨道交通的发展，还能减少公共汽车的数量，进一步减少了汽车的废气污染。由于在线路和车辆上采用了各种降噪措施，一般不会对城市环境产生严重的噪声污染。

2）技术等级

城市轨道交通的技术等级如表1-1所示。

表1-1 城市轨道交通技术等级

项目/等级		Ⅰ级	Ⅱ级	Ⅲ级	Ⅳ级	Ⅴ级
系统类型		高运量地铁	大运量地铁	中运量轻轨	次中量轻轨	低运量轻轨
使用车辆类型		A型车	B型车	C-Ⅰ，C-Ⅱ型车	C-Ⅱ型车	现代有轨电车
最大客运量（单向万人次/h）		4.5～7.5	3.05～5.5	1.05～3.0	0.8～2.5	0.65～1.0
线路	线路形态	隧道为主	隧道为主	地面或高架	地面为主	地面
	路用情况	专用	专用	专用	隔离或少量混用	混用为主
站台	平均站距/m	800～1500	800～1200	600～1000	600～1000	600～800
	站台长度/m	200	200	120	＜100	＜60
	站台高低	高	高	高	低（高）	低
车辆	车辆宽度/m	3.0	2.8	2.6	2.6	2.6
	车辆定员/人	310	240	320	220	104～202
	最大轴重	16	14	11	10	9
	最大时速/km	80～100	80	80	70	45～60
	平均运行速度/km	34～40	32～40	30～40	25～35	15～25
	轨距/mm	1435	1435	1435	1435	1435
供电	额定电压/V	DC1500	DC750	DC750	DC750（600）	DC750（600）
	受电方式	架空线	第三轨	架空线/第三轨	架空线	架空线
信号	列车自动保护	有	有	有	有/无	无
	列车运行方式	ATO/司机驾驶	ATO/司机驾驶	ATO/司机驾驶	司机驾驶	司机驾驶
	行车控制技术	ATC	ATC	ATP/ATS	ATP/ATS	ATS/CTC
运营	列车最大车辆编组	6～8	6～8	4～6	2～4	2
	列车最小行车间隔/s	120	120	120	150	300

3）体系构成

城市轨道交通是集多专业、多工种于一身的复杂系统，通常由轨道路线、车站、车辆、维护检修基地、供变电、通信信号、指挥控制中心等组成。城市轨道交通的运输组织、功能实现、安全保障均应遵循轨道交通的客观规律。在运输组织上要实行集中调度、统一指挥、按运行图组织行车。在功能实现方面，各相关专业如线路、车站、隧道、车辆、供电、通信、信号、机电设备及消防系统均应保证状态良好，运行正常。在安全保障方面，主要依靠行车组织和设备正常运行，来保障必要的行车间隔和正确的行车线路。

为了保证列车运行安全、正点，在集中调度、统一指挥的原则下，行车组织、设备、车辆检修、设备运行管理、安全保证等均由一系列规章制度来规范。列车运行是一个多专业、多工种配合工作，围绕安全行车这一中心而组成的有序联动、时效性极强的系统。

轨道交通系统中，采用了以电子计算机处理技术为核心的各种自动化设备，从而代替人工的、机械的、电气的行车组织、设备运行和安全保证系统。如ATC（列车自动控制）系统可以实现列车自动驾驶、自动跟踪、自动调度；SCADA（供电系统管理自动化）系统可以实现主变电所、牵引变电所、降压变电所设备系统的遥控、遥信、遥测和遥调；BAS（环境监控系统）和FAS（火灾报警系统）可以实现车站环境控制的自动化和消防、报警系统的自动化；AFC（自动售检票系统）可以实现自动售票、检票、分类等功能。这些系统全线各自形成网络，均在OCC（控制中心）设中心计算机，实现统一指挥，分级控制。

思考题

（1）轨道交通电气化起源于什么年代？
（2）轨道交通有哪些主要形式？各有何优缺点？
（3）电气化铁道的组成有哪些部分？
（4）简述我国高速铁路规划线路概况。
（5）简述地铁和轻轨的区别和联系。
（6）简述单轨系统的组成。
（7）简述磁浮列车的基本原理。
（8）高速铁路主要有哪些技术经济特征？
（9）城市轨道交通的技术经济特征。

参考文献

李学伟．2010．高速铁路概论．北京：中国铁道出版社．
李群湛，连级三，高仕斌．2006．高速铁路电气化工程．成都：西南交通大学出版社．
钱立新．2010．图解国外高速铁路．北京：中国铁道出版社．
孙章．2009．城市轨道交通概论．北京：中国铁道出版社．
王勋．2009．电气化铁道概论．北京：中国铁道出版社．

第 2 章　轨道交通的基本构成

无论是铁路，还是城市轨道交通，一般由线路、机车车辆与动车组、牵引供电系统、信号系统、通信系统、运营调度系统、旅客服务系统和防灾与救援系统组成。本章主要介绍各部分的组成与功能。

2.1　线路工程

线路是机车车辆和列车运行的基础，它直接承受机车车辆轮对传来的压力。为了保证列车能按规定的最高速度安全、平稳和不间断地运行，以及运输部门能够质量良好地完成客货运输任务，线路必须经常保持完好状态。

线路是由路基、桥隧建筑物和轨道组成的一个整体工程结构。

1）路基

路基是为了满足轨道铺设和运营条件而修建的土木构筑物。路基必须保证轨顶设计标高，并与桥梁隧道连接组成完整贯通的线路。

在线路工程中，路基常见的两种基本形式是路堤和路堑。

当铺设轨道的路基面高于天然地面时，路基以填筑方式构成，这种路基称为路堤，如图 2-1（a）所示。

当铺设轨道的路基面低于天然地面时，路基以开挖方式构成，这种路基称为路堑，如图 2-1（b）所示。

此外，还有半路堤、半路堑或不填不挖路基，分别如图 2-1（c）、（d）、（e）所示。

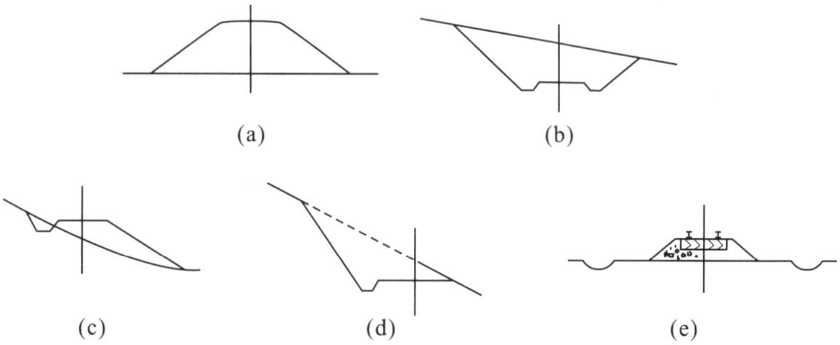

图 2-1　路基的形式

（a）路堤；（b）路堑；（c）半路堤；（d）半路堑；（e）不填不挖路基

2）桥隧建筑物

当线路要通过江河、溪沟、谷地及山岭等天然障碍，或要跨越公路、铁路时，就需要修建桥隧建筑物，以便线路得以继续向前延伸。桥隧建筑物包括桥梁、涵洞、明渠、隧道等。

桥梁：桥梁主要由桥面、桥跨结构、墩台及基础三部分组成，如图 2-2 所示。

桥面是桥梁上铺设轨道的部分；桥墩结构是桥梁承受荷载、跨越障碍的部分；墩台是支撑桥墩结构的部分，包括桥墩和桥台，设于桥梁中部的支座称为桥墩，设于桥梁两端的支座称为桥台。桥墩与桥台的底部为墩台的基础。

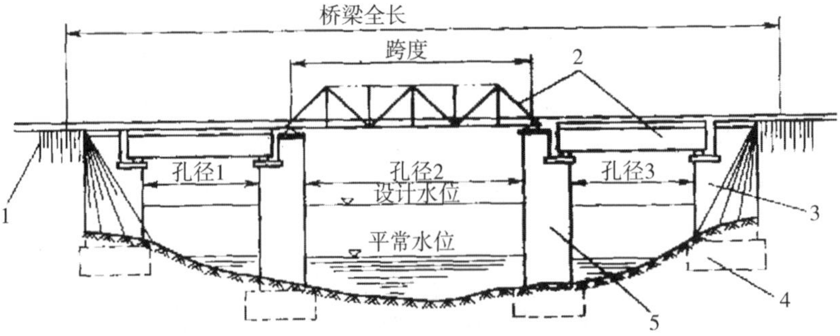

图 2-2 桥梁的组成

1—路基；2—桥跨；3—桥台；4—基础；5—桥墩

两个相邻墩台之间的空间称为桥孔。每个桥孔在设计水位处的距离称为孔径。从桥墩结构底部到设计水位的高度以及相邻两墩台之间的界限空间，称为桥下净空。桥梁的孔径和桥下净空应能满足排泄洪水、泥石流、流水或船舶通航的要求。每一桥跨两端支座间的距离，称为跨度。整个桥梁包括墩台在内的总长度，是桥梁的全长。

桥梁按建造材料分为钢桥、钢筋混凝土桥、石桥等：按桥梁长度分为小桥、中桥、大桥、特大桥等；按桥梁外形分为梁桥、拱桥、斜拉桥等。

涵洞：涵洞设在路堤下部的填土中，是用以通过水流的一种建筑物。

涵洞主要由洞身（由若干管节组成）、基础、端墙和翼墙所组成，如图 2-3 所示。

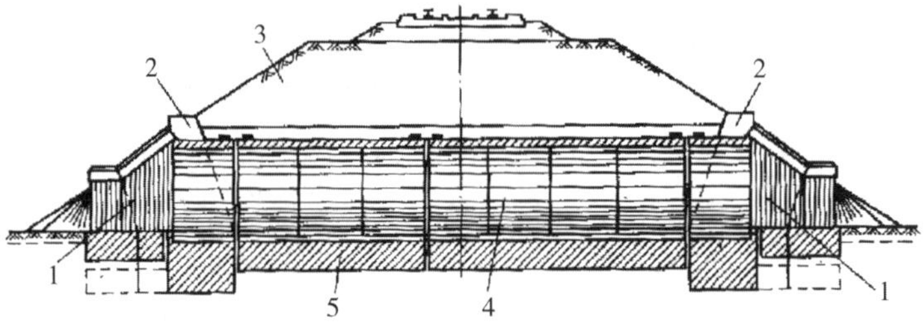

图 2-3 涵洞

1—翼墙；2—端墙；3—路堤；4—洞身；5—基础

管节埋在路基之中，它具有一定的纵向坡度（从进口向出口），以便排水。端墙和翼墙的作用是便于水流进出涵洞，同时还可以保护路堤边坡，使它不受水流的冲刷。

按照建筑材料的不同，涵洞有石涵、混凝土涵、钢筋混凝土涵、铁涵等多种。涵洞的截面有矩形、圆形、拱形等不同形式。

隧道：铁路隧道大多建在山中，用以避免开挖很深的路堑，或修建很长的迂回线。此外，还有建筑在河床、海底或湖底以下的水底隧道和建筑在大城市地下的地下铁道。

在隧道口应修筑洞门，以便保护洞口上方的仰坡和两侧边坡的稳定；洞顶要修建筑截水沟，用以拦截从山坡下来的流水以保护洞口。在隧道内，除了通过特别坚硬的石层以外，一般还要用砖、石、混凝土或钢筋混凝土等材料作内部衬砖，以便防止四周岩石层塌落、变形和渗水。

3）轨道

在路基、桥隧建筑物修建成之后，就可以在上面铺设轨道。

轨道由钢轨、轨枕、连接零件、道床、防爬设备和道岔等主要部件组成，如图 2-4 所示。它起机车车辆运行的导向作用，直接承受由车轮传来的压力，并将其传递给路基或桥隧建筑物。

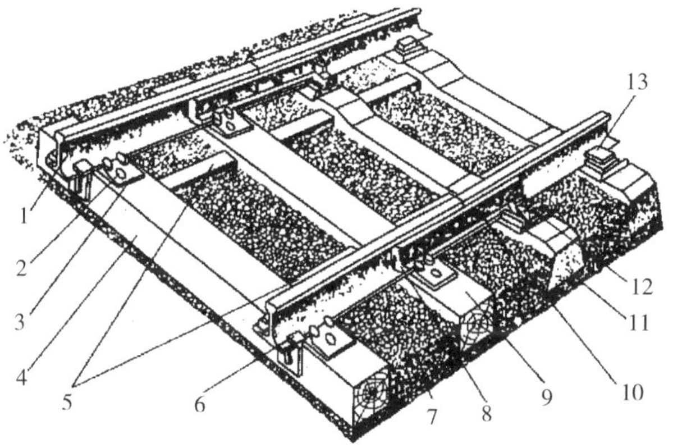

图 2-4　轨道的基本组成

1—钢轨；2—普通道钉；3—垫板；4，9—木枕；5—防爬撑；6—防爬器；7—道床；
8—双头夹板；10—螺栓；11—钢筋混凝土轨枕；12—扣板式中间连接零件；13—弹片式中间连接零件

钢轨：钢轨的作用是直接承受车轮的巨大压力并引导车轮的运行方向，承受机车轮周牵引力的反作用力和列车制动时的摩擦力，将其传递给轨枕。因此它应当具有足够的强度、稳定性和耐磨性。

为了使钢轨具有最佳的抗弯性能，钢轨的断面形状采用“工”字形，如图 2-5 所示，由轨头、轨腰和轨底组成。在我国，钢轨的类型或强度以每米长度的大致质量（千克数）表示，现行的标准钢轨类型有 75 kg/m、60 kg/m、50 kg/m。

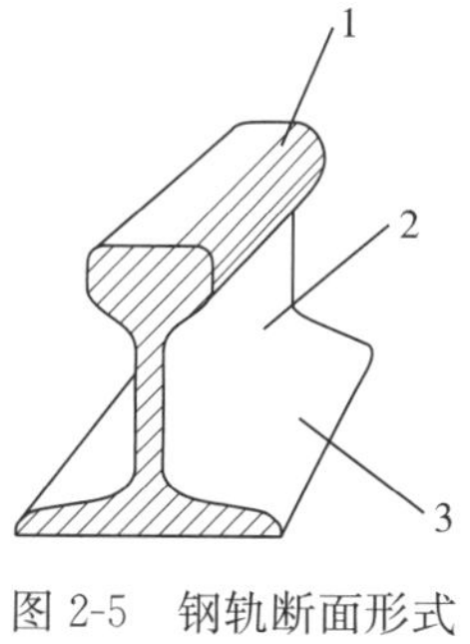

图 2-5　钢轨断面形式

1—轨头；2—轨腰；3—轨底

钢轨的长度长一些好，这样可以减少接头的数量，列车运行平稳并可节省接头零件和线路的维修费用，但是由于加工条件和运输条件的限制，一根钢轨的轧制长度是有限的。

轨枕：轨枕的作用是支撑钢轨，并将钢轨传来的压力传递给道床，同时又可保持钢轨的位置和距离。

轨枕按照制作材料分，主要有钢筋混凝土枕和木枕两种。我国普通轨枕的长度为2.5 m，道岔用的岔枕及钢桥用的桥枕长度为2.6～4.85 m的多种规格。每千米线路铺设的轨枕数量一般为1440～1840根。

连接零件：连接零件包括接头连接零件和中间连接零件两类。

接头连接零件用来连接钢轨与钢轨间的接头，它包括双头夹板、螺栓、螺帽和弹性垫圈等。钢轨接头处必须保持一定的缝隙，这一缝隙称为轨缝。当气温发生变化时，轨缝可满足钢轨的自由伸缩。轨缝是轨道的薄弱环节。

中间连接零件（又称扣件）的作用是将钢轨紧固在轨枕上，使钢轨与轨枕连为一体。

道床：道床是铺设在路基面上的石砟（道砟）垫层。主要作用是支撑轨枕，把从轨枕上部的压力均匀地传递给路基；并固定轨枕的位置，阻止轨枕纵向或横向移动；缓和机车车轮对钢轨的冲击。

道床的材料应当具有坚硬、不易风化、富有弹性并有利于排水的特点。常用的材料有碎石、卵石、粗砂等。其中碎石最为优，我国铁路一般采用碎石道床。

防爬设备：因列车运行时纵向力的作用，使钢轨产生纵向移动，有时甚至带动轨枕一起移动，这种现象称为轨道爬行。轨道爬行往往引起轨缝不匀、轨枕歪斜等线路病害，对轨道的破坏性极大，严重时还会危及行车安全。因此，必须采用有效措施加以防止。通常的做法是，一方面加强钢轨与轨枕的扣压力和道床阻力；另一方面设置防爬设备（防爬器和防爬撑）。常用的防爬器为穿销式防爬器。

道岔：道岔是一种使机车车辆能从一股道转入另一股道的线路连接设备，在车站上大量铺设。

图2-6为最常用的普通单开道岔，它由转辙器、辙叉及护轨、连接部分组成。

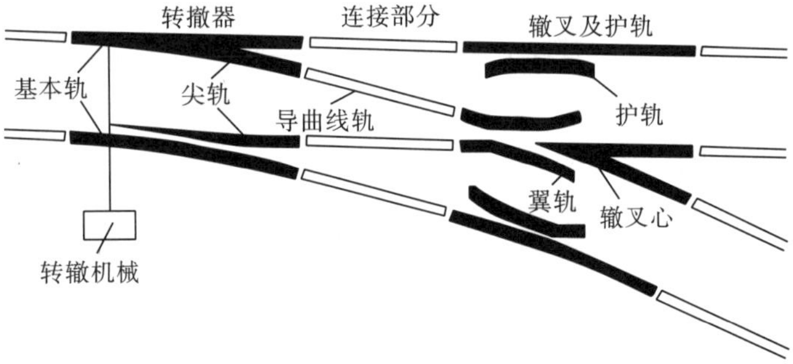

图2-6　普通单开道岔

转辙器由两根尖轨、两根基本轨及转辙机械组成。尖轨是转辙器的主要部件，通过连接杆与转辙机械相连，操纵转辙机械就可变换尖轨的位置，以确定道岔的开通方向。

辙叉及护轨包括辙叉心、翼轨及护轨，其作用是保证车轮安全通过两条钢轨的相互交叉处。

从两翼轨最窄处到辙叉心实际尖端之间，有一段钢轨中断的空隙，称为辙叉的有害空间。当机车车辆轮对通过辙叉有害空间时，车轮轮缘就有走错辙叉槽而导致脱轨的可能。因此必须设置护轨，以强制引导车轮的运行方向，保证车轮安全通过。

连接部分就是连接转辙器和辙叉及护轨的部分。它包括两根直轨和两根导曲线轨。由于导曲线的半径较小，不能在导曲线上设置缓和曲线和超高，所以列车在侧向过岔时，速度要受到严格的限制。

4）无缝线路和新型轨下基础

无缝线路：无缝线路又称为长钢轨线路，就是把若干根标准长度的钢轨经焊接成为1000～2000 m 而铺设的铁路线路。通常是在焊轨厂将标准轨焊接成 125～250 m 长的轨条，再运到现场就地焊接后铺设。

铺设无缝线路的关键是克服钢轨因热胀冷缩引起的内应力（温度力）。克服的办法是在长钢轨的两端使用高强度钢轨连接零件和防爬设备进行强制性固定，其他部分也要采用高强度的中间连接零件和防爬设备，将钢轨紧紧地扣于轨枕上，这称为“锁定钢轨”。锁定钢轨时钢轨的温度称为锁定轨温，一般采用稍高于本地区中间轨温的温度作为锁定轨温。

宽混凝土轨枕和整体道床：宽钢筋混凝土枕（又称为轨枕板）外形与普通钢筋混凝土轨枕类似，但比其宽，而且稍薄。它在线路上是连续铺设的。与道床的接触面比较大，因此轨道的沉陷较小，不宜发生坑洼不平和道床脏污现象，而且可以提高线路的稳定性，改善钢轨的受力条件，有利于高速行车。

整体道床就是在坚实的路基上直接将轨枕和道床浇筑在一起的混凝土或钢筋混凝土结构。它具有坚固耐久、平顺稳定、维护工作量小等特点，适于高速行车，但造价贵，技术要求高。

2.2　机车车辆与动车组

机车是铁路运输的牵引动力。由于铁路车辆大都不具备动力装置，需要把客车或货车连挂成车列，由机车牵引沿钢轨运行。

铁路采用的机车类型很多。从运用上分，有客运机车、货运机车和调度机车。客运机车要求速度高，货运机车需要牵引力大，调度机车要有机动灵活的特点。

按牵引动力分，有蒸汽机车、内燃机车和电力机车/动车组。

1）蒸汽机车

蒸汽机车是通过蒸汽机，把燃料的热能转换成机械能，用来牵引列车的一种机车。它主要由锅炉、蒸汽、行走部、车架、煤水车、车钩缓冲装置以及制动装置等部分组成。锅炉是供给机车动力的能源，装在两侧的两套汽机则是把蒸汽的热能转换成机械能，以驱动机车运行。铁路是从蒸汽机车的发明开始的，但蒸汽机车的总效率一般只有5%～9%，煤水消耗量大，在现代铁路运输中已被其他车辆所替代。

2）内燃机车

内燃机车是以内燃机作为原动力的一种机车。内燃机车的热效率一般可达 30%，是各类机车中效率最高的一种。机车整备时间短，持续工作时间长，适用于长交道路；用水量少，适用于缺水地区；初期投资比电力机车少，而且机车乘务员劳动条件好，便于多机牵引。但内燃机车最大的缺点是对环境和大气有污染。

内燃机车按传动方式的不同可分为电力传动内燃机车和液力传动内燃机车两种类型。

电力传动内燃机车的能量传输过程是由柴油机驱动主发电机发电，然后向牵引供电机供电使其旋转，并通过牵引齿轮传动驱动机车轮对旋转。根据电机的形式不同，可分为直-直流电力传动、交-直流电力传动、交-直-交电力传动和交-交流电力传动等类型内燃机车。

液力传动内燃机车的原动力仍是柴油机，在柴油机和机车动轮之间，装有一套液力传动装置，利用工作油改变柴油机的外特性，以适合列车运行的要求。液力传动内燃机车与电力传动内燃机车相比，除传动装置不同外，其余部分都相似。

3）电力机车

电力机车牵引动力是电能，但机车本身没有原动力，而是依靠外部供电系统供应电力，并通过机车上的牵引电动机驱动机车前进。

电力机车具有功率大、热效率高、速度快、过载能力强和运行可靠的特点。因此，电力机车必将成为铁路的主要牵引动力。

电力机车主要由车体、车底架、行走部、车钩缓冲装置和一套电气设备等组成。有关电力机车的内容将在第 8 章叙述。

4）动车组

动车组是铁路旅客列车的一种形式。它是由若干带动力的车辆（动车）和/或不带动力的车辆（拖车）组成、固定编组、以单元为单位进行设计的一组列车。其特点是不需要机车牵引，可双向行驶，往返无需调头，驱动轴较多，启动、制动迅速。

动车组按动力分配的不同分为动力集中和动力分散两种动车组。

高速动车组由车体、转向架、牵引变压器、牵引变流器、牵引电机、牵引控制系统、列车网络控制系统、制动系统等组成，如图 2-7 所示。有关动车组的内容将在第 9 章叙述。

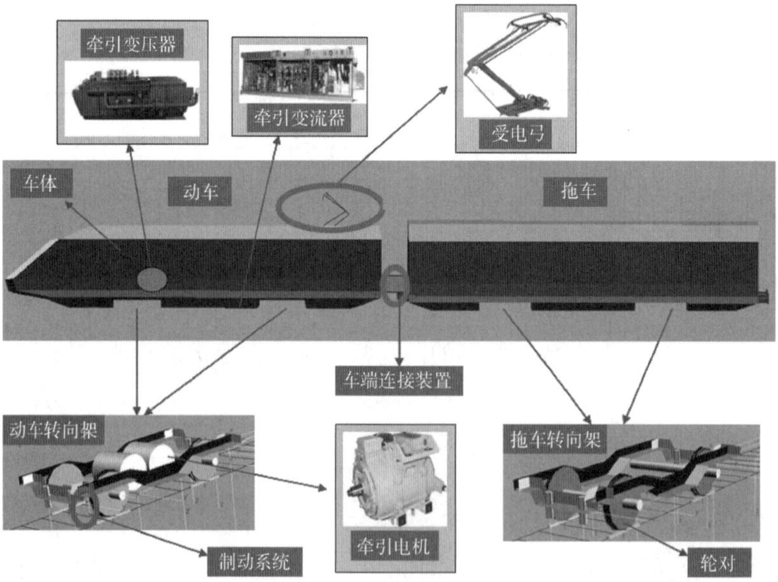

图 2-7 高速动车组的组成

2.3　牵引供电系统

牵引供电系统是指为轨道交通提供动力的系统，由于电力机车本身并不带有能源装置，需要由外部提供电能，因此必须在电气化轨道沿线设置一套完善的、不间断地向电力机车供电的设备，主要由牵引变电所和接触网两大部分组成。

人们常将牵引变电所比喻成牵引供电系统的“心脏”，它一方面从国家电网引入三相交流电源；另一方面它将三相电转换为适合电气列车使用的单相电并送上接触网。此外，它还起着保护、测量、控制电气设备，提高供电质量，降低电力牵引负荷对公共电网影响的作用。为确保牵引供电万无一失，牵引变电所里的主要高压供电设备均为两套，且均处于“战备”状态，随时可以投入“战斗”。

通常将变电所设备分为一次设备和二次设备，一次设备是指接触高电压的电气设备，如牵引变压器，高压断路器、高压隔离开关、高压（电压和电流）互感器、输电线路、母线、避雷器等，主要完成电能变换、输送、分配等，如图 2-8 所示。

图 2-8　牵引变电所一次设备（部分）

图 2-9　牵引变电所控制屏

二次设备是一次设备的“警察”和“卫士”，它们不接触高压，但它们能控制、监视、保护一次设备。这些设备通常安装在变电所主控室内的控制柜（屏）中，如图 2-9 所示。

随着科技的发展，二次设备更加集成化和智能化，形成了牵引供电远动监控和变电所自动化系统，可以操纵千里之外的变电设备，实现牵引变电所的无人值班。

接触网（图 2-10）是沿铁路线架设的电线杆及像“蜘蛛网”一样的电线。人们常将接触网比喻成电气化铁路的“动脉”，只要是电气化铁路，哪儿有线路，哪儿就有接触网。接触网是沿铁路线向电气列车供电的唯一设施，列车所需的大功率电能就是由它提供的。有关牵引供电系统的内容将在后续章节中叙述。

图 2-10　电气化铁路接触网

2.4 信号与控制系统

信号设备是铁路信号、联锁、闭塞等设备的总称。它的主要作用是保证列车运行、利于调车工作的安全和提高铁路通过能力。

铁路信号向有关行车和调车人员发出指示和命令。铁路信号按感官可分为视觉和听觉信号。视觉信号是以物体或灯光的颜色、形状、位置、数目或数码显示等特征表示的信号，如信号机、信号旗、信号牌等；听觉信号是以不同声响设备发出音响的强度、频率、音响长短和数目等特征表示的信号，如号角、口笛、机车、轨道车鸣笛等。我国规定三种基本颜色表示铁路信号，即红色表示停车，黄色表示注意或减速行驶，绿色表示按规定速度行驶。

联锁设备用于保证站内行车和调车工作的安全和提高车站的工作能力。列车的进、出站和站内的调车工作通常是根据防护每一进路信号机的显示状况进行的，而被防护的进路又是靠操纵道岔来排列，因此，有关信号机和道岔之间，以及信号机与信号机之间应建立起一种相互制约的关系，才能保证车站的安全，这种制约关系称为联锁。为完成各种联锁而安装的技术设备称为联锁设备。

闭塞设备用于保证列车在区间内运行的安全和提高区间的通过能力。在单线铁路上，为防止一个区间同时进入两列对向运行的列车而发生正面冲突，以及避免两列同向运行的列车（包括复线区段）发生追尾事故，铁路上规定区间两端车站值班员在向区间发车前必须办理的行车联络手续，称为行车闭塞（简称闭塞）手续。用于办理行车闭塞的设备称为闭塞设备。闭塞设备必须保证一个区间内，在同一时间内只能允许一个列车占用。闭塞方式有半自动闭塞和全自动闭塞两种。半自动闭塞需要人工办理闭塞手续，列车凭出站信号机的显示行车，列车发出后，出站信号机能自动关闭；全自动闭塞是通过列车运行及闭塞分区的情况，通过信号机可自动变换显示，列车凭信号机的显示行车，这种闭塞方法完全是自动进行的。

传统的行车方式是司机按照地面信号驾驶列车，列车的安全靠司机保证。司机首先要正确识别信号，正确理解信号，然后及时正确执行。这三个环节只要有一个不正确就会出现险情。

为防止司机失误影响行车安全，需使车载信号设备把地面传上来的信号命令直接转变为列车制动系统的控制。列车的运行安全必须以专用的安全设备进行监督，乃至强迫列车执行。这些安全设备从初级的列车自动停车装置、自动报警装置、列车速度自动监督系统（列车速度自动检查装置）发展到列车自动运行控制系统。

列车运行控制系统（Automatic Train Control，ATC）是以高技术手段对列车运行方向、运行间隔和运行速度进行控制，使列车能够安全运行且提高运行效率的系统。是实现铁路运输调度统一指挥的关键技术设备，也是铁路信息化技术的重要技术领域。

列车运行控制系统包括三个子系统：列车自动监控系统、列车超速防护系统和列车自动驾驶系统。如图 2-11 所示。

列车超速防护系统（Automatic Train Protection，ATP）在列车速度超过规定的时候对列车运行进行干预。当 ATP 启动后，它就一直监视列车的整个运行过程，包括列车速度的变化、车门的状态等。当有危急行车安全和旅客生命的事件发生时，它会毫不犹豫地“干预”列车运行以保证安全。

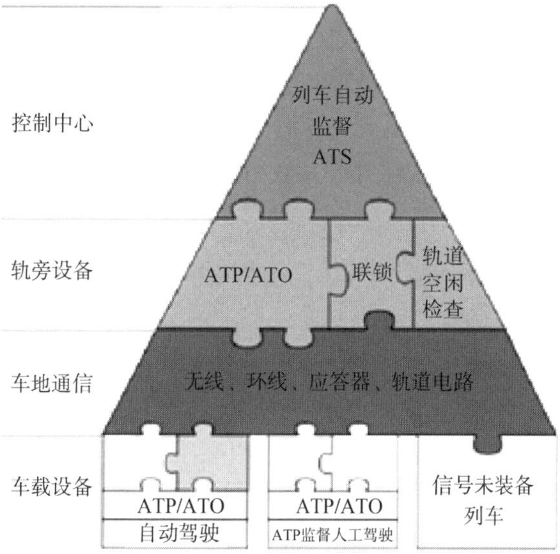

图 2-11　ATC 系统总体架构图

列车自动驾驶系统（Automatic Train Operation，ATO）根据地面传来的信息经过精确的计算，按照节能、舒适、正点的标准娴熟地“驾驶”列车。因为列车自动驾驶系统可以根据实际情况按照最优化的方式处理可能遇到的情况，这点对人来说是很难办到的。从某种意义上来讲，列车自动驾驶完全可以取代人来操控列车，在全球的铁路系统中这种列车自动驾驶系统早已成功地投入运营。

列车自动监控系统（Automatic Train Supervision，ATS）是系统的最高指挥官，坐镇调度中心，按照人们对铁路运输的需求自动计算出最合理的列车运行时刻表，并统筹管理行车计划。当某列车出现晚点，能自动地对运行时刻表进行调整，指挥其他列车的运行，最大限度地保证所有列车的正点。

在列车运行控制技术中，现代铁路各专业及技术之间的关系和作用变得密不可分。铁路信号、通信技术的相互融合，车辆、线路、牵引、制动以及行车调度指挥等专业技术的整合，冲破了功能单一、控制分散、通信信号相对独立的传统技术理念，不仅在行车安全方面提供了根本保障，而且在行车自动化控制、运营效率提高及管理自动化等方面，提供了完善的功能，并向运输综合自动化的方向发展。

2.5　通信系统

通信主要是完成各种信息的传输。轨道交通运输是一个完整的大系统，它的各部分都离不开通信。通信在轨道运输中起着神经系统和网络的作用。具体地说，它主要完成以下三方面的任务。

第一，保证指挥列车运行的各种调度指挥命令及时、准确、可靠地传输。无论是旅客列车还是货物列车，都必须严格按运行图和调度员的指挥命令行车，机车乘务员在运行中出现的各种情况需要及时与调度员或车站值班员联系，因此，调度指挥命令信息的传输十分重要。

第二，为旅客提供各种服务的通信。铁路是为旅客服务的，旅客服务系统离不开通信。例如，预售客票，就需及时把全国各地的售票情况汇总起来，这就必须有一个计算机数据通信网来实现预售客票中各种数据信息的传输。车站内旅客的向导，也需要有通信线路把各种服务信息传送并显示出来，以便指导旅客乘降或自动回答旅客提出的各种问题等。

第三，为设备维修及运营管理提供通信条件。例如，线路维修人员在沿线作业时需要及时互通信息，需要有沿线电话。其他如传真、地区电话等也是运营管理中不可缺少的通信条件。

日本是世界上建成高速铁路最早的国家，经过几十年的积极发展，在确保行车安全、强化统一调度指挥和系统综合信息采集、传输、加工与处理等方面，高速铁路专用通信网络系统起到了重大作用。

日本新干线专用通信网络系统由传输网（光缆、小同轴电缆和少量铜缆）、分组交换网、微波迂回路经路网、移动通信网、列车内部通信网、灾害监测网、铁路信息集中监视控制网以及车站综合局域网组成。

法国 TGV 铁路专用通信系统由普通电话网、分组交换网、可视会议网、用户程控交换网、数字传输网、无线调度电话网、有线调度电话网、远程显示监视网、旅客远程信息系统、自动化客票系统和警用电话系统等组成。

德国专用通信系统由干线通信、有线调度通信、分组交换网与程控电话网、列车内部通信网以及列车无线通信系统组成。既有线通信系统的技术等级稍低，新建线路通信系统的技术则较先进，而改造线路则介于既有线与新建线路之间。

我国高速铁路通信系统以传输及接入设备、电话交换、数据网、GSM-R 专用移动通信等设备为基础，建立调度、会议电视、救援指挥、动力环境监控和同步及时钟分配等通信系统，将有线通信和无线通信有机结合，实现话音、数据、图像、列车运行控制等多种功能。主要组成结构如图 2-12 所示。

图 2-12 高速铁路通信系统的组成

高速铁路通信系统各组成部分的主要功能如下。

传输层具有信息承载能力，是通信的基础设施，它为交换中心之间提供链路，构成通信业务网和支撑网，为通信终端设备之间提供信道。

数据网提供各种数据业务，属于基础网络，是各类型计算机网络赖以建立的基础。

GSM-R 设备具有调度通信、区间移动电话、通用数据传输、列控信息传输等多种功能；核心节点按全路网络规划配置。

自动电话设备利用自动交换机在铁路地区内实现了公务通信。

通信系统为客服系统、SCADA（数据采集与监视控制）系统、应急救援指挥系统、调度系统等提供通信信道。

会议电视系统实现部、局、站段间的会议通信功能，采用两级管理的方式，具有速度快、效率高以及节省资金的优点。

同步及时钟分配系统保证数字信息的同步传输。

中国高速铁路通信系统是铁路通信网的一大特色，它是直接为高速铁路运营服务的通信网，是组织高速铁路运输、指挥列车运行、提高旅服及客服水平、维护设备运转、处理意外事故的高速铁路的基础设备。

1）传输层与接入设备

传输设备是承载高铁中、长途多种通信业务的传输网络，能够为部、局交换中心之间提供链路构成通信业务和支撑网，为通信终端设备之间提供信道构成通信系统。

接入设备是组织高铁区段通信的主要手段。高速铁路系统中，对接入设备的业务功能提出了更高的要求，要采用先进的通信传输与接入方式，为各类 MIS 系统、车号自动识别系统、办公信息系统、调度通信系统、自动电话用户、ISDN 终端、音频终端、CATV 用户提供灵活多样的接口，实现话音、数据、图像综合接入。

铁路通信传输与接入设备采用三层组网方式，第一层为长途传输网，提供铁路局之间的长途通道，采用 2.5 G 的 SDH 光传输系统或微波系统；第二层是本地中继网，提供铁路局以下各通信端站的中继通道，采用 622 M 或 155 M 的 SDH 光传输系统或微波系统；第三层是本地接入网，提供本地接入通道，多采用 155 M 的 SDH 光传输系统。

在高铁正线车站设置 SDH2.5 Gb/s 设备，MSP1+1 保护方式；接入层在车站动车段（所）、维修段等设置 622 Mb/s MSTP 设备，通过车站迂回，组成多个保护环，为各类业务提供传输通道。传输和接入设备的连接如图 2-13 所示。

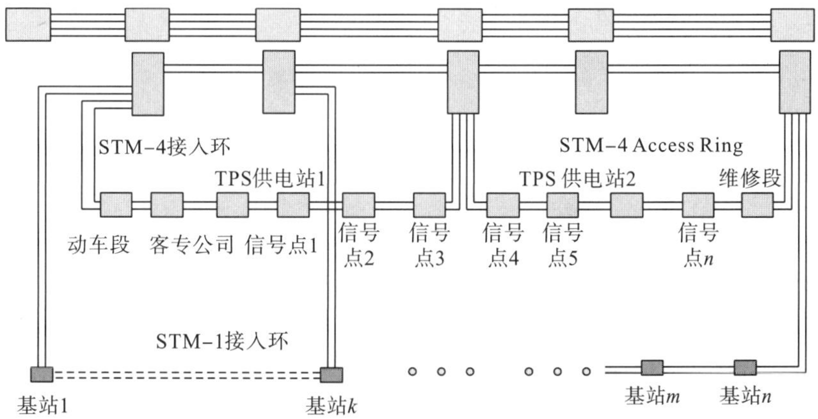

图 2-13　传输和接入设备

2）自动电话系统

数字程控交换机是目前最先进的自动交换技术，用于高速铁路地区的公务通信，中国铁路已于20世纪90年代广泛采用。

高速铁路电话交换网由长途电话交换网和本地电话交换网组成。铁路电话交换网与公用网本地交换网互连互通。

长途电话交换网采用两级交换中心。在长途交换网内，采用长途、地区合一的交换设备，且上级电话所具有下级电话所的功能。本地电话交换网由汇接电话所和分电话所组成，中间站的用户通过接入网纳入本地交换网。自动电话系统结构如图2-14所示。

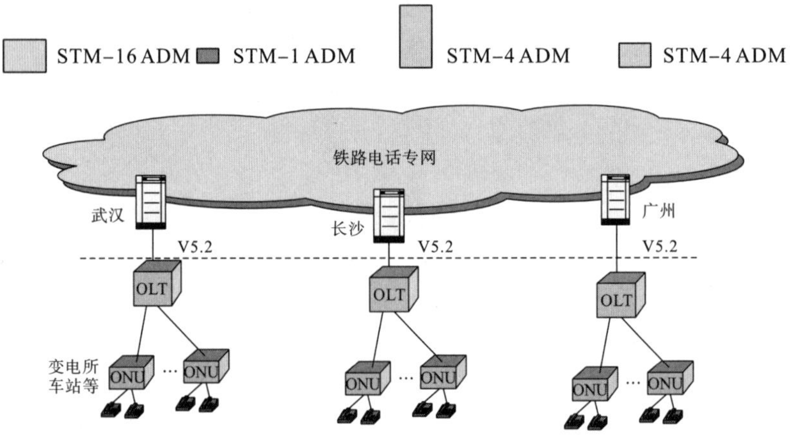

图2-14　自动电话系统结构

3）数据网

数据网是一个支持高速铁路信息化业务的网络平台，承载运营调度系统、旅客服务系统、电视会议系统、视频监控、信息系统等非安全数据传送业务，是各类MIS系统和应用系统赖以建立的基础。中国铁路采用的数据网有较早的X.25网、帧中继和ATM，目前的TCP/IP铁路互联网。

高速铁路的数据网采用TCP/IP协议，数据网本地连接采用光纤，远程连接采用MSTP通道。数据网的网络示意图如图2-15所示。

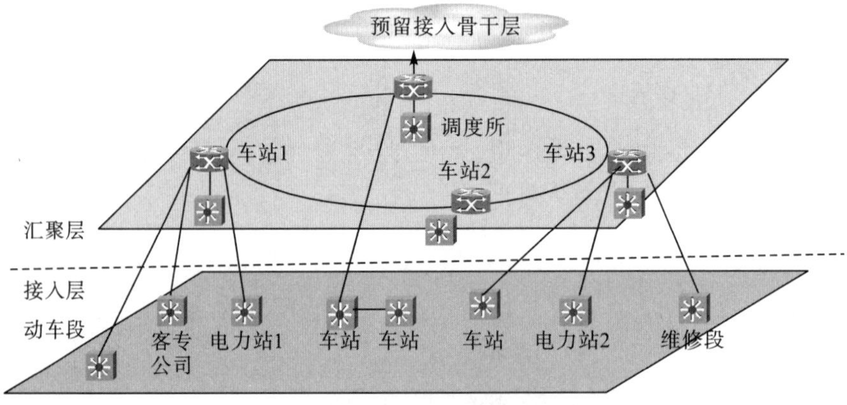

图2-15　数据网的网络示意图

4）GSM-R——铁路综合数字移动通信系统

高速列车运行时的移动性使得对移动通信的要求十分迫切，高速铁路行车调度指挥系统需要高可靠度、高安全性、快速接入的总量和移动通信系统，以及透明、双向、大容量的车地安全和调度指挥信息传输通道。

高速铁路通过综合数字调度移动通信系统 GSM-R，实现铁路各种移动信息资源采集、传输，为现代化调度、指挥、控制提供通信平台，辅助提高运输效率，保障运输安全。

GSM-R 在 GSM 蜂窝系统上增加了调度通信所需功能，实现列车高速运行时语音和数据的可靠传输，解决了跨国运行时列车自动防护的互操作等问题，能满足国际铁路联盟提出的铁路专用调度通信的要求，是一个适合高速环境下使用要素的系统。

GSM-R 将现有的铁路通信应用融合到一个网络平台中，建立了数据综合业务的移动通信系统平台，形成现代化的调度通信、公务通信、信息传输、列车控制一体化的移动通信系统，满足以旅客为主体的移动信息服务系统的需要，为铁路运输提供高质量的服务。

GSM-R 平台上提供了大量铁路专网的业务，能满足区间公务移动、紧急救援、调车编组作业、站场无线等移动话音通信的需要，满足 DMIS 系统无线车次号传输、列车尾部风压、机车状态信息、车辆轴温检测、线桥隧道防护、铁路供电状态监视、道口防护等移动和固定无线数据传输的需求。同时还能满足以移动列车为主体的安全信息分法与预告警系统的需求，确保沿铁路线的施工轨道养护，平交道口与车辆，车站等人员及设备的安全，减少事故。

GSM-R 移动通信系统在高速铁路沿线采用无线覆盖，动车组列车上采用无线终端，而车站台和调度台都是有线终端。采用有线/无线组网方式。GSM-R 调度通信系统构成及组网如图 2-16 所示。

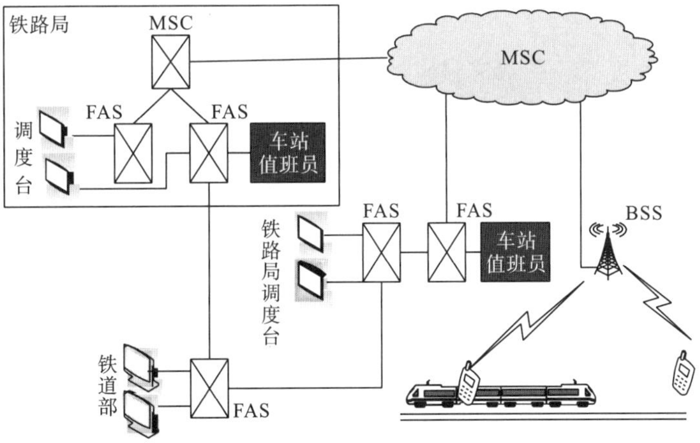

MSC—移动交换中心；FAS—固定用户接入交换机；BSS—基站子系统

图 2-16 GSM-R 调度通信系统构成及组网方式示意图

GSM-R 移动通信系统在部、局配置 FAS，就近与 MSC 连接；支线车站根据需要设置 FAS，接入局 FAS，既有线干调网、数字区段调度改造升级后接入 GSM-R 网络，其中车站台和调度台通过 FAS 连接到 GSM-R 的 MSC 上，从而实现有线和无线用户的通信。

5）区段数字调度通信系统

区段数字调度通信系统是以铁路局为指挥运输生产，在调度员与所管辖区段的铁路各中间站按专业、部门设置的调度通信系统，按业务性质可分为列车调度、货运调度、电力牵引调度以及无线列车调度等。

数字调度通信系统采用环行网络的组网技术，环行网络的任何一处断裂，都不会影响任何通信业务，系统具有集中维护管理和自动通道保护等功能，充分保证了数字调度通信系统的安全、可靠。

数字调度通信系统一般由数字调度主机、操作台、集中维护管理系统等组成，如图 2-17 所示。

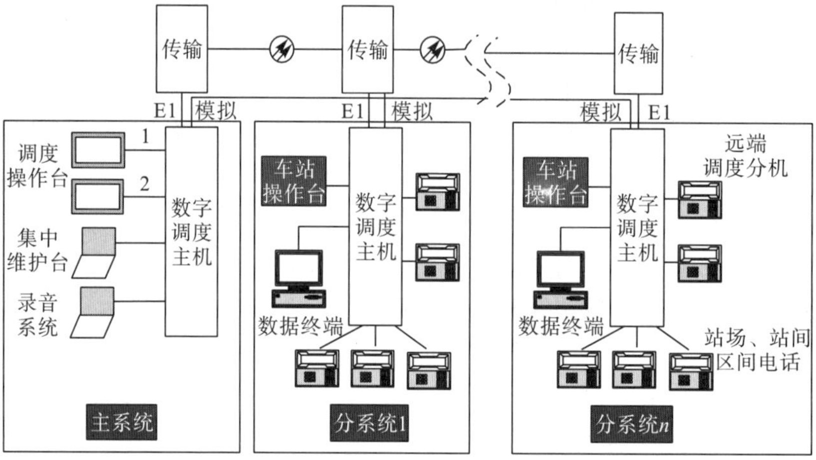

图 2-17 区段数字调度通信系统总体构成

6）会议电视系统

高速铁路会议电视系统是基于多媒体通信技术的交互式视频会议系统，是一种新兴的图像通信业务，它将多媒体通信技术应用到高速铁路运输生产和管理中，将不同地理位置的图像信息和声音信息通过传输网互连互通，相隔万里的各方可以共享文件、照片、录像等资料。开展如同面对面的会议、技术讨论等活动。实现部、局、站段之间的点对点会议、点对多点会议、多组会议。

铁路会议电视网采用两级管理的方式，铁道部和铁路局设有会议电视专用的网管设备，铁路会议电视网能分别满足以铁道部、铁路局等为中心召开各种形式的电视会议的需要，并能为各级与会者实时地提供双向语音、彩色活动图像和静止图文业务。

铁道部-铁路局专线会议电视网满足国际 H.320 建议，铁路局—站段 IP 会议电视网满足国际 H.323 建议，专线会议电视网与 IP 会议电视网通过网关互连。

如图 2-18 所示，高速铁路会议电视系统采用 IP 数据网和新一代的 H.323 协议，是目前最新的视讯技术，画面传输质量高，并拥有光纤和卫星两套传输网络，提供更加完善和保障的服务。

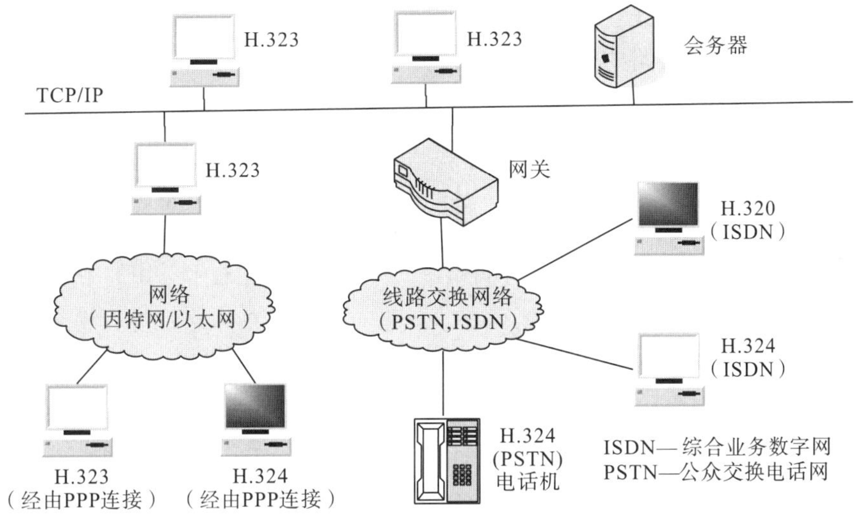

图 2-18　多媒体系统构成

2.6　运营调度系统

运营调度系统是对日常运输生产活动进行调度指挥和运输管理，即组织执行并完成运输生产计划的现代化信息系统。依靠这个系统，列车将旅客从出发地安全、正点、经济、舒适地运送到目的地。这一过程包含了一系列复杂的环节，包括计划编制、实施与调度指挥三部分，它们紧密合作、相互配合，共同保证了列车正常运转。运营调度系统需要对所有运输有关部门、各工种实行集中统一指挥，根据具体的运输情况进行及时调整，保证安全行车，完成运输生产计划。

高速铁路运营调度系统是高速铁路运营管理和列车运行控制的中枢，统一指挥所有列车的运行和对运输各部门的管理进行协调。

运营调度中心的主要工作有以下四方面。

(1) 根据旅客运输的需要，编制列车运营计划，包括列车计划、车辆运用计划、车组乘务人员的值班计划。

(2) 当行车次序出现混乱时，对沿线的主要信息进行收集整理，调整运营计划，产生和传送调整运营计划用的临时运行图，对沿线的运营车辆进行调度指挥。

(3) 对沿线列车运行状况进行监视及各车站的进路实行自动/人工形式的集中控制。

(4) 对各车站旅客集散情况的信息统计，根据需要对行车计划进行分析调整，并向旅客提供有关信息服务。

1. 国外运营调度系统

目前，世界上高速铁路的调度系统可分为两种构成方式：一种是以日本为代表的集中构成方式，它将整条高速线的运营情况全部集中在一个调度室内进行指挥管理，调度室内通过计算机网络将与行车有关的全部信息进行集中处理，然后再将指令与信息传输到沿线的车站等有关部门；另一种则是以德国为代表的分散区域中心的调度控制方式，即根据既有铁路线与高速线在全国范围内基本混合在一起构成的状态，将高速线车辆调度运营管理与普通速度线路的车辆调度集合在一起。

1964 年，日本新干线全线安设了列车集中控制装置（Centralized Traffic Control，CTC）；1972 年山阳新干线的东京至冈山开通时投入使用的计算机辅助运行管理系统（Computer aided Traffic Control System，COMTRAC），在 CTC 的基础上增加了时刻表管理、进路自动控制和运行信息管理功能，将调度员、车站、列车三者紧密联系在一起。随着其他新干线的陆续开通，COMTRAC 的功能已经不能适应东日本公司新干线的要求。

1995 年 11 月，JR 东日本将东北、上越、北陆新干线各子系统进行整合，把分别开发的 CTC/COMTRAC 统一起来，又加入了运输计划、维修管理、车辆管理，形成了功能强大的 COSMOS 系统（Computerized Safety Maintenance and Operation Systems of Shinkansen），COSMOS 是日本最新、功能最全的集中式综合调度指挥系统（图 2-19）。

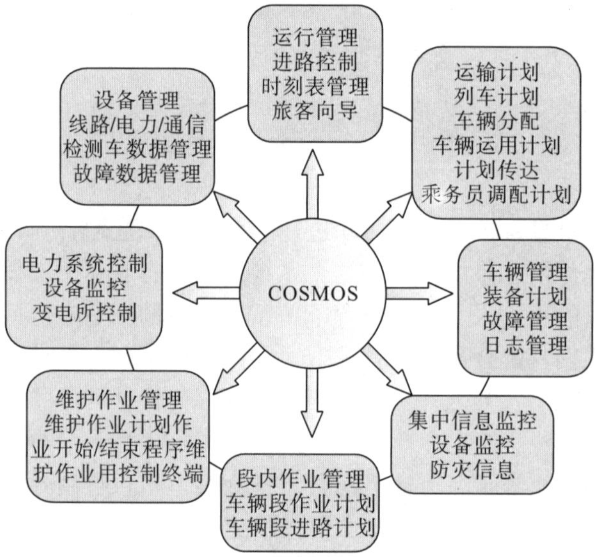

图 2-19　COSMOS 系统功能图

COSMOS 的特点如下。

首先是高综合化程度。COSMOS 几乎涵盖了与新干线运行管理有关的全部业务，在 COMTRAC 已有的运行计划编制、运行管理功能的基础上，还把以前单独研发的电力系统控制、设备管理、车辆管理等系统纳入到 COSMOS 中，同时新增了车辆的维护作业管理、车辆基地的作业管理等功能。管理范围更宽、更加高效。

其次是高智能化程度。COMTRAC 是列车集中控制方式，而 COSMOS 采取的是集中管理、车站分散控制的方式，更加智能化。列车运行管理中央系统把列车运行实施计划传送到各车站的计算机，列车的追踪和进路控制均实现了计算机自动控制。

最后是 COSMOS 的高计划管理水平。仅 COSMOS 运输计划系统而言，不但负责编制日常计划，还要完成编制基本图、季节图等多项任务。系统用户可同时实现类似于我国铁路局调度所计划员和运输处运行图管理部门两者的功能。

德国采用高速线和既有线“融合”的模式，高速列车开行密度相对较小，为了提高线路利用率，采用新旧线混用客货列车分时段混行运输组织模式。因此，在客观上要求高速铁路调度指挥与既有调度指挥融为一体。

德国高速铁路运营调度系统直接纳入所在区域的既有调度系统，从体系结构到管理模式完全与既有线相同，实行调度指挥中心—地区调度所—基层车站值班员的三级调度指挥模式，以利于高速线列车与既有线列车跨线运行的协调配合。

除科隆—法兰克福线为客运专线，其他线路均为客、货混线分时运行，调度机构按二级设置，设有一个中央调度指挥中心和按区域划分的 7 个调度指挥分中心。中央调度指挥中心设在法兰克福，7 个调度指挥分中心分别设在柏林、汉诺威、杜伊斯堡、法兰克福、卡尔斯鲁厄、慕尼黑和莱比锡地区。

德国高铁调度指挥系统目标以实现集中控制、运输自动化和运输优化为主，同时兼顾旅客信息系统、远程通信、运输能源监控、运输过程监控、基础设施监控、列车乘务管理和调车管理等其他目标。法兰克福中央调度指挥中心指挥跨区域、国际间的客货列车运行，同时负责路网运营和 7 个调度指挥分中心的协调工作，而各地区调度指挥分中心设置运营调度、客运调度、货运调度以及信息服务系统，负责管辖区域内的日常运输指挥工作，直接指挥列车运行。

2003 年底，采用 BZ2000 型自动化调度系统（图 2-20 和图 2-21）替代原有的行车中心基础级的调度监督设备。采用统一的调度系统平台和建设标准，尽可能对车站采用集中控制，并设置专门的值班员加强对大型车站的控制，每个指挥中心综合了设备维护、客运调度、货运调度等多种功能，7 个区域分指挥中心的运行计划可相互交换并能够执行，强调冲突预测与管理。

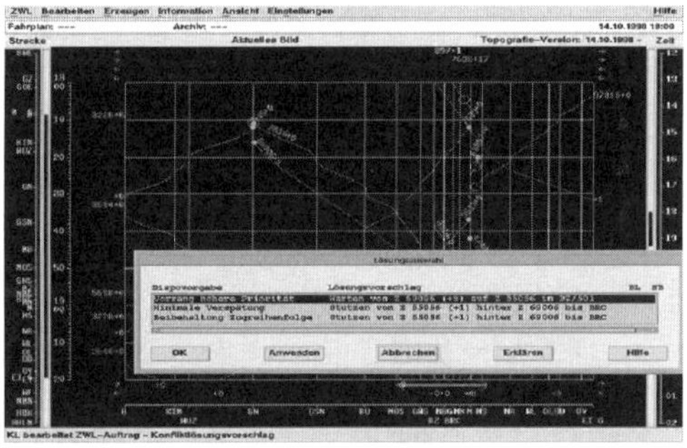

图 2-20　线路和车站列车监控

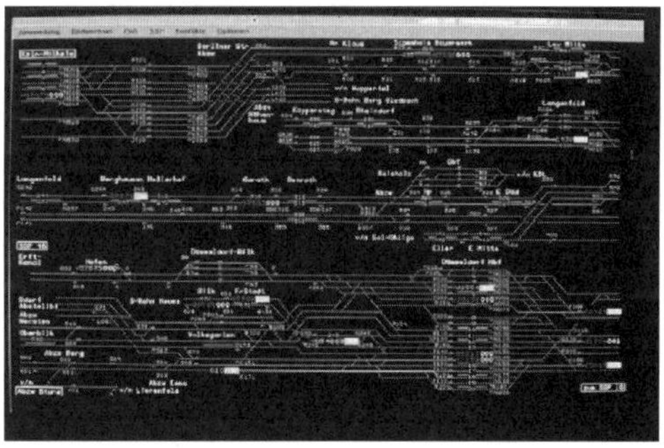

图 2-21　ZZLD-中央列车进路自动设置

2. 中国运营调度系统

1）发展历程

中国铁路的运营调度，从最初的手工调度纸上作业发展到计算机及信息技术高度采用的精确调度，经历了很长的发展历程，如图 2-22 所示。

20 世纪 80 年代的调度监督系统中，计算机只是一个显示系统，仅仅起到监视作用。运输调度指挥管理信息系统（Dispatch Management Information System，DMIS）可以实现行车调度智能化、信息化，行车调度集中管理，行车调度透明指挥，行车作业实时监视，阶段计划自动调整和下达等。

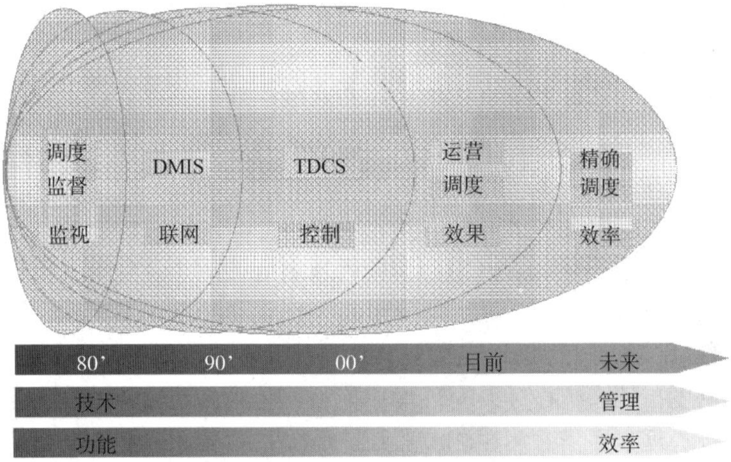

图 2-22 中国铁路调度指挥系统发展历程

运输管理信息系统（Transportation Management Information System，TMIS）主要包括确报、货票、运输计划、车辆、编组站、货运站、区段站、分局调度、货车实时追踪、机车实时追踪、集装箱实时追踪、日常运输统计、现在车及车流推算、军交运输等子系统，可以随时提供任何一辆货车、机车、一个集袋箱及货物的地点及设备的技术状态，预见它们 3 天内的动态变化，随时提供车流的动态变化情况。

行车调度功能由 DMIS 实现，TMIS 中的运输调度子系统则负责提供行车调度之外的其他调度功能。

2005 年初，铁道部把 DMIS 规范为 TDCS（列车调度指挥系统），采用现代信息技术，将通信、信号、计算机、网络、数据传输、多媒体技术等融为一体，构成网络，覆盖全国铁路调度信息点，形成集中式综合型现代化的运营调度指挥系统。

TDCS 主要完成调度指挥信息的记录、分析、车次号校核、自动报点、正晚点统计、运行图自动绘制、调度命令及计划的下达、行车日志自动生成等功能。

位于车站的基层信息采集系统处于金字塔的底层，是整个 TDCS 系统得以实现的基础。车站 TDCS 系统由分机和站机两部分组成。车站分机主要负责信息的采集和传送等工作，是 TDCS 系统的信息来源，保证系统的正常运行必须先保证各个车站分机的正常运行，其界面如图 2-23 所示；车站站机主要负责车次号跟踪和到发站报点，实现调监显示、运行图的自动绘制等，如图 2-24 所示。

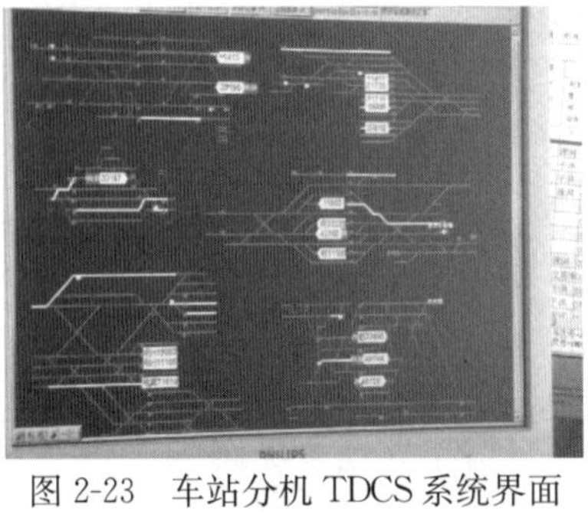

图 2-23 车站分机 TDCS 系统界面

图 2-24 车站 6502 控制台

TDCS 与 TMIS 之间采用公共数据库，实现数据共享。两者的分工：由 TMIS 生成基本运行图、日班计划，并将其传送给 TDCS，由 TDCS 完成阶段计划的生成、自动调整和实际运行图的自动生成，同时向车站值班员实时传送日班计划、阶段计划和调度命令，向司机实时传送可视调度命令，并将阶段计划和实际运行图等信息传送给 TMIS。出发列车的编组信息由 TMIS 在铁路局实时传达给 TDCS。

不足的是，TDCS 不具有控制功能，车站接发列车及调车作业的进路排列仍由人工完成。

CTC 是在 TDCS 平台基础上建立的，它集调度指挥管理与控制于一体，除了完成 TDCS 的全部功能外，还能够实现对某一区段内的车站信号、道岔等设备和径路集中控制。

CTC 系统分为调度中心与车站子系统两层。调度中心实现进路自动控制、列车运行监视、运行计划编制、运行图铺画与调整、列车追踪、列车采点和绘制列车实际运行图、调度命令管理等功能。车站子系统实时接收车站信号设备状态表示信息，进行列车车次号跟踪，收集行车运行实际数据，并上传至调度中心；接收调度中心的列车运行调整计划和调车计划，直接操作指令，经检测判断后自动执行；完成车站的站场显示、计划浏览签收、调度命令浏览签收、站存车输入显示、列车编组顺序的生成、调车进路的人工直接操作、本站及邻近站的列车运行图显示等功能。

2）高速铁路运营调度系统

高安全性、高速度、高密度和高正点率是高速铁路行车组织的主要特点。

根据铁道部客运专线调度指挥机构设置规划，全路客运专线运营调度系统由铁道部调度指挥中心和北京、武汉、上海、广州 4 个调度所及基层站段系统构成，如图 2-25 所示。

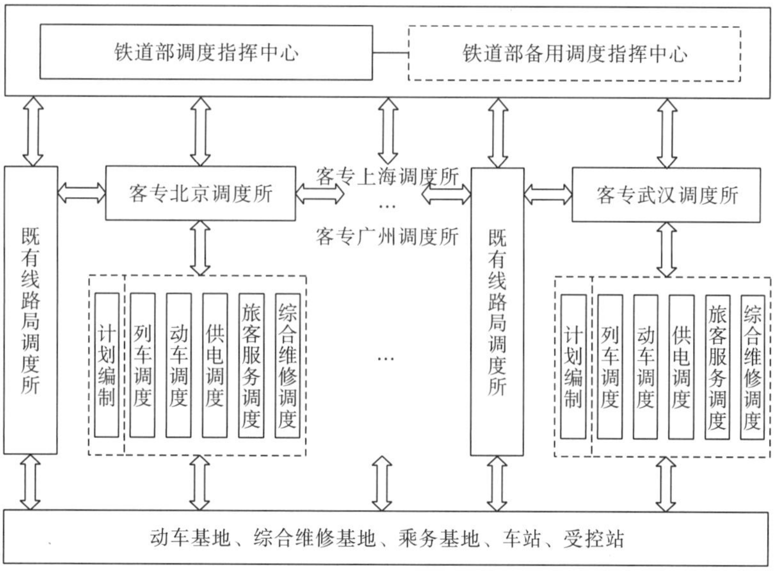

图 2-25　中国高速铁路运营调度系统的机构设置图

铁道部调度指挥中心负责对各客运专线调度所进行直接管理，合理调配客运专线运力资源；协调客运专线间、客运专线与既有线间的运输工作；对客运专线的安全生产情况进行监督；作为各客运专线调度所的备用中心，必要时接管指定调度所的指挥权，直接负责客运专线的调度指挥。

客运专线调度所主要负责在铁道部调度指挥中心的领导下，对管辖范围内的客运专线列车运行进行集中调度指挥；对管辖范围内运力资源进行统一安排和调配；负责客运专线日常运输生产，掌握重点列车的运行；对客运专线的安全生产情况进行监督；当发生自然灾害、行车事故时，指挥灾害、事故的处理，对客运专线运行秩序产生重大影响时，领导、协调制定列车运行调整方案。

车站、供电被控站、动车基地（运用所）、乘务基地、综合维修基地（综合维修工区）这些基层站段位于最底层，对现场的调度指挥是由它们依据调度所计划编制部门编制的实施计划实现的。

（1）调度台设置。

高速铁路综合调度中心应该设计划调度台、列车调度台、动车底调度台、电力调度台、综合维修调度台、旅客服务调度台、防灾安全监控台。

（2）运营调度系统的功能设置。

运营调度系统集成了七大功能，分别为计划编制、运行管理、车辆管理、供电管理、旅客服务、综合维修和客货营销（图 2-26）。

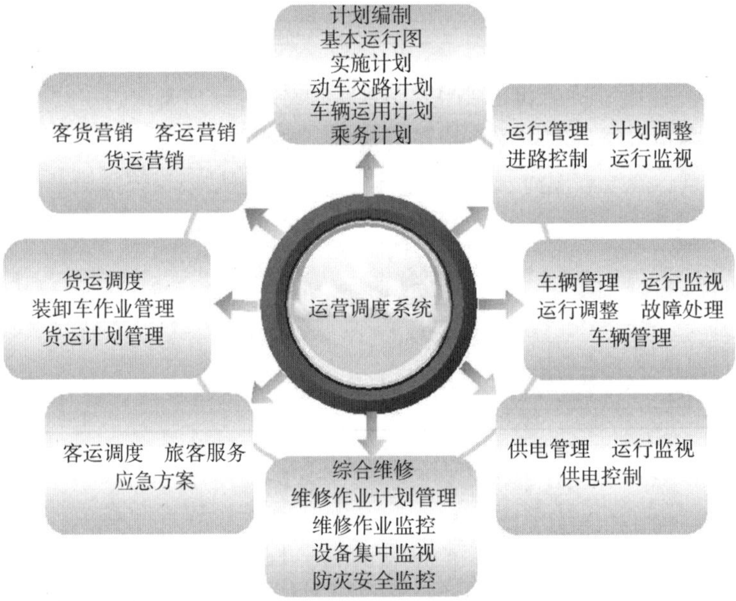

图 2-26 运营调度系统功能图

七大功能之中，客运专线运营调度系统是以运输计划为龙头，以列车运行调度为核心，综合行车、动车、工务、电力、电务、旅客服务、维修检测、安全监控等为一体的综合系统。它通过运用计算机、通信网络等技术、设备，使铁路运输生产及管理人员准确地了解和掌握客运专线铁路的运输生产情况以及存在的问题，以便有针对性地解决问题、组织运输生产。

（3）高速铁路运营调度系统与其他系统的衔接。

高速铁路运营调度系统的接口：在车站、动车基地（所）、维修基地内构建运营调度基层系统，基地内的信息管理系统作为运营调度系统的支撑。

基层的控制系统（如信号系统、供电系统）为整个运输提供基础支撑，信息聚散系统（如客运服务系统、防灾安全监控系统）为整个运输提供决策支撑。

运营调度系统与行车安全密切相关，因此采用独立的业务专网，实施强制保护，在严格可控的前提下，与其他信息系统进行必要的数据交换。运营调度与其他系统的接口见图 2-27。

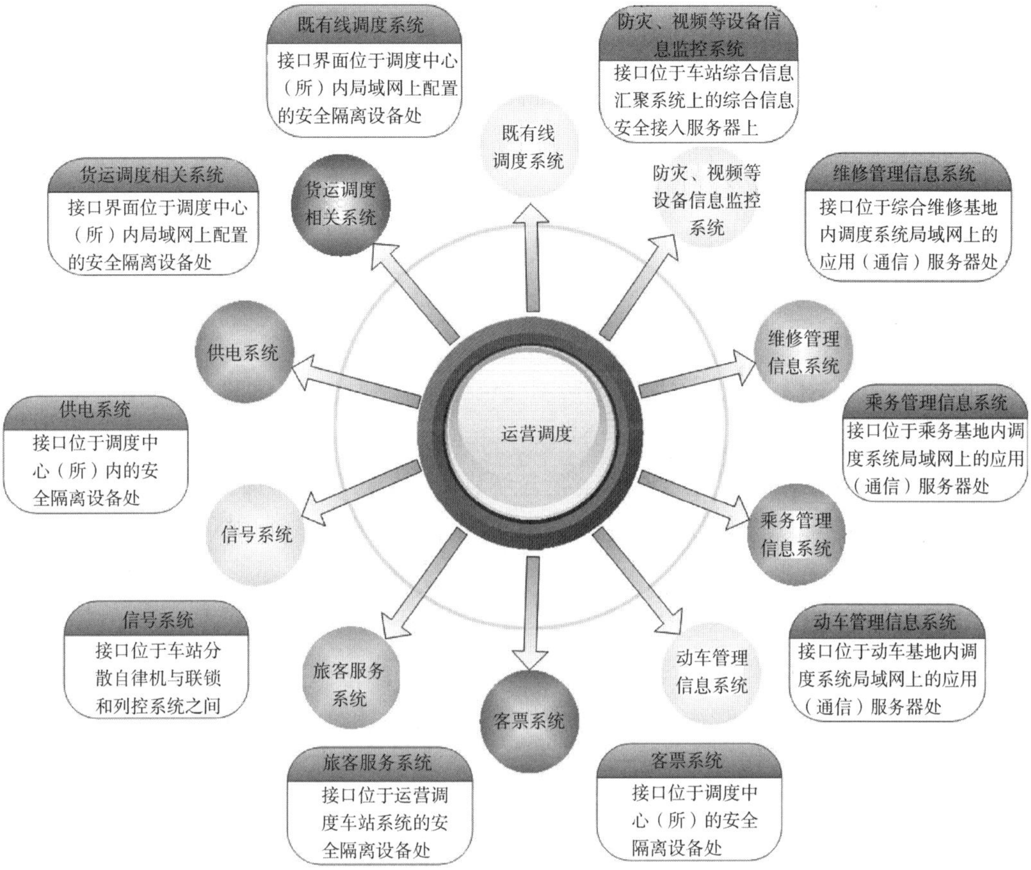

图 2-27　运营调度系统与其他系统接口图

与既有线调度指挥系统的衔接：相对于供电、信号等系统，既有线调度指挥系统与运调系统的衔接更为复杂。

高速铁路运输组织中，不管何种类型的客运专线，都采用多种速度列车混跑的运输组织模式，存在动车组上下高速线的问题，高速铁路运调系统与既有线调度指挥系统应达到无缝衔接的要求。另外，高速线要通过既有线大站枢纽，也会引起高速线和既有线调度指挥的衔接问题。

与大型车站的衔接：除车站值班员外，大型车站还应该设置站调，负责大型车站的调度指挥。

车站站调在组织行车工作时必须坚持集中领导、统一指挥的原则，凡划分车场的车站，车场间接发列（调）车进路互有关联的行车事项，由站调统一指挥，与其他客专、既有线调度所按照局间分界口模式处理。即进入本站管辖范围的所有列车均由本站调度控制，驶出本站管辖范围的列车交给相应的调度所（或车站）控制。

另外，车站调度应能够接受与之相关的各车场的列车运行计划。

2.7 客运服务系统

客运服务是一个涵盖范围很广的概念，包括从购票前的营销到订购票、从旅客到站后的信息引导到困难时对旅客的及时救助、从旅客乘车前的检票到上车后的服务等。全方位运用高科技构建客运服务系统，为旅客提供全程高质量服务，是旅客服务追求的目标。

1）车站服务

车站是乘客出入、集散和乘降的场所。车站服务工作的好坏直接影响乘客的旅行感受。优质、高效、满意的服务可以吸引越来越多的乘客，提高轨道交通方式在市场中的竞争力。

客运站为旅客提供的主要服务包括票务服务、乘降引导服务、候车服务、信息服务、延伸服务以及为特需旅客提供服务。

2）列车服务

在整个客运服务链中，旅客对列车服务环节所提供服务的感受最为看重。列车服务包括乘务人员/列车员、列车广播、信息显示、婴儿护理和儿童活动区域、残障旅客专业设施、车上餐饮、报纸与杂志、车上电话、可调节座椅等。

此外，高速铁路列车还提供如商务办公、充电、返程票购买等便民服务以及一些延伸服务等，为旅客提供方便。

2.8 防灾与救援系统

轨道交通除了要保证车辆、供电、线路、通信、信号等设备安全外，对各种可能发生的灾害（如强风、暴雨、大雪、地震等自然灾害以及塌方落石、异物侵限、列车事故等突发性灾害），都要实施全面监测，建立安全预警系统和紧急救灾系统，科学地预防和应对灾害的突然袭击。

1）防灾原则和对策

根据轨道交通系统对不同灾害的敏感程度，防灾工作可分为考虑多种自然灾害影响的综合防灾和考虑主要自然灾害影响的重点防灾两种情况。一般来讲，高架桥主要考虑防震、防风；隧道主要考虑防火、防洪和防震；路面、路基主要考虑地震作用下的场地效应和防洪；站舍主要考虑防震、防火；车辆主要考虑防风和防火等。

轨道交通系统的基础设施在设计和施工中，就应该充分考虑当地的自然条件和可能发生的重点自然灾害，采取相应等级的技术处理措施，如选用较大的保险系数，提高设计等级或选用适宜的结构体系等。

在容易受到灾害的地方，设置先进的自动报警装置，包括监督装置、报警装置，并应配备专职人员监控，实现预防、监督、报警、善后处理系统化及自动化。

对工作人员加强应急培训，使紧急情况发生时不致发生混乱，并采取适当的方法使损失减少到最小程度。

2）安全警报系统

安全警报系统包括对风灾、地震、暴雨、火灾等的预报与预警。

风灾预警：强风可以引起接触网强烈摆动、翻转，此时如果车辆通过，受电弓和接触网将无法保持应有的几何关系，造成离线放电，甚至刮断接触网和受电弓的支撑机械。此外，作用于列车侧面的强风，将影响列车运行的横向稳定性，尤其是在列车通过曲线时，极有可能造成列车的倾覆。

因此，高速铁路必须设置强风预警系统，提前告知列车注意或不要进入危险区域。由于气象部门只能提供大范围的气象概况，这种粗略的天气形势不能可靠地对具体的形成地段进行预报，铁路沿线需要设置风速探测器。这些探测器一般安装在特大桥梁、车站、变电所以及空旷地带风期长、风力强劲的风口地区。在检测到强风时，需要对列车立即进行管制运行。表 2-1 为京沪高速铁路强风管制的建议。日本新干线也采用了类似的管制规则。

表 2-1　京沪高速铁路强风管制建议

风速/(m/s)	不设挡风墙		设置一定标准的挡风墙
	向曲线外侧	向曲线内侧	
<25	注意观察	列车限速 200 km/h	不加限制
25≤风速<30	列车限速 200 km/h	列车限速 80 km/h	注意观察
30≤风速<35	列车限速 80 km/h	停运	列车限速 200 km/h
≥35	停运	停运	列车限速 80 km/h

地震预警：地震是当今人类所面临的重大自然灾害之一，是一种发生概率小，但危害性大、监测投资高、暂时无法完全预测的一种自然灾害。与国家地震预报作用完全不同的是，铁路地震监测系统的作用是当地震发生后，分析、判断所监测到的地震信号是否对列车运行造成危害。如达到预警水平，将自动切断相关区段接触网电源通过 ATC 信号使本区段上运行的列车停止，并使在相邻区段上运行的列车不再进入地震灾区，达到防止、减轻地震灾害和次生灾害的目的。

高速铁路地震监测系统对系统响应要求极高。由于点信号的传播速度远远大于地震波的传播速度，当强烈地震波首先到达设置于震源中心最近的地震仪后，系统应该在几秒作出综合判断，并发出警报。

日本的地震预警系统，在每间隔 20 km 的变电所中都设置地震仪和强地震仪两种地震仪。当任何一个地震仪有反应时，变电所的电流断路器立即开始动作，切断对供电网的电源供应，同时综合调度控制中心作出自动显示。电源切断后，列车的紧急制动阀启动，使列车自动停车。

暴雨：雨害不像风灾、地震那样具有突发性，它是按积少成多、循序渐进的规律形成灾害的，但破坏力大，影响面宽。根据气象学规定，日雨量分为小雨、中雨、大雨、暴雨四级。暴雨主要是由台风、气旋性涡流引起的强降水，往往是引起洪涝塌方、泥石流的直接原因。连绵阴雨、大面积集中降雨或上游暴雨引起河流陡涨，可能造成河堤决口的危险。河流自山区进入平原后，形成涨冲落淤，洪水宣泄不及，线路易受汛期江河下游大范围洪涝灾害的影响。路基浸水造成线路流坡、沉降、坍塌、变形和路基桥涵等事故。

雨害对线路的危险程度评定方法主要包括以下几种。

(1) 土质调查法。通过取样调查土层的粒度组成、实密度、含水量及比重情况等内容，评定雨害程度。

(2) 统计分析法。根据发生灾害处的地形、地质、环境及发生灾害的降雨量等主要因素，进行统计分析，得出线路危险程度等级评定。

(3) 把降雨量作为唯一潜在的危险因素考虑，比较直观，应用于处理泥石流和滑坡预防方面，已进行了多年研究。

目前，国外多采用基于降雨量为主要依据的监控系统。我国也采用了这种方式，在年降水量大于 200 mm 的地区均装有雨量计，并设置三级降雨量警戒线，实行警戒、限行和停运等行车规则。对于雨害，除了沿线设置的雨量计，在一些必要的地点，如立交桥、隧道口以及可能发生严重坡面破坏的地方，还要增设摄像机、倾斜计、应变计、检测网等传感器，监测路基灾害。

隧道火灾防护：长度在 5 km 以上的隧道内均应装备完善的隧道防火设备，还有专用的通信设备、照明设备和维修用通道。

其他突发性灾害：雪灾是寒冷地区高速铁路需要考虑的自然灾害。如果积雪过高，列车底架黏附积雪，将造成扯下设备损坏。当积雪融化下落时，威胁线路两侧地面设备和引起道砟飞溅，积雪还会影响道岔的正常工作。因此在相关区段应设置降雪计、积雪深度计、自动融雪设备等。

在可能有闲人进入线路范围的路段，可能发生崩塌、落石的路段，公路跨越高速线路、公路并行高速铁路的地方，应设置金属防护网、异物检测网和监视报警系统，以保证线路受侵的信息及时传输到综合调度中心，控制列车的运行。

思考题

(1) 轨道交通的线路是由哪几部分组成？各组成部分的作用是什么？

(2) 铁路机车有哪几种形式？各有何优缺点？

(3) 电气化铁道的组成有哪些部分？

(4) 简述铁路信号的主要作用和类型。

(5) 简述铁路信号和控制系统的组成和特点。

(6) 什么是高速列车的间隔控制和速度控制？

(7) 铁路通信系统未来的发展趋势主要有哪些？

(8) GSM-R 增加了哪些要素使其能满足铁路专用调度通信的要求？

(9) 高速铁路客运服务主要有哪些方面？

(10) 自然环境对轨道交通的影响有哪些？如何应对？

参考文献

李良英. 2012. 高速铁路线路工程. 北京：人民交通出版社.
刘朝英. 2011. 铁路信号概论. 北京：中国铁道出版社.
彭其渊. 2011. 高速铁路调度指挥. 北京：中国铁道出版社.
钱立新. 2010. 图解国外高速铁路. 北京：中国铁道出版社.
钟章队. 2009. 铁路数字移动通信系统应用基础理论. 北京：清华大学出版社.

第 3 章　外部供电电源

3.1　电力系统概述

3.1.1　电力系统结构

电力系统是电力工业的基本形态，它是发电、输电、变电、配电、用电的发电机、变压器、变流器、电力线路及各种用电设备等联系在一起组成的整体。发电机把机械能转化为电能，电能经过变压器、变流器和电力线路输送并分配到用户，经电动机、电炉和电灯等设备又将电能转化为机械能、热能和光能等。如果把发电厂的动力部分，如火电厂的锅炉、汽轮机、热力网和用热设备，水电厂的水轮机和水库，核电厂的核反应堆和汽轮机包括进来就称为“动力系统”。电力系统中除发电机和用电设备外的部分称为“电力网”。所以说电力网是电力系统的一个组成部分，而电力系统又是动力系统的一个组成部分。

现代电力系统都是三相的，但为了简单、清晰，通常将其接线图画成单线图。动力系统、电力系统和电力网如图 3-1 所示。

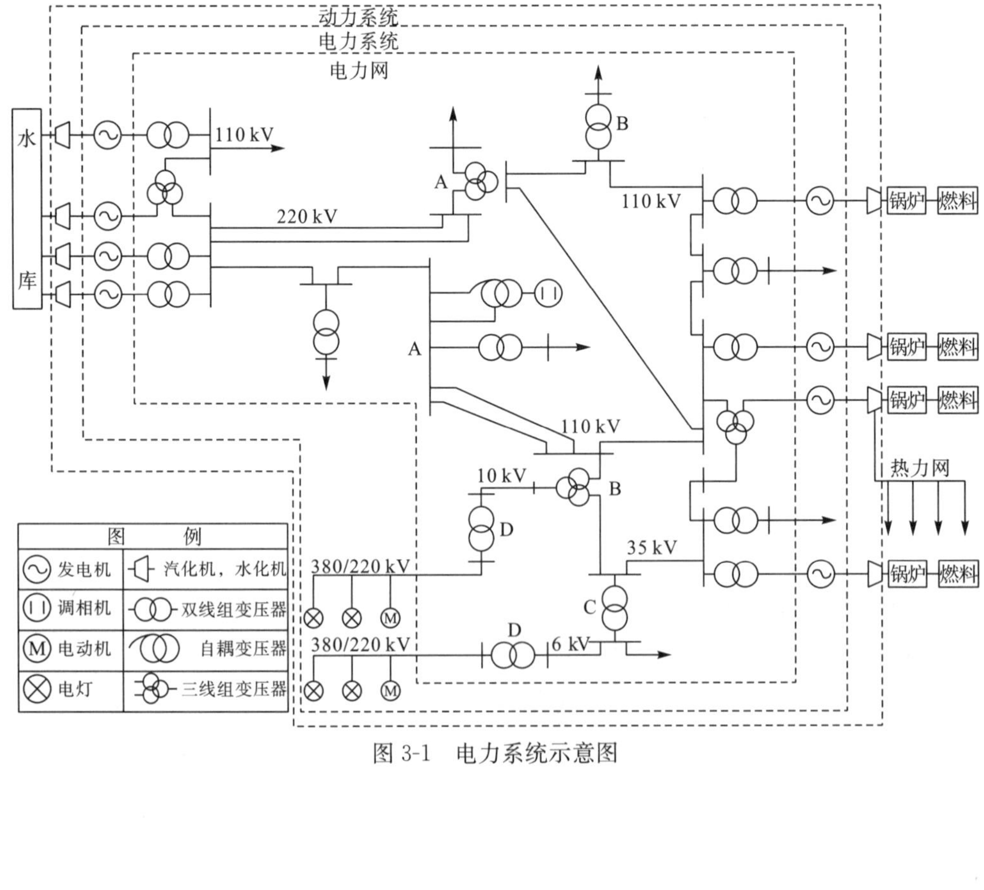

图 3-1　电力系统示意图

一个大的电力网总是由许多子电力网发展、互连而成，因此分层结构是电力网的一大特点。一般的电力网可划分为输电网、二级输电网、高压配电网和低压配电网，如图 3-2 所示。

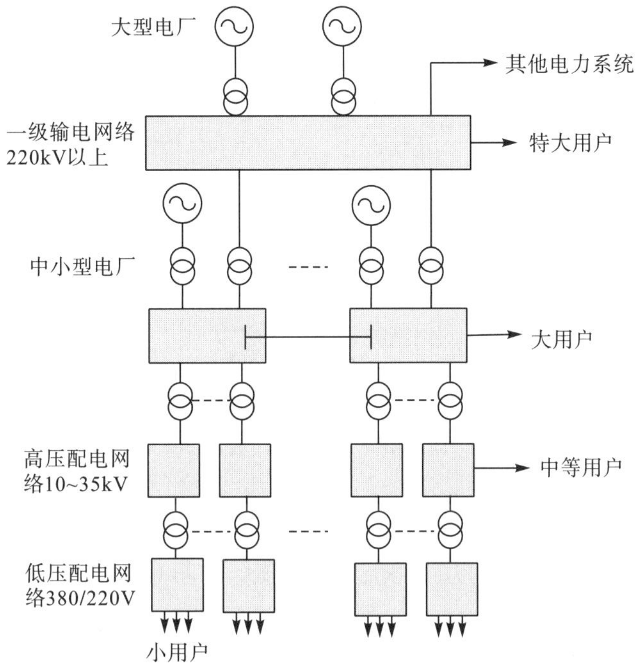

图 3-2 电力网结构

输电网一般由电压为 220 kV 以上的主干电力线路组成，它连接大型发电厂、大容量用户以及相邻子电力网。二级输电网的电压一般为 110～220 kV，它上接输电网，下连高压配电网，是一个区域性的网络，连接区域性的发电厂和大用户。配电网是向中等用户和小用户供电的网络，10～35 kV 的称为高压配电网，1 kV 以下称为低压配电网。

3.1.2 电力系统的额定电压

根据我国国民经济的发展，考虑到技术和经济上的合理性，并使电气设备生产标准化和系列化，我国颁布的三相交流电网和电力设备额定电压的国家标准见表 3-1。

表 3-1 我国三相交流电网和电力设备的额定电压

分类	电网和用电设备额定电压/kV	发电机额定电压/kV	电力变压器额定电压/kV	
			一次绕组	二次绕组
低压	0.22	0.23	0.22	0.23
	0.38	0.40	0.38	0.4
	0.66	0.69	0.66	0.69

续表

分类	电网和用电设备额定电压/kV	发电机额定电压/kV	电力变压器额定电压/kV	
			一次绕组	二次绕组
高压	3	3.15	3 及 3.15	3.15 及 3.3
	6	6.3	6 及 6.3	6.3 及 6.6
	10	10.5	10 及 10.5	10.5 及 11
	—	13.8，15.75，18.20	13.8，15.75，18.20	—
	35	—	35	38.5
	63	—	63	69
	110	—	110	121
	220	—	220	242
	330	—	330	363
	500	—	500	550

（1）电力线路的额定电压。电力线路的额定电压等级是国家根据国民经济发展的需要及电力工业的水平，经全面技术经济分析后确定的，它是确定各类用电设备额定电压的基本依据。

（2）用电设备的额定电压。用电设备运行时，电力线路上要有负荷电流流过，在电力线路上引起电压损耗，造成电力线路上各点电压略有不同，如图 3-3 所示。

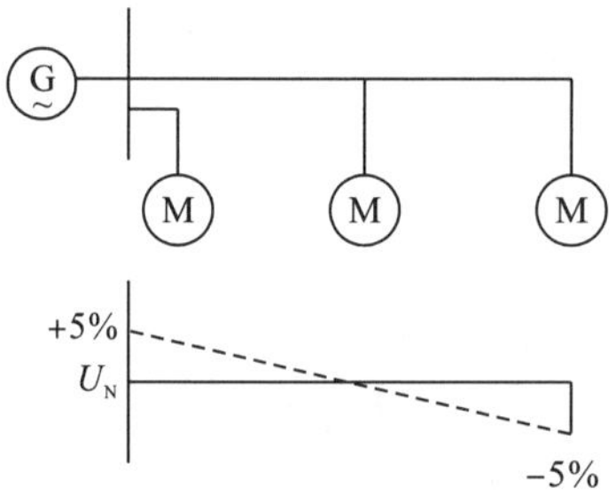

图 3-3 用电设备和发电机的额定电压

（3）发电机的额定电压。由于同一电压的线路允许电压损耗为±5%，即整个线路允许有 10%的电压损耗，所以为了维持线路首端与末端平均电压的额定值，线路首端（电源端）电压应比线路额定电压高 5%，而发电机是接在线路首端的，所以规定发电机的额定电压高于同等级线路额定电压 5%，用以补偿线路上的电压损耗。

（4）电力变压器的额定电压。电力变压器（以下简称为变压器）的额定电压包括一次绕组的额定电压和二次绕组的额定电压。当变压器直接与发电机相连时（图 3-4 中变压器 T1），则其一次绕组的额定电压应与发电机额定电压相同，即高于同级线路额定电压 5%。当变压器不与发电机相连而是连接在线路上时（图 3-4 中变压器 T2），则可将变压器看成是线路上的用电设备，因此其一次绕组额定电压应与线路额定电压相同。

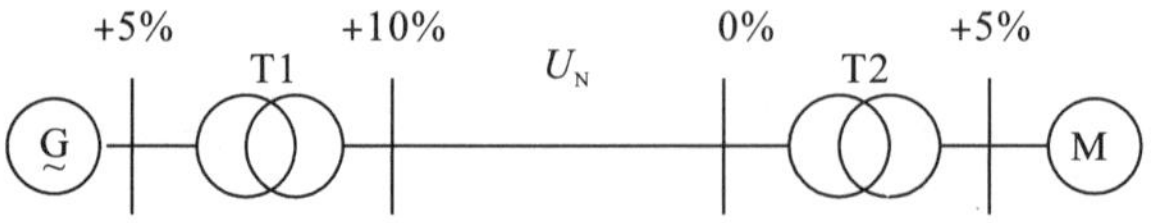

图 3-4 变压器的额定电压

综上所述，在同一电压等级中，电力系统中各个环节（发电机、变压器、电力线路、用电设备）的额定电压数值并不都相同。

3.1.3　电力系统运行要求

由于电能与国民经济各部门及人民日常生活关系密切，同时电能不能大量储存，所以对电力系统运行有以下基本要求。

1）保证供电可靠性

按电力用户的种类及要求供电的连续性，一般将用户分成三级。

一级负荷：若中断供电，将导致人身生命危险，损坏设备，产生大量废品，给国民经济带来重大损失，使公共生活发生混乱。电力牵引负荷属于一级负荷。

二级负荷：若中断供电，会造成大量减产，工业企业内部交通运输停顿，严重影响人民正常生活。

三级负荷：不属于一、二级负荷，停电影响不大的其他负荷。

一级负荷应由两个独立电源供电，其中任一电源容量都应在另一电源发生故障时，保证一级负荷的全部电力供应；在无法得到两个独立电源的情况下，应保证两路线路来自同一电源的不同母线，如电气化铁路的“双 T”供电方式。对二级负荷一般用电源加备用电源供电，备用电源比电源低一个电压等级。三级负荷一般由单回路供电。

2）保证良好电能质量

主要的电能质量指标是频率、电压及波形。

频率：我国额定频率为 50Hz，GB/T15945—2008《电能质量 电力系统频率偏差》规定电力系统正常运行条件下频率偏差限值为±0.2 Hz。当系统容量较小时，偏差限值可以放宽到±0.5 Hz。

电压：GB/T12325—2008《电能质量 供电电压偏差》要求 35 kV 及以上供电电压正、负偏差绝对值之和不超过标称电压的 10%。

波形：GB/T14549—1993《电能质量 公用电网谐波》给出了各级供电电压下，电网公共连接点电压波形畸变率限值和注入公共连接点的谐波电流允许值。

3.1.4　电力系统元件参数和短路容量

发电机、变压器和输电线是构成电力系统的主要元件。各元件的等值电路及其参数计算是分析电力系统及牵引供电系统的基础。

1）发电机

厂家提供的发电机参数通常有额定（线）电压 U_N（kV）、三相额定容量 S_N（MVA）及次暂态电抗的标幺值 $X''_G\%$。则发电机电抗的有名值为

$$X''_G = \frac{X''_G\%}{100} \cdot \frac{U_N^2}{S_N}\ (\Omega) \tag{3-1}$$

2）变压器

双绕组变压器等值电路如图 3-5 所示。

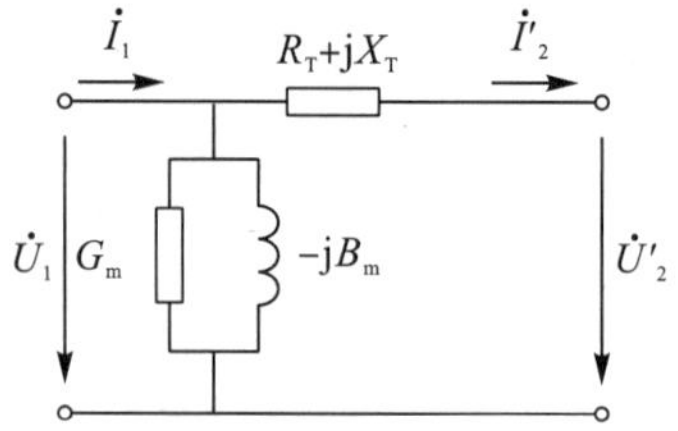

图 3-5　双绕组变压器等值电路

已知的变压器参数一般为额定容量 S_N（MVA），额定线电压 U_N（kV），以及短路电压百分比 $U_d\%$，空载电流百分值 $I_0\%$和三相有功空载损耗 P_0（kW），短路损耗功率 P_k（kW），则变压器短路电抗和电阻分别为

$$X_T = \frac{U_d\%}{100} \cdot \frac{U_N^2}{S_N}\ (\Omega)$$

$$R_T = \frac{P_k}{1000} \cdot \frac{U_N^2}{S_N^2}\ (\Omega) \tag{3-2}$$

并联电导和电纳分别为

$$G_m = \frac{P_0}{U_N^2} \times 10^{-3}\ (\text{S})$$

$$B_m = \frac{I_0\%}{100} \cdot \frac{S_N}{U_N^2}\ (\text{S}) \tag{3-3}$$

由于 R_T、G_m、B_m 的值均相对很小，故变压器表现出的主要是短路电抗 X_T，即电抗部分。在不影响计算精确度的情况下可仅计及 X_T 的值。

3）输电线

通常给出的参数为每千米电抗 z（Ω/km），电网线电压 U_N（kV），线路长度 L（km），即输电线阻抗参数为

$$Z = z \cdot L\ (\Omega) \tag{3-4}$$

在需要涉及对地导纳时，要将大地的影响考虑进去。如果需要建立更加精确的模型则还需要考虑分布参数。

4）电力系统短路容量

电力系统短路容量是选择牵引变电所一次侧电气设备所必需的，它也是估计电力系统负荷能力的重要依据。

将电力系统元件的电抗归算到同一基准电压 U_B 和基准容量 S_B 后，便可以应用等效发电机原理将网络化简，得出电力系统到牵引变电所进线点的总电抗标幺值 $X_{*\Sigma}$，电力系统在牵引变电所进线点的三相短路容量为

$$S_{SC} = \frac{S_B}{X_{*\Sigma}}\ (\text{MVA}) \tag{3-5}$$

反过来，在已知系统短路容量的情况下，从牵引变电所看进电力系统的总电抗标幺值为

$$X_{*\Sigma}=\frac{S_B}{S_{SC}} \tag{3-6}$$

有名值为

$$X_{\Sigma}=\frac{U_B^2}{S_{SC}}\ (\Omega) \tag{3-7}$$

电力系统的短路容量同电力系统的发电容量有关，还同负载中心所在地点有关。一般电力系统的发电容量越大，短路容量越大；负载中心距离电力系统电源越远，短路容量越小。

5）电力系统数学模型

在已知电力系统各元件参数和等值电路的基础上，按照它们的电气连接关系互连起来，便构成了电力系统的等值电路。但这时存在一个电压等级的归算问题，因为每一个元件在不同电压等级下所显现的电气参数值是不同的，所以不同电压等级的等值电路不能直接连接，必须归算到同一电压等级下进行分析。

可按下列公式进行归算：

$$X=X'(K_1\cdot K_2\cdots K_n)^2 \tag{3-8}$$

$$U=U'(K_1\cdot K_2\cdots K_n) \tag{3-9}$$

$$I=I'/(K_1\cdot K_2\cdots K_n) \tag{3-10}$$

式中，X'、U'、I'为归算前的值；X、U、I 为归算后的值；K_1、K_2、…、K_n 为基准级与待归算级之间所有变压器变比。

3.2　电气化铁路外部供电电源

牵引供电系统的外部电源来自国家公用电网，电气化铁路的供电是在铁路沿线建立若干个牵引变电所，将 110 kV 或 220 kV 进线电压经牵引变压器降为 27.5 kV 后通过牵引网向电力机车/动车组供电。电力机车/动车组采用 25 kV 单相工频交流电压，经全波整流后驱动直流牵引电动机，或经交—直—交变换驱动异步电动机。

我国电气化铁路普遍采用 110 kV 进线，沿用了 40 多年。近年来，情况有了很大的变化。一方面，电力部门在电网建设和改造上取得了巨大的成就；110kV 电网已由省级调度下放到地、县级，向高压配电网转化；作为主干通道的 220kV 电网的建设得到加强；电力部门对电能质量问题越来越重视，对用户提出了严格要求。另一方面，电气化铁路的发展有目共睹，目前我国电气化铁路运营里程已达到近 5 万 km，牵引变压器安装容量可达 40～75 MVA 甚至更高，对电力系统供电能力要求大大提高。因此铁道部门和电力部门相关专家提出了电铁采用 220 kV 进线的方案并进行了论证。优先推荐 220 kV 供电方案主要基于以下几点。

（1）220 kV 的供电可靠性高于 110 kV 电压等级，与高速铁路的高可靠性相匹配。

（2）220 kV 的供电电压水平要求更高。

（3）大量新建的高速铁路全部采用最先进的交—直—交动车组，功率因数极高，谐波含量极低，不再对电网构成威胁。

但是，应该指出的是，若牵引变电所采用 220 kV 进线，由于公共连接点的电压畸变率、电压不平衡度、电压波动与短路容量成反比，且 220 kV 母线的短路容量一般较 110 kV 高，虽然理论上可以使电压总谐波畸变率和三相电压不平衡度降低，但实际上牵引供电系统本身并没有削减任何谐波和负序电流，只是改变了谐波和负序电流在电力系统中的分配和流动方式，谐波和负序电流依然存在于电力系统中。同时，牵引变电所采用 220 kV 进线会使变电所的造价有所增加。

因此，牵引变电所具体以哪一级电压等级接入，应根据送电容量、送电距离以及负荷性质等，结合沿线电网的具体情况来进行科学的论证。

3.2.1 电力系统供电方式

电力系统供电方式又称一次侧供电方式或电气化铁路外部供电方式。《TB10005—2005 铁路电力牵引供电设计规范》规定：电力牵引为一级负荷，牵引变电所应有两路电源供电；当任一路故障时，另一路应能正常供电。其中两路电源可来自不同的地区变电站或同一地区变电站的不同母线或母线分段。原边系统的供电方式以保证供电可靠性为原则，同时注意电源容量及经济性。电力系统的供电方式主要有以下几种。

1）环形供电

如图 3-6 所示，环形供电使牵引变电所在高压侧与电力系统连成环形网。这种供电方式的优点是供电可靠性好，任一输电线或电源故障都不影响牵引变电所的正常供电。但因牵引变电所高压侧的进出线多，开关也多，会使成本增加。

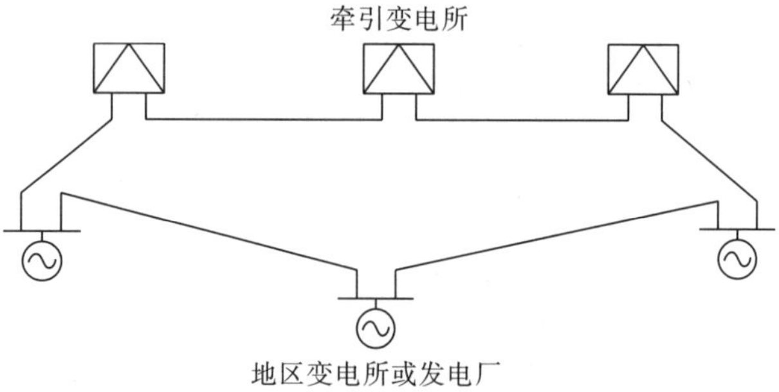

图 3-6 环形供电

2）双侧供电

采用双侧供电方式时电源来自电力系统的两个地区变电站，给铁路供电的输电线是联络这两个地区变电站的通路。根据可靠性的要求及实际情况，双侧供电可分为如图 3-7 所示的双路输电线和单路输电线两种类型。但不论哪种类型，各路输电线的容量应不少于相关牵引变电所容量之和。

（a）双路输电线路的双侧供电 （b）单路输电线路的双侧供电

图 3-7 双侧供电

很明显，由于单路输电线方式比双路输电线方式节省了输电线及在牵引变电所高压侧的进出开关，所以，投资要省，但是可靠性也同时降低，不过一输电线或一电源分别故障仍不会导致牵引变电所失电。双路输电线方式比单路输电线方式可靠性更好。

3）单侧供电

单侧供电是由一个地区变电站给数个牵引变电所供电，为保证供电可靠性，应采用双路（或双回）输电线，如图 3-8 所示。

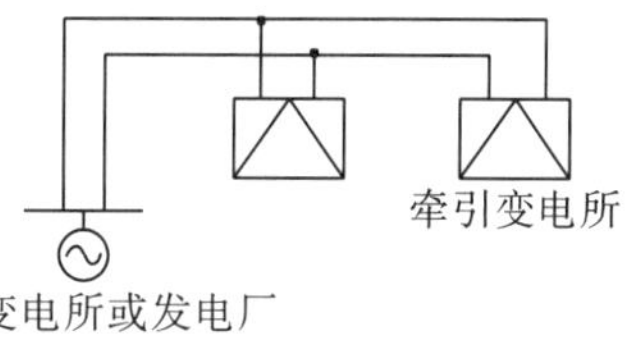

图 3-8　单侧供电

单侧供电方式的可靠性一般比双侧供电方式和环形供电方式要差些，而投资却不会比环形供电方式和单路输电线双侧供电方式少。

当给铁路供电的输电线路不负担其他用电时，常称这种供电网为铁路专用线。当铁路专用线较长时，为缩小高压侧输电线的故障范围，可选择征地或其他适当位置设置牵引变电所，在进线处进行分段，这时称该处为支柱牵引变电所。

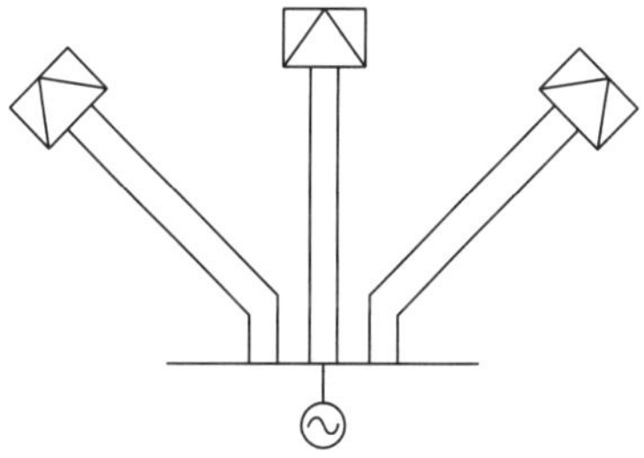

图 3-9　放射供电

4）放射供电

当各牵引变电所离开电源差不多等距并且比单边供电更经济时，可采用放射供电方式，如图 3-9 所示。

应当指出，国内现行电网模式中，有更高一级电网时，往往不再使低一级电网结环运行。因此，在目前 220 kV 及更高电压系统逐步形成的情况下，当采用 110 kV 系统给铁路牵引供电时，较少采用环形、双侧供电等方式，而多用单侧供电方式或带有备用开关的双侧供电方式及放射供电方式等。

3.2.2　电源供电能力与电气化铁路运行可靠性

1）电源供电能力

外部供电电源能力，即供电容量，一般用短路容量来衡量。短路容量是指三相短路时系统等效电源供给短路点处的容量。

把电力系统元件的电抗归算到统一的基准容量后，便可以应用等效发电机原理将网络化简，得出电力系统到牵引变电所进线点的总电抗标幺值 $X_{*\Sigma}$。电力系统在牵引变电所进线点短路时的短路容量为

$$S_d = \frac{S_j}{X_{*\Sigma}} \tag{3-11}$$

式中，S_j 为基准容量，MVA；$X_{*\Sigma}$ 为电力系统的等效电抗标幺值。

电力系统的短路容量，是选择牵引变电所牵引变压器与开关等电力设备所必需的重要参数，同时也是估计电力系统负荷能力的重要依据。电力系统的短路容量同电力系统的发电容量有关，还同负载点所在地点有关。一般电力系统的发电容量越大，短路容量越大；负载点距离电力系统电源越近，短路容量也越大。

$$X_* = X\frac{S_j}{U_j^2} \tag{3-12}$$

式中，X 为线路实际阻抗；U_j 为线路电压基准值。

由式（3-12）可知，输电线阻抗同电压平方成反比。因而提高输电线的电压等级，可提高电力系统的短路容量。电气化铁路主要采用 110 kV 及以上电力系统供电，110 kV 及以上电力系统输送能力与输送距离如表 3-2 所示。

表 3-2 110 kV 及以上电力系统输送能力与输送距离

额定电压/kV	输送容量/MW	输送距离/km	适用范围
110	10～50	50～150	省区级配电网、联合输电网
220	100～500	100～300	省区级配电网
330	200～1500	200～600	省区级配电网、联合输电网
500	2000～2500	150～850	省区级配电网、联合输电网
750	2000～2500	500 以上	联合输电网

2）电气化铁路运行可靠性

中断用户供电，会使生产停顿、生活混乱，甚至危及人身和设备安全，给国民经济和社会生活造成极大损失。停电给国民经济造成的损失远远超过电力系统少售电量造成的损失。因此，电力系统运行的首要任务是满足用户对供电可靠性的要求。

电气化铁路是电力系统一种特殊的重要负荷。为了保证对电气化铁路的不间断供电，针对外部供电电源，首先要考虑牵引变电所供电的可靠性，即尽可能设置备用电源或实现环形及双侧供电；其次要使电功率的损耗小，并尽可能减少投资。从供电的可靠性出发，牵引变电所应尽量采用环形供电或两侧供电。但是如果牵引变电所不能从两侧取得电源时，也可以采用一侧供电方式，但必须设双回路输电线以保证供电的可靠性。当这两回输电线路连接到同一变电站时，这两回输电线路须接至不同的分段母线上。

由于高速、重载电气化铁路电牵引负荷波动剧烈，对系统的负序影响也将更加严重，所以应尽量增大牵引变电所受电点处的短路容量，减小该处的三相电压不平衡程度和对其他负荷的负序影响。在高速、重载铁路使用交－直型电力机车时，还存在对电力系统的谐波影响问题。同样，为减小电压畸变，应选择尽量大的短路容量。在实际工程中，受电网接线、投资等因素影响，不可能无限制地提高系统的短路容量，不过也没有这个必要。

3.2.3 国外高速铁路外部供电电源概况

除德国及周边少数国家外，世界各国几乎都采用工频、单相、交流、接触网额定电压为 25 kV 的供电制式。高速铁路负荷电流大，对电力系统的不平衡影响大，可靠性要求高，国外牵引供电系统都尽量采用较高的供电电压，大部分从 220 kV 或以上的电力系统供电，个别采用 132 kV 或 154 kV 时，也都要求系统有较大的短路容量。其中，日本采用 154 kV 和 275 kV 两种电压等级，法国采用 225 kV 和 400 kV 两种电压等级，西班牙采用 132 kV、220 kV 和 400 kV 三种电压等级。世界主要高速铁路供电电源电压等级汇总见表 3-3。

表 3-3　世界主要高速铁路供电电源电压等级

国名	序号	铁路名称	最高速度/(km/h)	供电电压/kV	附注
日本	1	东海道新干线	300	275	个别站 154 kV
	2	山阳新干线	300	275	个别站 154 kV
	3	北陆新干线	300	275	—
	4	东北新干线	260	275	个别站 154 kV
	5	上越新干线	275	275	—
法国	1	巴黎—里昂	300	225	1 个站 400 kV
	2	巴黎—图尔	300	225	1 个站 400 kV
	3	巴黎—加莱	300	225	—1 个站 400 kV
	4	里昂—瓦朗斯	300	225	—
	5	瓦朗斯—马赛	350	225	—
	6	巴黎—斯特拉斯堡	350	225	1 个站 400 kV
西班牙	1	马德里—塞维利亚	250	220	3 个站 132 kV，短路容量不小于 2000 MVA
	2	马德里—巴塞罗那	350	400	3 个站 220 kV
德国	德国高速铁路最高速度为 330 km/h，采用由铁路自建电网供电和公用电网供电两种形式；供电制式为 15 kV、16 $\frac{2}{3}$ Hz，采用独特的同相供电方式，牵引所间隔约为普通不同相供电方式的 1/3；牵引站外部电源采用 110 kV，系统短路容量不小于 1000 MVA				

结合国外先进经验和本章前面的分析，我国客运专线、高速铁路及重载铁路因其高可靠性要求及采用交—直—交牵引在无功补偿、消除谐波等方面的巨大进步，其供电电源电压等级宜为 220 kV。

3.3　城市轨道交通外部供电电源

城市轨道交通供电系统的外部电源（含牵引用电负荷）一般均取自城市的公用电网。城市轨道交通用电负荷一般列为一级负荷，属于重要用电负荷，而且容量较大。既有城市公用电网的中压网络（10 kV、20 kV 或者 35 kV）一般都没有足够的预留容量和出线间隔，因此可在进行城市轨道交通线网规划时直接从公用电网中引入至少两路独立 110 kV 电源。在进行具体线路设计时，本着经济、合理、安全、可靠的原则，在条件许可的情况下也可以沿着线路直接从城市公用中压网络中取得两路独立的电源。外部电源引入的电压等级和方式直接决定了供电系统的供电方式：集中供电、分散供电和混合供电。

3.3.1　集中供电方式

从城市公用电网中引入至少两路独立 110 kV 电源作为其外部电源，城市轨道交通供电系统中压网络自成系统。根据中压网络的等级可以分为三级电压制和两级电压制，结构示意图如图 3-10 和图 3-11 所示。

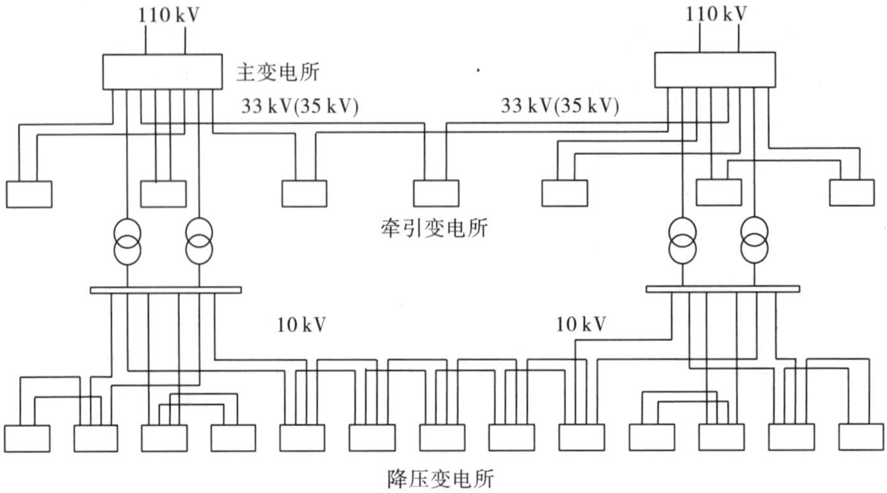

图 3-10　三级电压制集中供电方式结构示意图

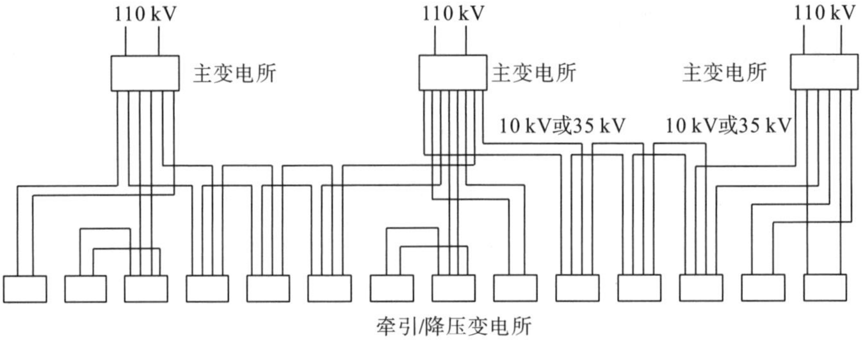

图 3-11　两级电压制集中供电方式结构示意图

三级电压制是将牵引变电所的供电和降压变电所的供电从电气上分开。牵引变电所采用 35 kV（33 kV）电压供电，另设若干个 35(33)/10 kV 中心降压变电所，中心降压变电所采用 10 kV 电压等级向全线降压变电所供电。牵引变电所 35 kV(33 kV）侧单母线接线，基本上以两个牵引变电所为一个单元分组，每个单元中的两个牵引变电所从主变电所（图 3-10）或 35 kV 开关站的不同 35 kV 母线或不同的主变电所分别引入一回电源，两个牵引变电所之间又设联络电缆，作为备用电源，互为备用。

两级电压制是牵引降压混合变电所和降压所均由 35 kV 电源供电，变电所高压侧单母线分段。考虑供电的可靠性和继电保护配置，全线变电所分为若干个供电分区，每个分区由 3～4 个车站的牵引降压混合变电所或降压变电所组成。每个供电分区由一个降压变电所或牵引降压混合所直接从主变电所引入两路电源，其余变电所（跟随式降压变电所除外）采取环接形式从相邻变电所引入两回 35 kV 电源。在新建线路工程中，如广州、深圳、南京、西安等城市的轨道交通中均采用两级电压制。

在早期建设的轨道交通线路，由于受到技术经济的限制采用了三级电压制，但是随着 35 kV 中压开关柜技术的发展，新建线路的城市轨道交通供电系统中压网络一般采用两级电压制，这样不仅可以简化供电网络的结构，便于运营管理而且可以节省投资。目前上海城轨 1、2 号线、明珠一期、二期采用的是三级电压制；广州城轨 1、2 号线、正在建设的深圳城轨、南京城轨等线的供电系统采用的是两级电压制。

3.3.2　分散供电方式

分散供电方式是根据城市轨道交通供电系统的需要，在城市轨道交通沿线直接由城市公用电网引入多路中压（10 kV 或者 20 kV 或者 35 kV）电源，结构示意图如图 3-12 所示。在我国城市中压网络以 10 kV 电压等级居多。分散供电方式充分利用城市既有的中压网络资源，可有效降低轨道交通供电系统的投资；但是供电系统运营管理较为繁琐。即将建设的沈阳城轨和北京城轨 5 号线均采用分散供电方式。

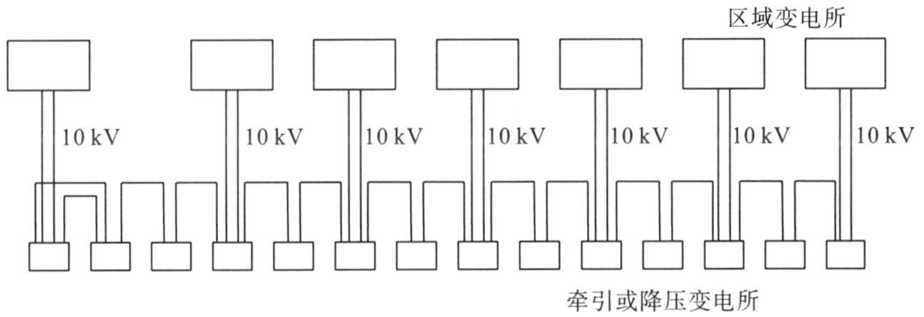

图 3-12　分散供电方式

3.3.3　混合供电方式

混合供电方式即前两种供电方式的结合，以集中供电方式为主、个别地段引入城市公用中压电网电源作为集中供电方式的补充，降低轨道交通供电系统投资，提高社会公共电力资源的利用率。北京城轨 1 号线和环线即为此种供电方式。

3.3.4　三种供电方式的比较

当采用集中供电方式时，设主变电所，需从城市公用电网中引入两路可靠电源（一般为 110 kV 或 35 kV 电压等级）。

当采用分散供电方式时，不设主变电所，各牵引变电所、降压变电所分别由城市轨道交通沿线电网就近接引两路相互独立的 35 kV 或 10 kV 电源供电。

混合供电方式是前两种供电方式的结合，一般是以集中供电方式为主，个别区段的牵引或降压变电所直接引入城市公用电网电源作为集中供电方式的补充。

与分散供电方式相比，集中供电方式具有以下优点。

（1）可靠性高，便于集中统一调度和集中管理。

（2）施工方便，维护容易，电缆敷设径路比较好走。在城市轨道交通地下部分，电缆可沿隧道内壁上的支架敷设，在高架区段，电缆可沿线路两侧的支架敷设，不存在另选径路开挖的问题，可以节省投资，方便电缆的维护保养。

(3) 抑制谐波的效果较好。城市轨道交通系统是直流牵引供电系统，其牵引整流系统是较大的谐波源，为减小谐波对电网的影响和危害，一是采用较高脉波（24 脉波）整流机组，二是选用较高电压（110 kV）的电源，因为大容量、高电压电网的承受能力强，而且有利于集中采取高次谐波防治措施。

(4) 计费方便、简单。采用 110 kV 电压集中供电方式，运行管理单位与电业部门的电度计费在主变电所设总计量即可，不必在各变电所分别计量、汇总，计费方便、简单。

总之，由于城市轨道交通的供电系统与城市电网的分布密切相关。因此设计时应根据城市电网的结构和城市轨道交通的具体情况，选用技术经济性最佳的供电方式。

思考题

(1) 请说明对电气化铁路外部电源采用 220 kV 电压等级供电的认识。

(2) 请从技术和经济两方面对城市轨道交通外部电源的三种供电方式进行分析。

参 考 文 献

韩祯祥. 2005. 电力系统分析. 第 3 版. 杭州：浙江大学出版社.

李群湛，贺建闽，解绍锋. 2011. 电气化铁路电能质量分析与控制. 成都：西南交通大学出版社.

李群湛. 2012. 牵引供电系统分析. 成都：西南交通大学出版社.

于松伟，杨兴山，韩连祥，张巍 . 2008. 城市轨道交通供电系统设计原理与应用 . 成都：西南交通大学出版社.

第 4 章　交直流牵引变电所

轨道交通牵引供电系统是向电力机车/动车组供给电能的系统，主要由牵引变电所和牵引网组成。牵引变电所将公用电网送来的电能进行降压、变相或变频后输送给牵引网，以供给沿线路行驶的电力机车/动车组。

牵引供电系统主要分为交流牵引供电系统和直流牵引供电系统两大类。我国电气化铁路普遍采用交流牵引供电系统，城市轨道交通普遍采用直流牵引供电系统。因此本章主要介绍交、直流牵引变电所。

4.1　交流牵引变电所

4.1.1　电气主接线

牵引变电所（含开闭所）的电气主接线，是指由牵引变压器、高压电器和设备等各种电气元件和连接导线所组成的接受和分配电能的电路。用规定的设备文字符号和图形代表上述电气设备、导线，并根据它们的作用和运行操作次序，按一定要求连接的单线或三线接线图，称为电气主接线图。它不仅标明各主要设备的规格、数量，而且反映各设备的连接方式和各电气回路间的相互关系，从而构成牵引变电所电气部分主系统。

电气主接线应满足下列基本要求。

(1) 应保证电力牵引负荷，运输用动力、信号负荷安全、可靠供电的需要和电能质量。

(2) 具有必要的运行灵活性，使检修维护安全方便。

(3) 应有较好的经济性，力求减少投资和运行费用（维修与能耗费）。

(4) 应力求接线简洁明了，并有发展和扩建余地。

牵引变电所主接线基本形式包括单母线接线、双母线接线、桥形接线、单元接线和分支接线。下面分别进行简要介绍。

1) 单母线接线

单母线接线包括不分段的单母线接线、分段的单母线接线、带旁路母线的单母线接线。

不分段的单母线接线如图 4-1 所示。图中用

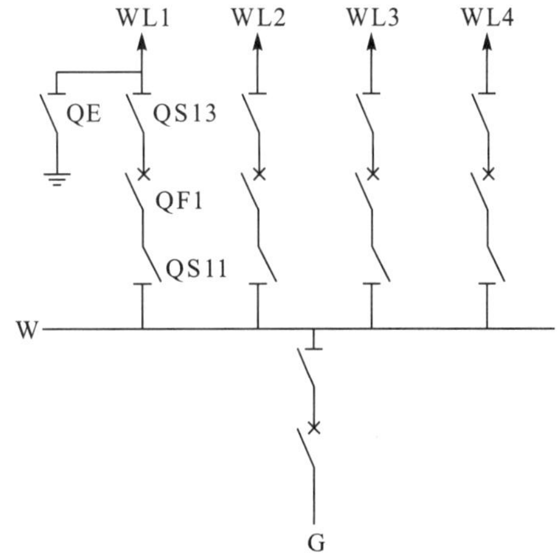

图 4-1　不分段的单母线接线

G—电源（发电机或变压器）进线；QF—断路器；W—母线；QS—隔离开关；QE—接地开关；WL—出线（输电线路）

单线图代表三相，进线是电源，出线指线路，进线和出线统称为回路。

不分段的单母线接线特点：接线简单、设备少、配电装置费用低、经济性好并能满足一定的可靠性；每回路设有断路器，可以切断负荷电流或故障电流；任一出线可从电源回路取得电能，不致因运行方式的不同而造成相互影响；检修母线和与母线连接的隔离开关时，将造成全部停电，母线发生故障，将使全部电源回路断开，待修复后才能恢复供电；检修任一出线及其断路器时，仅该回路停电，其他回路不受影响，检修进线及其断路器时，全部停电。

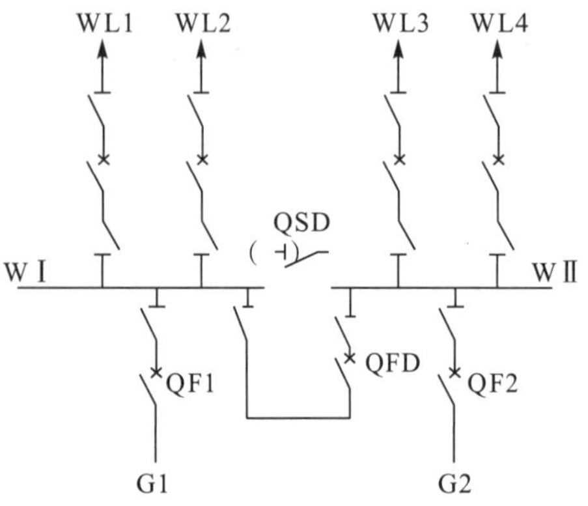

图 4-2 分段的单母线接线

分段的单母线接线如图 4-2 所示。图中断路器 QFD（或隔离开关 QSD）起母线分段作用，故称为分段断路器（或分段隔离开关）。与不分段的单母线接线比较，提高了供电可靠性和灵活性，表现在：两母线段可以并列运行（分段断路器 QFD 闭合），也可分裂运行（分段断路器断开）；重要用户可以用双回路接于不同母线段，保证不间断供电；任一段母线或母线隔离开关检修，只停电该段，其他段可继续供电，减小了停电范围；对于用分段断路器 QFD 分段，如果 QFD 处于闭合运行状态，当某段母线发生故障时，继电保护使 QFD 及故障段电源回路的断路器自动断开，只停电该段，如果 QFD 处于断开运行状态，当某段电源回路故障而使其断路器断开时，备用电源自动投入装置使 QFD 自动闭合，可保证全部的出线继续供电；对于用分段隔离开关 QSD 分段，即 QSD 处于闭合工作状态，当某段母线故障时将造成全部停电，拉开分段隔离开关 QSD 后，非故障段母线即可恢复供电。

分段的单母线接线缺点：增加了分段设备的投入和占地面积；某段母线故障或检修仍然有停电问题；某回路的断路器检修，该回路停电；扩建时，需向两端均衡扩建。

单母线分段带专用旁路断路器的旁路母线接线如图 4-3 所示。接线中设有旁路母线 WP、旁路断路器 QFP 及母线旁路隔离开关 QSPⅠ、QSPⅡ、QSPP，此外在各出线回路的线路隔离开关的外侧都装有旁路隔离开关 QSP1 和 QSP2，使旁路母线能与各出线回路连接。

在正常运行时，旁路断路器 QFP 以及各出线回路上的旁路隔离开关都是断开的，旁路母线 WP 不带电。通常旁路断路器两侧隔离开关处于合闸状态，即 QSPP 处于合闸状态，而 QSPⅠ、QSPⅡ二者之一是合闸状态，另一台是开断状态。

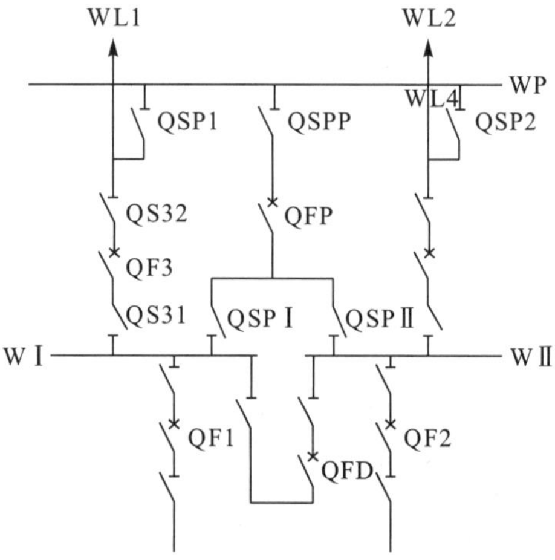

图 4-3 单母线分段带专用旁路断路器的旁路母线接线

这种接线大大提高了供电的可靠性，但增

加了一台旁路断路器的投资。

2）双母线接线

双母线接线设有两套母线，可以互为备用，如图 4-4 所示。两套母线通过母线联络断路器（简称母联断路器）QFC 连接起来，每路电源或出线经断路器后用两台隔离开关分别与两套母线相连接。正常运行时，如母线 W1 工作，则所有回路与 W1 连接的隔离开关闭合，而与 W2 连接的所有隔离开关断开，母联断路器 QFC 打开。

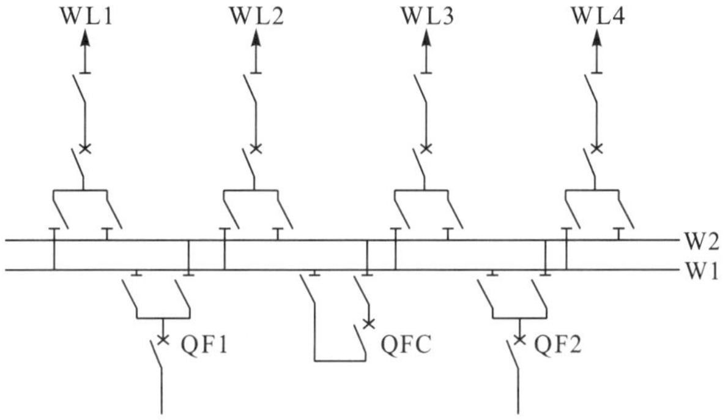

图 4-4　双母线接线

双母线接线特点：由于它比单母线接线增加了一套备用母线，故当工作母线发生短路故障时，可将全部回路迅速转换到由备用母线供电，缩短停电时间；检修母线时可倒换到由另一套母线工作而不中断供电，修理任一回路的母线隔离开关时，只需使本回路停电；无备用断路器情况下，检修任一断路器时，可通过一定的转换操作，用母联断路器代替被检修断路器，而停电时间很短。

3）桥形接线

当只有两条线路和两台主变压器时，常在线路间采用横向的桥断路器进行连接，即构成桥形接线，如图 4-5 所示。

桥形接线按中间横向桥接断路器的位置不同而分为内桥接线和外桥接线两种，分别如图 4-5（a）、（b）所示。前者的桥断路器连接在靠变压器侧，后者则连接在靠线路侧。桥断路器 QF3 在正常状态下合闸运行。

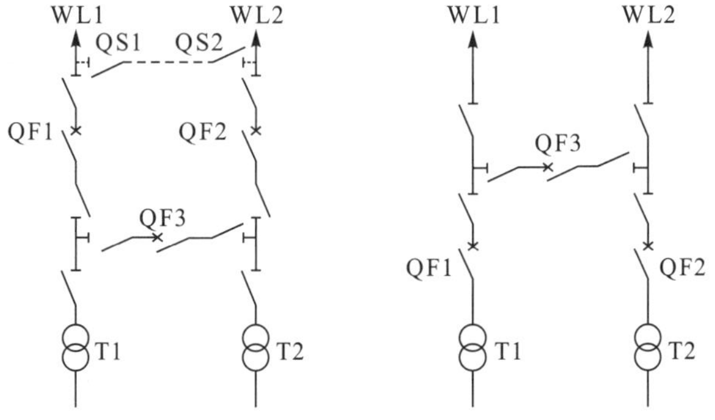

（a）内桥接线　　（b）外桥接线

图 4-5　桥形接线

内桥接线当任一线路故障或检修时不影响变压器并列工作，适用于线路较长（相对来说线路的故障概率较大）和变压器不需要经常切换的情况。

外桥接线的特点与内桥接线相反，当变压器发生故障或运行中需要断开时，只需断开它们前面的断路器 QF1 或 QF2，而不影响电源线路的正常工作，适用于电源线路短、负荷不恒定、变压器需要经常切换的场合。

图 4-6 和图 4-7 分别为直接供电方式和 AT 供电方式牵引变电所主接线示例。

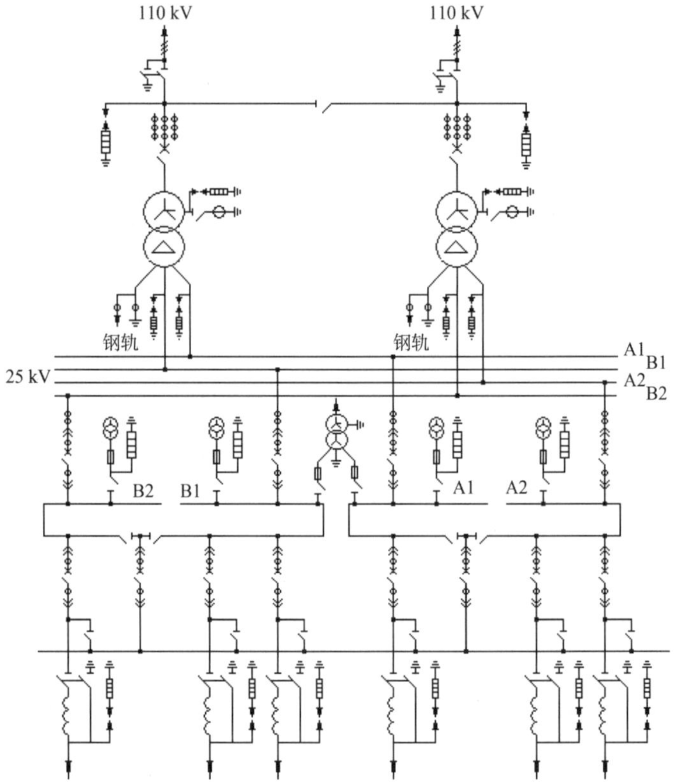

图 4-6 采用简单接线的直接供电方式下三相牵引变电所主接线

高压侧采用简单接线（双 T 形），主变压器一般为两台，高压（一次）侧不设线路继电保护与测量仪表；这种情况下一次侧安装电压互感器，是为满足高压侧计费和自动装置的需要。牵引负荷侧主母线采用单母线用隔离开关分段带旁路母线的接线方式，并设有室外辅助母线 A1′、A2′和 B1′、B2′。分段主母线在正常情况下并列运行，分段隔离开关合闸。主母线上两个分段隔离开关的作用是便于隔离开关本身轮流检修时隔断电压。每个分段主母线都设有单相电压互感器和避雷器，以便某分段主母线检修或故障停电时，保证它们不致中断工作。自用电变压器一台接于牵引负荷母线上，另一台由单独的 10 kV 地方电源线路供电，作为自用电备用电源。

AT 供电系统牵引变电所可采用三相—二相（平衡）变压器为主变压器，用以完成降压和变相功能，减少单相不对称负荷对电力系统负序电流的影响，并以 2×25 kV 电压向 AT 牵引网供电。由于供电电压提高，供电距离增大近一倍（与直接供电和 BT 系统比较），主变压器容量相应也增大。其主接线如图 4-7 所示。图中采用线路—变压器组接线形式，正常运行时一组工作，一组备用，工作主变压器或电源进线故障时，整个备用线路—变压器组自动转换取代原来工作的线路—变压器组。根据需要，也可采用如图 4-6 所示的简单双 T 形接线方式。

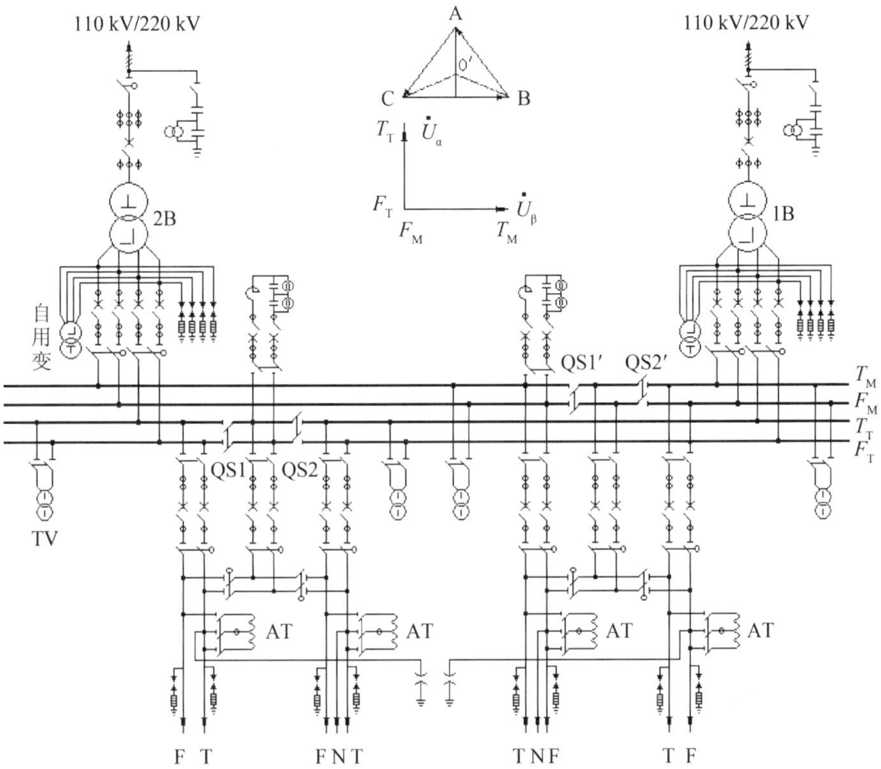

图 4-7　AT 供电系统牵引变电所主接线

4.1.2　一次设备

牵引变电所一次设备包括变换和传递电能设备、开关电器、过电压抑制装置与接地装置、补偿设备、互感器等。

(1) 变换和传递电能设备。主要为牵引主变压器，其他还有所用电变压器、载流导体（母线、电缆等）等，以满足供变电、运行控制的需要。

(2) 开关电器。包括断路器、隔离开关、负荷开关等。它们的作用不尽相同，都用于正常或故障时将电路闭合、断开或隔断。

(3) 过电压抑制装置与接地装置。前者包括避雷器、防雷线圈、放电器（间隙或阻容回路）等，后者为工作接地或保护人身安全的保护接地网系统。

(4) 补偿设备。如并联无功补偿电容器、静止无功补偿器（SVC）、静止无功发生器（SVG）、单调谐滤波器等，用于改善牵引变电所电能质量。

(5) 互感器。包括电压互感器、电流互感器，它们将一次电路的高电压、大电流变换为测量仪表、继电保护适用的量值。

1. 牵引变压器

我国电气化铁路采用单相工频交流制式。牵引变电所作为公共电网和电气化铁路牵引网的连接，将三相 110 kV（或 220 kV）50 Hz 的工频交流电变换为两个单相 27.5 kV（AT 供电方式为 55 kV 或 2×27.5 kV）的交流电，向电力机车/动车组输送合格的电能。牵引变压器是完成这一功能的关键设备。

牵引变压器接线形式有纯单相接线变压器、Vv 接线单相变压器、三相 Vv 接线变压器、三相 YN，d11 接线变压器、三相 YN，d11，d1 十字交叉接线变压器、斯科特接线（Scott）变压器、YN，v 阻抗匹配平衡接线变压器、YN，∀平衡接线变压器等。我国台湾省电气化铁道采用的还有列勃兰接线变压器。国外，主要在日本，还有伍德桥接线变压器和改进伍德桥接线变压器。

下面简要介绍常用的三相 YN，d11 接线变压器、Vv 接线变压器和 Scott 接线变压器的基本接线原理。

三相 YN，d11 接线牵引变压器通常采用油浸风冷方式，原边具有可大电流接地的中性点。对于直接供电或 BT 供电方式，变压器次边输出电压为 27.5 kV，比牵引网标准电压（网压）25 kV 高 10%。

YN，d11 变压器原理电路图如图 4-8 所示，其中，绕组（ax）、（cz）为负荷相绕组，绕组（by）则被称为自由相绕组。

Vv 接线，即两台单相变压器连接成开口三角形，其原理电路如图 4-9 所示。在图 4-9中，T1 和 T2 为单相牵引变压器。T1 和 T2 的高压侧分别接入 A、B 相与 B、C 相。低压侧各取一端接到 27.5 kV 的两供电臂母线上，另一端接到接地网和钢轨。

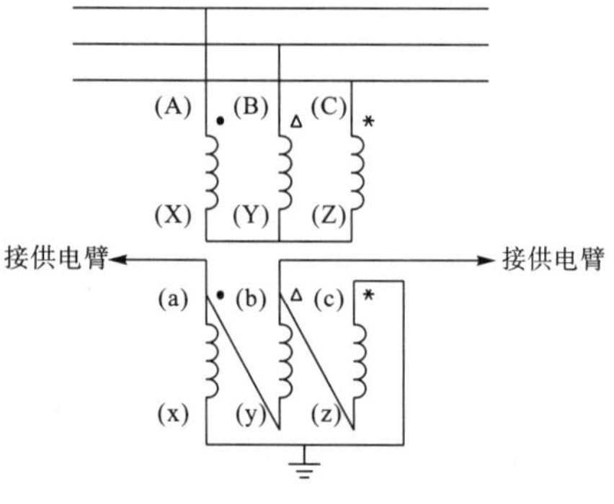

图 4-8 YN，d11 牵引变压器原理电路图

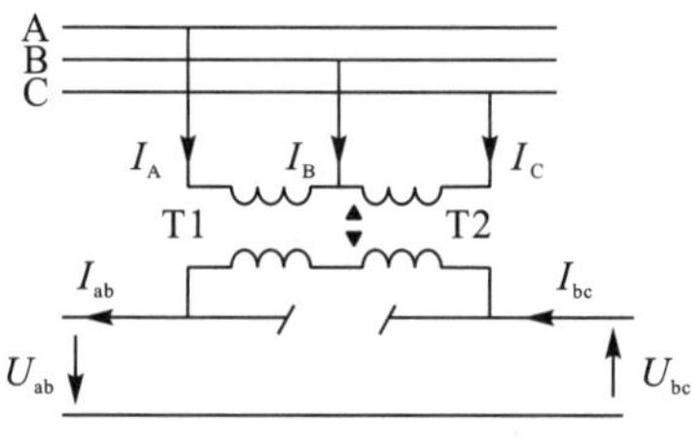

图 4-9 Vv 牵引变压器接线原理图

平衡变压器通常是指那种具有变压和换相功能的三相—两相变压器，数学上是三相对称系统与两相对称系统之间的变换。三相对称系统成立的条件是三相电气相量大小相等、相位互差 120°，均布在复平面上，而两相对称是指电气相量大小相等、相位互差 90°（加其反相，也均布在复平面上）。Scott 接线牵引变压器是目前广泛采用的一种平衡接线牵引变压器，其接线原理如图 4-10 所示。图 4-10 中 Scott 接线变压器底（M）座绕组原边接入电力系统 AB 相（线电压），高（T）座绕组原边一端接底座绕组的中点 D，另一端接入 C 相。

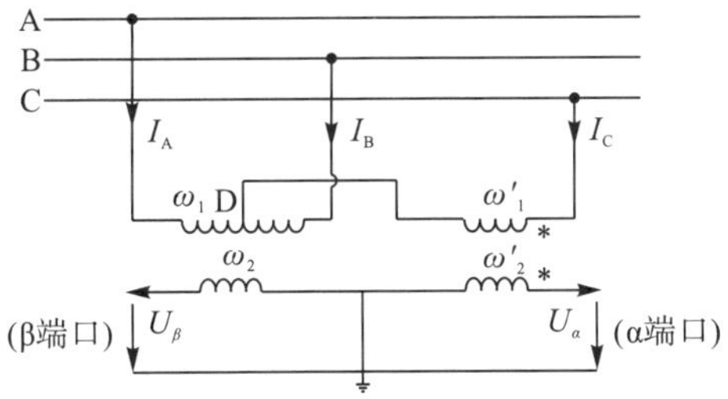

图 4-10　Scott 接线图

2. 断路器

断路器又称为高压开关，在发生系统故障时和保护装置、自动装置相配合，切断故障电流，减少停电面积，防止事故扩大，保证系统的正常运行。

高压断路器由通断元件、中间传动机构、操动机构、绝缘支撑件和基座五部分组成。通断元件是断路器的核心，主电路的接通和断开由它来完成。主电路的通断，由操动机构接到操作指令后，经中间传动机构传送到通断元件，通断元件执行命令，使主电路接通或断开。通断元件包括触头、导电部分、灭弧介质和灭弧室等，一般安放在绝缘支撑件上，使带电部分对地绝缘，而绝缘支撑件则安装在基座上。操动机构是完成断路器分、合闸操作的动力能源，操动机构性能的好坏，直接影响断路器的正常工作。按操作性质可分为电动、气动、液压、弹簧储能操动机构和手动操动机构。

按断路器安装地点，分为户内和户外两种；按断路器使用的灭弧介质，可分为油断路器、空气断路器、SF6 断路器、真空断路器等。电气化铁路目前通常使用六氟化硫（SF6）断路器和真空断路器。

1）SF6 断路器

SF6 断路器采用具有优良灭弧和绝缘能力的 SF6 气体作为灭弧介质，具有开断能力强、动作快、体积小等优点，但金属消耗多，价格较贵。按结构不同，可分为瓷柱式 SF6 断路器和罐式 SF6 断路器。

瓷柱式 SF6 断路器的结构特点是其灭弧室安装在高强度瓷套中，用空心瓷柱支承和实现对地绝缘。灭弧室和绝缘瓷柱内腔相通，充有相同压力的 SF6 气体，通过控制柜中的密度继电器和压力表进行控制和监视。穿过瓷柱的绝缘拉杆把灭弧室的动触头和操动机构的驱动杆连接起来，通过绝缘拉杆带动触头完成断路器的分合操作。瓷柱式 SF6 断路器结构如图 4-11 所示。

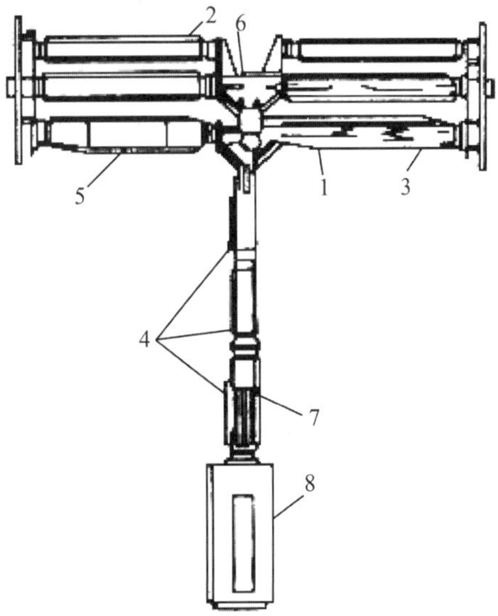

图 4-11　瓷柱式 SF6 断路器结构图

1—灭弧室；2—并联电容；3—灭弧室瓷套；4—支持瓷套；5—合闸电阻；6—联杆箱；7—绝缘拉杆；8—操动机构箱

瓷柱式 SF6 断路器具有系列性强（可以用不同数量的标准灭弧单元及支柱瓷套组成不同电压级的产品）、结构简单、用气量少、单断口电压高、开断电流大、运动部件少、价格相对便宜、运行可靠性高和检修维护工作量小等优点，是目前生产和使用较多的一种。但是，其重心高、抗震能力较差，且不能加装电流互感器，使用场所受到一定限制。

罐式 SF6 断路器的结构特点是灭弧室安装在接地的金属罐中，高压带电部分用绝缘子支持，对箱体的绝缘主要靠 SF6 气体。绝缘操作杆穿过支承绝缘子，把动触头与机构驱动轴连接起来，在两个出线套管的下部都可安装电流互感器。落地罐式 SF6 断路器结构如图 4-12 所示。

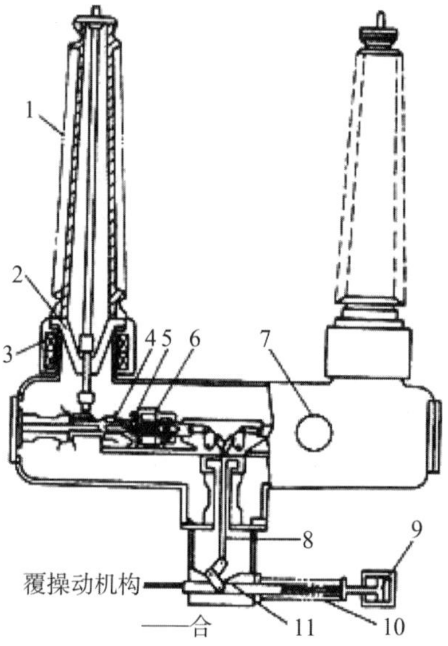

图 4-12　落地罐式 SF6 断路器结构图

1—套管；2—支持绝缘子；3—电流互感器；4—静触头；5—动触头；6—喷口工作缸；7—检修窗；8—绝缘操作杆；9—油缓冲器；10—合闸弹簧；11—操作杆

罐式 SF6 断路器具有结构重心低、抗震性能好、灭弧断口间电场较好、断流容量大、可以加装电流互感器，还能与隔离开关、接地开关、避雷器等融为一体，组合成复合式开关设备等优点，借助于套管引线，基本上不用改装就可用于全封闭组合电器之中。但是，罐体耗用材料多，用气量大，系列性差，难度较大，造价比较昂贵。

2）真空断路器

真空断路器是在高度真空中灭弧。真空中的电弧是在触头分离时电极蒸发出来的金属蒸汽中形成的。电弧中的离子和电子迅速向周围空间扩散。当电弧电流到达零值时，触头间的粒子因扩散而消失的数量超过产生的数量，电弧即不能维持而熄灭。真空断路器开断能力强，开断时间短、体积小、占用面积小、无噪声、无污染、寿命长、可以频繁操作，检修周期长。

下面以适用于牵引供电系统的 ZN42-27.5 型真空断路器为例进行简要说明。ZN42-27.5 断路器的总体结构如图 4-13 所示，采用车架式结构，这既可作为进柜手车，也可装入底框中，作为网栅间隔用。

ZN42-27.5 断路器主要由四部分组成：主回路、车架、操动机构和推进联锁机构。

上、下出线座、灭弧室通过两只环氧树脂绝缘子和两根绝缘支杆，用螺栓和车架连成一个刚体，同时构成了断路器的主回路，并与车架绝缘；车架由型钢和钢板弯制焊接而成。

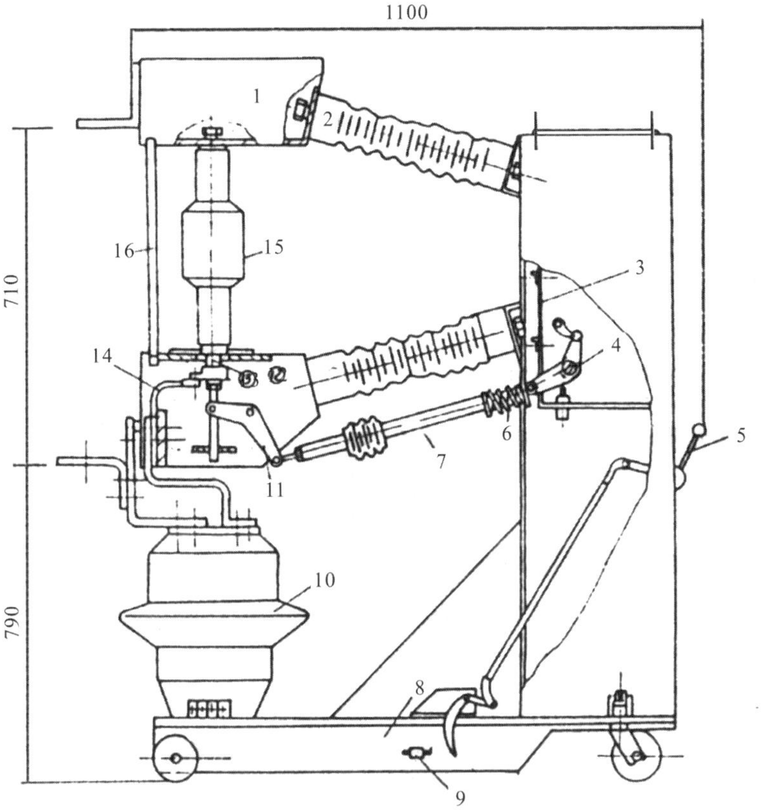

图 4-13　ZN42-27.5 断路器总体结构

1—上出线座；2—绝缘子；3—机构箱；4—转轴；5—推进联锁机构；6—触头弹簧
7—绝缘拉杆；8—手车；9—接地装置；10—互感器（CT）；11—拐臂；12—下出线座
13—动导电杆；14—软连接；15—灭弧室；16—绝缘

3. 隔离开关

隔离开关的主要作用如下。

(1) 隔离电源：电气设备检修时，在用断路器开断电流以后，用隔离开关将需要检修的电气设备与带电的电源隔离，形成明显可见的断开点，以保证检修人员和设备的安全。

(2) 倒换线路或母线：利用等电位间没有电流通过的原理，用隔离开关将电气设备或线路从一组母线切换到另一组母线上。

(3) 关合与开断小电流电路：关合和开断正常工作的电压互感器、避雷器电路；关合和开断母线和直接与母线相连接的电容电流；关合和开断电容电流不超过 5A 的空载电力线路；关合和开断激磁电流不超过 2A 的空载变压器等。

隔离开关实物如图 4-14 所示。

图 4-14　隔离开关实物图

4. 负荷开关

负荷开关是介于断路器和隔离开关之间的一种开关电器，具有简单的灭弧装置，能切断额定负荷电流和一定的过载电流，但不能切断短路电流。能在正常的导电回路条件或规定的过载条件下关合、承载和开断电流，也能在异常的导电回路条件（如短路）下按规定的时间承载电流的开关设备。按照需要，也可具有关合短路电流的能力。

高压负荷开关的工作原理与断路器相似。由于负荷开关不能开断短路电流，故常与限流式高压熔断器组合在一起使用，利用限流熔断器的限流功能，不仅完成开断电路的任务并且可显著减轻短路电流所引起的热和电动力的作用。

负荷开关实物如图 4-15 所示。

图 4-15　负荷开关实物图

5. 避雷器

避雷器是为了避免输电线路上入侵雷电过电压对电气设备绝缘危害而装设的一种过电压保护装置。避雷器有管式避雷器、阀式避雷器和氧化锌避雷器。目前应用较多的是氧化锌避雷器。

氧化锌避雷器由氧化锌压敏电阻构成，每一块压敏电阻从制成时就有一定的开关电压（压敏电压），在正常的工作电压下（即小于压敏电压）压敏电阻值很大，相当于绝缘状态，但在冲击电压作用下（大于压敏电压），压敏电阻呈低值被击穿，相当于短路状态。而压敏电阻被击穿状态，是可以恢复的；当高于压敏电压的电压撤销后，它又恢复了高阻状态。因此，在电力线上安装氧化锌避雷器后，当雷击时，雷电波的高电压使压敏电阻击穿，雷电流通过压敏电阻流入大地，使电源线上的电压控制在安全范围内，从而保护了电气设备的安全。

这种避雷器和传统避雷器的差异是没有放电间隙，利用氧化锌的非线性特性起到泄流和开断的作用，是避雷器发展的主要方向。

氧化锌避雷器的特点如下。

（1）通流能力大：主要体现在避雷器具有吸收各种雷电过电压、工频暂态过电压、操作过电压的能力。

（2）保护特性优异：由于氧化锌阀片的非线性伏安特性十分优良，使得在正常工作电压下仅有几百微安的电流通过，便于设计成无间隙结构，使其具备保护性能好、重量轻、尺寸小的特征。

（3）密封性能良好：避雷器元件采用老化性能好、气密性好的优质复合外套，采用控制密封圈压缩量和增涂密封胶等措施，陶瓷外套作为密封材料，确保密封可靠，使避雷器的性能稳定。

（4）机械性能：主要考虑承受的地震力；作用于避雷器上的最大风压力；避雷器的顶端承受导线的最大允许拉力。

（5）良好的解污秽性能：无间隙氧化锌避雷器具有较高的耐污秽性能。

（6）高运行可靠性。

27.5 kV 氧化锌避雷器实物如图 4-16 所示。

图 4-16　氧化锌避雷器实物图

6. 互感器

互感器包括电流互感器和电压互感器，如图 4-17 所示，是一次系统和二次系统之间的联络元件，将一次侧的高电压、大电流变成二次侧标准的低电压（100 V 或 100/

$\sqrt{3}$ V）和小电流（5A 或 1A），用以分别向测量仪表、继电器的电压线圈和电流线圈供电，使二次电路正确反映一次系统的正常运行和故障情况。目前，互感器常用电磁式和电容式。

(a) 电流互感器实物图　　(b) 电压互感器实物图

图 4-17　互感器实物图

1）电流互感器

电流互感器类似一台一次线圈阻数少、二次线圈匝数多的变压器。由于二次侧串联的是阻抗很小的电流表和其他仪器仪表的电流线圈，运行中的电流互感器类似工作在短路状态的变压器。电流互感器是按照一、二次电流与一、二次线圈匝数成反比的规律检测一次电流的。应当指出，电流互感器的一次电流决定于一次负荷的大小，而与二次负荷无关；在规定的范围内，电流互感器的二次电流与二次负荷无关，而只决定于一次电流的大小。

运行中的电流互感器二次开路是十分危险的。其危险性表现在以下几方面。

(1) 由于没有二次电流的平衡作用，铁芯磁通大大增加，而感应电动势与磁通成正比，导致二次侧电压大大升高，既带来电击的危险，又可能击穿二次线路或二次元件的绝缘。

(2) 由于铁芯磁通大大增加，造成铁芯发热，可能烧毁互感器。

(3) 由于磁通大大增加，铁芯饱和而带有较大的剩磁，使互感器精度降低。

(4) 由于二次电流为零，电流表、功率表指示为零，电能表铝盘不转动且发出“嗡嗡”声，电流继电器也不能正常动作，从而不能对一次电路进行监视和保护。

发现电流互感器二次开路，应停电处理。

2）电压互感器

电压互感器与变压器的工作原理完全相同。但是，电压互感器二次侧并联的是阻抗很大的电压表和其他仪器仪表的电压线圈，运行中的电压互感器类似工作在开路状态的变压器。

电压互感器的接线有三种：单相接线，采用单相电压互感器，主要用于测量某一相对地电压或相间电压；Vv 接线，采用两台单相电压互感器接成不完全星形，主要用于测量各相间电压，但是不能测量相对地电压；三相接线，采用三台单相三绕组电压互感器或一台三相五柱式电压互感器构成 YN，yn，d 接线，主要用于测量相间电压和相对地电压，辅助二次绕组接成开口三角形，可供系统绝缘监测使用。

熔断器是电压互感器唯一的保护装置，必须正确选用和维护。一次侧熔断器的保护范围为互感器的一次线路和互感器本身，并可作为二次侧短路故障状态下的穿越性保护；二次侧熔断器的保护范围为互感器的二次线路。

7. 补偿设备

牵引变电所目前使用的补偿设备主要包括串联电容补偿和并联无功补偿。串联电容补偿主要用于电压水平补偿（即调压），对无功也有一定的补偿作用；并联无功补偿主要用于补偿无功，也可同时补偿负序和谐波。

1）串联电容补偿

以单线牵引网为例说明串联电容补偿（SCC）的基本原理。如图 4-18 所示，$r+jx$ 为牵引网单位长阻抗，$-jX_C$ 为补偿电容电抗，$\dot{I}$ 为牵引负荷，功率因数为 $\cos\varphi$（滞后）。

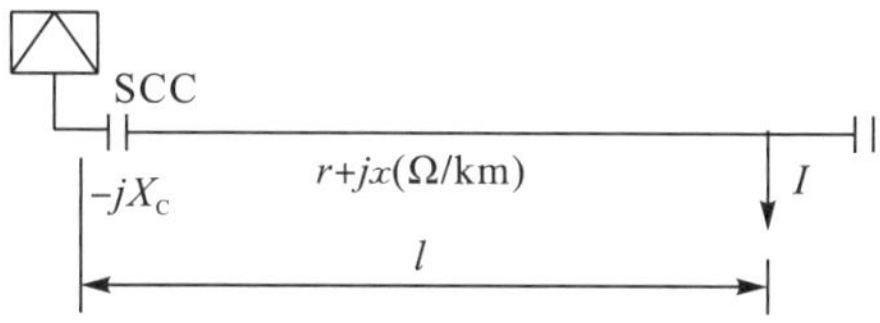

图 4-18　牵引供电系统与 SCC 电路图

投入 SCC 前，牵引网电压损失为

$$\Delta U=(rl\cos\varphi+xl\sin\varphi)I$$

投入 SCC 后，牵引网电压损失为

$$\Delta U'=[rl\cos\varphi+(xl-X_C)\sin\varphi]I$$

投入 SCC 后的牵引网电压提高量为

$$\delta U_C=IX_C\sin\varphi$$

可以看到，δU_C 跟随牵引负荷 $\dot{I}$ 进行自动的无惯性补偿，这是 SCC 的最大优点。但要注意：X_C 一般应与 110 kV 母线至 SCC 之间（主要为牵引压器）的总归算电抗值相配合，以避免回路发生串联谐振。

2）并联无功补偿

现在我国仍大量采用交—直型机车，这使牵引负荷具有低功率因数和含有丰富（主要是奇次）谐波的特点。

并联无功补偿主要用于提高功率因数，支持系统电压。并联无功补偿的最适场合是有无功补偿要求的不对称负荷。就电气化铁路而言，主要应用的并联补偿安装在牵引变电所的牵引母线上。

并联无功补偿的基本原理如图 4-19 所示。U_1 为电源电压，R_1 和 X_1 为电力系统与牵引变压器每相的电阻和电抗，U_2 为牵引变电所牵引侧母线电压，X_C 为并联补偿电容器组的容抗，X_L 为与电容器组串联的电抗器的感抗，I_C 为并联电容无功补偿电流，I_t 为牵引负荷电流。在牵引侧安装并联电容补偿装置后，牵引变压器中流过的电流由 I_t 减小为 I，牵引侧的功率因数由 $\cos\varphi_1$ 提高到 $\cos\varphi_2$。

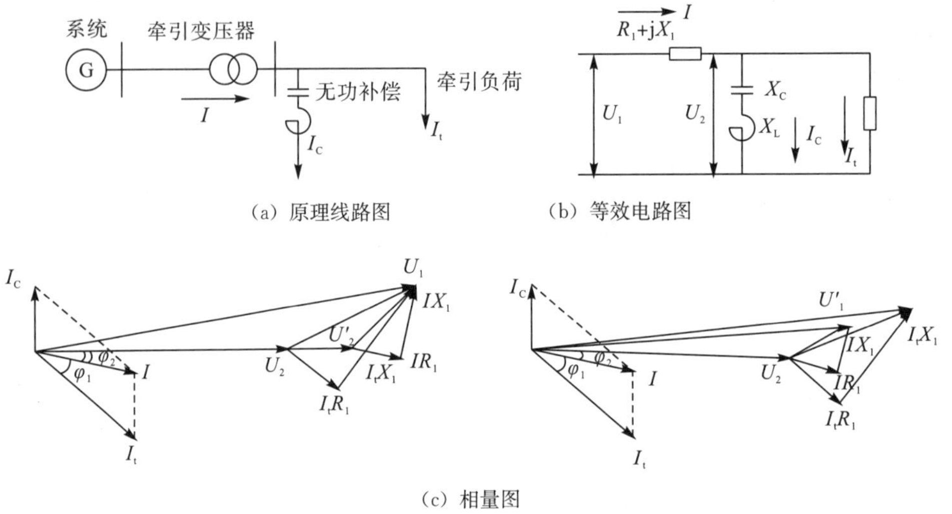

图 4-19 并联电容补偿工作原理图

8. GIS

全封闭组合电器（Gas Insulated Switchgear，GIS）是 20 世纪 60 年代中期出现的一种新型电器装置。它是在 SF6 断路器的基础上进一步发展起来的，GIS 是将断路器、隔离开关、接地开关、电流和电压互感器、避雷器和连接母线等封闭在金属壳体内，充以具有优异灭弧和绝缘性能的高压 SF6 气体，作为相间和对地绝缘。

SF6 全封闭组合电器具有诸多优越性：①高压 SF6 气体具有很高的电气强度，各元件之间的绝缘距离大为缩小，设备的占地面积大约与绝缘距离的缩小倍数成平方比例缩减，空间体积则与其成立方比例缩减，大大节省了占地面积和空间体积；②SF6 运行安全可靠，全部电器封闭装在接地金属外壳中，避免了各种恶劣自然环境条件的影响，无氧化问题，减少了设备事故的可能性，运行可靠性高；③土建和安装工作量小，建设速度快；④整个组合电器可以做到连续运行至少十几年不需要检修，大大减少了运行维护工作量，模块化设计，维护方便；⑤由于金属外壳接地的屏蔽作用，能有效消除电磁干扰、静电感应和噪声等，同时也没有触及带电体的危险，有利于工作人员的安全和健康；⑥抗震性能好。

为了提高牵引供电系统的运行可靠性并减少占地及建筑面积，我国高速铁路牵引变电所中牵引变压器二次出线由高压电缆直接引入 GIS 开关柜。同时在 220 kV 高压侧某些牵引变电所也采用室内或室外 GIS 全封闭组合电器，如图 4-20～图 4-22 所示。

图 4-20　室外全封闭组合电器现场应用

图 4-21　室内全封闭组合电器现场应用

图 4-22　高压室 2×27.5 kV 全封闭组合电器现场应用

全封闭组合电器的应用，大大节约了变电所占地及建筑面积。例如，新广州牵引变电所采用室内 GIS 模式，将 220 kV 高压设备布置在 2 楼，高压室布置在 1 楼，室外只有牵引变压器；昆山南牵引变电所采用室外 GIS 模式，将京沪、沪宁线牵引变电所合建在一起，占地面积与采用室外高压设备时相当。2×27.5 kV 全封闭组合电器布置于室内，使牵引变电所建筑采用一层结构，房屋建筑面积大大缩减。

4.1.3 交直流电源

牵引变电所二次设备主要包括综合自动化系统、安全监控系统和交直流系统设备等。前两者在第7章介绍，本节主要介绍交直流电源。

为保证牵引变电所二次设备的正常工作和安全运行，应设有能满足不同要求，供电可靠的交、直流自用电系统和操作电源。

操作电源是指为供给控制、信号、继电保护与自动装置、事故照明和计算机供电用不停电电源等用电设备所需要的独立电源。一般应设有可靠的直流电源作为操作电源，与直流自用电负荷馈线连接构成直流系统。

1）交流系统

牵引变电所通常设有两台容量为50～100 kVA的自用电变压器，一台工作，另一台备用。交流牵引变电所的自用变压器一般接于25 kV或2×25 kV母线取电，如另有10 kV三相电源引入变电所时，则自用电变压器中的一台应由该电源供电，以保证可靠工作。

交流牵引变电所自用电变压器的绕组接线方式和结构随主变压器接线方式的不同而异，分为以下几种情况。

（1）主变压器采用三相变压器接线时，自用电变压器使用普通的三相动力变压器，其中高压侧的一个出线端可以直接和铁轨相连，以取得三相对称电源。

（2）当主变压器采用V形接线时，自用电变压器也采用由两个单相变压器连成V形接线的方式。

（3）三相—二相变压器接线，可以根据具体情况，采用主变压器的反接线方式取得三相对称电源。

2）直流系统

对直流系统的基本要求如下。

（1）应保证供电的可靠性：最好装设独立的直流操作电源，以免交流系统故障而影响操作电源的正常供电。

（2）具备足够的容量：满足全所事故停电时，直流电源负荷、最大冲击负荷及1小时事故照明等用电需要；能保证直流母线电压在规定的额定值（正常运行时，操作电源母线电压波动范围小于5%额定值；事故时操作电源母线电压不低于90%额定值；失去浮充电源后，在最大负载下的直流电压不低于80%额定值）；波纹系数小于5%。

（3）满足经济和实用的要求：应满足使用寿命长、维护工作量小、投资省、占地面积小和噪声干扰小等。

为此，通常采用蓄电池组及相应充电设备作为直流电源。

牵引变电所采用蓄电池组的直流系统接线，指蓄电池组及其充放电设备和直流负荷馈电电路的连接图。其中蓄电池组的充放电方式对整个直流系统的运行方式和接线构成有决定性影响。

目前，无论是采用镉镍蓄电池组或铅酸蓄电池组作为操作电源的变电所直流系统，一般都采用蓄电池组经常浮充电（小电流充电）的运行方式。

直流系统蓄电池组的充电设备，均采用硅整流或可控硅整流装置，后者可实现自动调压。充电设备除在正常运行情况下向直流系统的经常负荷供电外，同时对蓄电池组进行浮充电，并作为事故放电后的强充电和初充电机组应用，故充电设备容量应按最大输出（强充电）选择。

一般牵引变电所直流控制屏典型配置，应包括两面电源屏（蓄电池组和充电、浮充电机），含有多路合闸馈线和经常直流负荷馈线的一面控制屏，充电机组可作为浮充电机组的备用方式运行。直流屏可放置在主控制室内，其结构尺寸与一般主控制屏标准尺寸相同。

4.2　直流牵引变电所

牵引变电所将中压交流电（AC10 kV 或者 AC35 kV（33 kV））降压整流为车辆牵引用的直流电流。牵引变电所主要由中压开关柜、整流机组（整流变压器、整流器）、直流开关柜、钢轨电位限制装置和排流柜组成。

4.2.1　电气主接线

城市轨道交通直流牵引变电所电气主接线，包括中压交流（20～35 kV）受配电系统和直流（0.75～1.5 kV）受馈电系统两部分，而实现交、直流系统变换重要环节的整流机组（整流变压器–整流器组），则是主接线中的电气主设备。

城市轨道交通直流牵引变电所电气主接线设计和运行应考虑的基本特点和要求，主要有以下几方面。

(1) 电气主接线进线和中压网络的结构密切相关，多数采用若干主变电所中压馈线输出的中压环形网络向沿线分布的直流牵引变电所供电，牵引变电所的中压进线和中压母线串入环网内，并有功率通过，如图 4-23 所示。对高压交流系统主接线可靠性要求较高。

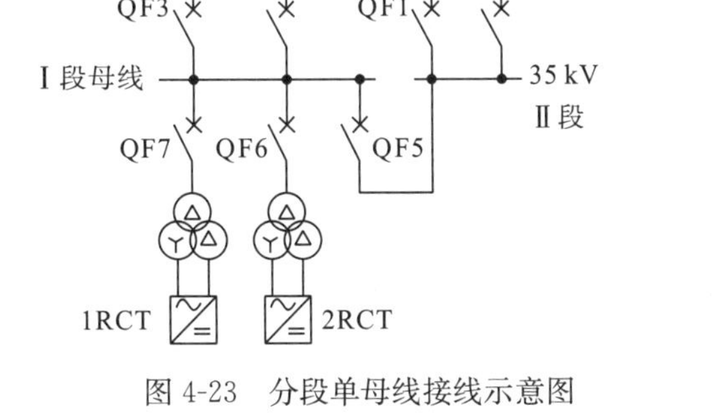

图 4-23　分段单母线接线示意图

(1) 整流机组广泛采用由两套十二脉波整流机组并联组成的等效二十四脉波整流电路换流，两套机组的网侧输入电压任何时刻应数值相等、相位相同，否则将造成三相整流桥之间的均衡电流增大，导致各机组的直流负荷分配不均，效率下降。因此，应将两套机组的网侧输入端接入同一组母线上。

(3) 按照变电所不同运行情况，电气主接线应能满足调度、检修灵活性的要求。在故障、检修和其他特殊运行方式下，调度可以灵活地投入和退出断路器或整流机组；检修时可以方便地停运断路器，快速直流断路器而不致影响系统运行。

(4) 电气主接线的直流系统包括直流母线和直流馈电线。直流系统电气主接线，在本变电所整流机组或全所故障退出运行情况下，通过调度对直流系统主接线的控制操作，应能由相邻牵引变电所取代本变电所的直流牵引供电。

(5) 城市轨道交通直流牵引变电所与沿线每个车站设置的（1～2 个）降压变电所，多数情况下采用合并建设方案，牵引变电所电气主接线形式应综合考虑降压变电所的需要。

1) 中压侧分段单母线接线

直流牵引变电所中压侧电气主接线主要采用单母线接线和分段单母线接线两种形式，下面介绍应用较普遍的分段单母线接线。直流牵引变电所中压侧采用的分段单母线接线方式，设有分段断路器 QF5，如图 4-23 所示。中压电源进线 WL1、WL2 为两回路互为备用的独立电缆线，分别接入每段母线，它们分别由主变电所 A 中压母线Ⅰ段和Ⅱ段（或主变电所 B 的中压母线）馈出，并根据中压网络结构方案，经由直流牵引变电所两段中压母线，设置两路引出电缆 WL3、WL4 至相邻牵引变电所，从而构成环网供电系统。

两套十二脉波整流器构成的等效二十四脉波整流机组 1RCT、2RCT，其网侧输入端应接入一段母线上，在牵引与降压混合变电所的情况下，降压变压器 1T、2T 则分别接入两段母线。

分段单母线接线和最简单的单母线接线比较，前者增加的设备和投资不多，但运行灵活性与供电可靠性都有较大提高，因而得到较为广泛的应用。

2) 直流侧系统主接线

直流侧系统主接线，包括从整流机组的直流输出至直流正母线（含工作正母线和备用正母线）的电路、与回流轨连接的回流线、负母线及其和整流器阳极连接电路、从直流正母线馈出的馈线电路，以及上述电路中的快速断路器等配电设备。按照母线形式，直流侧系统主接线主要有单母线接线和双母线接线两种形式。

单母线接线：直流单母线主接线系统如图 4-24 所示，等效二十四脉波两台整流机组的直流输出通过直流快速断路器 DQF3、DQF4 与正母线连接，其作用是当任一整流机组和母线之间发生短路故障时，由直流快速断路器跳闸以保护机组，同时使直流母线连接的全部馈线快速断路器 DQF6～DQF8 产生联锁跳闸。馈线直流快速断路器为手车式结构，装于直流配电装置的开关柜内。

正常运行时，等效二十四脉波整流双机组并列工作，整流器直流输出快速断路器、馈线快速断路器及馈线电动隔离开关、整流器阳极与负母线之间的电动隔离开关均合闸，纵向电动隔离开关 QS1、QS2 处于断路状态。该牵引变电所与相邻牵引变电所对两个供电区分上下行接触网实现正常的双边供电。

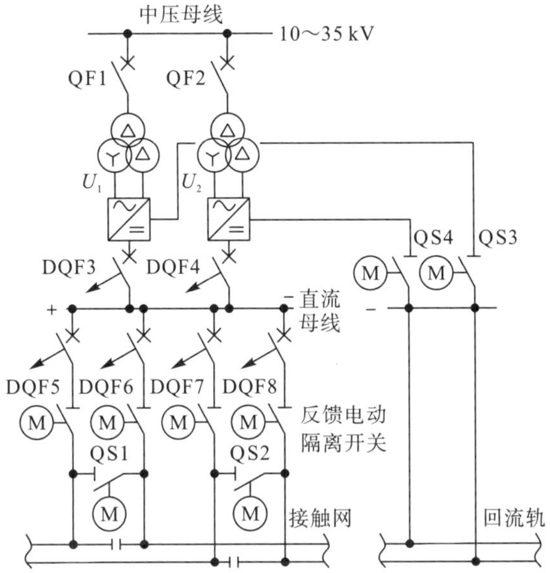

图 4-24　直流单母线主接线

直流单母线主接线系统优缺点如下。

（1）直流单母线主接线系统在任何设备、母线故障或检修退出运行时，均能实现不影响直流牵引供电系统持续供电的要求。系统运行有较高的可靠性和灵活性，且接线简单、造价较低（与双母线主接线系统比较）。

（2）因该接线系统中没有直流馈线备用快速断路器，当任一台馈线断路器退出运行时，需采用纵向电动隔离开关由相邻牵引变电所实现大双边供电。由于隔离开关的操作限制条件，由正常情况的双边供电转换为大双边供电时间较长。

（3）在牵引变电所或供电系统设有移动式备用馈线快速断路器时，则由备用馈线快速断路器取代故障快速断路器的时间可以缩短，从而能较快地恢复正常双边供电运行方式。但采用这种快速断路器备用方式，一次投资（含建筑物和备用断路器）要适当增大，需进行全面的技术经济比较。

双母线接线：直流双母线主接线系统设有工作母线、备用母线，在两者间设有备用直流馈线快速断路器，与每路馈线快速断路器 DQF11 等并列，并设有旁路电动隔离开关 QS11 等，如图 4-25 所示。

备用直流快速断路器可取代发生故障的任何一台馈线快速断路器，始终处于热备用状态。其他设备和直流单母线主接线系统相同。直流双母线系统的上述设备配置，主要目的是为了有效解决直流馈线断路器故障引起的停电和安全运行问题。

正常运行方式下，等效二十四脉波整流方式的双机组并列运行，整流器输出直流快速断路器、馈线快速断路器及馈线电动隔离开关均闭合，馈线开关柜旁路电动隔离开关及备用馈线快速断路器处于断开状态。本牵引变电所与相邻牵引变电所对同一供电分区实施正常双边供电。

直流双母线主接线系统优缺点如下。

（1）直流双母线主接线系统在任何设备、母线故障或检修退出运行时，均能实现不影响直流牵引供电系统持续供电的要求，系统运行的可靠性和灵活性很高。由于设备增加，使其接线较单母线系统复杂，并增大了操作联锁的复杂性，同时其造价也有所提高。适用于客流量很大的重要轨道交通线路牵引变电所。

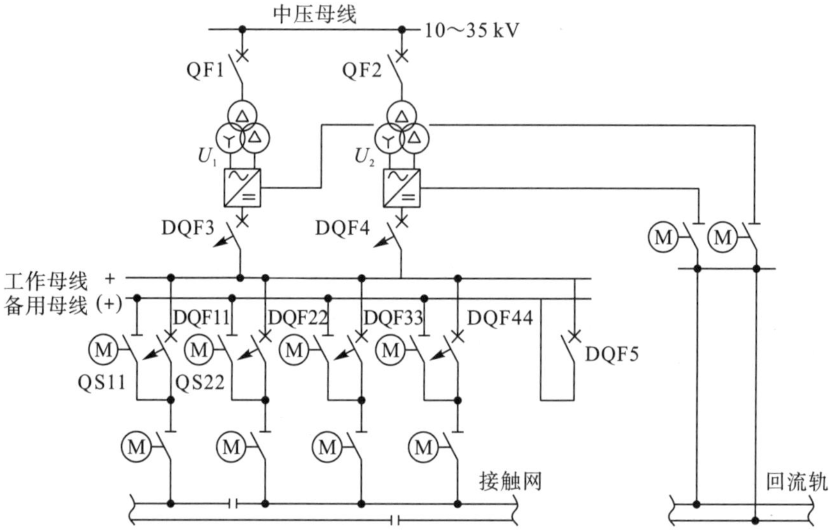

图 4-25 直流双母线主接线

（2）由于设有直流备用快速断路器和备用直流母线，在任何馈线快速断路器故障或检修而退出运行时，可立即由备用快速断路器合闸，通过备用母线和故障快速断路器的旁路电动隔离开关合闸取代故障馈线快速断路器的工作，恢复正常供电。从而较大地缩短了停电时间，合理地解决了馈线快速断路器故障频繁导致的安全供电问题。

3）降压变电所主接线

城市轨道交通降压变电所直接为列车运营控制、通信信号、行车安全、防灾安全、应急处理和旅客服务等动力照明设施供电，是城市轨道交通正常运营的重要组成部分。降压变电所的可靠供电对现代城市轨道交通的安全运行非常重要，也是保障旅客输送快速性、安全性的重要条件。为此，必须合理地选择降压变电所的供电电源和电气主接线，选择可靠的一次和二次电气设备，配置完善的继电保护装置和自动装置，同时要了解降压变电所负荷的性质与分类。

降压变电所主接线特点及对其基本要求包括如下几个方面。

（1）降压变电所的供电电源，应按一级负荷由双电源两回路进线供电，一般设有两台配电变压器，每台变压器应满足远期一、二级负荷所需的容量，正常情况下，两台配电变压器分别供电。对一级负荷中特别重要的负荷，尚应增设独立于正常电源的应急电源。

（2）降压变电所数量多，沿线分布广，从综合经济技术性能考虑，除应设在负荷中心外，还应尽可能与牵引变电所合并，对不同工作环境和服务对象的降压变电所（如线路区间内的跟随式降压变电所），其电气主接线应有所不同。

（3）电气全接线由电源中压侧和低压（380/220 V）侧接线两部分组成，当中压侧任一进线断路器，高、低压母线，任一配电变压器及其低压输出自动开关退出运行时，主接线的无故障设备和接线应能保证一、二级负荷的可靠供电。

(4) 电气主接线应能满足故障和检修情况下，调度控制灵活性的要求，高、低压断流开关（断路器和低压自动开关）应具有自动或远动监控跳、合闸功能。在满足可靠性、灵活性和先进实用技术的前提下，同时具备经济合理性。

降压变电所中压侧电气主接线主要有不带分段断路器的分段单母线接线、带分段断路器的分段单母线接线和线路-变压器组接线三种形式。

由于不带分段断路器的分段单母线接线与带分段断路器的分段单母线接线的设备配置基本相同，只是不设母线分段断路器，对中压侧主接线运行的灵活性稍差些；而线路-变压器组接线形式一般用在跟随式降压变电所，由两组带熔断器的中压负荷开关和配电变压器组成，如图 4-26 所示，其中负荷开关可切断负载电流（带负荷操作），熔断器用以切除短路故障电流。这种接线形式的运行比较简单。

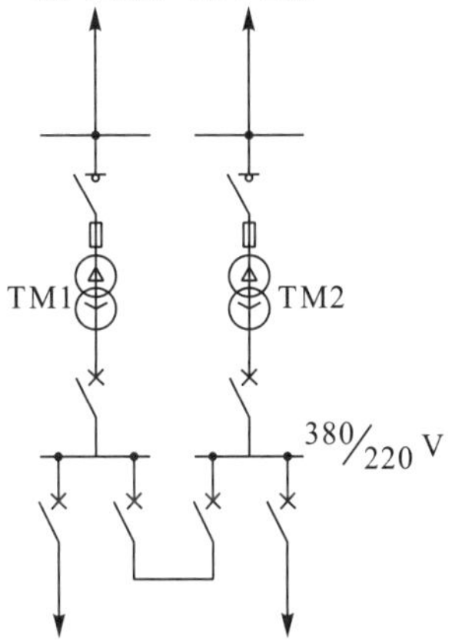

图 4-26　线路—变压器组接线示意图

低压侧电气主接线普遍采用带分段自动开关的分段单母线接线形式。下面对中压侧应用带分段断路器的分段单母线和低压侧带分段自动开关的分段单母线接线、作为降压变电所典型电气主接线形式的设备和运行进行分析介绍。

降压变电所中压侧采用带分段断路器 QF5 的分段单母线接线、低压侧采用带分段自动开关 LQF3 的分段单母线典型主接线如图 4-27 所示。

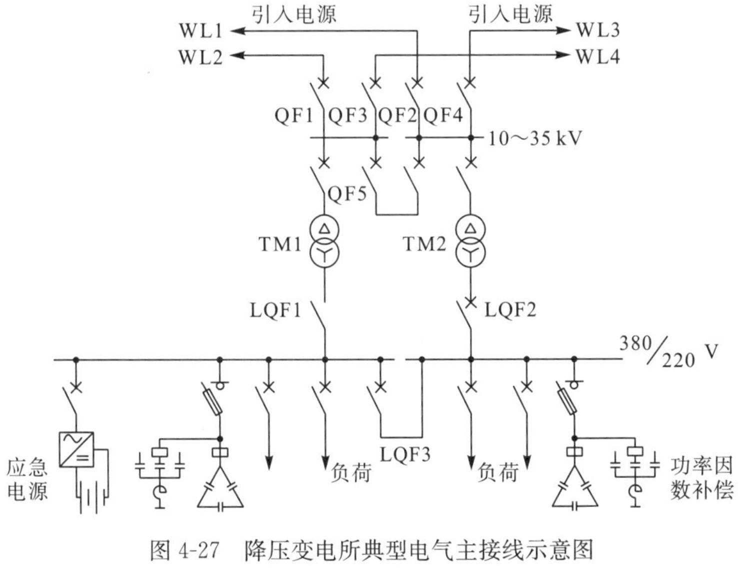

图 4-27　降压变电所典型电气主接线示意图

两路电源进线 WL1、WL2 分别连接至中压分段单母线的两个分段母线上，每段母线上各设一台配电变压器 TM1、TM2，其低压输出经低压自动开关 LQF1、LQF2，分别连接到低压分段单母线的两个分段上，两段低压母线上的负荷应尽量均衡分配，与配电变压器安装容量相匹配。重要的一、二级负荷应分别由两段母线同时引出双回路低压馈线供电，以保证其高可靠性的要求。

正常运行时，两路电源进线 WL1、WL2 分开供电，两台配电变压器 TM1、TM2 并列工作，低压 380/220 V 两分段母线分开并列受电和馈电，中、低压分段断路器 QF5 和分段自动开关 LQF3 断开。

4）混合变电所主接线

城市轨道交通直流牵引、降压混合变电所典型电气主接线如图 4-28 所示。它也代表一般直流牵引变电所典型电气主接线形式。

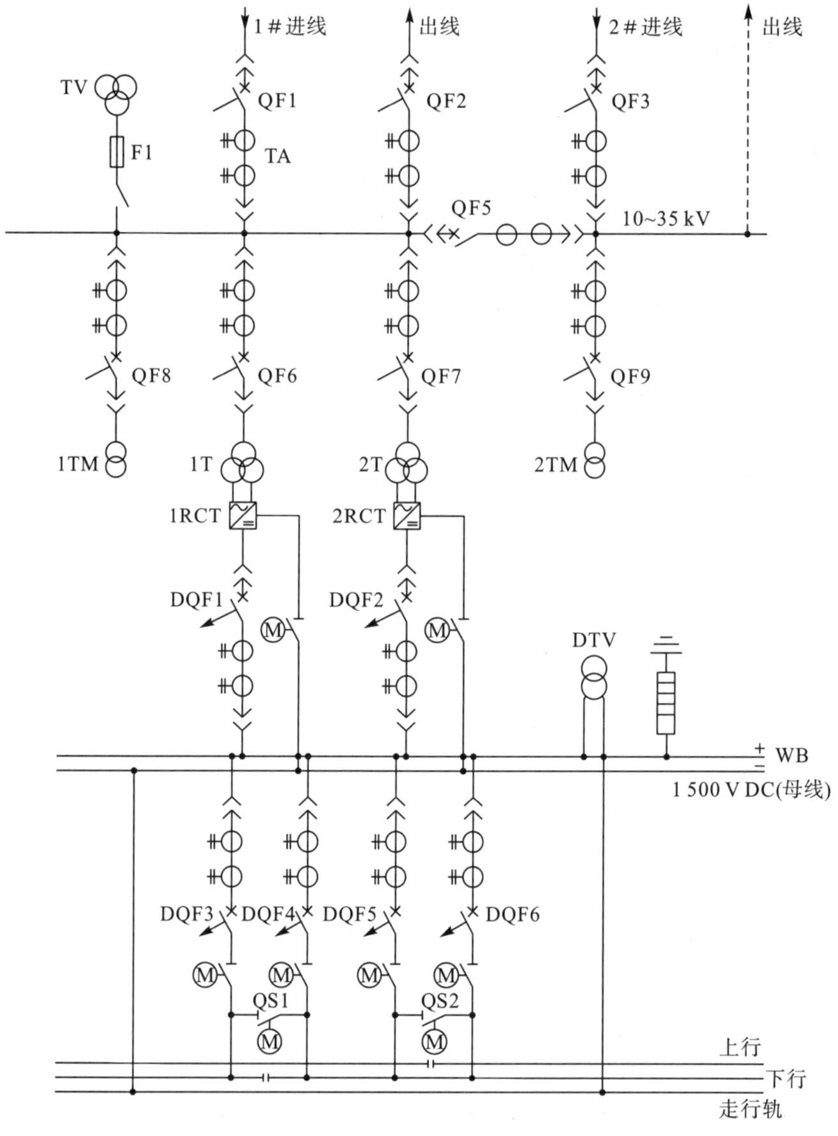

图 4-28 牵引、降压混合变电所典型主接线图

该主接线分为中压交流系统和直流系统主接线两部分。中压交流系统采用扩大的内桥型主接线（多于两路电源进、出线路），其中压进出线路数量和安排是根据整个牵引供

电系统中压环网供电的构成所需要的。

图中直流侧系统采用单母线接线带有馈线纵向电动隔离开关的形式，其运行方式与操作已在前面直流单母线主接线系统部分进行了分析。

中压交流侧和直流侧都设有电气量测量和继电保护所需要的电压互感器 TV、DTV 和电流互感器 TA，以及防止雷电浪涌过电压与操作过电压的避雷器。

中、低压带分段断路器（自动开关）的分段单母线主接线系统优缺点中下。

（1）降压变电所中、低压带分段断路器（自动开关）的分段单母线主接线在任何单一设备、母线故障或检修和两路电源进线失电而退出运行时，均能实现不影响对一、二级负荷持续供电的需要。主接线系统有很高的可靠性和运行灵活性。

（2）与不设分段断路器的分段单母线主接线比较，分段单母线增设分段断路器后，增加一个断路器配电间隔的投资增加不多，但供电可靠性和运行操作灵活性大大提高，因而受到轨道交通线路的广泛采用。

（3）两台配电变压器或两段母线同时发生故障和检修时，将造成全所停电。一方面该类故障出现的概率极小，另一方面为防止这种重大故障发生，应在低压 380/220 V 母线设置 EPS（Emergency Power Supply）应急电源装置。该装置在交流电源供电中断时，通过切换开关转换为由蓄电池经逆变器向应急照明等用户提供交流电源，或者引入独立于正常供电电源的专用供电线路作为应急（备用）电源。

4.2.2　一次设备

城市轨道交通牵引变电所中一次设备主要包括整流机组（含整流变压器和整流器）、开关柜、钢轨电位限制装置、再生制动能量消耗装置、排流柜、所用电变压器、交直流电源等。由于所用电变压器和交直流电源的基本原理与交流牵引变电所类似，本节不再赘述。本节主要对整流机组、开关柜、钢轨电位限制装置、再生制动能量消耗装置、排流柜进行介绍。

1. 整流机组

整流机组是完成降压、把三相交流电转换为直流电的重要设备，包括整流变压器和整流器。整流机组的接线方式、电路和整流效果，与直流牵引变电所的效率、直流电压质量和机组本身的各项技术参数有着密切的关系。

早期的城市轨道交通直流牵引系统，通常采用三相桥式整流电路，随着技术的发展，逐步被十二脉波和等效二十四脉波整流电路代替。从减少系统侧谐波电流的影响这一角度考虑，我国用于城市轨道交通的牵引整流变电站已经由十二脉波向等效二十四脉波发展。目前，我国城市轨道交通供电系统牵引变电所普遍采用两套整流机组并联工作并组成等效二十四脉波整流方式，与相邻牵引变电所共同对线路实现双边供电。本节以十二脉波整流电路为例对整流机组进行说明。

经济而有效地构成十二脉波整流电路的方法，是在三相桥式整流电路的基础上增加整流相数，即相位倍增法。增加整流相数的措施是采用三绕组或四绕组的特种结构变压器，利用次边或原、次边星形与三角形两绕组间各相间电压依次形成 30°相移，以及上述各相间电压的倒相（180°相位差）。图 4-29 所示整流变压器为△/Y－△接线方式，原、次边两绕组电压相量和十二相电压相量关系如图 4-29 所示。

图 4-30（a）为△－Y/△－△四绕组变压器与两组三相整流桥连接形式，图 4-30（b）为两台不同连接组别的双绕组变压器（△/△与 Y/△接线）分别与两组三相整流桥连接构成等效十二相接线方式的电路图。此外，两组三相桥串联也可组成十二相整流电路。

两组三相桥带平衡电抗器并联整流电路为目前常用方式，主要技术参数如表 4－1 所示。

表 4-1　十二相脉波整流电路主要技术参数

整流变压器接线方式		桥连接	臂电流			臂的反向工作峰压	变压器次边电压	变压器次边电流	变压器容量			脉波数
			平均值	均方根	最大值				次边	原边	等值	
原边	Δ或 Y	并联	$I_d/6$	$0.293I_d$	$I_d/6$	$1.05u_{d0}$	$u_{d0}/1.35$	$0.408I_d$	$1.05P_d$	$1.01P_d$	$1.03P_d$	12
次边	Δ－Y	串联	$I_d/3$	$0.58I_d$	$1.05I_d$	$0.524u_{d0}$	$u_{d0}/2.7$	$0.816I_d$	$1.05P_d$	$1.01P_d$	$1.03P_d$	12

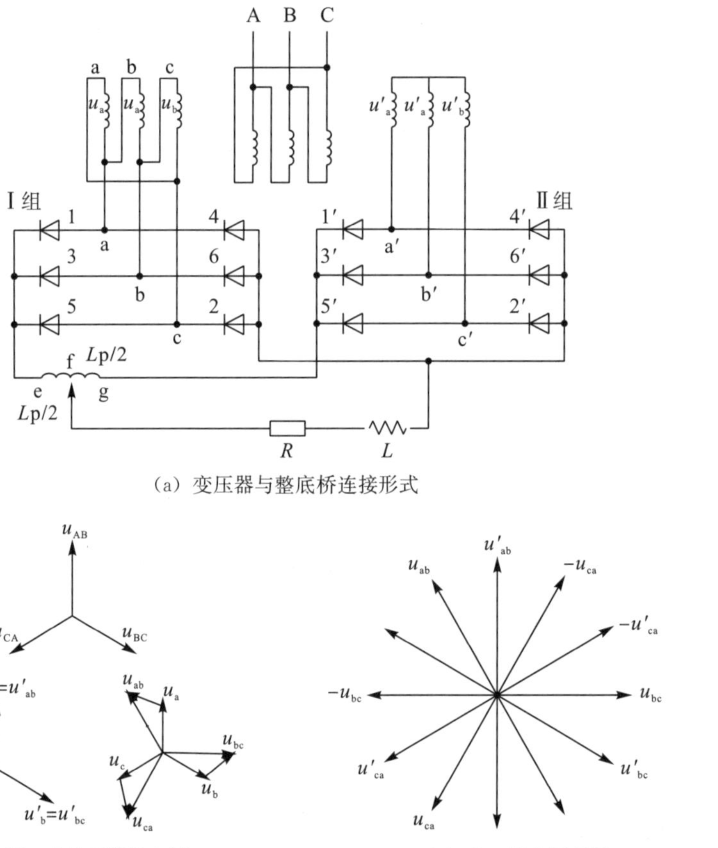

（a）变压器与整底桥连接形式

（b）原、次边两绕组电压

（c）十二相电压相量

图 4-29　△/Y－△接线整流变压器构成十二脉波整流电路图及原、次边电压相量图

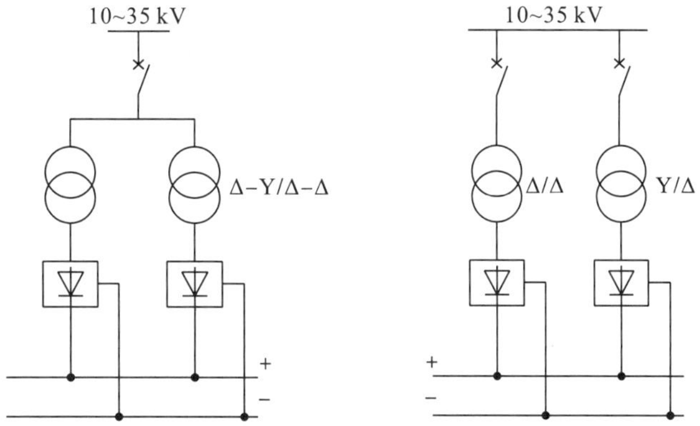

(a) 四绕组变压器　　(b) 两台双绕组变压器

图 4-30　十二相整流机的其他接线方式

牵引变电所一般设置两台整流机组。运营初期：正常运行时，两套整流机组同时投入运行；一套整流机组故障退出后，另一套机组允许继续运行。运营远期：当负荷较大，一套整流机组满载运行不能满足牵引负荷需求时，一套整流机组如故障退出，另一套机组也需同时退出。

牵引变电所应保证在一路进线电源故障或者相邻一侧牵引变电所解列（不考虑两侧牵引变电所同时解列）的情况下，能维持正常运行。整流机组的容量按远期运量设计，并考虑未来负荷的波动而留有适当的余地。整流机组的负荷特性应符合 IEC-60146 VI 负荷特性要求，详见表 4-2 和图 4-31。

表 4-2　整流机组的负荷特性

负荷	100%额定电流	150%额定电流	300%额定电流
持续时间	连续	2 h	1 min

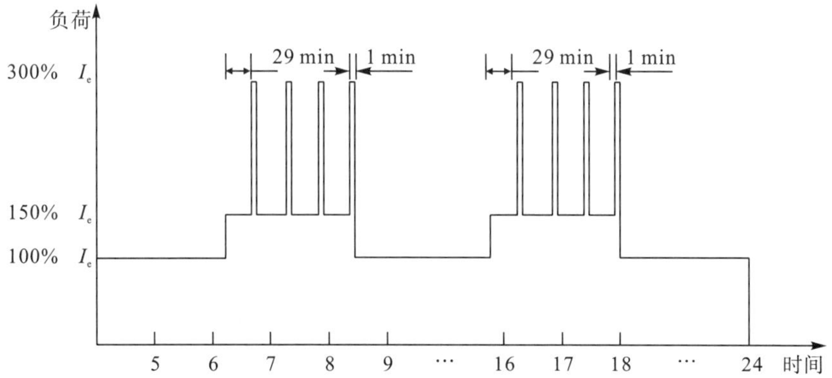

图 4-31　整流机组负荷特性曲线

牵引变电所正常运行时，实现与相邻牵引变电所共同向所间的接触网双边供电；当任一牵引变电所故障时，由与其相邻的两座牵引变电所共同承担所供范围内的牵引负荷，形成大双边供电方式。位于线路末端的牵引变电所故障时，由相邻牵引变电所单边供电至末端，此时应能满足高峰时段的负荷要求。

2. 配电装置

配电装置是按照电气主接线的要求，把一、二次电气设备如开关设备、保护电气、监测仪表、母线和必要的辅助设备组装在一起构成的在供配电系统中进行接受、分配和控制电能的总体装置。

按照安装的地点，配电装置可分为户内配电装置和户外配电装置。为了节约用地，一般 35 kV 及以下配电装置宜采用户内式。

配电装置还可分为装配式配电装置和成套配电装置。电气设备在现场组装的配电装置称为装配式配电装置；成套配电装置是制造厂成套供应的设备，在制造厂按照一定线路接线方案预先组装成柜再运到现场安装。一般成套配电装置按电压高低可分为高压成套配电装置（高压开关柜）和低压成套配电装置（低压开关柜）。低压开关柜通常只有户内式，而高压开关柜则有户内式和户外式两种。

城市轨道交通直流牵引变电所中配电装置通常采用开关柜形式。采用的开关柜包括高压开关柜、直流开关柜和低压开关柜（400 V）三种类型。

1）高压开关柜

高压开关柜是指将断路器、负荷开关、熔断器、隔离开关、接地开关、避雷器、互感器以及控制、测量、保护等装置和内部连接件、绝缘支持件和辅助件固定连接后安装在一个或几个接地的金属封闭外壳内的成套配电装置。高压开关柜实物图如图 4-32 所示。按照绝缘介质划分，高压开关柜包括 AIS（Air Insulated Switchgear）和 GIS（Gas Insulated Switchgear）两种。AIS 是以大气绝缘（包括大气与固体绝缘组成的复合绝缘）的开关柜，GIS 是以 SF6 气体为绝缘介质的开关柜。

高压开关柜包括外电源进线隔离小车柜、外电源进线断路器柜、变电所进出线断路器柜、馈线断路器柜、母线连接断路器柜、母线及外电源进线隔离提升柜、电压互感器（Potential Transformer，PT）柜、负荷开关柜。其中，外电源进线隔离小车柜、外电源进线断路器柜和外电源进线隔离提升柜是开闭所特有的机柜，普通变电所的高压开关柜不包括这三种设备。

开关柜结构：开关柜通常用钢板分隔成手车室、母线室、电缆小室和控制小室四部分，各功能单元设有独立的压力释放通道和释放门。

手车室内有自动锁扣和开启的电气型帘板，可满足手车断路器与母排侧和电缆侧能同时自动隔离的要求。分隔用的钢板具有足够的机械强度，以保证每个室内的元件在发生故障时不影响相邻设备。

手车能在开关柜门关闭的情况下操作，通过设于门板上的观察窗查看断路器在柜内所处的位置，断路器机械位置指示器，弹簧储能状态指示。手车具有工作、试验（隔离）两个位置，手车框架通过滚轮和滑轨持续可靠接地。开关选用真空断路器，安装在手车上。

为提高母线室的绝缘水平，各开关柜间的母线室用绝缘套管隔离。

电缆室内各相母线布置满足相间安全距离要求。

控制小室设在开关柜上部，内装设微机综合保护测控单元、辅助继电器、信号灯、转换开关、按钮、光电转换装置、光纤转接盒、端子排以及测量表计等二次设备。

二次部分：开关柜内辅助电源以母联开关柜为界，分成两段相对独立的电源。开关柜内的断路器控制闭锁回路、断路器储能电机回路、保护装置的辅助电源回路分别采用单独的带报警接点的小型断路器（Miniature Circuit Breaker，MCB）。

电压互感器的电压二次回路有 MCB 作为保护，并带报警接点，有电压互感器工作、试验位置的输出接点。隔离小车有工作、试验位置的输出接点，并设置电磁锁，闭锁隔离小车在母线带电时的拉出、推入操作。

各辅助回路（控制回路、保护同路、信号回路和计量表计）电压均为直流 220 V。在上述数值的 80%～110%范围内，各种电气设备动作准确可靠。所有电子设备和继电器在谐波电压畸变率不大于 5%的条件下能正常运行。

保护和控制采用不同的出口继电器，出口继电器接点容量与开关柜操作机构合分闸线圈技术特性匹配。盘面需设置分合闸、当地远方转换（带锁）等开关，母联柜还有母联自投的投入撤除、跳闸选择等开关。

运行方式：正常运行方式下变电所高压母联开关和开闭所间联络开关均处于打开状态，每座变电所由两回电源供电，两段高压母线分列运行。全线的变电所由开闭所按不同的供电分区供电。

图 4-32　高压开关柜实物图

因故障或检修开闭所一回高压外电源退出运行时，合上开闭所母联开关，由另一回高压外电源向该开闭所供电范围内所有变电所供电。

非开闭所一回高压进线电源退出运行时，合上该变电所母联开关，由另一回高压进线电源向该变电所供电。

当一座开闭所的两回外电源均退出运行时，合上开闭所间联络开关，由相邻开闭所支援供电。支援供电时保证不使两个开闭所电源连通，并且支援范围不越过退出运行的开闭所。

2）直流开关柜

直流开关柜包括进线柜、馈线柜、负极柜、上网隔离开关柜等。柜体结构、材料具有足够的机械强度，且不使装在柜体内的开关、操动机构及其他元件改变其固有的机械特性和电气性能。直流开关柜实物图如图 4-33 所示。

开关柜结构：柜体均为模块化设计，将柜体分割成二次室、高压室、手车室、母线室等几个封闭空间，相互不受影响。手车室完全封闭，可防止断路器开断时喷弧对其他空间和柜架的放电。在手车室和母线（高压）室间设有绝缘的活门系统，当手车位于试验位置时，活门自动关闭隔离，保障试验位置安全可靠，该活门在手车移出柜体后可加挂锁扣。手车室、低压室等门体上设置扣锁装置。

在手车位于工作位置时，高压室（手车室）门将被锁定无法打开，只有当手车位于试验位置时，高压室（手车室）门才可打开。而位于手车室和母线室间的活门在手车位于试验位置或移出手车室时自动关闭，可挂锁。

二次部分：开关柜的二次回路设置在低压室内，开关柜的低压室考虑接地和防干扰措施。断路器小车二次接头的插头在满足要求前提下，预留不小于两路的备用回路。所有测量回路都采取防干扰措施，电流及电流上升率 di/dt 测量值没有零点漂移现象。

馈线及进线开关柜低压室面板配置断路器的“合—分”闸开关、电动隔离开关的“合—分”闸开关、当地/远方的转换开关，可通过测控、保护装置在当地/远方对断路器进行控制。

开关柜内的断路器控制回路、保护跳闸回路、保护等装置的辅助电源回路及双边联跳回路分别采用单独的带报警接点的 MCB。

低压室内二次回路的配线采用低烟无卤自熄电缆，符合相关标准。输入/输出均具有过压、过流保护措施。

所有电子设备和继电器在纹波电压分量均方根值不超过 5%的条件下能正常运行。

运行方式：正常运行方式下，正极进线开关及其电动隔离开关、馈线开关、上网电动隔离开关、负极电动隔离开关合闸，使正极接触轨和负极走行轨带电。备用馈线柜开关及馈线开关旁路电动隔离开关、越区电动隔离开关分闸。相邻两变电所构成双边供电。

其他运行方式包括：同一牵引变电所内的两套牵引整流机组，一套退出运行，另一套继续运行；某一馈线开关退出运行，由备用馈线开关代替其向接触轨供电；当一个牵引变电所退出运行，其供电区段由相邻牵引变电所单边或大双边供电。

图 4-32 直流开关柜实物图

3）低压开关柜

低压开关柜为封闭式户内成套设备，其功能为向除城市轨道交通电动车辆以外的所有低压用电设备供电，为保证各种用电设备安全、连续正常使用，要求低压开关柜满足城市轨道交通环境条件、技术先进、生产工艺成熟可靠、结构紧凑、便于安装和维护。低压开关柜实物图如图 4-34 所示。低压开关柜及柜内所有元器件和材料为阻燃产品。城市轨道交通牵引变电所中使用的低压开关柜主要指 400 V 开关柜。开关柜包括低压进线断路器柜、馈线断路器柜、母线连接断路器柜、电容补偿装置柜、母线桥。

柜体结构：设备的柜架和外壳有足够的机械强度和刚度，能承受所安装元件及短路时所产生的机械应力和热应力，并考虑防止构成足以引起较大涡流损耗的磁性通路。同时不因设备的吊装、运输等情况而影响设备的性能。

开关柜内的每个柜体利用电镀钢板分隔为三室，即母线隔室、功能单元隔室及电缆室，隔室能防止触及相邻功能单元的带电部件，限制事故电弧的扩大，以及防止固体外来物从一个单元进入到相邻的单元。

功能单元隔室中的隔板不因短路分断时所产生的电弧或游离气体所产生的压力而造成损坏或永久变形。隔室之间的开孔确保熔断器、断路器在短路分断时产生的气体不影响相邻隔室的功能单元正常工作。

功能单元设计成即使主电路带电（但功能单元的主开关处于分断位置）也能用手直接或借助工具安全地将功能单元插入或抽出柜体。

功能单元有三个明显的位置：连接位置、试验位置、分离位置。并且这三个位置都有机械固定装置，不允许因外力的作用自行从一个位置移动到另一个位置。

技术要求：低压交流框架式断路器满足系统电压、电流、频率以及分断能力的性能水平要求。框架式断路器控制单元不需要辅助电源，功能包括可调整长延时保护、可调整短延时保护、可调整瞬时脱扣及零序保护。在短延时保护和零序（接地）保护时具有区域选择性闭锁功能，还具有故障显示和自检等功能。

塑壳式断路器满足系统电压、电流、频率以及分断能力的性能水平要求。断路器为模块化结构设计、安装方便，并可在不拆卸塑壳断路器外壳的情况下加装各种附件（如分励脱扣器、辅助触头、报警触头）而无须改变断路器结构和低压开关柜结构。

无功补偿控制器满足系统电压、电流、频率的性能水平要求，控制物理量优选多项综合型。控制器具有投入及切除门限设定值、延时设定值的设置功能，对可按设定程序投切的控制器具有投切程序控制功能，面板功能键操作具有容错功能，面板设置具有硬件或软件闭锁功能。

当 400 V 系统处于单台变压器运行时，两段低压母线上的电容器组可以根据需要同时投入运行。控制器能自检和复归，在每次接通电源时进行自检复归输出回路。控制器具有投切振荡闭锁功能，采取防止投切振荡的措施，使分组电容器的投切不得发生谐振。

运行方式：正常运行方式下，两路高压电源经配电变压器降压后，分别向两段400 V母线供电，400 V 母线为单母线分段运行，承担车站及区间动力照明的全部用电负荷。

非正常运行方式下，当一路电源失压时，延时跳闸，自动/手动切除两段母线上的三级负荷，母联开关合闸，由另一路进线承担全站所有的一、二级负荷；当失压电源恢复供电后，断开母联开关，母线分段运行，返回正常运行模式。

火灾运行方式下，火灾自动报警系统（Fire Automation System，FAS）发出指令，由设于断路器处的分励脱扣器切除火灾区域内全部非消防电源。当FAS确认灾情处理完毕后，发出解除指令，由人工恢复火灾区域的正常供电。

图 4-33 低压开关柜实物图

3. 钢轨电位限制装置

钢轨电位限制装置接在车站回流轨（钢轨）和接地端子之间，用于在钢轨电位高于设定值后，将回流轨（钢轨）接地，限制钢轨电位，保证旅客和工作人员人身安全。钢轨电位限制装置室内安装，包括接触器（短路装置）、晶闸管回路、测量和操作回路、保护装置、状态显示设备。

以某型钢轨电位限制装置为例说明其工作原理。当钢轨电位限制装置检测到钢轨与保护地之间的电压差大于装置一段动作电压时，接触器合闸，经设定的时间后开断。合闸后到恢复开断的时间间隔可用时间继电器进行调整，调整范围为 0～120 s。当设定的时间内连续动作 3 次后，短路装置将不再恢复开断，而处在恒定合闸状态。装置的一段动作电压可在 DC40 V～DCl20 V 范围内调节。

当钢轨电位限制装置检测到钢轨与保护地之间的电压差大于 120 V 时，钢轨电位限制装置中设有的低电压限制器动作；内含的晶闸管将在约 400 μs 后动作，并将电压钳制在 3 V 以内；120 ms 后接触器动作并彻底释放电流。整个动作过程接触电压总是被限制在安全值。

在低电压限制器动作后，保护 PLC 持续监测短接电流。如果电流超过 50 A 但小于 500 A，轨电位将在 10 s 后断开，但如果电压持续存在轨电位将继续动作循环，如果连续动作次数超过 10 次，装置将闭锁；当电流超过 500 A 时，轨电位将闭锁接触器保持闭合状态；当电流大于 1000 A 时，轨电位还可产生一个联跳信号，用于联跳相关直流设备。

钢轨电位限制装置内设有信号接口模块，钢轨电位限制装置的状态、动作方式及测量数据可通过变电所电力监控系统在远方终端显示，接口为硬接点方式，也可通过直流开关柜边柜的 PLC 整合后上送至变电所综合自动系统。

钢轨电位限制装置的各种工作状态和测量数据在送向远方的同时，在本装置上也可显示，信号的显示经复归后才能消失。钢轨电位限制装置具有当地和远方复归功能，可远方复归所有闭锁，实现无人值班。

4. 再生制动能量消耗装置

再生制动能量消耗装置包括制动控制柜和制动电阻柜及连接线缆，该装置采用斩波器和吸收电阻配合，当车辆再生电制动且制动能量不能被其他车辆或用电设备消耗时，再生制动能量消耗装置消耗该部分的能量，根据吸收功率的大小及线网电压的变化状况自动调节斩波器的导通比，从而改变吸收功率，维持线网电压恒定。当车辆处于启动、加速、惰行、停站状态或线网无车辆运行时，装置不投入工作。

再生制动能量消耗装置主要由制动控制柜和制动电阻柜组成。

1）制动控制柜

制动控制柜主要包括 IGBT 斩波器、驱动器、电压传感器、电流传感器、滤波电抗器、滤波电容及相关电阻等部分，实现吸收装置自动投入、撤出、滤波及检测等功能。

控制柜由电动隔离开关柜和斩波器柜组成，采用自然风冷、户内型设备。电动隔离开关柜内主要设置电动隔离开关、接触器、滤波电抗器和滤波电容器，斩波器柜内主要设置 ICBT 斩波器和微机控制装置等。斩波器柜内设置控制电源模块、微机控制系统、续流二极管、快速熔断器、电压、电流传感器等。

2）制动电阻柜

制动电阻柜主要由吸收电阻组成，实现制动能量的吸收和排出功能。电阻柜中的电阻器组件可采用无骨架长波型电阻元件，吊挂结构安装，电感量低、电阻值温漂变化小、耐受温度高。每一支路电阻由 n 个电阻器组件串、并联组合，可减少分布电感对功率电子器件的影响。

制动电阻柜内设置多级温度开关，对空气出口温度设定三档：当温度超过 150 ℃时，吸收功率自动降低到 2/3；当温度超过 170 ℃时，吸收功率自动降低到 1/2，并报警；当温度超过 200 ℃时，吸收装置自动关闭，分断接触器并报警。

再生制动能量消耗装置可采用双微机控制方式。

上位机为系统管理及监控，接受变电所电力监控系统的各项指令，执行设备的投入、撤除、试验等操作，自动记录各种牵引、制动电压、电流及吸收电流曲线等；下位机主要执行判断、斩波器投入、调节等功能。

5. 排流柜

排流柜是城市轨道交通牵引供电系统中杂散电流防护子系统的重要组成部分。除安装在牵引变电所的排流柜外，杂散电流防护子系统还包括安装在车辆段/停车场的单向导通装置和连接线缆等。

排流柜通常安装于正线牵引变电所内，排流柜的一端接负极柜内的直流负母排，另一端接隧道结构钢筋、整体道床结构钢筋、牵引变电所接地母排。将结构钢筋中的杂散电流单方向经金属回路引回牵引变电所内的负极柜，减少杂散电流对结构钢筋的腐蚀。

1）柜体结构

排流柜的柜体由优质冷轧钢板弯制而成，板材连接采用自固螺栓且柜体边缘光滑。在柜体的前后部开有进气孔。

排流柜的柜门安装门锁，柜体预留外壳接地端子两处。柜内元器件安装在绝缘板上，柜内设备布置合理，方便维护、检修。柜面板上设有电流表（每个支路一块）、电压表、信号灯、按钮（包括控制开关、负荷开关操作按钮）和铭牌，并带有标签。排流柜的熔丝、时间继电器和霍耳传感器测量装置安装在柜内正面，当柜门打开时，能够方便地对这些装置进行调整和维修。

2）系统组成

每台排流柜内设有两种支路：负母排与杂散电流防护收集网之间的排流二极管支路；负母排与牵引变电所接地母排之间的接地二极管支路。

排流柜有4个排流二极管支路（上行道床、上行侧壁、下行道床、下行侧壁）和1个接地二极管支路。排流柜内有一个总母排，排流二极管支路和接地二极管支路与该母排相连，总母排和牵引变电所内的负母排相连。排流柜的每个二极管支路中都串接带IGBT的可自动调节电阻，可以通过从监测系统中得到的监测数据自动有策略地调节排流电流，实现智能排流。排流柜每个二极管支路串接一负荷开关，便于该支路的投入或切除。

每个排流柜中有一路接地二极管支路，作为将悬浮接地系统转换成二极管接地系统的转换开关，同时为地网中的杂散电流提供金属通路，使杂散电流流回牵引变电所，减少对地网的腐蚀。

每个接地二极管支路由负荷开关、传感器、可调电阻、分流器、接地二极管保护熔丝和二极管组成。在悬浮接地系统状态下，负荷开关打开。当转换到二极管接地系统状态时，负荷开关闭合。

4.2.3 接地装置

接地装置由埋在地下的接地网、接地引出线、接地母排、接地端子箱及接地电缆组成。接地网由水平接地体和垂直接地体组成。接地网上设置强、弱电接地引出线。车站站台板下左右两端各设置一块强、弱电接地母排，在车站照明配电间和环控电控室设强电母排，并通过电缆连接到站台板下强电母排。在车站站厅弱电井设弱电接地母排，并通过电缆与站台板下弱电接地母排相连，构成接地装置实用整体。

车站综合接地装置由人工接地体和自然接地体构成。自然接地体是利用地梁、地板和结构外墙钢筋作为自然接地网。人工接地体由埋在地下的接地网、接地引出线、接地母排、接地端子箱及接地电缆组成。

思考题

（1）请说明交流牵引变电所主要一次设备和二次设备及其主要功能。

（2）请对直流牵引变电所各种主接线方式进行对比分析，说明各自特点。

参 考 文 献

何宗华，汪松滋，何其光. 2005. 城市轨道交通供电系统运行与维修. 北京：中国建筑工业出版社.
贺威俊，高仕斌，等. 2011. 轨道交通牵引供变电技术 . 成都：西南交通大学出版社.
贺威俊，高仕斌，张淑琴，等. 1998. 电力牵引供变电技术. 成都：西南交通大学出版社.
贺威俊. 2001. 电力牵引供电系统技术及装备. 成都：西南交通大学出版社.
李群湛. 2012. 牵引供电系统分析. 成都：西南交通大学出版社.
彭离燕. 2010. 变电站电气设备. 北京：中国电力出版社.
宋奇吼，李学武，等. 2011. 城市轨道交通供电（第 2 版）. 北京：中国铁道出版社.
杨扩武. 2011. 牵引变电所. 北京：中国铁道出版社.
中铁电气化局集团有限公司. 2012. 城市轨道交通设备系统综述. 北京：中国铁道出版社.

第 5 章　交直流牵引供电方式

5.1　概　　述

交流电力牵引供电系统主要有工频（50 Hz 或 60 Hz）单相交流电力牵引供电系统和低频（$16\frac{2}{3}$ Hz）单相交流电力牵引供电系统两种制式。

匈牙利曾经在 20 世纪 30 年代在电气化铁路上使用 50Hz 的交流电。1950 年法国试建了一条 25 kV 的单相工频交流电气化铁道。随后日本、苏联等相继都采用了工频交流制，电压为 25 kV。由于此种电流制的优越性比较明显，很快在各国被采用，目前已成电气化铁道牵引供电系统的主流。我国电气化铁道建设一开始就采用了最先进的工频交流制，从而为后来的电气化铁道的发展打下了良好的基础。

工频单相交流制的牵引供电系统，从电力系统接受电能，通过变压、变相后，向电气化铁道电力机车（动车组）负荷提供所需工频电压的电能，并完成牵引电能传输、配电等全部功能。交流牵引供电系统主要由外部供电线路、交流牵引变电所、牵引网、分区所、开闭所等装置和环节组成，如图 5-1 所示。

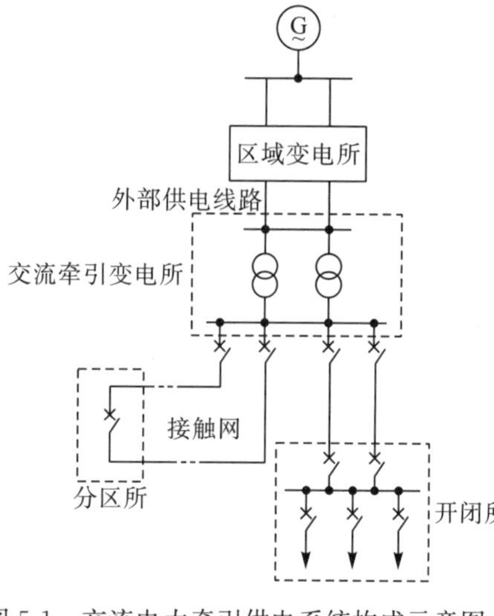

图 5-1　交流电力牵引供电系统构成示意图

工频单相交流制的牵引供电系统的优点包括：结构简单，不需要在变电所设置整流和变频设备；牵引供电电压增高，既可保证大功率机车的供电，提高机车的牵引定数和运行速度，又可使变电所之间的距离延长，导线截面减少，建设投资和运营费用显著降低；交流电力机车的黏着性能和牵引性能良好；地中电流对地下金属的腐蚀作用小，一般可不设专门防护装置。

单相低频交流制发展也比较早，在第一次世界大战以前就已经出现。许多西欧国家如奥地利、挪威、瑞典和德国等都采用这种制式。

低频单相交流制牵引系统的优点主要是电力机车或动车组可采用牵引特性良好的单相整流子牵引电动机驱动，因为在低频（$16\frac{2}{3}$ Hz）情况下，这种电动机的换向条件较工频（50～60 Hz）时更为有利，易于保持整流的稳定性，具有与直流牵引电动机相似的牵引性能。在 20 世纪中期以前电力电子和传动控制技术尚不发达，这种技术选择在当时是可取的。

低频单相交流电力牵引供电系统有两种构成型式，一种是早期欧洲有的国家所采用的专用低频电力系统，该系统从发电厂的发电机到三相升压、降压变压器都使用低频$\left(16\frac{2}{3}\ \text{Hz}\right)$频率，牵引变电所不需要进行变频，从电网高压输入经牵引变压器降压后直接馈送至牵引网，其系统结构与图 5-1 类似。

另一种低频单相交流电力牵引供变电系统，仍从统一的三相工频电力系统受电，经牵引变电所降压变频后，再经过升压用低频 15 kV 馈线馈送至牵引网。这种系统从电源至牵引变电所的结构框图如图 5-2 所示。

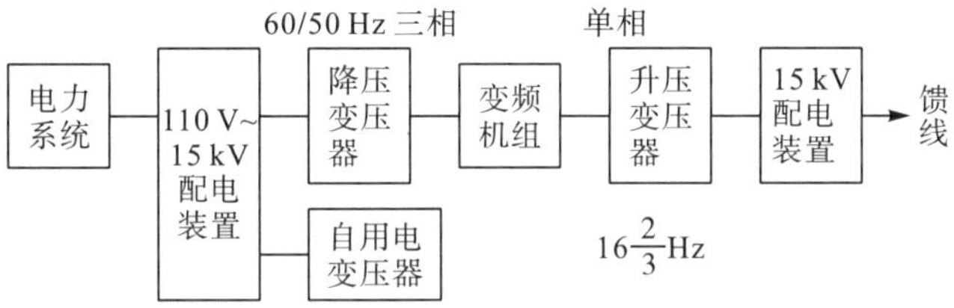

图 5-2　低频单相交流牵引供电系统构成图

单相低频交流制，虽然能提高牵引网的电压，增大牵引变电所间的距离，减小接触网的有效截面，但由于设备复杂，大大限制了其经济性。

直流制是世界上早期电气化铁道普遍采用的方式，其特点是电力机车多采用机械性能好、调速方便的直流串励电动机牵引，利用直流电向直流电机供电可以极大地简化机车设备。但是受直流牵引电动机额定电压的限制，直流制供电电压较低，通常只有 1500 V。

最初采用直流电力牵引制的出发点有以下几方面。

(1) 电动车辆应用直流牵引电机调速方便且易于实现，借助传统的电阻调节控制，改变牵引电机端压或调节励磁即可调节速度。

(2) 直流串激电机具有适合于列车牵引性能的转矩-速度特性。

(3) 直流供电相对交流供电的牵引网电压损失和功率损失要小得多，有利于保持网压稳定，确保列车频繁启动下的电压质量，从而有利于保证列车的运行速度。

由于城市轨道交通牵引的特点是，车站站间距离短（1～3 km），列车启动和制动频繁，要求牵引网供电电压应相对维持稳定，直流牵引制对于保证网压质量和交流传动控制系统的稳定工作，以及简化电动车辆逆变器的器件与设备都是有利的。因而至今仍然在城市轨道交通牵引中得到广泛采用。

城市轨道交通直流电力牵引供变电系统是由从电力系统的区域变电站或域网降压变电站接受和输送电能的外部供电系统（包括主变电所、专用中压供电网）、直流牵引变电所和降压变电所等环节和装置组成的专用电气系统，如图 5-3 所示。它主要通过牵引变电所整流机组降压变流后，向城市轨道交通电动车组牵引负荷提供所需直流电压和电能。同时，经降压变电所变压器降压后，为车站与线路区间各种机电设备、照明负荷和通信信号提供 380/220 V 电源。

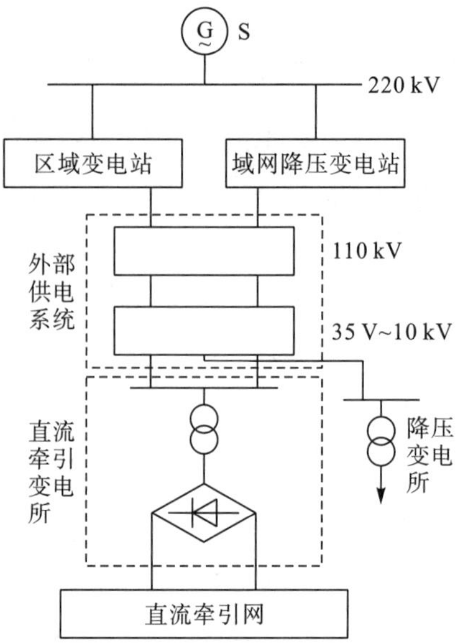

图 5-3 城轨交通直流电力牵引供变电系统组成图

直流牵引供电系统由于牵引变电所需要三相整流环节，因此电力机车运行时会产生较大的谐波。由于供电电压较低，要保证电力机车足够的功率，供电电流就比较大，线路损耗也大，所以，送电距离较短，变电所的数目相对增加。又由于电流较大，需要导线的截面大，金属消耗增加。另外，直流电气化铁路还有一个严重的问题，就是杂散电流对沿线地下金属设施的腐蚀比较严重，需要采取特殊的防护措施。所以，直流制的轨道交通方式其建设投资和运营、维护费用都比较高。

国外城市轨道交通的直流牵引制供电电压等级包括 750 V、1500 V、3000 V 等，其发展趋势是向国际电工委员会（International Electrotechnical Commission，IEC）制订的国际标准 600 V、750 V 和 1500 V 等电压等级靠拢。我国国家标准规定城市轨道交通电力牵引供电电压为 750 V、1500 V 两种等级。

5.2 交流牵引供电方式

交流牵引供电系统的供电方式是由牵引网所完成的特殊输电功能的技术要求和经济性能所决定的，基本上可以按分区所运行状态和牵引网设备类型进行分类。按分区所运行状态，通常分为单边供电、双边供电两种方式。按牵引网设备类型可分为直接供电方式、吸流变压器（booster-transformer，BT）供电方式、自耦变压器（auto-transformer，AT）供电方式和同轴电缆（coaxial cable，CC）供电方式等。

5.2.1 按分区所运行状态的分类

1）单边供电

单线区段的单边供电如图 5-4 所示，各牵引变电所相互独立，机车只从相关的单个牵引变电所取电。当某一牵引变电所因故障失电时，可将两端分区所的开关闭合进行越区供电。当不进行越区供电时，可以大大简化分区所设备，甚至取消分区所。

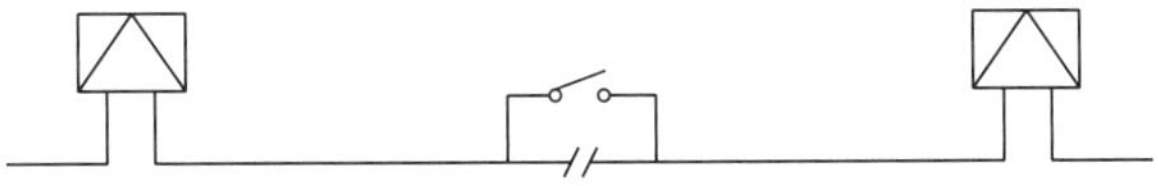

图 5-4　单线区段的单边供电

复线区段的单边供电可有多种方式，如图 5-5 所示。不计图中虚线，上、下行独立供电，供电臂可采用两相不同的电压，也可采用同相电压（通常如此），其故障方式与单线单边供电相同，继电保护也简单。其缺点是牵引网电压损失、电能损失较大，电网电压水平波动也大，运行过程中，上、下行接触网之间易出现较大的电压差。

全并联供电的牵引网电压损失和电能损失最小，电网电压水平也好，但并联线处使上、下行供电臂相互关联，见图 5-5 中虚线，任一处故障都会导致上、下行供电臂停电，故障区域大。为缩小故障区域，则须采取个别的分段及保护措施，但这又会增加牵引网及保护、控制设备的复杂程度，故一般很少采用。

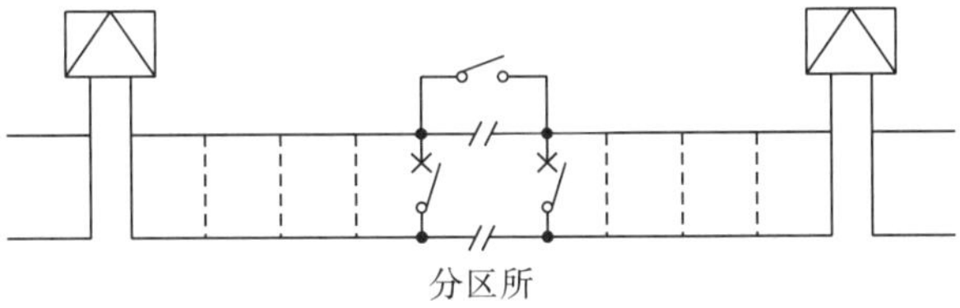

图 5-5　复线区段的单边供电

末端并联供电介于上、下行独立供电和全并联供电之间，克服了上、下行分开供电的某些缺点，利用了全并联供电的某些优点，是一种相对最优的方式，在我国广泛采用。

2）双边供电

双边供电，顾名思义，机车不像单边供电那样仅从相关的单个牵引变电所取电，而是从相邻的两个变电所取电。单线区段的双边供电如图 5-6 所示，这是由与分相绝缘器并联的断路器闭合而实现的。当任一供电臂故障时，如果要保证另一臂正常供电，则需要通过继电保护自动将断路器打开，以缩小故障区域；当接触网停电维修时，也需要（通过远动）进行断路器分合操作。因此，双边供电时，两相邻牵引变电所之间要设置分区所。

图 5-6　单线区段的双边供电

复线区段的双边供电也是通过分区所的断路器连接而完成的。闭合图 5-5 分区所的断路器就能进行双边供电，如图 5-7 所示。

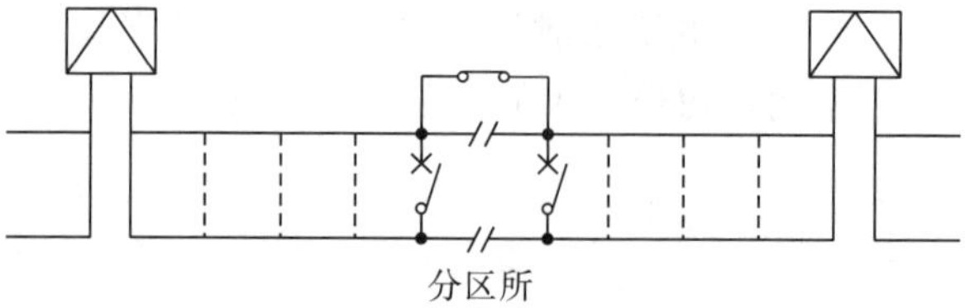

图 5-7 复线区段的双边供电

双边供电的优点是机车的电流来自两个不同的供电点，因此减轻了牵引网输送电能的负担，网上电压损失和电能损失都能减少，网压水平也相应改善。双边供电还能减轻对沿线通信线路或设备的电磁感应干扰。实现双边供电最少应满足两个条件。

(1) 两相邻牵引变电所需由同一电力系统供电，以确保有相同的频率。

(2) 两相邻牵引变电所的牵引端口应同相，否则将造成异相短路。

另外，双边供电时两边牵引端口电压大小和相位的差异会在牵引网中造成均衡电流。不论有无牵引负荷，两边牵引端口的电压都是波动的，均衡电流将在牵引网中来回流动，造成额外功率损失，但份额很小。

双边供电使牵引网的复杂程度增加，相应也对继电保护提出了许多特殊要求。

由于我国电网的运营和管理方式，我国电气化铁路没有采用双边供电，但苏联一直采用双边供电方式。

5.2.2 按牵引网设备类型的分类

1) 直接供电方式

这是一种最简单的供电方式，它分两种形式，一种称为基本型，如图 5-8 所示，其牵引网结构最简单，仅由接触线 C 和钢轨 T 组成，投资最小，但钢轨电位较高，对通信线的感应干扰最大，主要适用于通信线路（主要是明线）较少或很容易将受扰通信线迁改径路的场合。基本型直接供电方式在法国、英国、苏联都广泛应用。

基本型的改进方式是在钢轨上并联架空回流线 R，其并联点一般相距 5～6 km，如图 5-9 所示。这能使钢轨电位大为降低，因屏蔽作用，使通信线的干扰得到较好抑制，能降低感应干扰 30%左右，还能降低牵引网阻抗，使供电臂延长约 30%。研究和实践表明，这是一种有前途的供电方式。

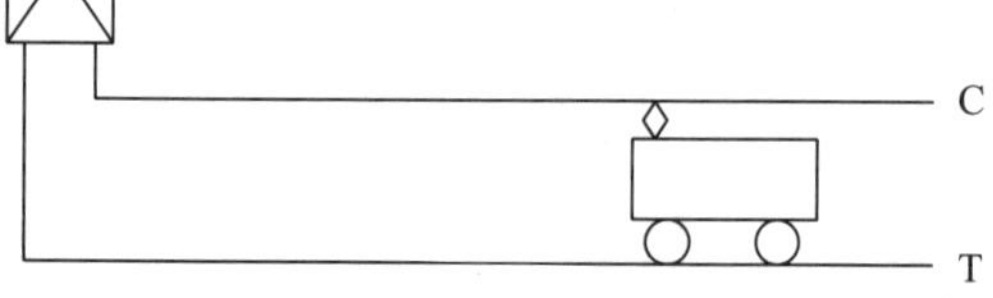

图 5-8 直接供电方式（基本型）

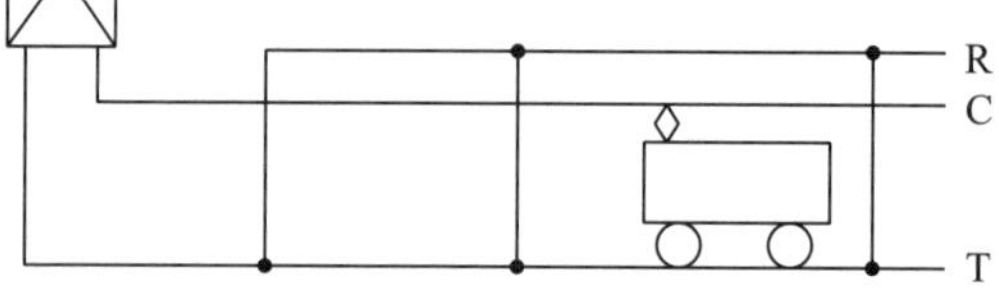

图 5-9 直接供电方式（带回流线）

2) BT 供电方式

这种供电方式也分为有回流线形式和无回流线形式两种，分别如图 5-10 和图 5-11 所示。前一种称为 BT-回流线方式，后者称为 BT-钢轨方式，其中 BT 都是串入接触网的，间隔为 1.5～4 km，用以吸回地中电流，减少通信干扰。BT 方式增加了牵引网结构的复杂性，提高了造价，因牵引网阻抗变大，供电臂长度将减小，约为直接供电（基本型）方式的 3/4。另外，因存在 BT 分段（火花间隙 G），所以不利于高速、重载等大电流运行，但 BT 方式的钢轨电位低，抑制通信干扰的效果很好，其中 BT-回流线方式比 BT-钢轨方式效果好。我国采用的 BT 方式均为 BT-回流线方式，日本东海道新干线也如此，而英国、法国、瑞典两种方式都有应用，挪威只采用 BT-钢轨方式。

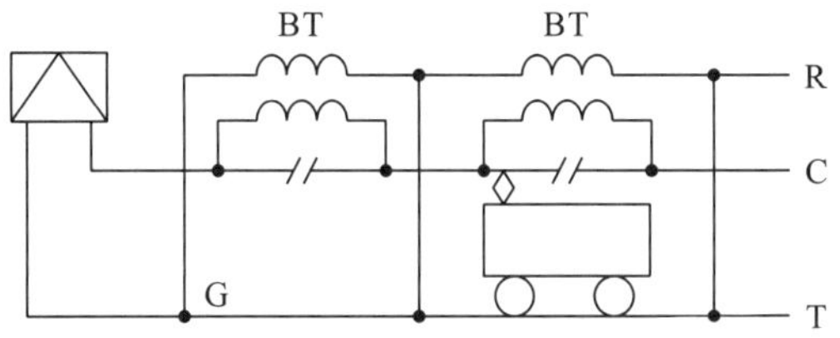

图 5-10　BT 供电方式（BT-回流线方式）

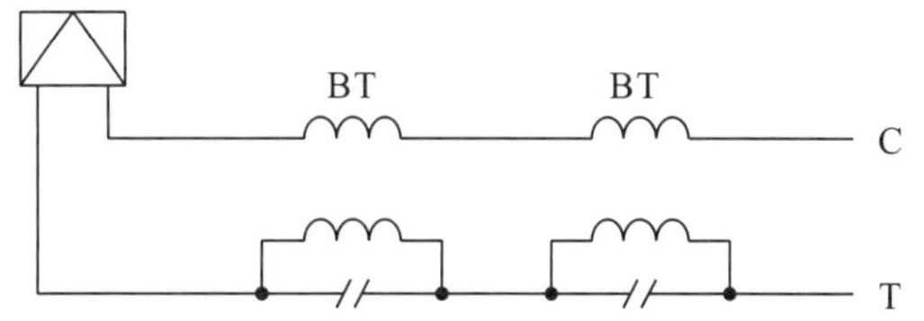

图 5-11　BT 供电方式（BT-钢轨方式）

3）AT 供电方式

AT 供电方式如图 5-12 所示，这里的回流线为负馈线 F。AT 并联于牵引网中，不仅克服了 BT 串入网中产生 BT 分段的缺陷，还使供电电压成倍提高，牵引网阻抗小，供电距离长，约为直接供电方式的 170％～200％，网上电压损失和电能损失都小，因此，AT 供电方式是一种适于高速、重载等大电流运行的牵引供电方式。一般 AT 间隔约 10 km，AT 供电方式的钢轨电位较低，抑制通信干扰的效率与 BT-回流线方式相近，但投资要高一些。AT 供电方式最早在日本山阳新干线上应用，后来法国、美国（25 Hz）、苏联、中国等相继采用。

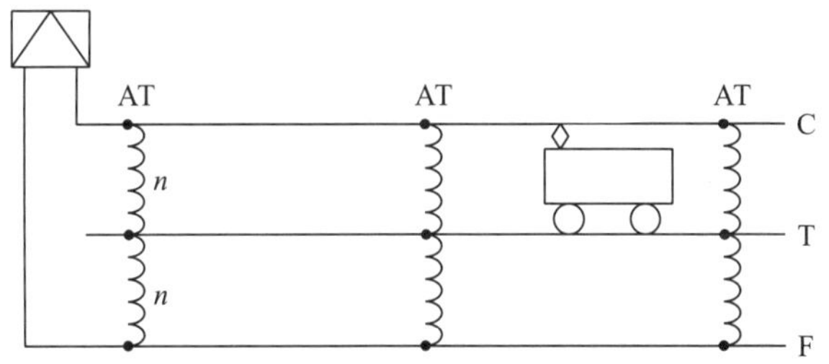

图 5-12　AT 供电方式

4）CC 供电方式

CC 供电方式是一种新型的供电方式。它的同轴电力电缆沿铁路线路埋设，内部芯线作为供电线与接触网 C 连接，外部导体作为回流线与钢轨 T 相接，每隔 5～10 km 做一个分段，如图 5-13 所示。CC 供电方式的优点：馈电线与回流线在同一电缆中，间隔很小，而且同轴布置，使得互感系数增大；同轴电力电缆的阻抗比接触网和钢轨的阻抗小得多，因此牵引电流和回流几乎全部从同轴电力电缆中流过；电缆芯线与外层导体电流相等，方向相反，二者形成的磁场相互抵消，对邻近的通信线路几乎无干扰，吸流效果和抑制通信干扰的效果均优于 BT 和 AT 供电方式。CC 供电牵引网阻抗和供电距离与 AT 方式相近，钢轨电位较低，接触网结构较简单，对净空要求低，宜于重载、高速等大电流运行。但同轴电缆的造价太高，限制了它的广泛应用，一般只在重要城市、桥隧的低净空地段等特殊场合采用。日本已在局部电气化区段使用，我国进行了研究和试验。

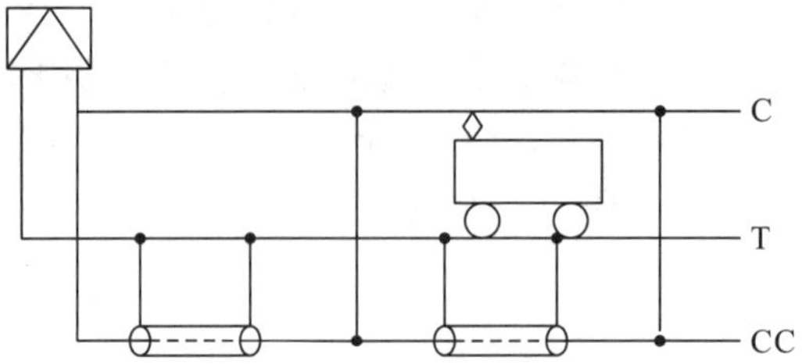

图 5-13 CC 供电方式

5.3 直流牵引供电系统

直流牵引供电系统是城市轨道交通的基础环节，主要由外部中高压供电网络、直流牵引变电所、牵引网、回流网和相关防护措施构成。

为了规范城市轨道交通直流牵引供电系统的电压等级，对于新建城市轨道交通工程，IEC850、UIC600 和 EN1435 等标准均推荐直流牵引供电系统额定电压应在 DC750V、DC1500V 和 DC3000V 三种电压等级中选择。我国 GB50157-2003《地铁设计规范》第 14.1.14 条和 GB10411-2005《城市轨道交通直流牵引供电系统》第 4.4 条规定，直流牵引供电系统的电压及其波动范围应符合表 5-1 的规定。

表 5-1 直流牵引供电系统电压标准 （单位：V）

标称值	最高值	最低值
750	900	500
1500	1800	1000

5.3.1 牵引供电系统构成

牵引供电系统由两部分构成：牵引变电所和牵引网。牵引变电所是牵引供电的核心，根据牵引供电计算，沿城市轨道交通线路设置。按照 IEC 和我国规程规定，目前我国地下通道的牵引网普遍采用两种，一种是接触轨授电，标称额定电压为直流 750 V，另一种是架空接触网授电，额定电压为直流 1500 V。牵引供电系统的构成如图 5-14 所示。

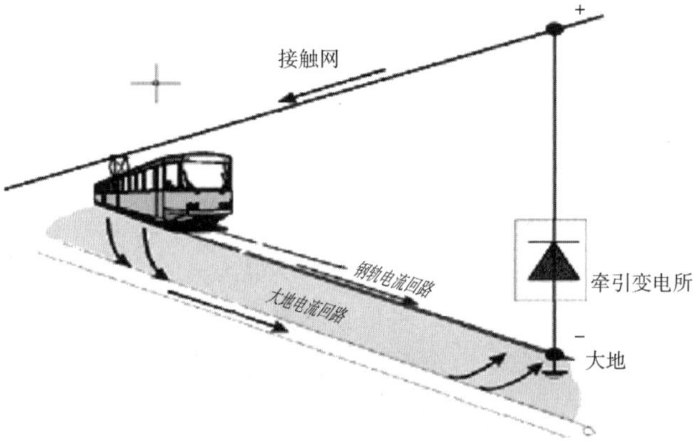

图 5-14 牵引供电系统构成

5.3.2 牵引变电所

牵引变电所的位置和容量，根据运行高峰小时的车流密度、车辆编组及车辆型式通过牵引供电计算，经过多方案比较后确定。

牵引变电所容量遵循以下原则进行设计。

(1) 供电合理，运营方便，满足高峰运营时最大负荷的需要。

(2) 系统中任何相隔两座的牵引变电所故障解列时，靠其相邻牵引变电所的过负荷能力，仍应能保证列车的正常运行，不影响运送客流的能力。

牵引变电所一般设两套牵引整流机组，其容量按远期运量设计。牵引整流机组的过负荷能力按 IEC-146 标准，城市轨道交通牵引属Ⅵ类负荷，其过负荷能力应满足：100% I_n 连续运行；150% I_n 2h；300% I_n 1 min。为抑制牵引供电系统产生的谐波电流注入电网，牵引机组至少应采用十二脉波整流。牵引变电所主接线图如图 5-15 所示。

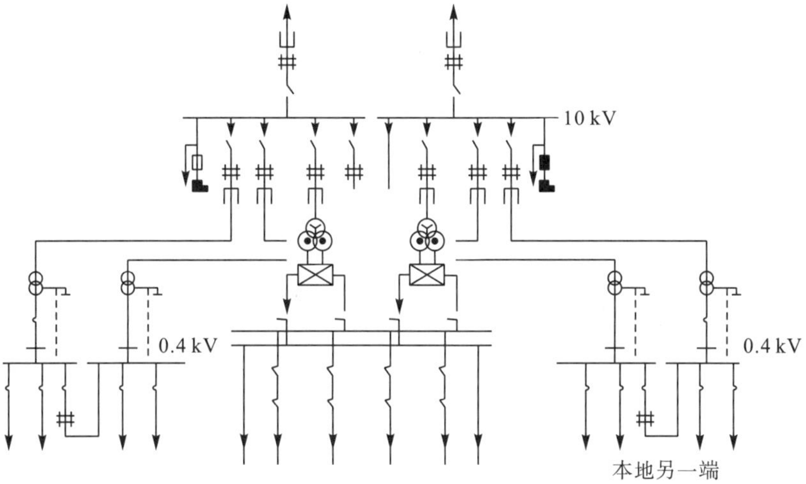

图 5-15 牵引变电所主接线示例一

5.3.3 牵引供电系统运行方式

牵引供电系统的运行方式有两种，即正常运行方式和任一牵引变电所解列时的运行方式(如图 5-16 所示)。

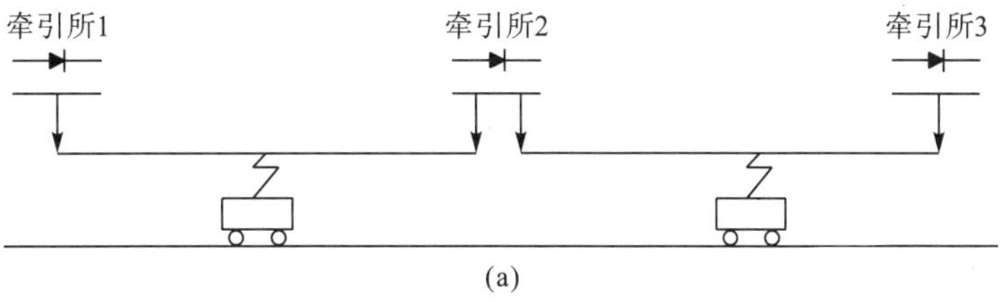

(a)

(a) 正常运行

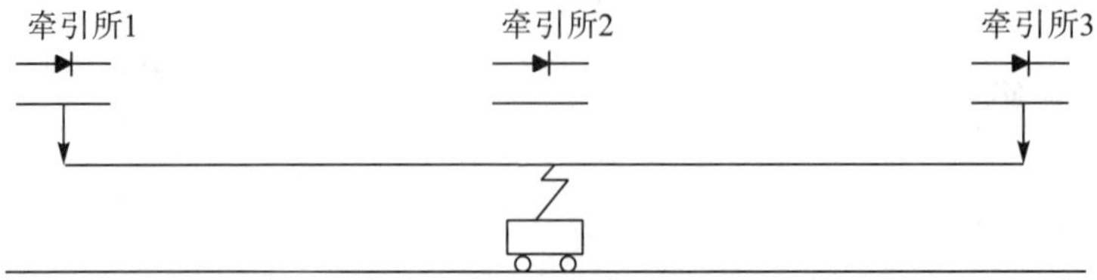

（b）任一牵引变电所解列

图 5-16　牵引供电系统的运行方式

1）正常运行方式

正线各供电区间，均由相邻牵引变电所双边供电；车辆段内接触网由车辆段牵引变电所供电；停车场内接触网由停车场牵引变电所供电。

2）任一牵引变电所解列时的运行方式

当任一牵引变电所解列（不含线路端头牵引变电所）时，由相邻变电所越区“大双边”供电。

当正线线路端头的牵引变电所解列时，分别由相邻的牵引变电所单边供电。

车辆段或停车场牵引变电所解列时，由正线牵引变电所通过合上正线与车辆段或停车场接触网分段隔离开关向车辆段或停车场牵引网供电，而车辆段或停车场牵引变电所不向正线供电。

5.4　接地与回流系统

牵引电流是受电弓通过接触线取流并向电力机车供电的电流。牵引电流必须通过回流路径流回牵引变电所。考虑牵引电流流过的路径需要构成闭合回路，所以总的回流应等于流经接触线的电流。

通常情况下钢轨可作为牵引电流的回流导体。钢轨敷设在地面上，其长度远远大于宽度。钢轨与大地之间为非理想绝缘，并且钢轨存在纵向电阻，因此部分牵引回流流入大地并经大地流回牵引变电所。在牵引变电所附近，流入大地的牵引电流又流回钢轨，或流入牵引变电所的接地系统。

5.4.1　交流牵引供电系统接地与回流

1）基本原理

交流牵引供电系统中钢轨是牵引电流回流的主要路径。由于钢轨与大地之间未采用绝缘措施，因此部分牵引电流从钢轨流入大地，经大地流回牵引变电所。

不同供电方式的牵引供电系统牵引回流途径不同，如图 5-17～图 5-20 所示。由于钢轨与大地间存在过渡电阻，并且大地电位为零，从钢轨流入大地的负荷电流在过渡电阻上形成的电压降必然使钢轨与大地之间存在电位差，通常称为钢轨电位。

直接供电方式的负荷电流流入钢轨后，由于钢轨与大地之间存在过渡电阻，部分负荷电流流入大地，在接近牵引变电所处流入钢轨或牵引变电所接地系统。

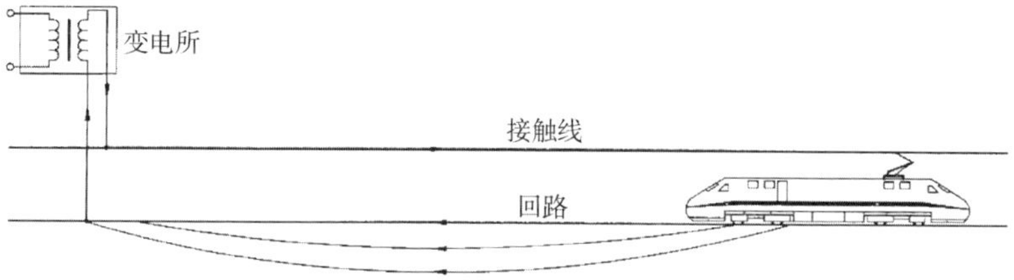

图 5-17　直接供电方式负荷电流回流回路示意图

带回流线的直接供电方式的负荷电流进入钢轨后，由于钢轨和大地间存在过渡电阻，部分牵引电流进入大地。回流线沿线路与接触网平行架设，每隔一定距离回流线与钢轨连接一次（一般为 5～6 km），称该连接线为吸上线。由于接触线与回流线的感应作用，部分牵引电流在钢轨吸上线位置流回钢轨，通过吸上线进入回流线，通过回流线流回牵引变电所。吸上线中流过的牵引电流大小受到机车所处位置和吸上线设置数目等因素影响。

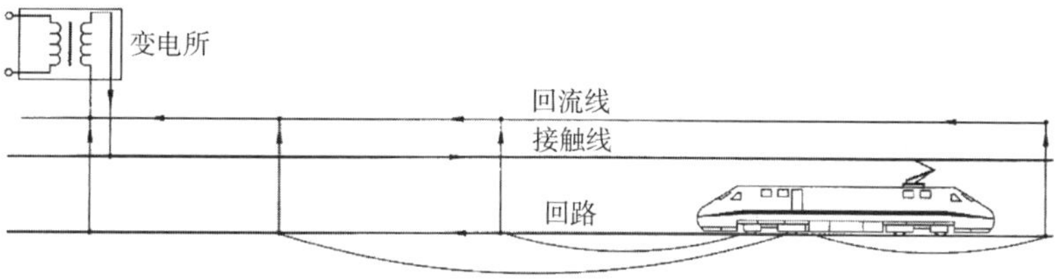

图 5-18　带回流线的直接供电方式负荷电流回流回路示意图

由于 BT 供电方式的吸流变压器变比为 1∶1，负荷电流流过吸流变压器一次侧绕组时，必然在二次侧感应出相应大小电流，因此强制由机车位置钢轨进入大地的牵引电流流回钢轨，并通过吸上线进入回流线，通过回流线流回牵引变电所。应当说明，上述情况为理想情况，实际上仍存在小部分进入大地的牵引电流通过其他途径流回牵引变电所。

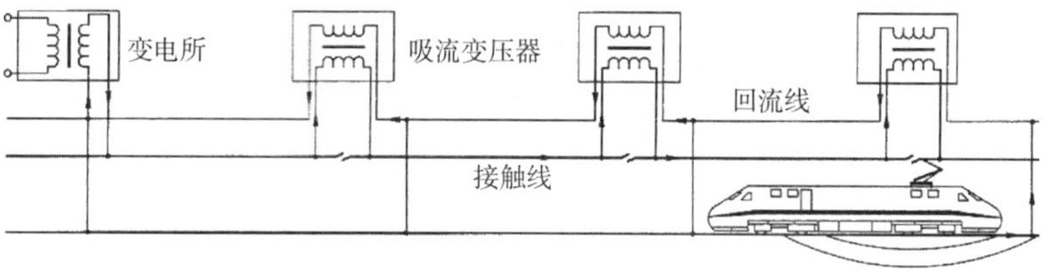

图 5-19　BT 供电方式负荷电流回流回路示意图

自耦变压器两端分别连接接触线和负馈线，中点与钢轨相连。由机车位置钢轨进入大地的负荷电流在距离机车两侧最近的自耦变压器位置流回钢轨，并流入自耦变压器，通过负馈线流回牵引变电所。两个自耦变压器之间的线路称为 AT 段。理论上仅有列车所处 AT 段钢轨中存在牵引电流。

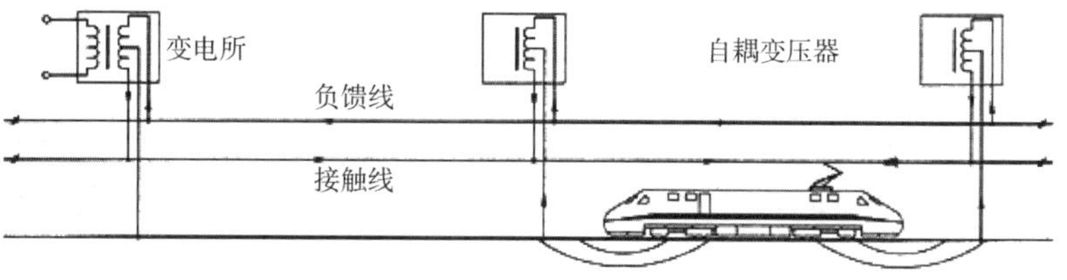

图 5-20　AT 供电方式牵引电流回流回路示意图

2）高速铁路综合接地系统

由于高速铁路列车运行速度高、行车密度大、负荷电流大，且采用短路容量更大的220 kV外部电源，导致牵引网短路电流大，因此，高速铁路钢轨电位比普速铁路明显增高，可能危及人身和设备安全，必须采取相应对策。

通常普速电气化铁路中通信、信号、电牵、电力等系统分别接地，此时每个系统内设备接地均可满足要求，但不同系统间仍不可避免存在电位差，无法保证人身、设备的安全。只有将各系统的接地系统合而为一，形成综合接地系统，才能消除牵引负荷电流回流对人身安全的影响，保证各系统内设备的安全。

高速铁路综合接地系统是将高速铁路沿线的牵引供电回流系统、电力供电系统、信号系统、通信及其他电子信息系统、建筑物、道床、站台、桥梁、隧道、声屏障等需接地的装置通过贯通地线连成一体的接地系统。图5-21为综合接地系统示意图。

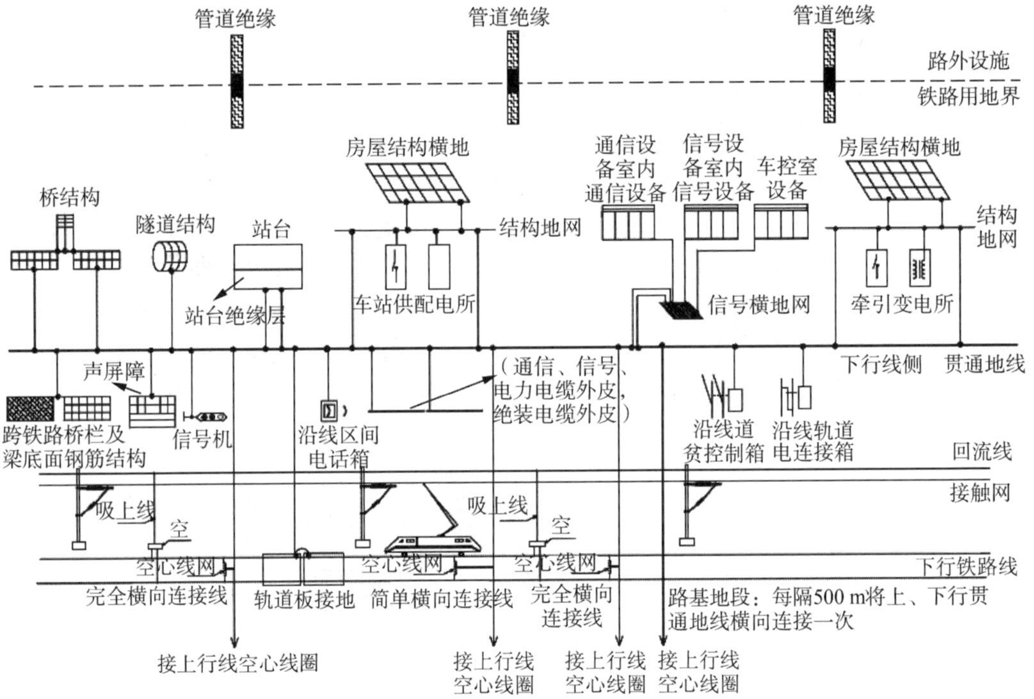

图5-21 综合接地系统示意图

综合接地系统主要由贯通地线、接地体、横向连接线、分支引接线、接地端子组成。综合接地系统采用沿铁路全线上、下行敷设两根贯通地线方式，贯通地线通常采用耐腐蚀并符合环保要求的导电高分子铜缆。贯通地线也可敷设于电缆槽中，但此种情况下必须采取砂防护措施。贯通地线在电气上全程贯通，确保贯通地线的接地电阻不大于1 Ω。

综合接地系统主要设计原则包括如下。

(1) 综合接地系统以沿线两侧敷设的贯通地线为主干，充分利用沿线桥梁、隧道、路基地段构筑物设施内的接地装置作为接地体，形成低阻等电位综合接地平台。

(2) 距接触网带电体5 m范围以内的金属构件和需要接地的设施、设备应接入综合接地系统。

(3) 距线路两侧 20 m 范围以内的铁路设备房屋的接地装置应接入综合接地系统。

(4) 不便与铁路综合接地系统等电位连接的第三方设施必须采取可靠的隔离或绝缘等措施。

(5) 在综合接地系统中，建筑物、构筑物及设备在贯通地线接入处的接地电阻不应大于 1 Ω。

下面对高速铁路不同路段综合接地系统设置进行简要介绍。

桥梁：桥梁地段贯通地线铺设在两侧的信号电缆槽内，每侧一根贯通地线；接地装置充分利用桥墩基础设置，以满足接地电阻值的要求，接地装置与贯通地线可靠连接；梁体及桥墩内的接地钢筋充分利用非预应力结构钢筋，原则上不再增加专用的接地钢筋；并在结构物内预埋外联接地端子。

隧道：隧道地段贯通地线铺设在两侧的通信信号电缆槽内，每侧一根贯通地线；接地装置充分利用隧道的初期支护锚杆或底板钢筋、非预应力结构钢筋，以满足接地电阻值的要求，接地装置与贯通地线可靠连接；二次衬砌内的接地钢筋充分利用隧道的非预应力结构钢筋，原则上不再增加专用的接地钢筋；并在结构物内预埋外联接地端子。

路基：一般路基地段沿线路两侧各设一根贯通地线，位于通信信号电缆槽外侧内壁正下方的基床底层中，接地极充分利用接触网支柱基础。贯通地线通过分支引接线侧向水平引至路基边坡，沿护肩底以及电缆槽底引至通信信号电缆槽靠线路侧内壁位置，与电缆槽侧壁预留的接地端子引接线压接。每个接触网支柱处、跨线建筑物处及桥梁与路基、隧道与路基过渡段处各埋设一根分支引接线，材质与贯通地线相同。

5.4.2 直流牵引供电系统接地与回流

1) 基本原理

牵引电流回流回路和接地设备的设计必须满足人身安全和杂散电流保护的要求。

在直流牵引供电系统中，为了避免牵引回流流入大地形成杂散电流而引起大地中金属物体的腐蚀，敷设钢轨时应使其对地电阻和对接地系统的电阻较高。由于钢轨存在纵向电阻，牵引回流流过钢轨在沿线路方向会产生电压降，导致正常运行和短路故障情况下钢轨电位较高。由于钢轨不存在接地连接，在大电流和长供电臂区间就可能发生接触电压超过允许值的情况。为保证人身安全，三相供电系统故障和钢轨电位所产生的接触电压不应超过规定的允许值，如 EN50122-1 规定。如果钢轨对大地电位过高，而该电位可接触到的部分又超过了允许接触电压，则会产生对人体的危害。

图 5-22 所示的是直流牵引供电系统中为满足上述要求而采取的措施。

钢轨纵向电阻对回流回路阻抗起决定性作用。为使电压降降至最低，钢轨轨缝间宜采用焊接并且用低阻抗轨缝连接将道岔纵向连接。应尽可能利用所有的钢轨作为回流路径，以减小纵向阻抗，因此要对钢轨—钢轨和线路—线路间进行横向连接。

直流牵引供电系统中，建筑物基础、隧道结构和高架桥系统的基础构成了接地系统，也称为结构接地。

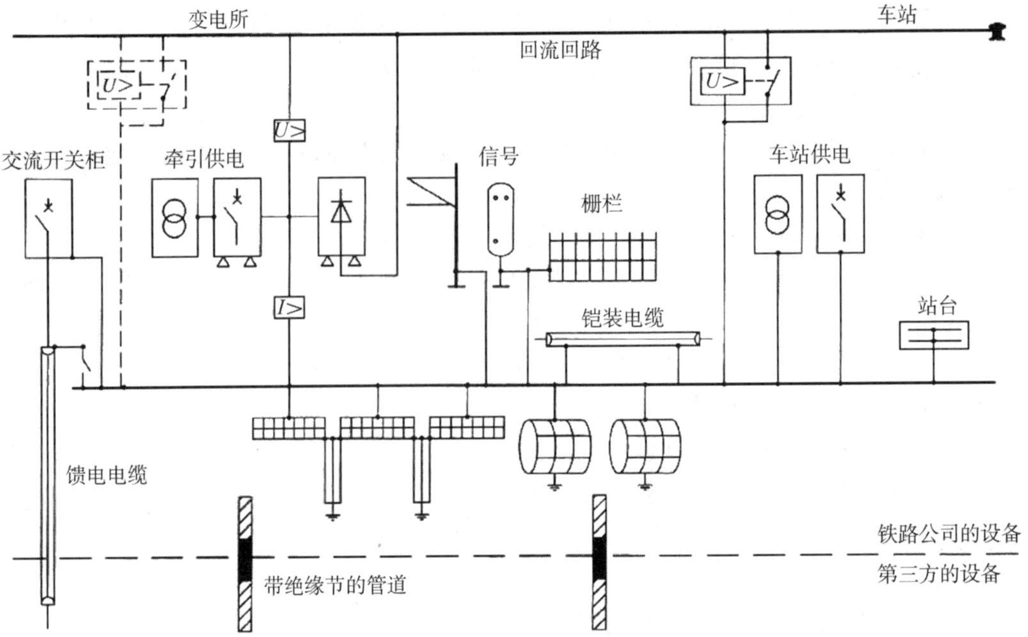

图 5-22 直流牵引供电系统中的回流回路及相关接地示意图

在隧道和高架桥中，沿线路互相连接的钢筋形成了这些装置的结构接地。在地面线路地段上没有贯通连接的接地系统。车站、变电所、专用建筑甚至接触网的支持结构都可作为独立的接地系统。实际证明，在并行于可被连接结构部分安装接地线方法技术经济性较好。

直流牵引供电系统运行过程中会产生杂散电流。杂散电流泄漏至地下，大地中的金属管道、电缆外壳、建筑或支柱的钢筋混凝土基础、钢筋预应力隧道结构、桥梁和高架桥都存在被杂散电流腐蚀的危险，这种影响不容忽视，严重时将危及沿线及附近建筑设施的安全，造成巨大的经济损失。

为了实现杂散电流保护，公用电网的接地装置要与直流牵引供电系统的接地系统分开。但是只有在电缆护套不与直流牵引供电系统接地系统相连的情况下，才能实现这种分离。中压设备和牵引变压器的金属框架都应该与结构接地连接。

通常，牵引变电所的直流开关柜底座对结构接地是绝缘的。如果直流开关柜底座的故障检测通过在某一点进行低阻连接来实现。如果发生绝缘故障或出现不能接收的接触电压，接地连接中的电流监测器 I>以及回流回路和直流开关柜底座间的备用电压监测器就会切掉中压变压器。为了使钢轨电位尽可能处于正常范围，在与回流回路的连接点处应将钢轨进行充分的横向连接。为避免杂散电流，牵引变电所的回流电缆应对地绝缘。

隧道是城市轨道交通的重要组成部分，隧道中的回流与接地系统也十分重要。杂散电流能够流入钢筋混凝土隧道里。在这种隧道里，就需要将导电金属钢筋与所有其他金属部件进行电气连接。安装平行回流线是一种可以降低杂散电流的技术方案，这是限制钢轨对大地电压、减少杂散电流危险、达到防止电击的有效方法。此外对隧道中电气装置设计的其他要求包括如下 4 点。

（1）必须防止钢轨与隧道钢筋或其他金属材料零件的电气连接。

（2）进入隧道的金属管道与隧道外的金属管道应进行电气绝缘。

（3）电缆护套和电缆铠甲也应在进入隧道的地方通过采用绝缘节进行绝缘。

（4）电缆外壳、电缆铠甲和金属管道与结构（隧道）接地不能进行电气连接。

当牵引供电系统中某牵引变电所解列退出运行时，其供电区间由相邻牵引变电所越区供电，此时若存在多列列车同时启动，则钢轨电位可能会达到最大允许接触电压。为了减少对人身安全的威胁，特别是在运输繁忙的区段，需要采用具有短路功能的电压监测装置。电压监测装置可记录回流回路和结构接地的电压，并在钢轨电位过高时，将两者短时间接通，一定时间之后自动断开，实现限制钢轨电位。

由于直流牵引供电系统中不允许钢轨与结构接地或大地之间存在电气连接，因此对于一些必须与钢轨连接的信号装置、转辙机和其他装置等必须进行对结构接地或大地绝缘以避免杂散电流。

2）杂散电流防护措施

针对杂散电流防护措施，欧美一些较早兴起地铁的国家如美国、德国等，积累了比较丰富的经验。

我国杂散电流防护措施是在大量理论研究和工程实际基础上提出的，并制定了行业标准《地下铁道杂散电流腐蚀防护规程》，对杂散电流防护提出了明确要求，以保证地铁的安全运营。

直流牵引供电系统杂散电流防护措施一般分为两种。

第一种为隔离方式，即尽可能隔离杂散电流泄漏途径，控制杂散电流产生的源头。直流牵引供电系统可以采取的措施包括提高牵引电网供电电压、缩小牵引变电所间距、加设绝缘的辅助回流线等减小钢轨纵向电阻、加大走行轨对地过渡电阻等措施。

第二种为排流方式，即采取辅助措施促使杂散电流回到变电所。通常是利用轨道轨枕下纵向设置的杂散电流收集网，引至各牵引变电所的负母排。对于地下隧道区间采用道床上层的若干根主钢筋电气上连接，并在伸缩缝两侧用绝缘铜线连接，组成完整的杂散电流收集网；在高架桥区间，利用整体道床结构钢筋或高架桥轨道梁结构钢筋，采用上述的方法组成杂散电流收集网；每个牵引变电所内设一杂散电流排流柜，和牵引整流装置的负母排相连，每台排流柜设馈出线，通过排流电缆引至杂散电流收集网。

事实上，单纯使用排流方式是有安全隐患的，一般来说在工程中对杂散电流的防护是以上两种方式的综合实施。隔离方式已经在直流牵引供电系统接地和回流基本原理部分进行了简要介绍，下面对杂散电流收集网进行介绍。

通常直流牵引供电系统中接地保护和杂散电流防护系统设计是以绝缘钢轨以及用于接地保护和杂散电流防护的接地装置的连续性为基础的，但是也可以考虑在隧道、高架桥和采用了钢筋预应力固定轨道系统中采用极化排流器或者杂散电流收集网，以实现杂散电流防护。

图 5-23 中，杂散电流排流装置通过二极管 D1 在隧道和走行轨之间形成单向导通以避免在这个区域的腐蚀。同时，这种连接减小了绝缘钢轨和建筑物接地间的电阻，这导致了总杂散电流增大。

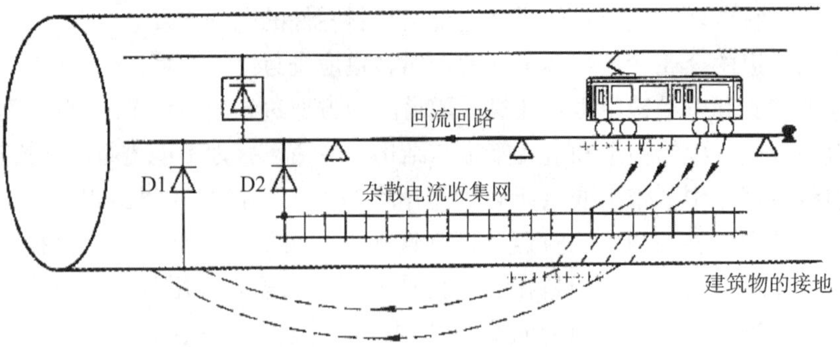

图 5-23 直流牵引供电系统中杂散电流收集网和杂散电流排流装置示意图

在另一种方案中，在绝缘钢轨下的混凝土层设置钢筋棒，形成杂散电流收集网，通过杂散电流排流装置——二极管 D2 与走行轨相连。实际上，杂散电流系统与结构的绝缘总不理想，除非进行加强绝缘。在不使用杂散电流排流装置的情况下也可以使用杂散电流收集网。这个独立的杂散电流收集网原则上可以减少杂散电流。但是由于杂散电流收集网的电位是变化的，因此感应电压可能会干扰其他设备。

思考题

（1）请对比分析交流牵引供电系统各种供电方式的优缺点。

（2）请说明交流牵引供电系统与直流牵引供电系统中回流部分的差异，并解释原因。

参 考 文 献

Kiebling. 2003. 电气化铁道接触网. 中铁电气化局集团有限公司译. 北京：中国电力出版社.

贺威俊，高仕斌. 2012. 轨道交通牵引供变电技术. 成都：西南交通大学出版社.

李群湛. 2012. 牵引供电系统分析. 成都：西南交通大学出版社.

中华人民共和国国家质量监督检验检疫总局. 2005. 城市轨道交通直流牵引供电系统 . 北京.

中华人民共和国建设部中华人民共和国国家质量监督检验检疫总局. 2003. 地铁设计规范.

第 6 章　供电自动化系统

本章主要介绍电气化铁路和城市轨道交通的继电保护技术、变电所自动化技术、远程监控技术和管理信息系统等内容。

6.1　概述

轨道交通的交、直流牵引供电系统是由各种电气设备（元件）组成的，主要包括变压器、整流器、输电线路/接触网、并联电容补偿装置等，这些设备不可能一直保持正常运行，往往由于自然因素（如雷击、大风）、环境因素（如污秽、异物侵入）、产品质量、自然老化等原因，而使电气设备（元件）发生故障；还可能因为系统结构的改变、运行方式的改变和负载工况的改变，而使电气设备（元件）出现不正常状态。继电保护的作用就是能够及时识别这种故障或不正常运行状态，迅速而有选择性地切除故障设备、保证正常设备的持续运行或者给出告警信号、提示运行管理人员引起重视。若拿人类社会比拟，人的一生中会出现健康、亚健康和生病状态，针对某一电气设备（元件）的继电保护装置就像供电系统的一座“专科性医院”。

轨道交通变电所自动化系统是将变电所的二次设备，包括测量仪表、信号系统、继电保护、自动装置和远动装置等，经过功能组合和优化设计，利用计算机技术、信号处理技术、网络通信技术，实现对全所设备的自动监视、自动测量、自动控制和保护，以及与调度系统进行通信等功能的系统。同样，变电所自动化系统就像供电系统的一座“综合性医院”。

轨道交通供电监控系统（也称为轨道交通供电调度系统、SCADA 系统或远动系统），通过远程监控技术，实时远程监视变电所各设备的工作状态、控制变电所的各种开关设备以及采集变电所的电流、电压、功率、电度等电气量，并为供电调度人员提供监控界面和人机接口。供电监控系统主要由供电监控中心（或调度中心）、远动通道和被控端设备（包括 RTU、变电所自动化系统等）三大部分组成。其中，监控中心好比人的大脑，主要起调度、指挥和集中监控的作用；远动通道好比人的中枢神经，起联络和数据通信的作用；被控端设备好比人的四肢，主要起执行的作用。

轨道交通供电管理信息系统是通过信息技术的应用和信息资源的开发，提高供电设备的使用效率和维护质量。轨道交通管理信息系统的主要职责：一是要记录好数量众多、分布广泛的电气设备的基本情况，包括基本信息（铭牌信息、安装位置等）、设备状态的变化、设备的历史状况等；二是要随时掌握设备的运行状况，如变压器小时负荷等；三是要管理好设备的维修，即记录何时对设备进行了检修、检修的结果如何、何时应该安排下一次检修等；四是制定设备的抢修方案，也就是根据建立的电气设备健康档案，当事故（重病）发生后，合理调配资源，进行治疗与修复。

6.2 交流牵引供电系统继电保护

铁路供电系统含电力供电系统和牵引供电系统。电力供电系统为调度指挥、通信信号、旅客服务等提供可靠的电力保障，牵引供电系统为电力机车/动车组提供电能。电力机车/动车组是一个变化剧烈的移动负荷，牵引网短路故障比电力线路频繁得多。

6.2.1 基本概念

1）基本任务

供电系统中的变压器、输电线路、母线以及用电设备，一旦发生故障，迅速而有选择性地切除故障设备，既能保护电力设备免遭损坏，又能提高电力系统运行的稳定性，是保证供电系统及其设备安全运行最有效的方法之一。

切除故障设备由继电保护装置完成。继电保护装置是指能反应供电系统中电气设备发生故障或不正常运行状态，并动作于断路器跳闸或发出信号的一种自动装置。

继电保护的基本任务如下。

（1）自动、迅速、有选择性地将故障元件从供电系统中切除，使故障元件免于继续遭到损坏，保证其他无故障部分迅速恢复正常运行。

（2）反应电力设备的不正常运行状态，并根据运行维护条件，按一定的时延动作于发出信号或跳闸。

2）基本原理

要完成继电保护的基本任务，首先必须“区分”供电系统的正常、不正常工作和故障三种运行状态，“甄别”出发生故障和出现异常的元件。进行“区分和甄别”，必须寻找电力元件在这三种运行状态下的可测参量（主要是电气量）的“差异”，提取和利用这些可测参量的“差异”，实现对正常、不正常工作和故障元件的快速“区分”。根据可测电气量的不同差异，可以构成不同原理的继电保护。

目前已经发现不同运行状态下具有明显差异的电气量包括：流过电力元件的相电流、序电流、功率及其方向；元件的运行相电压幅值、序电压幅值；元件的电压与电流的比值即“测量阻抗”等。

3）基本要求

动作于跳闸的继电保护，应满足可靠性（安全性和信赖性）、选择性、速动性和灵敏性的基本要求。它们之间，紧密联系，既矛盾又统一，必须根据具体供电系统运行的主要矛盾和矛盾的主要方面，配置、配合、整定每个电力元件的继电保护。

可靠性：可靠性包括安全性和信赖性，是对继电保护性能的最根本要求。所谓安全性，是要求继电保护在不需要动作时可靠不动作，即不发生误动作。所谓信赖性，是要求继电保护在规定的保护范围内发生了应该动作的故障时可靠动作，即不发生拒绝动作。

继电保护的误动作和拒绝动作都会给供电系统造成严重危害。然而，提高不误动作的安全性措施与提高不拒绝动作的信赖性措施往往是矛盾的。由于电力元件在供电系统中的位置不同，误动和拒动的危害程度不同，因而提高保护安全性和信赖性的侧重点在不同情况下有所不同。

选择性：继电保护的选择性是指保护装置动作时，在可能最小的区间内将故障从供电系统中隔离开，最大限度地保证系统中无故障部分仍能继续安全运行。包含两种意思：其一是只应由装在故障元件上的保护装置动作切除故障；其二是要力争相邻元件的保护装置对它起后备保护的作用。

选择性的保证，除利用一定的延时使本线路的后备保护与主保护正确配合外，还必须注意相邻元件后备保护之间的正确配合。其一是上级元件后备保护的灵敏度要低于下级元件后备保护的灵敏度；其二是上级元件后备保护的动作时间要大于下级元件后备保护的动作时间。在短路电流水平较低、保护处于动作边缘情况下，此两条件缺一不可。

速动性：继电保护的速动性是指尽可能快地切除故障，以减少设备及用户在大短路电流、低电压下运行的时间，降低设备的损坏程度。动作迅速而又能满足选择性要求的保护装置，一般结构都比较复杂，价格比较昂贵，对大量的中、低压电力元件，不一定都采用高速动作的保护。对保护速动性的要求应根据被保护元件的具体情况，经技术经济比较后确定。

故障切除时间等于保护装置和断路器动作时间的总和，一般快速保护的动作时间为 0.06～0.12 s，最快可达 0.01～0.04 s，一般断路器的动作时间为 0.06～0.15 s，最快可达 0.02～0.06 s.

灵敏性：继电保护的灵敏性，是指对于其保护范围内发生故障或不正常运行状态的反应能力。满足灵敏性要求的保护装置应该是在规定的保护范围内部故障时，在系统任意的运行条件下，无论短路点的位置、短路的类型如何，以及短路点是否有过渡电阻，当发生短路时都能敏锐感觉、正确反应。灵敏性通常用灵敏系数或灵敏度来衡量，增大灵敏度，增加了保护动作的信赖性，但有时与安全性相矛盾，一般要求灵敏系数为 1.2～2。

四项基本要求是评价和研究继电保护性能的基础，在它们之间，既有矛盾的一面，又要根据被保护元件在供电系统中的作用，使以上四个基本要求在所配置的保护中得到统一。

4）基本构成

一般继电保护装置由测量比较元件、逻辑判断元件和执行输出元件三部分组成，如图 6-1 所示。

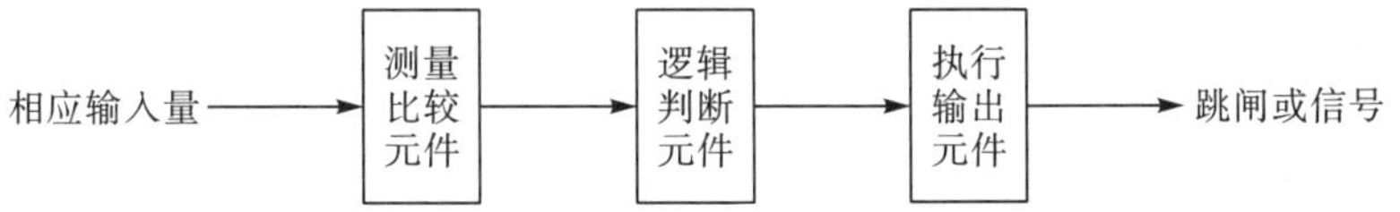

图 6-1　继电保护装置的组成方框图测量比较元件

测量比较元件：测量比较元件通过被保护的电力元件的物理参量，并与给定的值进行比较，根据比较的结果，给出“是”、“非”、“0”或“1”性质的一组逻辑信号，从而判断保护装置是否应该启动。根据需要，继电保护装置往往有一个或多个测量比较元件。

常用的测量比较元件：被测电气量超过给定值动作的过量继电器，如过电流继电器、过电压继电器等；被测电气量低于给定值动作的欠量继电器，如低电压继电器、阻抗继电器等；被测电压、电流之间相位角满足一定值而动作的功率方向继电器等。

逻辑判断元件：逻辑判断元件根据测量比较元件输出逻辑信号的性质、先后顺序、持续时间等，使保护装置按一定的逻辑关系判定故障的类型和范围，最后确定是否应该使断路器跳闸、发出信号或不动作，并将对应的指令传给执行输出部分。

执行输出元件：执行输出元件根据逻辑判断部分传来的指令，发出跳开断路器的跳闸脉冲及相应的动作信息、发出警报或不动作。

要完成继电保护的任务，除需要继电保护装置外，必须通过可靠继电保护工作回路的正确工作，才能最后完成跳开故障元件的断路器、对系统或电力元件的不正常运行状态发出警报、正常运行时不动作的任务。

继电保护的工作回路一般包括：将通过一次电力设备的电流、电压线性地转变为适合继电保护等二次设备使用的电流、电压，并使一次设备与二次设备隔离的设备，如电流、电压互感器及其与保护装置连接的电缆等；断路器跳闸线圈及与保护装置出口间的连接电缆，指示保护装置动作情况的信号设备；保护装置及跳闸、信号回路设备的工作电源等。图 6-2 以过电流保护为例，给出了一个简单的保护工作回路的原理接线。

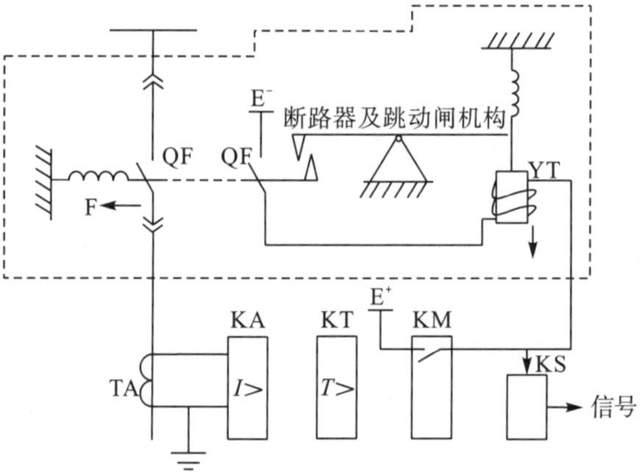

图 6-2　过电流保护工作原理图

电流互感器 TA 将一次电流变换为适于继电保护装置的二次电流（额定电流 5A 或 1A），送入电流继电器 KA（测量比较元件），当流过电流继电器的电流大于其预定的动作值（整定值，可调整）时其输出启动时间继电器 KT（逻辑部分），经预定（可调整）的延时（逻辑运算）后，时间继电器的输出启动中间继电器 KM（执行输出）并使其接点闭合，接通断路器的跳闸回路，同时使信号继电器 KS 发出动作信号。

在正常运行时，由于负荷电流小于电流继电器的整定电流，电流继电器不动作，整套保护不动作。当被保护的线路发生短路后，线路中流过的短路电流一般是额定负荷电流的数倍至数十倍，电流互感器二次侧输出的电流线性增大，流过电流继电器的电流大于整定电流而动作，启动时间继电器，经预定的延时后，时间继电器的触点闭合启动中间继电器，中间继电器的触点瞬时闭合，当断路器 QF 处于合闸位置时，其位置触点 QF

是闭合的，使断路器的跳闸线圈 YT 带电，在电磁力的作用下使脱扣机构释放，断路器在跳闸弹簧力 F 的作用下跳开，故障设备被切除，短路电流消失，电流继电器返回，整套保护装置复归，做好下次动作的准备。

由此可见，为安全可靠地完成继电保护的工作任务，继电保护回路中的任一个元件及其连线都必须时时刻刻正确工作。

每一套保护都有预先严格划定的保护范围，也称保护区，只有在保护范围内发生故障，该保护才动作。保护范围划分的基本原则是任一个元件的故障都能可靠地被切除并且造成的停电范围最小，或对系统正常运行的影响最小。一般借助于断路器实现保护范围的划分。

为了确保故障元件能够从供电系统中切除，一般每个重要的电力元件配备两套保护，一套称为主保护，一套称为后备保护。实践证明，保护装置拒动、保护回路中的其他环节损坏、断路器拒动、工作电源不正常乃致消失等时有发生，造成主保护不能快速切除故障，这时需要后备保护来切除故障。

一般下级电力元件的后备保护安装在上级（近电源侧）元件的断路器处，称为远后备保护。当多个电源向该电力元件供电时，需要在所有电源侧的上级元件处配置远后备保护。远后备保护动作将切除所有上级电源侧的断路器，造成事故扩大。同时，远后备保护的保护范围覆盖所有下级电力元件的主保护范围，它能解决远后备保护范围内所有故障元件任何原因造成的不能切除问题。近后备保护与主保护安装在同一断路器处，当主保护拒动时，由后备保护启动断路器跳闸。

由后备保护动作切除故障，一般会扩大故障造成的影响。为了最大限度地缩小故障对电力系统正常运行产生的影响，应保证由主保护快速切除任何类型的故障，一般后备保护都延时动作，等待主保护确实不动作后才动作。因此，主保护与后备保护之间存在动作时间和动作灵敏度的配合。

由上述可见，供电系统中的每一个重要元件都必须配备至少两套保护，供电系统的每一处都在保护范围的覆盖下，系统任意点的故障都能被自动发现并切除。没有安装保护的电力元件，是不允许接入供电系统工作的。

6.2.2　馈线保护

交流电气化铁路牵引供电系统是一个单相系统，其负荷特性不同于一般的电力系统负荷，主要表现在以下几个方面。

(1) 牵引负荷是移动的，且是剧烈变化的，馈线电流变化范围大，一般在零和最大负荷电流值（如数百或数千安）之间变动。

(2) 牵引网单位阻抗比一般输电线路单位阻抗大，末端最小短路电流较小，有时可能接近或小于最大负荷电流。

(3) 空载投入机车牵引变压器，或电力机车在运行过程中失电而又复得（如机车惰行通过电分相），或空载投入 AT 牵引网等情况下会产生励磁涌流。励磁涌流幅值大，含有大量二次谐波。

(4) 牵引负荷为非线性负荷，含有大量的高次谐波，尤以整流型电力机车为甚，例如，三次谐波含量可达20%～30%。

(5) 列车在大坡道上下坡运行时，牵引电动机将转入发电机状态运行，这种负荷称为再生负荷，再生负荷高次谐波含量更高，且位于第二象限。

(6) 牵引网结构复杂，且受电弓与接触导线一直处于快速滑动接触状态，因此，接触网故障概率高。

由于牵引负荷、牵引网短路参数与电力系统有很大差异，反应电流值变化的电流保护灵敏系数较低，一般不能作为牵引馈线的主保护。距离保护既反应被保护线路故障时电压的降低，又反应电流的升高，即距离保护反应的是故障点至保护安装处的距离（阻抗值），采用方向阻抗继电器时还可反应相角的变化，同时不受系统运行方式变化的影响，灵敏系数较高。

交流牵引供电系统的馈线一般采用三段自适应距离保护作为主保护，电流速断保护、过电流保护、反时限过负荷保护作为后备保护，电流增量保护作为辅助保护，同时配备一次自动重合闸。对于高速铁路来说，由于负荷电流很大，通常还设置接触网发热保护。限于篇幅，本章主要介绍自适应距离保护。

1. 自适应距离保护

(1) 距离保护的基本原理

距离保护是反应保护安装处至故障点的距离，并根据距离的远近而确定动作时限的一种保护装置。测量保护安装处至故障点的距离，实际上是测量保护安装处至故障点之间的阻抗，故又称为阻抗保护。阻抗保护装置的主要元件是距离继电器，根据所施加的电压和电流测知保护安装处至短路点间的阻抗值，称为该继电器的测量阻抗。当短路点距保护安装处近时，测量阻抗小，动作时间短；当短路点距保护安装处远时，测量阻抗增大，动作时间增长。从而保证了有选择性地切除故障线路。

距离保护有一个保护范围，当短路故障发生在这一范围内时，保护动作，否则不动作，保护范围通常用给定阻抗 Z_{set} 的大小来实现。

最简单的距离继电器的动作为圆特性，动作方程如式（6-1）所示。

$$Z_K = \left|\frac{\dot{U}_K}{\dot{I}_K}\right| \leqslant Z_{set} \tag{6-1}$$

式中，$\dot{U}_K$ 为被保护线路母线电压，测量电压；$\dot{I}_K$ 为被保护线路的电流，测量电流；Z_K 为测量电压与测量电流之比，测量阻抗。

正常运行时，保护安装处测量到的线路阻抗为负荷阻抗 Z_L，即 $Z_K=Z_L>Z_{set}$，阻抗继电器不动作。在被保护线路任一点发生故障时，测量电压为母线残压$\dot{U}_k$，电压降低，测量电流为故障电流$\dot{I}_k$，电流增大，短路阻抗 Z_k 比正常时测到的负载阻抗 Z_L 大大降低，阻抗继电器动作。

距离保护的动作时间 t 与保护安装处到故障点之间的距离 l 的关系称为距离保护的时限特性，目前获得广泛应用的是阶梯型时限特性，如图 6-3 所示，三个动作范围有相应的三个动作时限：t'、t''、t'''。根据该时限特性构成的各段距离保护分别称为距离保护Ⅰ、Ⅱ、Ⅲ段。

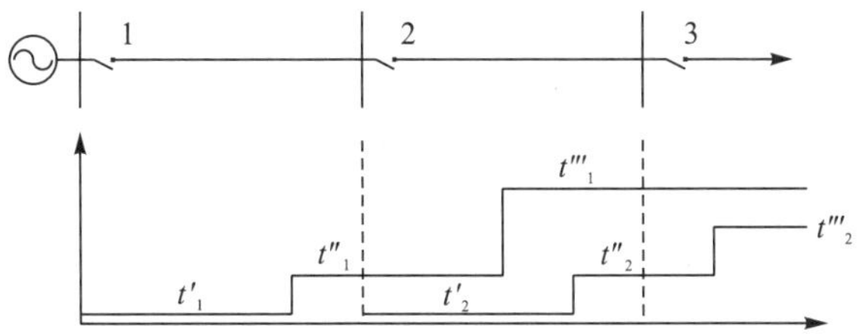

图 6-3　距离保护的动作时限

距离保护的第Ⅰ段是瞬时动作的，只能保护本段线路的 0.8～0.85 倍长度，t'是保护本身的固有动作时间。距离保护的第Ⅱ段与限时电流速断相似，即应使其不超出下一条线路距离Ⅰ段的保护范围，同时带有高出一个 Δt 的时限，以保证选择性。距离Ⅲ段整定值的考虑和过电流保护相似，其起动阻抗要躲开正常运行时的负荷阻抗来选择，其动作时限比除自身以外保护范围内其他保护的最大动作时限高出一个 Δt 的时限。

2）自适应距离保护原理

自适应距离保护的理论基础：相控整流电力机车负荷电流中含有丰富的奇次谐波分量；电力机车降弓通过电分相再合闸或 AT 供电方式下空载投入自耦变压器时，牵引网产生的励磁涌流中含有较高的二次谐波分量。

为了防止距离保护在负荷电流下误动作，利用负荷电流中的综合谐波含量作为控制量，自动调节距离保护四边形动作特性的边界，提高距离保护的自适应能力和故障选择能力。

综合谐波抑制：根据电流中谐波含量的大小自动调节距离保护的动作特性。定义综合谐波含量 K_Σ 为

$$K_\Sigma = \frac{I_2 + I_3 + I_5 + I_7}{I_1} \tag{6-2}$$

式中，I_1、I_2、I_3、I_5、I_7 分别为基波电流、二次谐波电流、三次谐波电流、五次谐波电流和七次谐波电流。自适应距离保护的整定值按式（6-3）和式（6-4）调整。

$$R'_{\text{set}} = \frac{1}{1 + K_\Sigma} R_{\text{set}} \tag{6-3}$$

$$X'_{\text{set}} = \frac{1}{1 + K_\Sigma} X_{\text{set}} \tag{6-4}$$

式中，R_{set}、X_{set} 分别为距离保护的电阻和电抗整定值；R'_{set}、X'_{set} 分别为根据综合谐波含量调整后的电阻和电抗整定值。

牵引负荷电流中含有丰富的奇次谐波，正常运行时 $K_\Sigma > 0$，相当于自动收缩距离保护四边形阻抗特性的动作边界；当 AT 牵引网空载投入（相当于自耦变压器空载投入）和电力机车通过电分相再合闸引起励磁涌流时 $K_\Sigma > 0$，也相当于自动收缩距离保护四边形阻抗特性的动作边界。当发生短路故障时，受电流互感器特性的影响，保护装置检测到的短路电流中也可能存在一定的谐波电流，只是较负荷电流中的谐波电流小。因此，可以设定综合谐波含量整定值 $K_{\Sigma\cdot\text{set}}$，只有当 $K_\Sigma \geqslant K_{\Sigma\cdot\text{set}}$ 时，才按式（6-3）和式（6-

4）调整距离保护的电阻和电抗整定值。

距离保护的整定计算仍按常规方式进行，不会导致整定计算困难。距离保护的动作边界根据实时检测到的综合谐波含量大小自动调整，无须在运行现场进行谐波含量实验与整定。

二次谐波闭锁：为了避免电力机车通过电分相再合闸或 AT 供电方式下空载投入自耦变压器产生的励磁涌流引起距离保护误动作，可以利用馈线电流中的二次谐波含量闭锁距离保护，如式（6-5）所示。

$$\frac{I_2}{I_1} \geqslant K_{2 \cdot \text{set}} \tag{6-5}$$

式中，$K_{2 \cdot \text{set}}$为二次谐波含量整定值，当馈线电流中的二次谐波含量大于或等于整定值时闭锁距离保护。

TV 断线闭锁：距离保护既反应被保护线路故障时电压的降低，又反应电流的升高，如果电压回路发生故障，如 TV 断线，则在正常负荷情况下将引起距离保护误动作。因此，距离保护中一般需设置 TV 断线闭锁，以防止在 TV 断线情况下负荷电流引起距离保护误动作。由于牵引供电系统是一个单相系统，因此三相电力系统中常用的 TV 断线判据在牵引供电系统将不适用。TV 断线一般采用如式（6－6）所示的判据。

$$\begin{cases} U \leqslant U_{\text{set}} \\ 0.1 \leqslant I \leqslant I_{\text{set}} \end{cases} \tag{6-6}$$

式中，U_{set}为 TV 断线电压整定值；I_{set}为 TV 断线电流整定值。

TV 断线电压整定值U_{set}一般按保护安装处最低母线电压整定，并考虑一定的裕度，如式（6-7）所示。

$$U_{\text{set}} = \frac{U_{\min}}{K_{\text{rel}}} \tag{6-7}$$

式中，$U_{\min}$为保护安装处最低母线电压；K_{rel}为可靠系数，一般取 1.2 左右。

TV 断线电流整定值I_{set}一般按最大负荷电流整定，并考虑一定的裕度，如式（6-8）所示。

$$I_{\text{set}} = K_{\text{rel}} I_{\text{L} \cdot \max} \tag{6-8}$$

式中，$I_{\text{L} \cdot \max}$为流过保护安装处的最大负荷电流；K_{rel}为系数，一般取 1.2 左右。

2. 自动重合闸

为了保障牵引供电系统的可靠性，在馈线保护中设置一次自动重合闸。当牵引网发生瞬时性故障时，通过馈线保护的自动重合闸能够快速恢复供电。重合闸功能一般按图 6-4 所示的框图实现。

在图 6-4 中，t_1 为重合闸充电时间，是指断路器一直处于合位的时间，一般整定在 15 s 左右，其目的是当手动合闸于故障线路时，馈线保护跳闸后不进行重合闸。t_2 为重合闸时间，一般整定在 2 s 以上，其目的是当线路上发生瞬时性故障时，馈线保护跳闸后确保瞬时故障的消失，保障重合闸的成功。

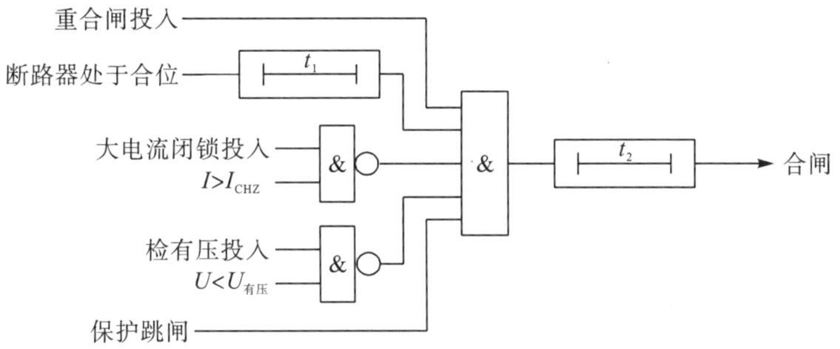

图 6-4　一次自动重合闸功能框图

当线路发生永久性故障时，如果故障电流很大，为了防止对牵引网的第二次冲击，可选择投入大电流闭锁重合闸功能。

对于分区所保护和开闭所进线保护的合闸应检测进线是否有电压，只有在有压的时候才进行重合闸。对于牵引变电所馈线保护和开闭所出线保护的重合闸则不需要检有压条件。

6.2.3　变压器保护

牵引变电所中，一般安装两台（或两组）牵引变压器。正常情况下，一台（或一组）变压器运行，另一台（或一组）固定备用。牵引变压器是十分贵重的供电设备，应配置完善的继电保护元件。

牵引变压器一般应配置下列保护：比率差动保护、差动速断保护、瓦斯保护、低电压启动的过电流保护、零序过电流保护、低压侧过电压保护、高压侧低电压保护、过负荷保护和其他非电量保护。

采用 AT 供电方式时，牵引变电所、分区所、开闭所、AT 所中还会安装自耦变压器。自耦变压器一般应配置瓦斯保护，客运专线系统中的自耦变压器也会配置差动保护。

本章重点介绍牵引变压器的主保护——差动保护和瓦斯保护。

1. 差动保护

1）差动保护配置原则

变压器承担着变换电压的任务，其故障对供电可靠性和系统安全运行带来严重的影响，变压器又是十分贵重的电力设备，应根据变压器容量等级和重要程度装设性能良好、动作可靠的继电保护装置。

变压器的故障一般分为油箱内故障和油箱外故障两种。所谓油箱内故障就是指变压器油箱内所发生的各种故障，如线圈间的多相短路、单相层间短路、匝间短路、单相接地短路以及铁芯烧坏等。油箱内故障时产生的电弧，会损坏变压器绕组的绝缘层、烧损铁芯，同时使绝缘材料和变压器油受热分解而产生大量的气体，如不迅速切除故障就有引起油箱爆炸的严重危险。变压器的油箱外故障主要指套管以及引出线上发生的相间短路及相地短路故障。

根据《电力装置的继电保护和自动装置设计规范 GB50062－1992》的规定，对变压器引出线、套管及内部的短路故障，在下列情况下应装设差动保护：

（1）10 MVA 及以上的单独运行变压器和 6.3 MVA 及以上的并列运行变压器，应装设差动保护。6.3 MVA 及以下单独运行的重要变压器，也可装设差动保护。

（2）10 MVA 以下的变压器可装设电流速断保护和过电流保护。2 MVA 及以上的变压器，当电流速断灵敏系数不符合要求时，宜装设差动保护。

2）基本原理

电流差动保护原理是建立在基尔霍夫电流定律基础上的。当被保护元件正常运行或区外故障时，流入该元件的电流等于流出该元件的电流（折算后的电流），差动电流为零，差动继电器不动作；当被保护元件内部发生故障时，各电源侧均向被保护元件提供短路电路，差动电流为各侧电源提供的短路电流之和，差动继电器动作。差动保护在理论上具有绝对的选择性，而且无须与其他保护元件配合，能灵敏、快速地切除保护区内的故障。

以双绕组单相变压器为例，其差动保护的原理接线如图 6-5 所示。$\dot{I}_1$、$\dot{I}_2$ 分别表示变压器高压侧和低压侧的一次电流，$\dot{I}'_1$、$\dot{I}'_2$ 分别为经相应电流互感器传变后的二次电流。图 6-5 中，流入继电器的电流，即差动电流为

$$\dot{I}_d = \dot{I}'_1 - \dot{I}'_2 \tag{6-9}$$

差动保护的动作判据为

$$I_d = |\dot{I}'_1 - \dot{I}'_2| \geqslant I_{set} \tag{6-10}$$

式中，I_{set}表示差动保护的动作电流。

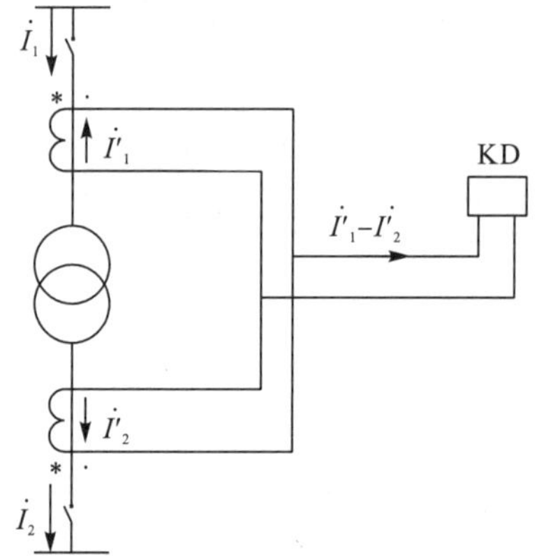

图 6.5 单相变压器差动保护的原理接线图

设高、低压侧电流互感器变比分别为 K_{i1}、K_{i2}，式（6-19）可表示为

$$I_d = \frac{\dot{I}_1}{K_{i1}} - \frac{\dot{I}_2}{K_{i2}} \tag{6-11}$$

在正常或保护范围外部发生短路时，要保证差动保护可靠不动作，应使$\dot{I}_d=0$。设变压器变比为 $K_T=U_1/U_2$，忽略变压器的励磁电流，在变压器正常运行或保护范围外部故障时，变压器高、低压侧电流满足：

$$K_T \dot{I}_1 = \dot{I}_2 \tag{6-12}$$

将式（6-12）代入（6-11）并使之为零，得到两侧电流互感器变比的关系方程

$$\frac{K_{i2}}{K_{i1}} = K_T \tag{6-13}$$

当两侧电流互感器变比满足式（6-13）时，在变压器正常运行或保护区外故障时，差动电流为零，差动保护不会动作。如果变压器引出线、套管及内部发生短路故障，式（6-12）不成立，流入差动继电器的差动电流也就不再为零。若差动电流大于预设的动作电流值，差动保护就能迅速动作。

在进行变压器差动保护的整定计算时，要躲过不平衡电流；在构造变压器差动保护的动作方程时，要考虑励磁涌流的影响。

变压器差动保护的不平衡电流：实际上，变压器差动保护在正常运行及外部故障时继电器中的电流并不是零，而是有一定的电流通过，这个电流称为不平衡电流，用 I_{dsq} 表示。不平衡电流是由多方面的因素造成的，有时可能达到很大的数值，如不采取措施可能造成差动保护的误动作。

变压器的励磁涌流：任何变压器端电压的突然上升都可能导致变压器铁芯饱和并产生励磁涌流，常见的有以下几种。

（1）变压器空载合闸产生的励磁涌流（又称为合闸涌流）。

（2）变压器区外故障切除后，变压器电压从很小的值恢复到运行电压时产生的励磁涌流（又称为恢复涌流）。

（3）两台变压器串联或并联时，如果其中一台变压器空载合闸并出现了合闸涌流，从而导致与之串联或并联的另一台变压器产生的励磁涌流（又称为和应涌流）。

3）差动保护动作特性

变压器差动保护一般由比率差动保护和差动速断保护两个元件组成，其动作特性如图 6-6 所示。

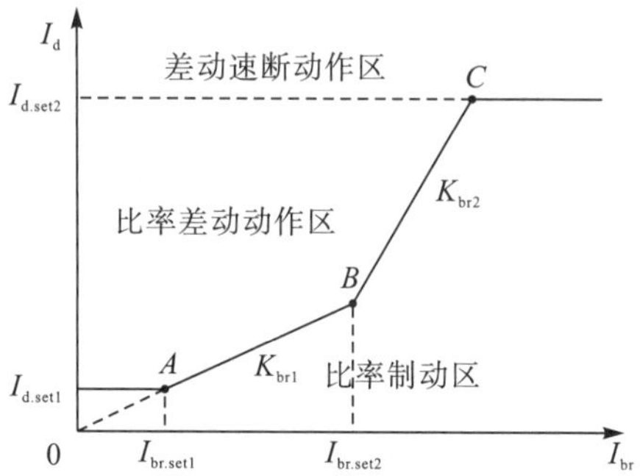

图 6-6　变压器差动保护的动作特性

根据对不平衡电流的讨论，电流互感器传变产生的不平衡电流与变压器的穿越电流有关。外部故障时，变压器的穿越电流很大，不平衡电流也就很大。如果按照躲过最大外部故障时的不平衡电流来整定动作电流，将会使差动保护的灵敏度降低。因此，差动继电器中引入一个能够反映变压器穿越电流大小的制动电流，动作电流的大小可以根据

制动电流的大小自动调整。这一差动保护又称为比率制动的差动保护或简称比率差动保护。

制动电流一般定义为

$$I_{\mathrm{br}}=\frac{1}{2}\mid\dot{I}_1+\dot{I}_2\mid \tag{6-14}$$

比率差动保护的制动特性由三个线段组成，见图 6-6。第一段为水平线，用来躲过变压器正常运行时的不平衡电流；第二段$\overline{\mathrm{AB}}$为斜线，用来躲过电流互感器未饱和时的不平衡电流，其反向延长线通过原点；第三段$\overline{\mathrm{BC}}$也是斜线，用来躲过电流互感器饱和产生的不平衡电流。根据图 6-6，比率差动保护的动作判据可表示为

$$\begin{cases}I_{\mathrm{d}}\geqslant I_{\mathrm{d.set1}} & (I_{\mathrm{br}}\leqslant I_{\mathrm{br.set1}})\\ I_{\mathrm{d}}-K_{\mathrm{br1}}(I_{\mathrm{br}}-I_{\mathrm{br.set1}})\geqslant I_{\mathrm{d.set1}} & (I_{\mathrm{br.set1}}<I_{\mathrm{br}}\leqslant I_{\mathrm{br.set2}})\\ I_{\mathrm{d}}-K_{\mathrm{br1}}(I_{\mathrm{br.set2}}-I_{\mathrm{br.set1}})-K_{\mathrm{br2}}(I_{\mathrm{br}}-I_{\mathrm{br.set2}})\geqslant I_{\mathrm{set.L}} & (I_{\mathrm{r}}>I_{\mathrm{r2}})\end{cases} \tag{6-15}$$

式中，$I_{\mathrm{d.set1}}$表示比率差动保护的最小动作电流；K_{br1}、K_{br2}表示制动系数，分别是两段斜线$\overline{AB}$和$\overline{BC}$的斜率；$I_{\mathrm{br.set1}}$、$I_{\mathrm{br.set2}}$表示制动电流整定值，分别是 A、B 点的横坐标。

为了防止励磁涌流导致差动保护误动，比率差动保护还要采取涌流闭锁措施。如果采取二次谐波闭锁原理，该差动保护又称为二次谐波闭锁的比率差动保护。

根据前面的分析，二次谐波闭锁原理在某些情况下会导致差动保护延时动作。为了加快变压器内部严重故障时差动保护的动作速度，往往增加一个不需要考虑励磁涌流影响的差动速断保护元件，其动作判据为

$$I_d\geqslant I_{\mathrm{d.set2}} \tag{6-16}$$

式中，$I_{\mathrm{d.set2}}$为差动速断保护的动作电流。

4）牵引变压器差动保护

普速铁路牵引变压器的容量一般为 20～40 MVA，客运专线牵引变压器的容量可达 60～80 MVA。根据《电力装置的继电保护和自动装置设计规范 GB50062－1992》的规定，牵引变压器应配置差动保护作为其主保护之一。牵引变压器的差动保护一般包括二次谐波闭锁的比率差动保护和差动速断保护，可以保护变压器绕组、套管及引出线上的故障。

当前，新投入运行的牵引变压器差动保护都是微机式保护。根据差动保护接线以及变压器高低压侧电流的平衡关系，差动电流和制动电流可以由软件计算得到。在我国的牵引供电系统中，直接供电方式和 BT 供电方式时常用的变压器有双绕组单相变压器、Y，d11 变压器、V/v 变压器、阻抗匹配平衡变压器等，AT 供电方式时常用的变压器有三绕组单相变压器、Scott 变压器、V/x 接线变压器组、十字接线变压器等。另外，客运专线供电系统的自耦变压器一般也要配置差动保护。

按照差动保护接线和电流平衡关系，差动保护软件实时计算变压器各相的差动电流和制动电流，并按照相关特性来判断每一相差动保护是否应该动作。任一相比率差动保护或差动速断保护动作，都应该跳开变压器两侧断路器。

牵引变压器的比率差动保护一般采用二次谐波闭锁判据以防止励磁涌流引起的差动保护误动，并采用三相或门方案，其原理框图如图 6-7 所示。

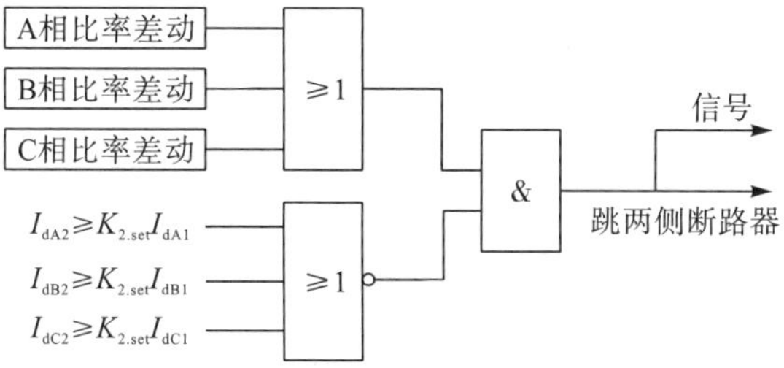

图 6-7　二次谐波闭锁的比率差动保护原理框图

图 6-7 中，I_{dA2}、I_{dB2}、I_{dC2}和 I_{dA1}、I_{dB1}、I_{dC1}分别表示变压器 A、B、C 相差动电流中的二次谐波电流和基波电流；$K_{2.set}$为二次谐波闭锁系数整定值。

差动速断保护的原理框图如图 6-8 所示。

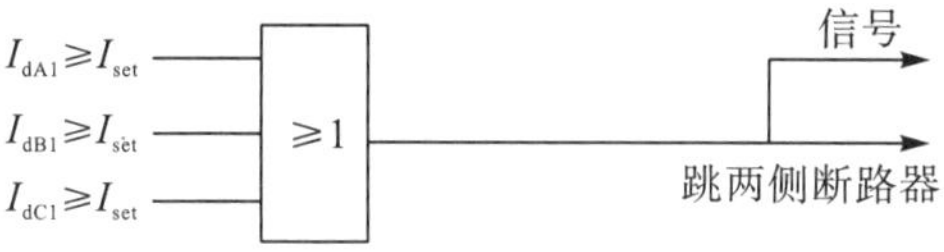

图 6-8　差动速断保护原理框图

2. 瓦斯保护

牵引变压器通常利用变压器油作为绝缘和冷却介质。当变压器油箱内发生故障时，在故障电流和故障点电弧的作用下，变压器油和其他绝缘材料会受热分解，产生大量气体。同时，气体的上升会引起油流的变化。利用这个特点构成的保护称为瓦斯保护或气体保护。

瓦斯保护的主要元件是气体继电器，它安装在油箱和油枕之间的连接管道上，如图 6-9 所示。

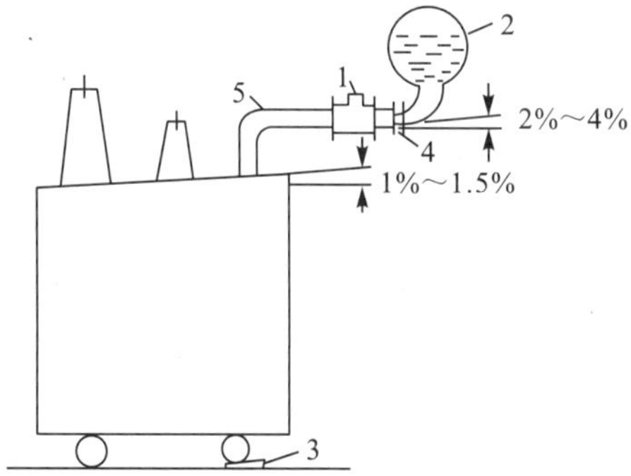

图 6-9　气体继电器安装位置

1—气体继电器；2—油枕；3—钢垫块；4—阀门；5—导油管

气体继电器有两个输出触点：一个反应变压器油箱内的不正常或轻微故障，称为轻瓦斯；另一个反应变压器油箱内的严重故障，称为重瓦斯。当变压器内发生轻微故障时，油箱内产生的气体较少且速度慢，由于油枕处在油箱的上方，气体沿管道上升，使气体继电器内的油面下降，当下降到动作门槛时，轻瓦斯动作。轻瓦斯动作于信号，使运行人员能够迅速发现故障并及时处理。发生严重故障时，故障点温度剧增产生的大量气体迫使变压器油从油箱经过管道冲向油枕，气体继电器感受到的油速达到动作门槛时，重瓦斯动作。重瓦斯动作于跳开变压器两侧继电器。

6.2.4 并联电容补偿保护

为了改善无功和提高网压，牵引供电系统通常配置并联电容补偿装置。并联补偿可以安装在牵引变电所的牵引母线上，也可以安装在牵引网的某一个特定地点或电力机车上。前者称为牵引变电所的并联补偿，后者称为牵引网的并联补偿。

牵引变电所采用单相并联电容补偿装置，如图 6-10 所示，由电容器组 C 和电抗器 L 串联构成。

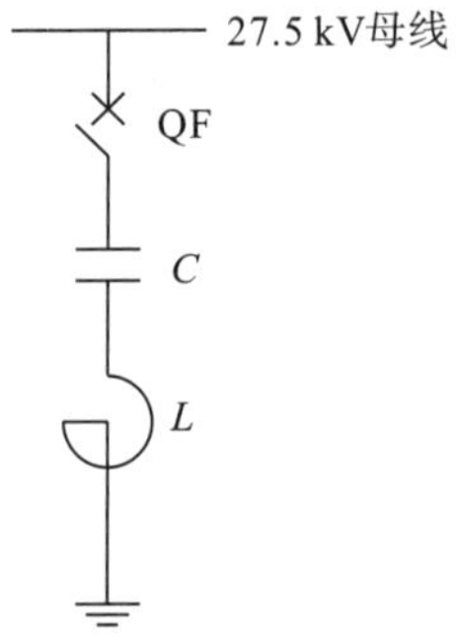

图 6-10 并联电容补偿装置接线示意图

并联电容补偿装置在运行过程中可能发生的故障和不正常运行状态包括如下。

(1) 电容器内部故障。电容器组是由若干台小容量电容器通过并联、串联构成，电容器极板之间的绝缘在高电场作用下，在薄弱环节处首先产生过热、游离，直到局部击穿。个别电容器的击穿，导致与之并联的电容器被短路。与此同时，与之串联的电容器电压升高，有可能引起新的电容器击穿，剩余电容器的电压更高，产生恶性连锁反应，终至一台电容器的贯穿性短路。箱壳内部的故障电流较大，绝缘分解的气体增多，箱壳内部压力增高，轻则发生漏油或“鼓肚”现象，重则箱体爆裂、起火、酿成大患。

(2) 电容器外部接地短路。电容器组和断路器之间的引线、绝缘子、导管间，电容器组与电抗器之间的连接线可能发生接地短路，对短路回路中的设备产生热和力的破坏。

(3) 电容器的过电压。电容器只允许在 1.1 倍工频电压下长期运行。电容器内部有功损耗为 $P_r=\omega CU^2\tan\delta$（$\tan\delta$ 为电介质损耗角正切，即介质损耗因数），可见电压增高时，P_r 和相应的电容器内部温度增高很快，影响电容器寿命，严重时将击穿。

(4) 电容器的失压。电容器因故障失压后仍接在系统中，当再次给上电压时，电容器的残余电荷可能使电压超过 1.1 倍额定电压；也可能因变压器带电容器合闸产生谐振过电压；空载变压器（停电后恢复供电初期）因电压较高，也能造成电容器过电压。

因此，为了保障并联电容补偿装置的安全、可靠运行，必须对其设置可靠的保护，并联电容补偿装置的保护应满足如下要求。

(1) 当电容器组内部发生击穿故障时，将故障电容器迅速切除，防止事故范围扩大。

(2) 当电容器组内部切除一台电容器时，需发出报警信号；当切除若干台电容器后，导致该电容器组内部完好电容器承受的电压超过电容器额定电压的 10%时，需将并联电容补偿装置退出运行。

(3) 当牵引变电所 27.5 kV 母线发生故障时，应将并联电容补偿装置退出运行。

(4) 当牵引变电所 27.5 kV 母线电压过高，对电容器组可能造成危害时，应将并联电容补偿装置退出运行；当母线电压过低或牵引变电所停电时，为了避免变压器带电容器合闸引起的工频过电压，应将并联电容补偿装置退出运行。

（5）由于谐波或过电压的影响，电容器组处于过负荷运行时，应将并联电容补偿装置退出运行。

1）电容器组内部故障保护

电容器组内部故障有一个发展过程，最初只是个别串联元件损坏，逐渐波及其他相邻元件，造成过电流和过电压击穿，击穿越多，击穿发展越快，直至全部击穿而短路。电容器组内部故障保护的目的就是当电容器组出现元件部分击穿但尚未引起全部击穿短路时，将其从系统中退出。电容器内部故障保护包括两个部分，即熔断器保护和差电压保护。

熔断器保护：并联电容器组由多台电容器经过串联和并联构成。单台电容器的熔断器保护是电容器组的第一道保护，是防止电容器组内部故障扩大为油箱爆炸事故的重要措施。故障电流直接作用于熔丝，能够迅速切断故障，且故障电流越大动作时间越短。熔断器保护动作后有明显标志，易于查找故障点。熔断器保护能够快速切除故障电容器，防止事故扩大，同时使电容器组中完好电容器继续运行。

差电压保护：电容器组是由多台电容器通过并联、串联构成，当单台电容发生内部故障由熔丝保护切除后，继续运行的电容器将出现过电压，从而使这些电容器的绝缘老化，给完好电容器造成击穿的条件。当电容器组中由熔丝保护切除多台故障电容器后，余下的电容器上承受的电压超过其额定电压的 10％时，并联电容补偿装置应退出运行。因此，对并联电容补偿装置中的电容器组设置差电压保护。差电压保护是一种灵敏度高、保护范围大、不受合闸涌流、高次谐波及电压波动影响的保护方式。

差电压保护原理接线如图 6-11 所示。将电容器组分为容量相等的上下两段，通过两个电压互感器（TV1 和 TV2）获得上下两段电容器的端电压为 $U1$ 和 $U2$，差电压为 $\Delta U = U1 - U2$。电容器组完好时，上下两段电容器的端电压相等即 $U1 = U2$，则差电压 $\Delta U = 0$；当电容器组内部电容器损坏，导致上下两段电容器容量不相等时，$U1 \neq U2$，则差电压 $\Delta U \neq 0$。

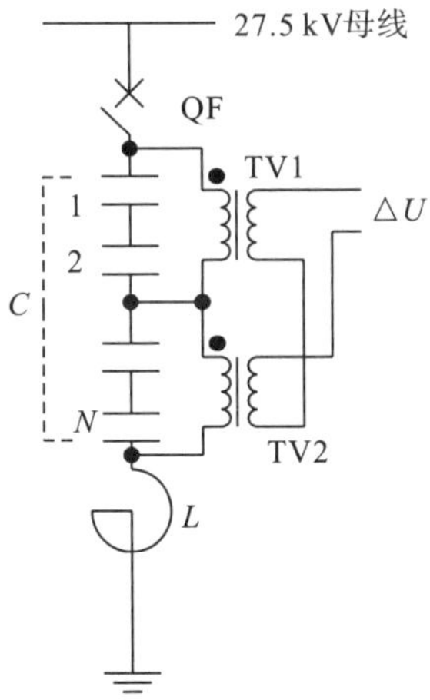

图 6-11　差电压保护原理接线示意图

2）并联电容补偿回路保护

并联电容补偿装置主要由电容器组与电抗器串联构成，除电容器组内部故障保护之外，当电容器组和断路器之间的引线、绝缘子、导管间，电容器组与电抗器之间的连接线发生接地短路，并联电容补偿装置接入母线电压异常时，应将并联电容补偿装置退出。因此，并联电容补偿回路通常设如下保护：电流速断保护、过电流保护、谐波过电流保护、差电流保护、过电压保护和低电压保护，下面简要介绍差电流保护。

电容器组的内部构成如图 6-12 所示，是由多台电容器通过并联、串联后构成，设电容器组由 N 段串联组成。对于电容器组内部连接线上的接地短路故障，短路电流随着 N 的增大而减小，即在 1 组和 2 组之间连接线发生接地短路时的电流最大，在 $N-1$ 组和 N 组之间连接线发生接地短路的电流最小。因此，当靠近底端发生接地短路时，过电流保护可能拒动。当电容器组 C 与电抗器 L 之间的连接线发生接地短路时，由于回路阻抗比并联电容补偿装置正常时的阻抗小，短路电流就比正常运行时的电流小，过电流保护不能动作。因此，针对并联电容补偿装置内部发生接地短路的这些特性，对并联电容补偿装置设置差电流保护，用于对并联电容补偿装置内部接地短路故障的保护。

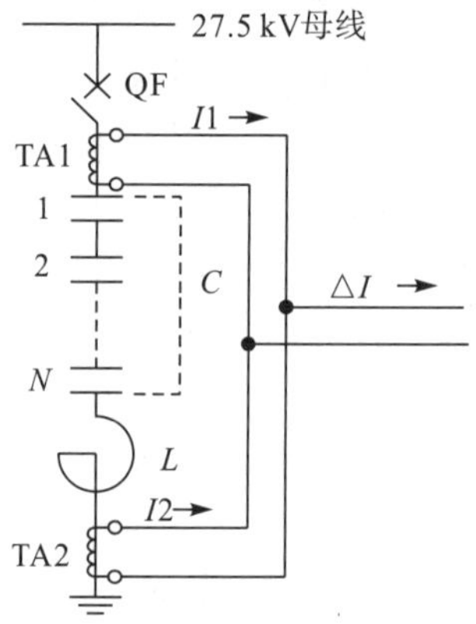

图 6-12 差电流保护示意图

差电流保护由并联电容补偿装置首端和末端的两个电流互感器（TA1、TA2）二次侧差接构成，如图 6-12 所示。并联电容补偿装置内部正常时，流过 TA1 和 TA2 的电流大小相等，即 $I1=I2$，差电流 $\Delta I=I1-I2=0$。当并联电容补偿装置内部发生接地短路故障时，流过 TA1 和 TA2 的电流不相等，即 $I1\neq I2$，差电流 $\Delta I=I1-I2\neq 0$。差电流保护具有很高的灵敏度，能够可靠地切除并联电容补偿装置内部发生的接地短路故障。

差电流保护按躲过并联电容补偿装置合闸时可能出现的最大不平衡电流整定，如式（6-17）所示。

$$I_{set}=\frac{K_{rel}\cdot K_{st}\cdot \Delta f_{max}\cdot I_{ymax}}{K_i} \tag{6-17}$$

式中，K_{rel}为可靠系数，取 1.3；K_{st}为电流互感器同型系数，TA1 和 TA2 同型时取 0.5，不同型取 1；Δf_{max}为电流互感器最大允许误差，取 0.1；K_i 为 TA 变比。

差电流保护动作时限一般按 0.1～1 s 整定。

6.2.5 故障测距

对于牵引供电系统，当接触网发生短路和接地故障时，除了应有动作可靠的继电保护和自动装置进行保护外，为了尽快找到故障点，缩短故障抢修时间，国外高速铁路一般都配置接触网故障点测距与实时录波功能，有的牵引变电所单独配置故障点测距与实时录波装置，有的将故障点测距与实时录波功能集成于微机型保护装置中。

在牵引供电系统中，对于直接供电方式和 BT 供电方式，故障点测距原理国内外无一例外地采用了电抗法或阻抗法；对于 AT 供电方式，日本采用的故障点测距原理为“AT 中性点吸上电流比”原理，国内研究了一种新的原理。随着我国电气化铁路供电方式的多样化，各种测距原理应运而生，以满足现场需要。这里只对电抗法进行简单介绍。

1）电抗法故障测距原理

在线路发生短路故障时，短路阻抗 $Z_k=R_k+jX_k$，其中，电阻值 R_k 不可避免含有故障点过渡电阻的成分，受随机因素的影响较大。而电抗值 X_k 基本上不受运行方式、故障电流大小及其他随机因素的影响。因此，以短路电抗值 X_k 表示故障点距离 L_k。原理说明如图 6-13 所示。

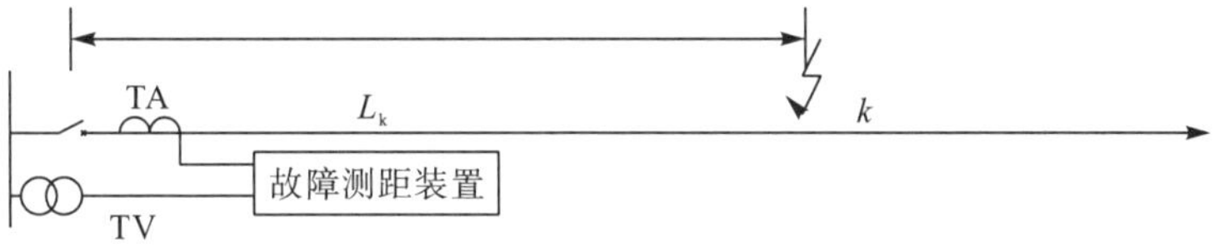

图 6-13　电抗法测距接线原理图

当线路发生短路故障时，故障测距装置经电压互感器 TV 送入母线电压$\dot{U}_k$，经电流互感器 TA 送入短路电流$\dot{I}_k$，经故障测距装置有关部分变换处理后得到短路电抗值 X_k。短路点故障距离为

$$L_k=\frac{X_k}{x} \tag{6-19}$$

式中，x 为线路单位距离电抗值（Ω/km）。

2）牵引供电系统电抗法故障测距原理

牵引供电系统中，采用电抗法测距原理的有 BT 供电方式和直接供电方式。

直接供电方式牵引网故障如图 6-14 所示。其测距原理与电力系统类似。

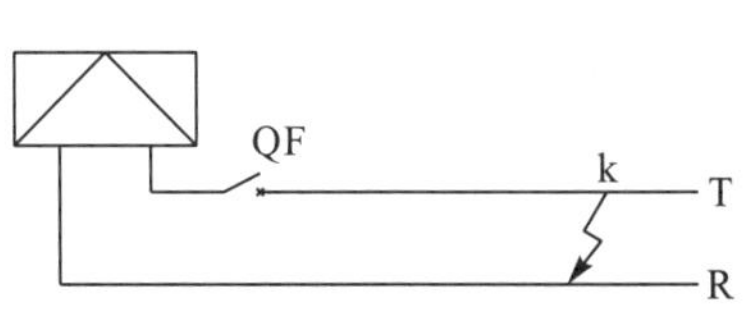

图 6-14　直接供电牵引网

对于图 6-15 所示的 BT 牵引供电系统，由于 BT 漏抗为集中参数，故障时测量电抗 X_k 与故障点距离 l 的关系呈分段线性关系，如图 6-16 所示。根据图中曲线，故障点测

距表达式为

$$l = (X_k - nX_{BT}/2)/x \tag{6-20}$$

式中，n 为故障牵引网在 l 范围内吸流变压器台数；X_{BT} 为 BT 漏抗；x 为线路单位距离电抗值（Ω/km）。

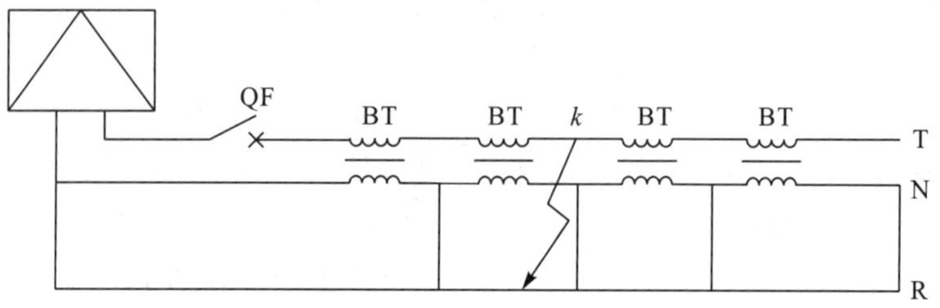

图 6-15 BT 供电牵引网

显然，无论是直接供电系统还是 BT 牵引供电系统，由于接触网结构、线路结构沿线的变化，变电所出口处可能安装有抗雷线圈、串联电容补偿器等设备，从而使供电臂内单位长度阻抗不可能均匀分布，且电抗—距离曲线不一定通过原点。因此，在实际构成故障点测距装置时，通常将电抗—距离特性根据实际供电臂情况按图 6-16 所示的分段线性化进行处理，以非线性计算造成的误差。

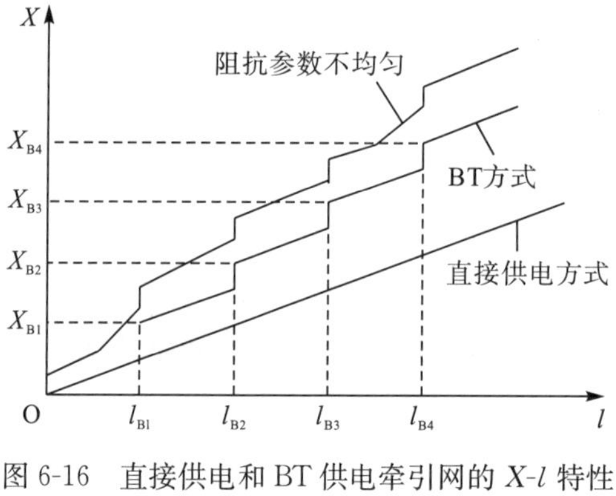

图 6-16 直接供电和 BT 供电牵引网的 X-l 特性

3）AT 牵引供电系统故障测距

AT 牵引供电系统结构复杂，运行方式繁多，且故障时阻抗－距离曲线呈非线性。因此电抗法测距原理不适用于 AT 牵引供电系统，其测距原理请参考相关书籍。

6.2.6 备用电源自投

铁路牵引供电负荷属于一级电力负荷，为了提高供电的可靠性，实现不间断供电，因此备用电源自投装置得到了广泛应用，包括牵引变电所中的 110 kV 或 220 kV 进线自投、牵引主变压器自投；AT 供电方式下的自耦变压器自投；开闭所中的进线自投等等。

目前牵引变电所主接线广泛采用双 T 接线，如图 6-17 所示。为了提高牵引供电系统的可靠性，牵引变电所采用两路进线，其中一路运行，另一路备用，两台牵引主变压器，其中一台运行，另一台备用。

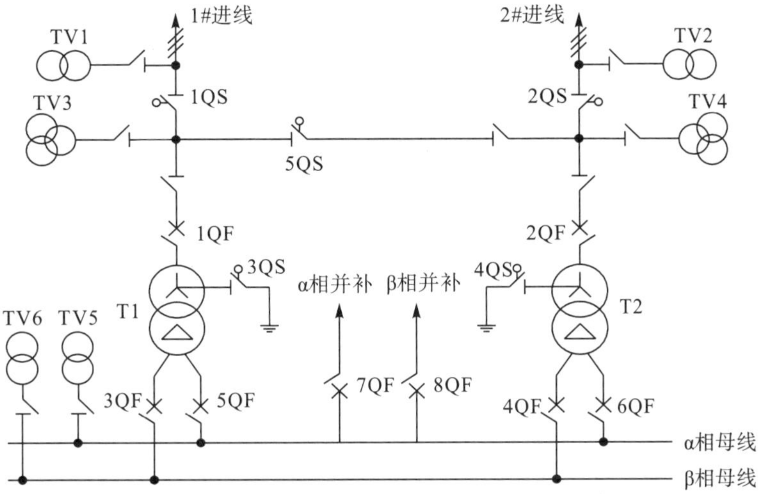

图 6-17　牵引变电所主接线示意图

在图 6-17 中，TV1 和 TV2 为进线抽压装置，其目的是为了检测两路进线是否有压，TV3 和 TV4 为高压侧电压互感器，用于检测高压侧母线电压，TV5 和 TV6 为低压侧电压互感器，用于检测低压侧 α 相、β 相电压。在正常运行时，图中的手动隔离开关均处于合位。

当运行变压器故障或需要检修时，备用变压器投入运行。为了缩短故障时两台变压器的投切时间，保证供电的连续性，在牵引变电所设置主变自投。当运行变压器故障时，保护装置将故障变压器切除后，主变自投装置迅速将备用变压器投入运行。

为了提高牵引供电系统的可靠性，牵引变电所进线采用 100%备用方式，即设置两路独立进线，一路运行，另一路备用。正常运行时，只有一路进线工作，另一路处于备用状态。当正在工作的进线失压时，应将进线切换到备用进线保障牵引供电的连续性，因此设置进线自投。

备用电源自投装置应考虑如下因素。

(1) 主变自投采用保护装置启动方式，即只有在变压器本身故障，或变压器两侧断路器处于非正常运行状态（如 SF6 断路器压力异常等），无法保障变压器安全运行的情况下，保护装置使断路器分闸的同时，启动变压器自投装置。这种启动方式能区别故障的性质，保证在变压器外部故障时自投装置不会误动作。

(2) 只有在备用变压器正常情况下，且变压器高低压侧的断路器处于分闸状态时，才允许备用电源自投装置将备用变压器投入运行。

(3) 备用变压器的自动投入时间应尽量短，即在发出故障跳闸命令的同时，不经延时发出备用变压器自投命令。但断路器和隔离开关的动作顺序应严格遵照“断路器先分后合，隔离开关先合后分”的原则。

(4) 当变压器检修时，应将备用电源自投撤除。

当正常工作的牵引主变压器发生故障时，变压器保护装置中差动保护、非电量保护

（如重瓦斯、温度Ⅱ段以及压力释放等）动作，将故障变压器切除，并启动备用电源自投功能，将备用变压器投入运行，以保障牵引供电系统的正常运行。

当正在工作的进线失压后，应将进线切换到备用进线，保障牵引供电系统的正常运行。进线失压、进线有压的判据与牵引变电所主接线、电压互感器的配置及其安装位置有关。当进线失压后，主变高低压侧母线将失压，即当检测到主变高低压侧无压时，应将运行变压器退出，因此，在主变保护装置中设失压保护，对于如图 6-17 所示的牵引变电所主接线，主变失压判据如式（6-21）所示。

$$\begin{cases}\max(U_{AB}、U_{BC}、U_{CA})<U_{set}\\ \max(U_\alpha、U_\beta)<U_{set}\end{cases} \tag{6-21}$$

式中，U_{set}为进线失压整定值，一般按额定电压的 50%～60%整定；U_{AB}、U_{BC}、U_{CA}为通过电压互感器 TV3（或 TV4）检测到的主变高压侧线电压；U_α、U_β 分别为通过电压互感器 TV5、TV6 检测到的主变低压侧 α 相和 β 相电压。为了防止进线失压的误判，应带一定的延时，其时限与电力系统线路重合闸时限相配合，即应大于电力系统线路重合闸时间。

由于图 6-17 中进线有抽压装置（TV1 和 TV2），因此，进线有压判据为

$$U\geqslant U_{set} \tag{6-22}$$

式中，U 为通过进线抽压装置（TV1 或 TV2）检测到的电压；U_{set}为进线有压整定值，一般按额定电压的 80%整定。

6.3 交流变电所自动化系统

变电所自动化系统是将变电所的二次设备（包括测量仪表、信号系统、继电保护、自动装置和远动装置等）经过功能的组合和优化设计，利用先进的计算机技术、现代电子技术、通信技术和信号处理技术，实现对全所设备的自动监视、自动测量、自动控制和保护，以及与调度通信等综合性的自动化功能。

需要说明的是，国际电工委员会已不再采用“综合自动化”这个名词，而称为“变电所自动化系统”，综合自动化是引用习惯说法。综合自动化系统与一般自动化区别的关键在于，自动化系统是否作为一个整体执行变电所需要完成的保护、测量、控制、监视等功能。

1）变电所自动化系统的功能

在变电所自动化系统的研究和发展过程中，对变电所自动化系统应包括哪些功能和要求曾经有不同的看法，通过实际应用的不断总结和技术发展趋势，目前这些看法已逐步接近。当然，随着技术进步，对变电所自动化系统的功能要求还会不断增加。

国际大电网会议 WG34.03 工作组在研究变电所的数据流时，分析了变电所自动化需要完成的功能大概有 63 种，归纳起来可以分为以下 7 个功能组：①控制、监视功能；②自动控制功能；③测量表计功能；④继电保护功能；⑤与继电保护有关的功能；⑥接口功能；⑦系统功能。

牵引变电所自动化系统是多专业性的综合技术，它以微机为基础，实现了对牵引变电所传统的继电保护、控制方式、测量手段、通信和管理模式的全面技术改造，实现了牵引供电运行管理的一次变革。结合牵引供电系统的具体情况，将变电所自动化系统按

照功能分为 3 个子系统，下面分别进行介绍。

监控子系统：监控系统取代常规的测量系统，取代指针式仪表；改变常规的操作机构和模拟盘，取代常规的报警、中央信号、光字牌以及 RTU 装置等。主要功能将在第 6 节进行介绍。

继电保护子系统：继电保护子系统应满足快速性、选择性、灵敏性和可靠性的要求，其工作不受监控子系统和其他子系统的影响。继电保护子系统应满足如下要求。

（1）故障记录功能。

（2）统一时钟对时功能，以便准确记录发生故障和保护动作的时间。

（3）存储多种保护整定值；

（4）当地显示与多处观察和授权修改保护整定值。

（5）故障自诊断、自闭锁和自恢复功能。每个保护单元应有完善的故障自诊断功能，发现内部有故障，能自动报警，并能指明故障部位，以利于查找故障和缩短维修时间，对于关键部位故障，例如，A/D 转换器故障或存储器故障，则应自动闭锁保护出口。如果软件受干扰，造成“跑飞”的软故障，应有自启动功能，以提高保护装置的可靠性。

继电保护子系统应包括牵引变电所主要设备的全套保护，主要包括变压器主保护、变压器后备保护、馈线保护、电容器保护、动力变保护等。

通信子系统：通信子系统包括系统内部现场级的通信和系统与上级调度的通信两部分。现场级的通信主要解决系统内部各个子系统与监控子系统之间、各个子系统间的数据通信和信息交换问题，它的通信范围是变电所内部。自动化系统必须兼有 RTU 的全部功能，应该能够将所采集的模拟量、开关状态以及事件顺序记录等信息远传至上级调度；同时应该能接收上级调度下达的各种操作、控制命令。

2）变电所自动化系统的结构形式

变电所自动化技术随着集成电路技术、计算机技术、通信技术的发展，其体系结构也不断变化，性能、功能及可靠性等也在不断提高。在变电所自动化系统发展的初期出现过集中式的结构，目前主要采用分层分布式结构。

（1）分层分布式结构的概念。

随着单片机技术和通信技术的发展，单片机的性能价格比越来越高，外围电路设计越来越简单，整个微机系统的尺寸不断缩小，功能却越来越强大，使研制者有条件将微机保护单元和数据采集单元按一次回路进行设计。所谓分布式结构，是在结构上采用主从 CPU 协同工作方式，各功能模块（通常是各个从 CPU）之间采用网络技术或串行方式实现数据通信。如牵引供电系统中的馈线保护主要包括电流速断保护、过电流保护、电流增量保护、反时限过负荷保护、三段距离保护、一次自动重合闸等功能，所有的这些保护功能可由一个 CPU 单独完成。这样，一条馈线的保护可以配置一套微机保护装置完成，多条馈线则配置多套微机保护装置，微机保护装置再通过通信接口和监控子系统进行信息交换，一套保护装置故障不会影响其他装置的正常运行。

变电所自动化系统的分层分布式设计就是将变电所自动化系统需要完成的功能由多个微机系统来完成。监控子系统选择商用计算机或工控机作为平台，微机保护子系统则由不同功能的微机保护装置组成，整个变电所的继电保护功能被分配到多个微机保护装置。

(2) 变电所分层结构。

在分层分布式结构中，变电所自动化系统按照设备的功能被分为三层：变电所层、间隔层（或称单元层）、过程层（或称设备层）。变电所自动化系统的分层结构如图 6-18。

过程层主要指变电所内的变压器、断路器、隔离开关及其辅助触点，电流、电压互感器等一次设备。间隔层一般按断路器间隔划分，包括测量、控制部件和继电保护装置。变电所层包括监控主机、远动管理机等。变电所层和间隔层设通信网络，供各设备之间交换信息。

间隔层由各种不同的单元装置组成，这些独立的单元装置通过通信网络与变电所层联系。间隔层按一次设备组织，一般按断路器间隔划分，具备保护、测量、控制功能，由单元装置完成。分层分布即结构分层、功能分布。

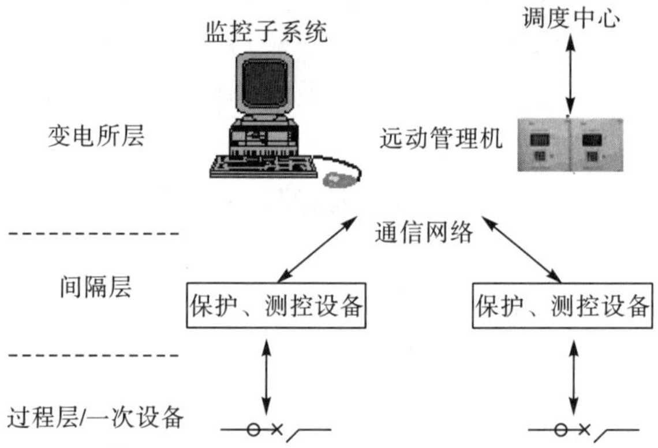

图 6-18　变电所自动化系统分层结构

(3) 分层分布式结构的几种方式。

不同时期、不同电压等级的变电所自动化系统，分层分布式的结构有以下三种形式。

集中组屏：集中组屏结构是把整套自动化系统按其不同的功能组装成多个屏（或称柜），例如，变压器保护屏（完成变压器的保护、测量、控制功能）、馈线保护屏（完成一条或多条馈线的保护、测量、控制功能）、并补保护屏（完成电容器的保护、测量、控制功能），图 6-19 是典型的牵引供电变电所集中组屏的系统结构图。

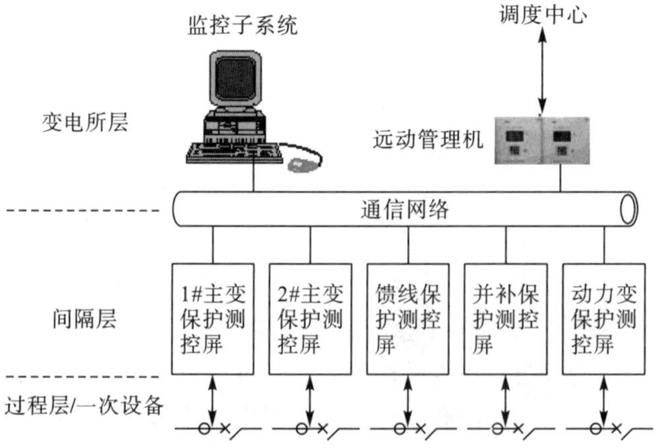

图 6-19　集中组屏的牵引供电变电所结构图

当地监控单元和远动通信装置采用控制台方式，亦可采用组屏方式，所有后台和远动通信设备组装在一面屏体上。目前铁路牵引变电所基本采用集中组屏模式，有人值班的牵引变电所，当地监控一般采用控制台方式；无人值班的牵引变电所，为了减少控制室占地面积，当地监控一般采用组屏方式。

集中组屏结构中，所有的变电所层、间隔层二次设备都放在控制室内，二次设备的工作条件较好，管理和维护方便，主要缺点是敷设电缆较多，增加了投资。

分散安装与集中组屏相结合：分散与集中相结合的结构形式是目前国内外最为流行、受到广大用户欢迎的方式。它是采用“面向对象”即面向电气一次回路或电气间隔（如一条馈线、一台变压器、一组电容器等）的方法进行设计的，间隔层中保护测控装置就地分散安装在开关柜上或其他一次设备附近。这样各间隔单元的设备相互独立，变电所层设备仅通过光纤网络对间隔单元进行管理和交换信息。这是将功能分布和物理分散二者有机结合，对变电所二次系统进行优化设计的结果。通常能在间隔层内完成的功能（如保护功能）一般不依赖通信网络。这样组态模式集中了分布式的全部优点，还最大限度地压缩了二次设备及其繁杂的二次电缆，减少了控制室占地面积，节省土地投资。这种结构形式配置灵活，各种保护、测控装置可以分散安装在间隔开关柜上，也可以实现在控制室内集中组屏或分层组屏，图 6-20 是牵引变电所分散安装与集中组屏的应用模式。

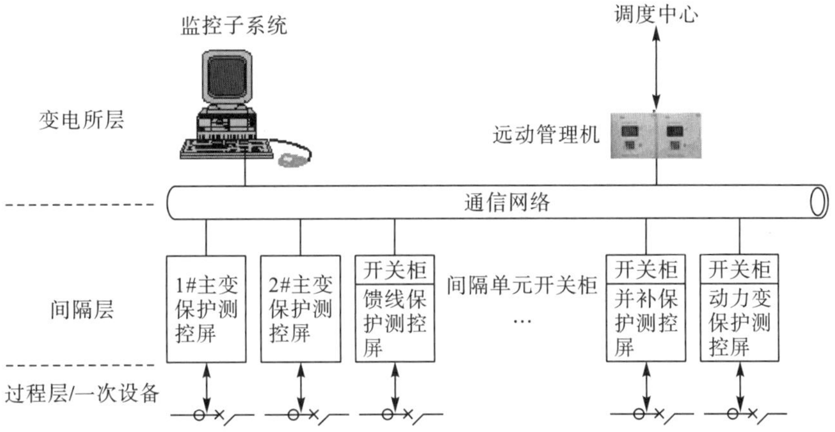

图 6-20　牵引变电所分散安装和集中组屏的结构图

图 6-20 中，牵引变电所馈线、并补保护，测控单元分散安装在高压室一次设备的开关柜上，变压器由于在室外，分散安装的条件不具备，可与当地监控单元、交直流设备等在控制室集中组屏，也可在变压器旁就地安装。

分散安装和集中组屏适合于各种电压等级的变电所，在高压变电站中应用更加合理，经济效益更好。

全分散模式：全分散模式的自动化系统是指以变压器、断路器、母线等一次主设备为安装单位，将保护、测量、控制、闭锁等功能单元就地分散安装在一次主设备的开关柜上，安装在主控制室内的变电所层设备通过网络与这些分散的单元进行信息交换。

在铁路的电力变配电所中已经实现了全分散的安装模式，新建设的客运专线的变配电所大都按照全分散的模式进行设计，所有的保护测控装置都安装于一次设备的开关柜上，这些装置通过网络和控制室的变电所层交换信息，图 6-21 是铁路电力配电所的全分散安装的结构图。

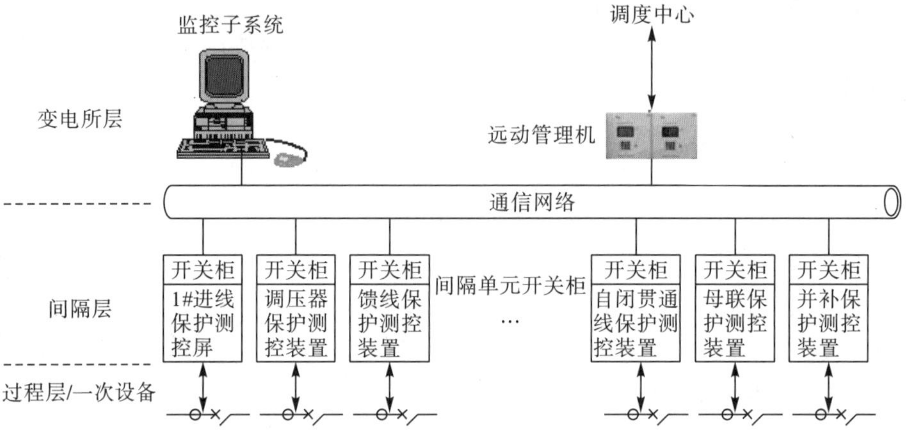

图 6-21 铁路电力配电所全分散安装结构图

变电所自动化系统的功能和结构都在不断发展，全分散式结构是发展方向，这是因为：随着新设备、新技术的发展，如电子式互感器和光纤通信技术，使得原来只能集中组屏的高压线路保护装置和主变压器保护也可以就近安装，利用光纤技术和局域网技术，将这些分散在各开关柜的保护和集成功能模块联系起来，构成一个全分散化的自动化系统，为变电所实现高水平、高可靠性和低造价的无人值班创造更有利的条件。

6.4 直流牵引供电系统继电保护与自动化

6.4.1 直流系统的继电保护

在直流牵引供电系统发生故障的情况下，保护能有选择地迅速切除故障，以保证列车、设备和旅客的人身安全。

地铁牵引负荷和短路故障电流具有如下特点。

（1）列车瞬时启动电流和故障电流都可近似表示为指数函数。即 $i=\Delta I*(1-e^{-\frac{t}{\tau}})$，其中，$\Delta I$ 为电流最终的稳态值，τ 为时间常数。

（2）当直流馈线距离长，车辆密度大时，最大负荷电流可能大于或等于末端短路电流。

（3）一般短路电流变化率大于负荷电流变化率（包括起动电流），但远端故障电流变化率和列车起动时最大电流变化率相接近。当直流馈线很长时，还有可能出现末端短路故障变化率小于负荷电流变化率的情况。

（4）一般中远端故障电流变化率持续时间大于列车起动时电流变化率持续时间。

（5）一般末端故障电流瞬时跳跃量大于机车起动瞬时跳跃量，当线路长时，也可能相反。

直流保护系统应考虑如下因素。

（1）直流保护系统应充分考虑各种保护间的相互配合关系，以保证在直流系统发生短路故障时，能可靠地切除故障。

（2）直流保护系统应保证在列车正常运行时，不会误跳闸而影响列车的正常运行。包括列车起动时的影响（起动电流、时间以及引起的短时电压下降），列车过接触网分段时的冲击电流的影响。

（3）直流保护系统应充分考虑某些特殊故障形式下的保护，如接触网与架空接地线的短路，接触网与隧道内的电缆支架，接触网与屏蔽门的短路等故障。

牵引变电所整流机组类型有十二脉波整流和二十四脉波整流，其中二十四脉波整流电源由两套十二脉波整流机组并联运行构成。整流变压器为户内干式无载调压变压器，要求损耗小、噪音低、体积小。整流器由两个并联的三相桥构成，提供十二脉波全波整流。直流整流器 1500 V 正负母线间和 1500 V 正母线对地间设置避雷器，用于过电压保护。

整流变压器之前的主断路器（图 4-28 中的 QF6、QF7），应设置电流速断保护、过流保护、零序过流保护、过负荷保护，非电量保护设置变压器温度保护。

直流牵引供电系统的保护，主要是依靠直流开关设备，即直流断路器进行保护。在直流牵引供电系统中，直流断路器按功能分为整流器回路断路器和馈线回路断路器。整流器回路断路器主要控制和保护整流器侧直流输出，当整流器发生故障时，能快速切断整流器的直流输出。直流馈线回路断路器，主要控制和保护馈线侧的牵引供电。当变电所近端直流电缆、接触网发生故障时，能迅速切除故障。

针对直流馈线的故障特点，设置大电流脱扣保护（直流快速断路器本体自带）、电流速断保护、过电流保护、电流增量 ΔI 和电流上升率 $\mathrm{d}i/\mathrm{d}t$（$-\Delta I$）保护、双边联跳保护。整个变电所的直流开关柜对地绝缘安装一套直流框架泄漏保护、在地与轨之间设有钢轨电位限制装置，根据新的地铁设计标准还应设置低电压保护，各种保护相互配合，在发生近端和远端的接触网对钢轨、接触网对架空地线、接触网对机车、直流正极对外壳等各种短路时，均能及时切除故障，对人身及设备进行保护。下面主要介绍直流馈线保护。

1）电流上升率保护

所谓电流上升率保护（$\mathrm{d}i/\mathrm{d}t$），就是当牵引网发生短路故障时，在单位时间内电流突变量超过整定值，就触发直流开关快速跳闸、切断短路故障的一种保护。这种保护可以识别出电流突变是由机车的正常启动或加速，还是牵引网发生短路故障引起的。只要根据机车运行参数、线路参数准确地计算出机车末端启动加速、重载等几种情况下的最大电流上升速率，设定跳闸整定值大于此值，就可以完全避开机车的正常运行电流值，从而避免误动作。该保护通常作为直流馈线的主保护，但在实际应用中，通过综合考虑 $\mathrm{d}i/\mathrm{d}t$ 和 ΔI 来决定保护的动作特性，从而克服单独采用 $\mathrm{d}i/\mathrm{d}t$ 保护因干扰而误动、单独采用 ΔI 保护难于区分机车启动与短路故障而拒动的现象。保护动作特性分两部分，瞬时跳闸和延时跳闸，谁较早激活就由谁决定跳开高速直流断路器。设置瞬时跳闸的目的是尽早地检测到和尽快地消除故障，它主要被近区或中等距离的故障激活。延时跳闸将保护较远的故障，延时目的是为了区分较低的短路电流和运行电流。

电流上升率保护动作特性如图 6-22 所示，当电流具有较高初始上升率时，例如，$di/dt > di/dt\_ins$，一旦电流增量（ΔI）达到动作值 I_ins，将无延时跳闸。

当电流具有较低初始上升率时，如 $di/dt < di/dt\_ins$，将监视较长时间的 di/dt，以利于很好地区分故障电流与运行电流，当延时 t_del 达到，且电流增量 ΔI 超过动作值 I_del时，将切除故障。

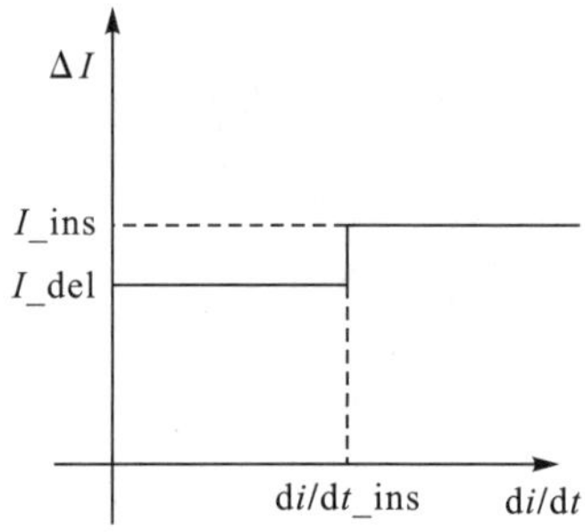

图 6-22 电流上升率保护动作特性

2）大电流脱扣保护

大电流脱扣保护可作为主保护的辅助保护，它属于开关自带，用于切断大的短路电流。

当电流大于电流整定值时，开关中脱扣装置动作使开关分闸，整定值 I_{zd}按式（6-23）进行计算。

$$I_{zd} = K_6 I_{dmin} \tag{6-23}$$

式中，I_{dmin}为被保护线路短路电流的最小值；K_6为可靠性系数，可取 1.5 左右。

3）双边联跳保护

为了保证供电系统的可靠性，轨道交通牵引供电方式采用双边供电，即由两座变电所同时向一个供电臂供电，如果一座变电所出现问题，不能向牵引网供电，另一座变电所还会正常送电，而不会影响机车的正常运行。双边联跳保护的特性：当靠近故障点侧的直流快速开关因大电流脱扣动作或瞬时跳闸而快速分闸后，随即将跳闸信号通过联跳导线传送至对端变电所，使对端变电所的直流快速开关立即跳闸，而与后一开关中电流是否达到其整定值无关。

双边联跳保护装置的作用是为了保证更加安全地向接触网供电，在故障的情况下确保相邻变电所可靠跳闸而增设的后备跳闸装置。下面以某地铁线路为例，说明双边联跳保护装置的作用。其相邻变电所之间采用供电方式如图 6-23 所示。

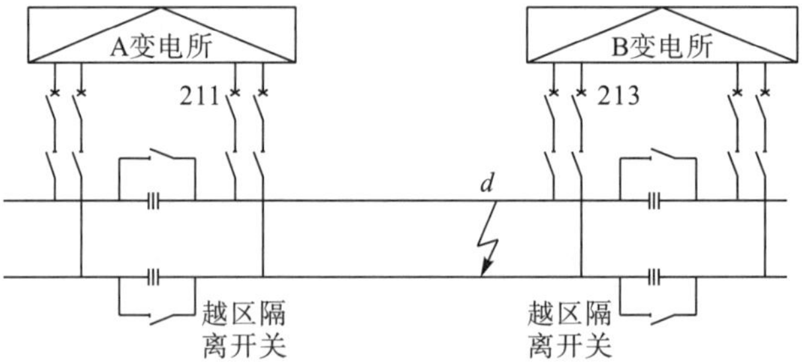

图 6-23 某地铁线路两相邻变电所接线示意图

在 A 所无故障情况下，由 A 所 211 馈线开关和 B 所 213 开关同时向接触网供电，A 所越区隔离开关打开。如果有短路情况发生在 d 点，由于短路发生点距离 B 所比较近，所以 B 所馈线保护中的 di/dt 瞬时保护或大电流脱扣保护首先动作，使 B 所 213 开关跳闸，由于短路发生点距离 A 所较远，所以经过一段延时以后，A 所 211 馈线开关中 $di/$

dt 延时保护也应该动作。在 B 所 213 馈线保护动作的同时，向本站联跳装置发一个跳闸信号，B 所联跳装置通过站间的联络线向 A 所联跳装置发送一个 211 跳闸信号。这个信号比 A 所 211 馈线保护自身的 di/dt 延时保护跳闸信号要慢一点，因此在这种情况下联跳装置为后备保护。

在 A 所故障的情况下，A 所退出运行，A 所越区隔离开关合上，如图 6-24 所示。

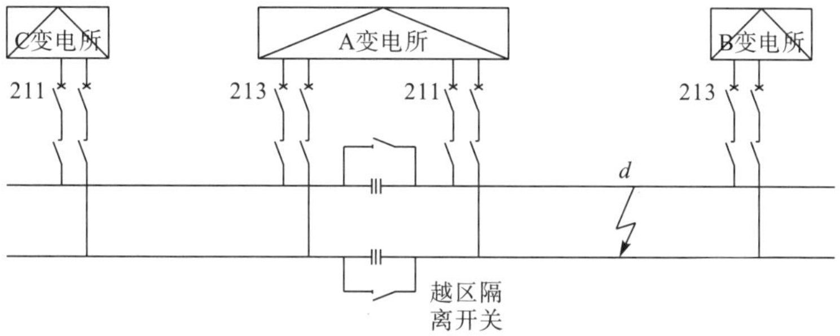

图 6-24　A 所故障时的供电接线示意图

这时由 B 所 211 开关同时向接触网供电。如果这时短路发生在 d 点，同样还是 B 所开关 213 首先动作，由于短路点距离 C 所比较远，延时跳闸保护有可能不动作，所以 C 所 211 保护有可能动作也有可能不动作，这要视短路的情况而定，而联跳装置则比较可靠，只要 B 所 213 保护跳闸，它总要发信号给 A 所，经过 A 所的联跳装置转发，信号发给 C 所 211 开关，使 211 开关跳闸，这时联跳装置就显得比较重要。

双边联跳与大电流脱扣或瞬时跳闸相配合，保证了故障的切除，增强了主保护的可靠性和灵敏度。

4）热过负荷保护

这种保护作为电流上升率保护的辅助保护，用于保护最薄弱的设备。当过负荷电流流过时，该电流虽不致立即引起巨大的破坏，但此电流若持续时间长，其产生的热量会超过某些薄弱设备所允许的发热量，引起这些设备不同程度的毁坏，这是我们所不期望的，该保护能使较薄弱的设备在过负荷时免受损害。

热力过负荷保护的动作特性：当电流超过整定值时，保护起动，当延时达到时，保护跳闸。

根据 IEC-255-8 标准热力过负荷保护的跳闸时间特性有以下两种模式。

（1）无记忆模式。

$$t=\frac{3.5}{\left(\frac{I}{I_{\mathrm{p}}}\right)^{2}-1}\cdot t_{\mathrm{p}}\qquad (I\geqslant 1.1I_{\mathrm{p}})\tag{6-24}$$

式中，t 为跳闸时间；t_{p} 为时间整定常数；I 为过负荷电流的实测值；I_{p} 为热力过负荷电流保护的电流整定值。

（2）有记忆模式。

$$t=\tau\cdot\ln\frac{\left(\frac{I}{I_{\mathrm{p}}}\right)^{2}-\left(\frac{I_{\mathrm{pre}}}{I_{\mathrm{p}}}\right)^{2}}{\left(\frac{I}{I_{\mathrm{p}}}\right)^{2}-k^{2}}\tag{6-25}$$

式中，τ 为时间常数，取 35.5 * t；I_p 为热力过负荷电流保护的电流整定值；I 为过负荷电流的实测值；I_{pre} 为未达过负荷时的电流；k 取 1.0。

由式（6-25）可知，有记忆模式下，计算跳闸时间时，要考虑过负荷前电流的影响，更符合实际，同时考虑被保护设备（如电缆、接触网等）的重要性。其中，τ 取该保护对同质物体镜象的时间常数；I_p 可按躲过被保护设备连续允许的负荷电流整定。

$$I_p = k_{-spl} I_s \tag{6-26}$$

式中，I_s 为实际测量的电流值；k_{-spl} 表示热力作用部分电流与测量电流的比例。

5）框架泄漏保护

地铁直流 1500 V 开关柜的正极与柜体发生故障时，对设备尤其是对人身安全会造成严重的威胁，因此，安装框架保护是非常重要的。

（1）变电所接地系统。

为了保证设备和人身的安全，各个地铁车站均设置一个综合接地装置。架空地线和各车站的接地装置通过接地扁钢和电缆金属铠装等接在一起而形成地铁全线统一的接地网。在一个变电所内，所有设备的接地均接于变电所综合接地装置上。钢轨电位限制装置内装短路器，当钢轨与地之间电位差大于整定值时，发出报警信号，短路器闭合。

为减少杂散电流进入地铁主体结构、设备及与其相关的设施，地铁直流供电系统设计为不接地系统，直流供电设备采用绝缘安装。钢轨通过绝缘垫与地绝缘，正常情况下钢轨对地之间存在着阻抗很大的泄漏电阻。

（2）框架泄漏保护的作用与原理。

框架泄漏保护装置由电流检测元件和电压检测元件组成，如图 6-25 所示。

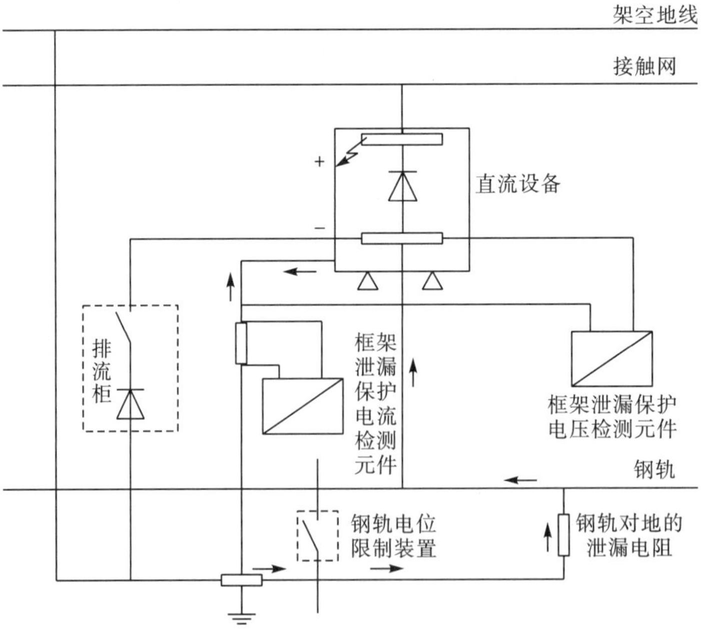

图 6-25 框架泄漏保护及钢轨电位限制装置的接线示意图

电流检测元件：接在绝缘的开关柜外壳和变电所接地网之间，有一个能承受 100 kA 短路电流、电阻为 0.15 mΩ 的分流器与之并联。

电压检测元件：一端接于直流电源负极，另一端接设备外壳。测量电压时，0.15 mΩ 的分流器形成的电压可忽略不计。

直流系统正常运行情况下，电流检测回路没有电流通过。当任意一个直流设备内正极对外壳短路时，接地电流通过电流检测元件流入地网，再通过钢轨与地之间的绝缘泄漏电阻（或排流柜）回到钢轨（负极）。当接地电流达到整定值时，电流检测元件动作，跳开 33 kV 断路器及所有直流断路器。故障排除后，需人工复归框架保护，断路器才能重新投入。

电压检测元件由两段组成：Ⅰ段报警，Ⅱ段跳闸。它根据 EN50122-1：12.97 标准中人体耐受的电压—时间特性曲线整定（当变电所装设钢轨电位限制装置时，框架泄漏保护的电压检测元件动作时间需延长）。当直流设备内正极对外壳短路时，地电位升高，电压检测元件会在钢轨和地之间检测到一个电压，当这个电压大于电压检测元件整定值时，电压检测元件以整定时间动作，同电流检测元件相同，断开 33 kV 断路器及所有直流断路器，并联跳相邻牵引变电所向相同供电区段供电的断路。故障排除后，需人工复归框架泄漏保护，断路器才能重新投入。

供电系统中还装有排流柜，在排流柜不投入使用的情况下，电压检测元件作为电流检测后备保护。因为钢轨对地绝缘泄漏电阻的大小非人为可控，若钢轨对地的绝缘好，接地电流小，电流检测元件可能不动作，但电压检测元件可检测到故障时的地—钢轨（负极）电压，动作于跳闸，清除故障。电压检测元件同样可检测其他一些特殊故障引起的地电位的升高，如接触网对架空地线的短路。当排流柜投入使用时，为正极接地短路电流提供了良好的通路，可将电压检测元件撤除。因此框架泄漏保护电压检测元件设置了投入/撤除功能，以满足在各种情况下的运行要求。

由于列车起动及运行时，可能会引起轨－地之间的电位升高，此时框架泄漏保护的电压检测元件启动，但由于直流系统是正常运行情况，框架保护不应动作。为解决这一问题，需延长其动作时间整定值，使其动作整定值比钢轨电位限制装置（设在轨－地之间，为保护车站旅客人身安全而设）的整定时间长（在相同的测量电压下）。这样，便可避免框架泄漏保护误动。两者的整定曲线如图 6-26 所示。

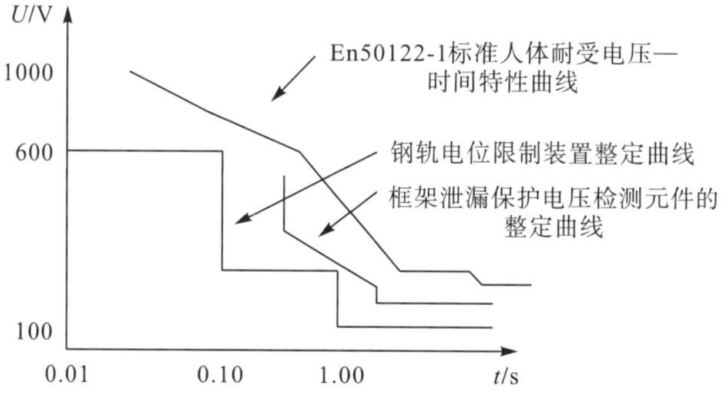

图 6-26　框架泄漏保护与钢轨电位限制装置的整定曲线

6.4.2 直流系统电缆故障检测

地铁供电系统是通过电缆将直流电压引向牵引网，故电缆绝缘故障——电缆屏蔽层对钢轨（地）的绝缘故障，屏蔽层可能击穿或者电缆的保护装置故障（保险丝故障或端子松）和电缆的导体对屏蔽层的绝缘发生故障不容忽视。

电缆故障监视的原理基于监视电缆“屏蔽层对地”的电压或借助两只串联电阻监视流过电缆屏蔽层对钢轨（地）的电流实现，如图 6-27 所示。

绝缘电阻（R_{KUE}）通过计算运行电压和电缆内屏蔽层的电压得到，计算公式如下：

$$R_{KUE}=\frac{U_B-U_S}{I_{23}} \tag{6-27}$$

式中，R_{KUE}为纵向绝缘电阻；U_B为运行电压；U_S为电缆屏蔽电压；I_{23}为监视电流。

计算求得绝缘电阻后，与两个阀值比较来决定是给告警信号还是给跳闸信号。告警信号将给出电缆屏蔽层对钢轨的绝缘电阻故障，跳闸信号说明电缆导体对屏蔽层绝缘发生故障。

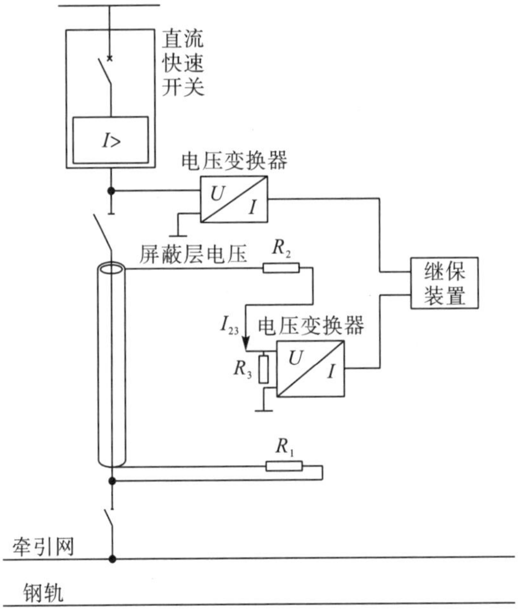

图 6-27　电缆故障监视结构图

U_B为运行电压；U_S为屏蔽层电压；I_{23}为监视电流；R_L为屏蔽层对导体的绝缘电阻；R_E为屏蔽层对地的绝缘电阻；R_1为串联电阻；R_2为串联电阻；R_3为分流电阻

直流馈线电缆绝缘监察保护只是针对带有铠装的直流馈线电缆而设置的，如果采取其他一些措施来防止鼠害和增加机械强度等而不采用铠装，是否就可避免前面提到的故障情况呢？这一问题有待于进一步分析，由于去掉了铠装，不会通过铠装而直接接地，在发生绝缘下降（或绝缘故障）时，对地电阻除了绝缘层的泄漏电阻外还增加了一个绝缘层对地的接触电阻，如果接触电阻无穷大，则即便发生局部护套绝缘下降（或绝缘故障)，也不会造成什么危害；但随着接触电阻的减小，对地短路电流会逐渐增加，当接触电阻趋于零时，就会发生与铠装电缆同样的结果。而无铠装是无法设置电缆绝缘监察保护的。要想解决这一问题，可以间接借助直流馈线低电压保护来实现。绝缘正常时，正负极间的电压为 1500 V，随着正负极间绝缘电阻的减小，正负极间的电压也会相应降低。当降低到机车最低允许电压时，发出低电压报警信号；低于某一门限值时，作用于跳闸。但低电压保护的整定值还需根据工程具体情况慎重选择，避免误动、拒动的情况发生。

6.4.3　地铁牵引变电所综合自动化系统

前面已介绍，城市轨道交通牵引供电系统分交流系统和直流系统，其保护相应也有交流保护和直流保护，并主要介绍关于 35 kV 以下系统和直流系统的保护和控制。牵引供电系统的控制主要是控制相关断路器、隔离开关。主变电所有主变压器设备，相应配置纵联差动保护、复合电压闭锁 110 kV 侧过电流保护、零序过电流保护、放电间隙零序过电流保护、零序过电压保护、主变本体、有载调压重瓦斯及压力释放阀保护，集中组盘安装于控制室。

牵引降压混合变电所自动化系统配置继电保护及监控系统，实现对所内及本所供电范围内供电设备的故障切除、报警信息的发送和自动改变系统设备运行模式，以保证供电系统的安全运行。所内采用无人值班方式，一般不设集中监控台。控制方式为控制中心远方操作、所内盘上操作、开关本体操作三级控制。正常运行时采用控制中心远方操作，当设备检修时，采用当地所内操作或开关本体操作。在开关柜中设当地/远方选择开关以转换控制级别，该开关打到当地位时，闭锁远方操作。例如，南京地铁牵引、降压混合变电所配置 35 kV 进线光纤差动保护，轨电位测控装置。35 kV 进线光纤差动保护装置直接安放在 35 kVGIS 上，它同 1500 kV 直流开关柜、0.4 kV 交流开关柜的保护测控单元一起，通过规约转换器接微机综合自动化系统，由测控装置完成对轨电位限制装置的测控。牵引、降压混合变电所实现全微机保护、监视、测量、控制、信号、自动装置、网络互连功能，通过通信服务器完成所内监控和 SCADA 系统的“四遥”接口。系统按完全独立的原则配置保护测控单元，并具备自测试、自校正功能，可互换功能，任何测控单元故障，可用备品替换。

图 6-28 为深圳地铁电力变电站的一般牵引降压混合变电站自动化系统结构图。变电所自动化系统采用计算机型设备，分层分布式结构。系统分三层设置：站级管理层、网络通信层、间隔设备层。站级管理层为设置在控制信号盘内的主监控单元，间隔设备层包括安装于各开关柜内的各种间隔级单元，网络通信层即为所内通信网络。该系统采用分散加集中式安装、集中管理模式。各间隔单元通过与一次开关设备、CT/PT 设备接口，完成对所内供电设备的控制、监视、测量及保护功能。间隔单元由主监控单元管理，并通过所内通信网络进行数据交换。主监控单元通过网络实现所内集中监控、数据集中处理、所内网络通信及远程通信功能，并协调间隔单元完成所内自动化控制功能。跟随式降压变电所不设置主监控单元，仅设置间隔单元，并通过数据采集网纳入本站变电所

自动化系统内，由变电所主监控单元统一管理。

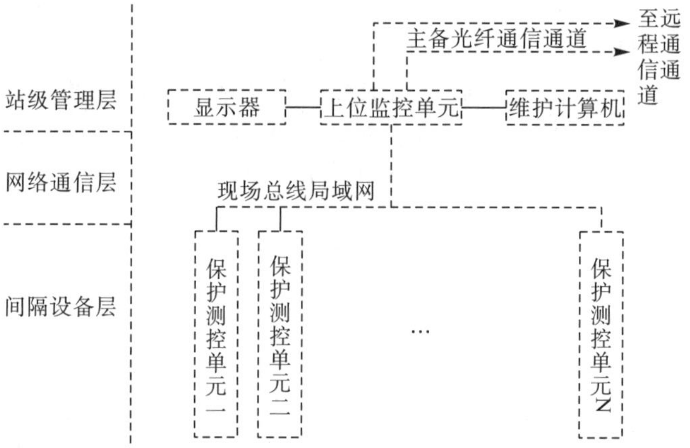

图 6-28　牵引降压混合变电所自动化系统构成图

变电所自动化系统硬、软件采用 RAS（可依赖性、可用性、可服务性）技术，要求充分考虑系统应具有高度的可靠性、快速的响应性、柔软的扩展性、完备的自检性及良好的可维护性，同时遵循模块化冗余设计的原则，采用技术成熟、功能完善、性能先进的产品，且应适应现场恶劣的运行环境，以保证系统的安全稳定运行。变电所自动化系统网络结构采用现场总线网或以太网。网络传输媒介可为屏蔽电缆或光纤，考虑到现场运行环境的恶劣，优先选用光纤。由于地铁变电所相对于电力系统高压变电所来说，规模较小、电压等级较低，接线简单，因此自动化系统可以采用单层网络构成模式。所内配置单一网络，所有间隔单元都接入网内，实现与主监控单元的通信。考虑到通信可靠性，该网络可以采用灵活的组网结构，将星形与总线形结合起来，达到可靠性、实时性及简化网络结构的最佳效果。

系统通过配置的继电保护及监控单元模块，实现对本所供电范围内供电设备的故障切除、报警信息的发送，以保证供电系统的安全运行。继电保护采用微机型保护单元，符合选择性、速动性、灵敏性、可靠性的要求，在保证可靠性的前提下，简化了保护配置。继电保护的动作具有独立性，不依赖于网络功能。

6.5 供电监控系统

凡是基于计算机的生产过程的监视、监测、控制、管理的系统都可称为监控系统。

根据监控距离的远近，监控系统可分为近距监控系统（如工厂生产自动化监控系统）和远程监控系统（如轨道交通供电监控系统）。

6.5.1 基本概念

轨道交通包括城市轨道交通（地铁、轻轨及中低速磁浮，简称城轨交通）和铁路（习惯上称为大铁路）。轨道交通供电监控系统，习惯上也称为轨道交通供电调度系统、

SCADA 系统或远动系统。供电监控系统在城市轨道交通和铁路中又有不同的称谓，在城市轨道交通中称为电力监控系统，在铁路中称为供电监控系统，它又包括用于牵引供电系统的牵引供电监控系统和用于铁路电力系统的铁路电力监控系统。

普速铁路供电监控系统的监控中心即可统一设置也可分开设置。统一设置是指牵引供电监控系统和电力监控系统的监控中心统一设置在铁路局调度所，分开设置是指牵引供电监控系统和电力监控系统的监控中心分开设置，其中牵引供电监控系统设于铁路局调度所，电力监控系统多设于供电段。高速铁路供电监控系统的监控中心均集中设置，每个铁路局分别设置高铁和普速两套供电监控系统。

供电监控系统，或 SCADA 系统（Supervisory Control and Data Acquisition System)，是通过计算机远程监控技术，实现对被控站设备的远程监视、控制和数据采集。主要是实时地远程监视被控站各设备的工作状态、控制被控站的各种开关设备以及采集被控站的电流、电压、功率、电度等电气量，并为供电调度人员提供监控界面和人机接口。

1）基本任务

轨道交通供电系统的一个主要特点是电力设备是沿铁路或地铁线分布，供电系统一般设有供电监控中心（或调度所)，统一指挥供电系统在正常及事故情况下的运行工作，并集中管理沿线管辖范围内的牵引变电所、分区亭、开闭所、AT 所、配电所、开关站等被控站电力设备（为简便起见，以后除有特殊说明外，均用变电所来代表牵引变电所、分区亭、开闭所、AT 所、配电所、开关站等被控站)。为了保证供电系统运行的可靠性和经济性，监控中心必须及时掌握供电系统的实际运行情况。所以，从调度工作出发，一方面需要收集信息，要求变电所将开关位置信号、警报信号及主要电气运行参数等迅速、正确、可靠地反映给监控中心；另一方面，监控中心切实了解系统的运行情况并进行判断处理后，应对变电所等被控站下达命令，远程操作或控制某些设备或调整某些参量，完成实时控制的任务。

可见，在轨道交通供电系统中，供电监控系统的主要任务一是集中监视，提高安全经济运行水平，正常情况下合理调度系统的运行方式；事故时，及时了解事故的原因和范围，加快事故处理。二是集中控制，提高劳动生产率。调度人员可以借助监控装置进行遥控或遥调，实现无人化或少人化，并提高运行操作质量，改善运行人员的劳动条件。

2）基本功能

为了完成监控中心与被控站之间远距离信息的实时自动传输，必须应用 SCADA 技术，采用 SCADA 系统。SCADA 系统的基本功能，是实现常规远动技术的“四遥”基本功能：遥控、遥信、遥测和遥调。随着监控技术的发展和变电所无人值班的要求，目前的 SCADA 系统又增加“第五遥”功能——遥视。

遥控 YK（Romote-Control，Telecontrol)：所谓遥控，是指从监控中心发出命令以实现远方操作和切换。如对变电所开关的“分”、“合”、故障信号的复归等操作。

遥信 YX（Telesignal)：所谓遥信，是指将被控站的设备状态信号远距离传送给调度端。如变电所开关的位置信号、报警信号等。

遥测 YC（Telemetering)：所谓遥测，是指将被控站的某些运行参数和环境参数传送给调度端。如变电所的电压、电流、电度、有功和无功功率等电气参数，温/湿度、接触网故障点的距离等非电参数。

遥调 YT（Teleadjusting）：所谓遥调，是指监控中心直接对被控站某些设备的工作状态和参数的调整。如调节变压器的抽头等。

遥视 YS（Televideo，Remote Video Monitoring）：所谓遥视，是指将现场重要设备的运行状态、重要场所的环境状态等通过视频图像传送到监控中心。因此，遥视也称为安全监视或视频监视。

常规的监控系统一般只具备传统的遥控、遥信、遥测、遥调等“四遥”基本功能。随着计算机技术、图像技术、通信技术的发展，目前的监控系统很多都具备了遥视功能。除了常规 SCADA 功能，目前的监控系统还具备数据处理和辅助管理、在线培训、辅助决策等功能，因此也常称为调度自动化系统。

3）主要性能指标

衡量供电监控系统性能优劣或作为设计、选型要求的系统主要性能指标，一般包括如下。

可靠性：监控系统的可靠性是指设备在技术要求所规定的工作条件下，能够保证所规定的技术指标的能力。供电监控系统也像其他自动化系统一样，往往要求无人监视，因此对装置的可靠性有很高的要求。一次误动或失效都有可能引起严重的后果，造成生命和财产的损失。由于供电监控系统不同于一般监控的最大特点是需要远程信息传输，所以系统的可靠性还包括信息传输的可靠性。

监控系统中每个设备的可靠性一般用平均故障间隔时间（MTBF），即两次偶然故障的平均间隔时间来表示。而整个系统的可靠性通常可以用“可用率”来表示。系统的可用率定义为

$$\text{系统可用率}=\frac{\text{运行时间}}{\text{运行时间}+\text{停用时间}}\times 100\% \tag{6-28}$$

式中，停用时间包括故障和维修时间。影响系统可用率的重要因素有设备的质量、维护检修情况、环境条件、电源供电可靠性及起备用的程度等。

目前，供电监控系统的平均故障间隔时间一般要求监控中心达到 5000 h 以上，被控站达到 10000 h 以上。

监控信息传输过程中，会因为干扰而出现差错。传输可靠性是用信息的差错率来表示的。

$$\text{差错率}=\frac{\text{信息出现差错的数量}}{\text{传输信息的总数量}} \tag{6-29}$$

差错率包括误比特率、误码率和误字节率，且常用误码率表示。通常情况下，差错率要求在信噪比大于 15 dB 时，误码率小于 10^{-5}。

容量及功能：通常把监控系统遥控、遥调、遥测及遥信等对象的数量，统称为该系统的容量，也称 I/O 点数。供电监控系统的容量不仅要满足实际用户的远动化要求，同时，遥控、遥调、遥测及遥信的功能也要求可以扩展。随着技术的发展，监控系统还要完成事件记录、数据处理、信息转发等功能。对普速铁路牵引供电监控系统，通常要求：遥控>64 路，遥测>32 路，遥信>128 路；对高速铁路牵引供电监控系统，系统容量常常要求 50 万点以上，甚至要求超过 100 万点。

实时性：从提高系统运行效率、加速事故处理等观点出发，对系统实时性的要求是显而易见的。实时性常用“响应时间”来衡量。它是指从发送端事件发生到接收端正确地收到该事件信息这一段时间间隔。例如，一般供电监控系统的响应时间，遥控、遥信一次平均传输时间小于 2 s，遥测响应时间小于 3 s。

抗干扰能力：在有干扰的情况下，监控系统仍能保证技术指标的能力，称为监控系统的抗干扰能力。

众所周知，任何信道中必然存在人为的或自然的干扰。因此，在监控系统信道另一端所得到的已不是原来的信号，而是含有干扰的信号。假如信道的输出端没有特殊的方法把原来的信号分离出来，减免干扰的影响，则在遥测时将造成误差，而在遥控时将有可能发生误动作。

增加抗干扰的方法主要有两种：一是硬件抗干扰，如在信道输入端通过适当变换信号的形式，使其不易受干扰的影响，而在接收端变换环节的结构上加以改善，使其具有消除干扰的滤波和补偿能力；二是软件抗干扰，如采用抗干扰编码技术等。

监控系统的上述主要性能指标对同一系统往往并非同时能够满足，其中存在着矛盾，因此需要权衡利弊，予以选择。此外监控系统还应具有足够的可扩展性，以便使系统能在功能增加或容量变更时，只需稍加改动或简单地叠加一些设备就可运用，甚至，目前的监控系统一般还要求具有在线维护、在线扩展功能，以及远程维护、远程升级等功能。

衡量一个铁路供电监控系统的主要性能如表 6-1 所示。

表 6-1　铁路供电监控系统的主要性能指标

序号	项目名称	技术数据
1	遥控命令响应时间	≤4 s
2	遥信变位响应时间	≤2 s
3	重要模拟量传送时间	≤3 s
	调用画面响应时间（实时数据）	≤3 s
	调用画面响应时间（历史数据）	≤5 s
4	遥控正确率	≥99.99%
5	遥信正确率	≥99.9%
6	监控系统遥测误差	≤±1.5%
7	调度端双主服务器机切换时间	≤30 s
8	调度端系统可利用率	≥99.8%
11	调度端网络通信速率	10/100 Mbps
12	通信传输速率	支持 2400 bps～64 Kbps 以及 64 K～2048 Kbps
13	事件顺序记录站内分辨率	≤10 ms
14	信道误码率	$\leqslant 10^{-5}$
15	系统站间事件顺序记录分辨率	≤20 ms
16	系统平均无故障工作时间（MTBF）：监控中心	≥10000 h
	系统平均无故障工作时间（MTBF）：被控端	≥5000 h

4）基本构成

供电监控系统主要由供电监控中心（或调度中心）、远动通道（或信道）及被控端（包括 RTU、变电所自动化系统等）三大部分组成。根据需要，有些供电监控系统还包括复示系统或复示终端，其构成示意图如图 6-29 所示，原理框图如图 6-30 所示。

监控中心：一般设在电力调度所内，完成对远方对象的监控、数据统计及管理功能等。

被控端：被控端完成监控系统的数据采集、预处理，发送、接收及输出执行功能，常规监控系统被控端为远方终端设备（Remote Terminal Unit，RTU），而集保护、控制于一体的被控端多采用变电所自动化系统（SAS）。

远动信道：连接调度端与被控端的介质（通路）称为信道，可分为有线信道及无线信道，用于传输监控信息。常用的有线信道主要有光纤和同轴电缆。

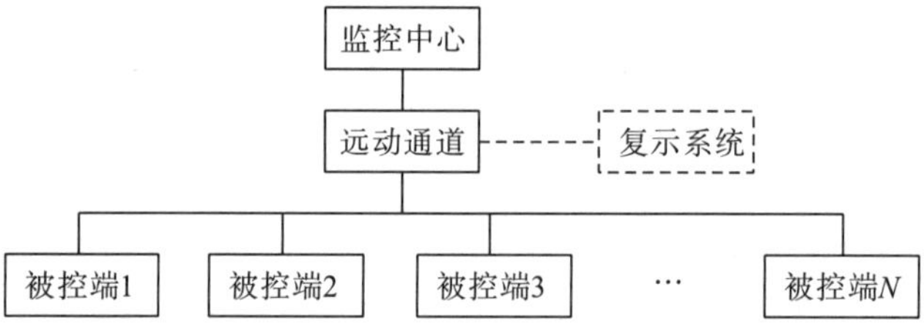

图 6-29 供电监控系统构成示意图

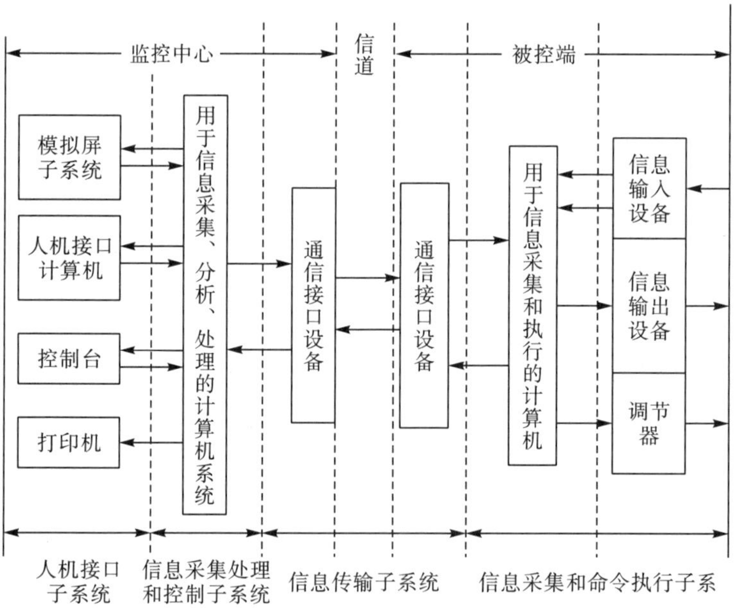

图 6-30 监控系统原理框图

6.5.2 监控中心

牵引供电监控系统的监控中心，或调度中心（也称调度端），一般设在铁路局的电力调度所内，铁路电力供电监控系统的监控中心一般设在供电段内，城轨交通电力监控系统的监控中心一般与城轨综合监控系统合并设置。被控端一般设在铁路（地铁）沿线的牵引所亭或电力变配电所、箱变、低压变电所内，它们之间的信息通过远动信道来传输。监控中心的主要任务就是对被控站送来的信息进行加工、处理，并根据需要进行各种报表、记录的打印、存储、显示，对事故信号进行报警，以及操作员通过人机接口向各被控端发出操作命令等。被控端的主要功能则是采集所亭内各开关量的状态、电气量的参数并及时上送调度端，以及执行调度端发来的各种操作命令等。远动通道是传输监控信号的信道，它是调度端和被控端之间的通信纽带。

监控中心系统的典型结构图如图 6-31 所示。

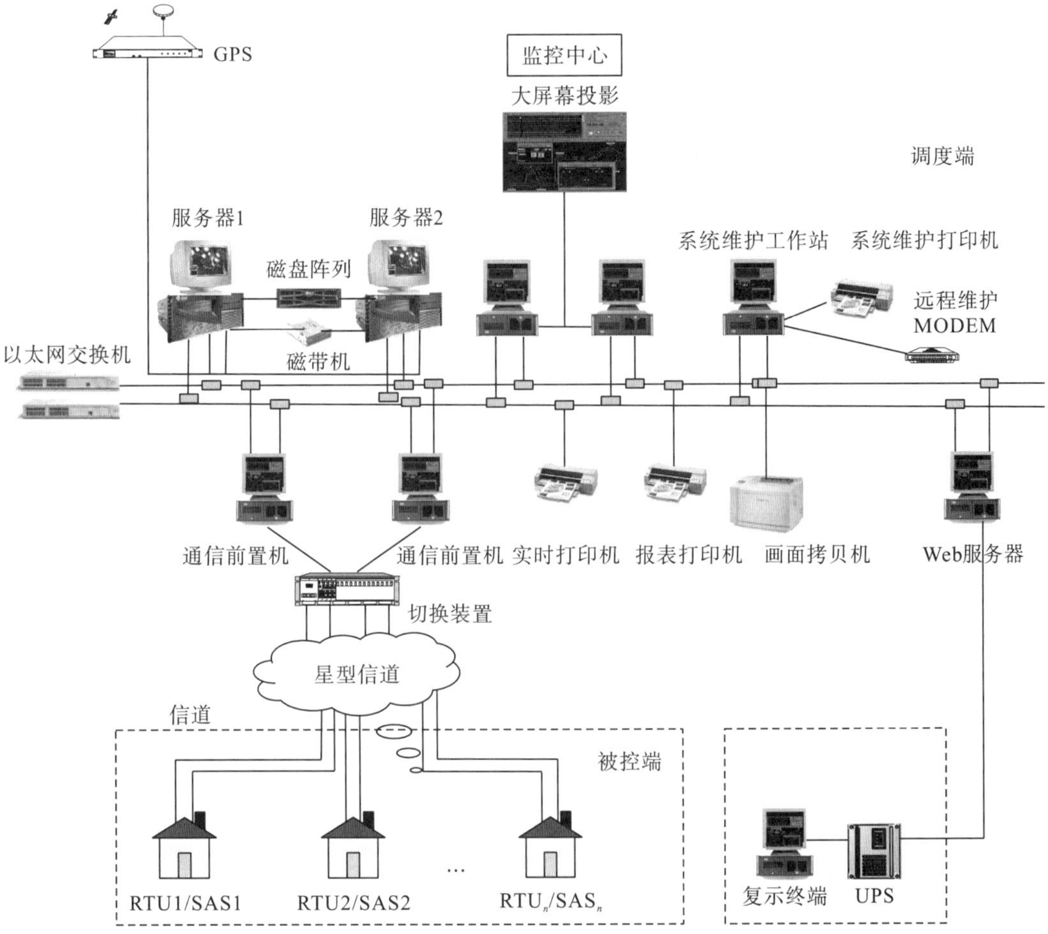

图 6-31　铁路供电监控系统监控中心典型结构

由于远动通道的存在，被传送的信息必须转化成适于在信道中传送的形式，因此需要一些特殊的转换设备来实现转换。由于距离较远，加上信道的存在，监控系统在结构上就存在着一定的弱点，即易受外来的干扰，降低了信息传输的准确性和整个系统的可靠性。当需要传送的信息越多、系统越复杂时，信道的结构也就越复杂，这个弱点也就越突出，而且信道的成本也越高。因此，需要有一系列的措施来保证系统的正常、可靠和经济运行。

1. 监控中心的组成

监控中心是接收和转发信息并进行监视控制的系统。监控中心的通信接口设备从各个远动监控终端取得信息后，可以完成数据处理，并以友好的人机界面进行显示。如铁路供电监控系统可以从 RTU（或变电站自动化系统）获得遥控、遥信、遥测数据，在监控中心检测一些参数是不是有越限现象发生，断路器（隔离开关）有没有变位，是否有故障信号等，并将结果通过显示器或模拟屏及音响向调度员报告；同时调度员也可以通过计算机输入控制命令，向各远动终端发送断路器操作命令或变压器档位调节等控制命令。监控中心还要将经过处理的信息向上级调度中心转发，通常这是通过数据通信网进行的。

监控系统按功能划分主要包括信息采集处理和控制子系统、人机接口子系统和信息传输子系统。

1）信息采集处理和控制子系统

信息采集处理和控制子系统，是整个监控系统的核心。它对采集到的远动信息进行加工、计算及处理，把结果通过人机接口子系统呈现给调度人员或者通过执行子系统直接进行远方控制、调节操作。它由监控中心的计算机硬件和软件组成。

计算机硬件系统：计算机硬件系统可以采用从简单的单台计算机至多台不同类型的计算机组成的复杂系统。相应的配置方式有集中式的单机或多机系统，分层式的多机系统和网络式的分布系统。

集中式配置是由一台计算机执行所有数据采集、人机联系和应用程序的功能。为了提高可靠性，设置一台备用计算机，构成双机系统。这种配置适用于小型的监控系统，也是早期普遍使用的方式。

分层式配置是把数据采集和通信等实时性较强的任务由独立的前置处理机完成，其他人机联系和应用程序任务则由主计算机完成。前置机和主计算机之间具有高速数据信道实现信息交换。还可分为三个层次，如分成前置机、主控机和后台机，其中主控机担任远动监控任务，后台机担任安全分析和经济计算等任务。为了提高可靠性，各层次的计算机都双重化。20 世纪 70～80 年代大量采用这种配置。

分布式配置是把各项功能进一步分散到多台计算机中去，由局域网络（Local Area Network，LAN）将各台计算机连接起来，各台计算机之间通过 LAN 交换数据。备用机也同样连接在局域网络上，并可随时承担同类故障机或预定的其他故障机的任务。如果这种系统进一步在硬件接口和软件接口中都遵循一定的国际标准或工业标准，使不同厂家的产品容易互连，容易扩充，就可称为开放系统（Open System）。这种配置是从 20 世纪 80 年代后期开始出现的，现在被广泛采用。

计算机软件系统：计算机软件可分为系统软件、支持软件和应用软件三个层次。

系统软件包括操作系统、语言编译和其他服务程序，是计算机制造商为便于用户使用计算机而提供的管理和服务性软件。

支持软件主要有数据库管理、磁盘阵列管理、集群管理等软件。

应用软件是为了计算机的实时、在线应用而开发的，对应用软件起支持作用。应用软件是最终实现监控系统各种功能的软件。

2）人机接口子系统

供电监控系统的很多功能是通过人机接口子系统（Humuan Machine Interface，HMI）来表达的。它可以使操作人员的责任从收集和查看数据转变为分析数据并进行运行监视。通过它，操作人员可以很形象地掌握供电系统运行信息。人机界面的基本设备包括模拟屏（大屏幕显示设备）、图形显示设备、调度控制台、报警设备、打印设备，如图 6-31 所示。

模拟屏（大屏幕显示设备）：模拟屏一般由发光组件和不发光的马塞克块拼装组成。可以利用单线图表示整个供电系统的全貌。在屏上显示接线图中主要设备的状态，如断路器、隔离开关的分合状态。模拟屏一般不作交互操作，只作信息显示用。通常装设在控制室面向操作人员一面的墙壁上。它的优点是能够宏观地显示系统全网的状态，缺点是占地面积较大，接线图修改困难。

大屏幕显示设备还可以采用投影仪和屏幕组成，也可以由 DLP 拼接屏组成，可以同计算机同步显示，优点是显示方式灵活，可以兼顾视频等多种信号显示，接线图及显示模式修改方便。但其缺点是不能完全显示供电系统的全貌，且投影灯泡的寿命较短，维护成本较高。

图形显示设备：通常是大尺寸液晶显示器。利用该显示设备可显示供电系统实时运行状态的系统接线图，各所亭的的主接线图，在图中以不同的颜色元件的断路器、隔离开关的状态，主要元件的运行参数（频率、电压、功率、电流）。用闪烁表示元件状态的变化或运行参数的异常；以表格形式显示系统的运行数据，以曲线或棒图显示数值和趋势，用文字显示各类报警信息，用文字或表格方式显示各类事故记录，显示监控系统本身的配置。

调度控制台：调度控制设备包括键盘和鼠标。二者同图形显示设备结合，在接线图中可完成选择设备，发送控制命令，如分合断路器、变压器档位调整等，以及调看不同的画面，选择接线图中显示的不同的数据内容。

报警设备：常见报警设备有计算机扬声器、警铃和警笛。前二者用于报告一般警告信息，警笛用于报告重要故障，也可以通过音响的频率区分预告报警和事故报警。

打印设备：打印设备用于提供供电系统运行状态的永久记录，一般打印运行记录、事故记录，有选择的系统状态报告，统计和运行报表。也可在运行人员要求下进行召唤打印。

3）信息传输子系统

监控中心的信息传输子系统，主要完成被控端与监控中心的通信接口功能，在监控中心起枢纽作用。一方面信息传输子系统能够把监控中心的控制等下行命令信息转发给被控端；另一方面，它可以接收被控端的上行命令，并通过监控中心局域网转发给监控中心的信息采集处理和控制子系统以及人机接口子系统。

2. 监控中心的主要功能

在轨道交通供电监控系统中，监控中心能正确和及时地掌握每时每刻都在变化的牵引或电力供电系统设备的运行情况，完成变电所的正常停电、送电作业，处理影响供电系统正常运行的事故和异常情况，迅速、正确、可靠地收集分散在几十千米、几百千米至上千千米以外的所亭内表征牵引（电力）供电系统设备运行状态的信息，及时地以友好人机界面向调度员显示，并对所有数据进行分析、处理、存储及打印，并转发其他系统共享。

监控中心的主要功能包括如下。

远程监控：这是供电监控系统的基本功能。监控中心对被控站内开关设备进行远程控制，根据列车实际运行计划完成停电、送电的调度操作，包括断路器、电动隔离开关、自动装置等开关设备的分合闸及投入/撤除控制等，实时监控沿线相关箱式变电站内的高、低压配电开关控制。

对重要设备的运行状态进行实时监视。包括主变压器、断路器、隔离开关、交直流电源系统以及变电所自动化系统等设备的运行状态（包括正常位置状态及故障状态），保护动作状态及沿线通信、信号电源点内的电源运行状态及相关环境数据。

对重要参数进行实时采集并进行工程值的转换，包括用电量的统计值（电度量）、系统负荷及供电质量参数（电流、电压、功率等）、故障录波信息等。

安全闭锁：对系统进行安全闭锁，包括断路器与隔离开关安全闭锁操作、安全接地与控制操作闭锁、故障设备投运闭锁等。

数据处理：报警提示，确认处理。对于供电系统设备故障，系统按故障的轻重进行分级，给出不同的声光报警信号，提醒调度员确认，并对确认与非确认的信息区别显示。

各种信息的记录打印功能。对系统产生的信息分类记录、列表，主要包括操作记录、故障记录、事件记录。记录内容一般包括时间、地点、对象、性质。

报表统计功能。对供电系统的用电量、各种系统参数极值进行统计列表，对设备运行时间及动作次数进行统计列表。列表按照时、日、月、季、年单位时间进行统计列表、定时存储及打印输出。

权限管理：系统提供调度员交接班登录功能，对调度员身份确认后，才开放系统相应的调度权限。根据调度员和管理人员的不同，开放不同的调度权限和系统资源。

故障管理：当供电系统发生事故后，监控中心系统自动记录事故前后一段时间内的各种监视画面和数据，可以在事后进行重放，便于事故分析。

设备管理：系统对主要供电设备建立运行、维修台账及系统图纸库，对设备档案、参数及检修记录进行统计管理，并通过对设备在线监测采集到的数据进行分析，得出设备运行状态评估，为供电设备维修提供科学依据。

事务管理：系统提供编制、调整送电计划和检修作业计划的编制工具等。

6.5.3 被控端设备 RTU

常规供电监控系统的被控端设备是由远程终端单元 RTU 构成，RTU 负责完成测控功能。随着技术的发展，目前的供电监控系统被控端常采用集测量/保护功能为一体的变电所自动化系统。前面已经介绍了变电所自动化系统，本节所指被控端主要是常规牵引远动或电力供电远动的 RTU。RTU 的主要功能是现场数据的采集和处理，对现场设备传送控制命令，向控制中心传输信息和从控制中心接收指令，电力供电 RTU 还具备录波、故障判断等辅助功能。

牵引供电监控系统的被控端 RTU 是设置于牵引变电所、开闭所、分区亭、AT 所等处，用以采集和发送所亭的实时运行参数，接收并执行调度中心控制与调节命令的终端设备。

电力供电监控系统的被控站 RTU 是设置于配电所、车站、电力箱变等处的一种远动装置，它负责采集所在区域电力运行的状态和测量数据，并向调度中心传送信息；执行调度中心发往该电力监控终端的控制和调度命令。

无论牵引供电还是电力供电 RTU，其基本组成结构是一致的，包括如下。

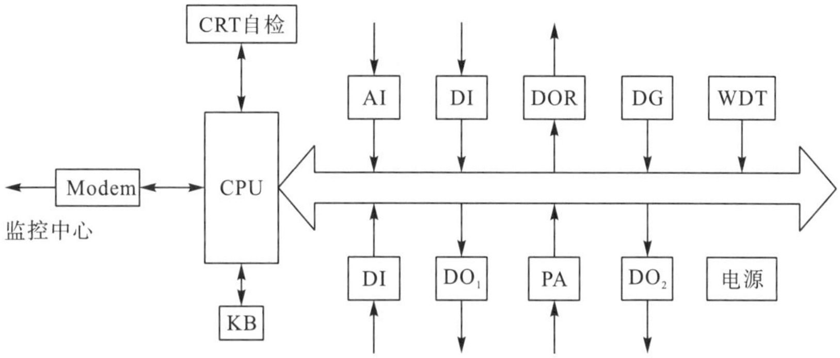

图 6-32　RTU 的基本组成

(1) 主控制处理模块 CPU：含微处理器、内存等，实现对各 I/O 模块的管理和数据处理。

(2) 遥控输出模块 DO：YK 板及相应的出口继电器。

(3) 遥信输入模块 DI：YX 板采集现场监视对象的实时状态。

(4) 模拟量输入模块 AI：遥测板，采集测量对象的电压、电流、功率信息。

(5) 电度量输入模块 PA：电度板，采集脉冲量。

(6) 通信接口模块 Modem：完成远动数据的收发。

(7) 人机接口模块：键盘 KB 和显示器 CRT（或液晶显示器）。

(8) 电源模块：为 RTU 各模板提供电源。

6.5.4　远动通道

传统意义上信道是由通信介质组成，但一般还要包含相关的通信接口设备。供电监控系统中的信道包含通信介质及相关的通信接口设备。

有线信道的传输媒介，主要有对称电缆、同轴电缆、架空明线、光纤等。无线信道的传输媒介主要有微波、卫星通信等。一般为了保证系统的可靠性，供电监控系统的信道多采用专用信道。

在城市轨道交通中，供电监控系统中的信道基本上都是采用光纤数字通道。

对铁路供电监控系统，其信道包括有线信道（如音频信道、载波信道、光纤信道）和无线信道（如专用无线信道、公网无线信道）。目前主要采用光纤信道，部分系统仍采用载波信道。

表 6-2 常用远动信道

类型	描述	特点
有线信道	音频信道	模拟信道，信号传输需要调制解调。速度慢，距离近，抗干扰能力弱
	电力线载波信道	传输距离远，可以与电力线复用解决成本。抗干扰能力较弱
	光纤信道	高可靠性，速度快，距离远，抗干扰能力极强
无线信道	专用无线信道	可靠性较高，但需要申请专用频段，抗干扰能力较弱
	公网无线信道	使用公网，组网方便，不需要专门布线但通信时需要拨号连通，抗干扰能力弱

通信设备随采用的信道不同而不同，如音频常用的通信接口设备是调制解调器；光纤信道常采用路由器，无线信道常采用有线/无线转发装置等。

表 6-3 常用信道对应的常用通信接口设备

类型	描述	通信接口设备
有线信道	音频信道	调制解调器
	电力线载波信道	电力调制解调器
	光纤信道	路由器、光端机
无线信道	专用无线信道	有线/无线转发单元
	公网无线信道	GPRS 或其他接口设备

6.6 铁路供电信息化与管理信息系统

6.6.1 管理系统系统概述

1）信息化

信息化（Informationization）是指一种生产和管理的社会和技术组织的特殊形式，它通过对新的信息技术的运用而使以知识和信息为基础的生产效率得以实现。信息化的根本目标是通过提高社会各领域的信息技术应用和信息资源开发利用的水平，从而提高社会各领域的效率和质量，为社会提供更高质量的产品和服务。

信息资源的开发和利用是整个信息化体系的核心内容。信息资源广泛存在于经济、社会各个领域和部门，是各种事物形态、内在规律和其他事物联系等各种条件、关系的反映。随着社会的不断发展，信息资源对国家和民族的发展，对人们工作、生活至关重要，成为国民经济和社会发展的重要战略资源。信息资源是在社会发展中可以创造物质财富和精神财富达到一定数量的信息集合，是各种社会活动中产生和积累的具有潜在或显示价值的有序化信息及相关要素的集合。除了具有信息的一般特征外，信息资源与自然资源和物质资源相比较，其特殊性主要表现在以下几个方面。

相对共享性：信息可以重复使用、共同分享，信息的价值在使用、传递中得到体现。

不一致性：信息资源的利用有很强的目标导向，不同信息在不同用户中体现出不同价值。

整合性：人们对信息检索和利用，不受时间、空间、语言、地域和行业的制约。

驾驭性：信息资源具有开发和驾驭其他资源的能力。各种资源的开发和利用都依赖于信息资源的支持。

2）管理信息系统

（1）定义。

管理信息系统（Management Information System，MIS），顾名思义，是由“管理+信息+系统”三个方面组成，它是以管理为目的，通过信息手段来进行计划和控制的系统。MIS 诞生于 20 世纪后期，广泛地应用在社会的各个领域和专业中。虽然管理信息系统在不同阶段和领域有着各种不同的定义，但其本质是相同的，均具备以下特点。

人机系统：管理信息系统通过信息的采集、处理、分析，最终实现科学管理和辅助决策，而决策只能由人来做，因而管理信息系统必然是一个人机结合的系统。在管理信息系统中，各级管理人员既是系统的使用者，又是系统的组成部分。

面向管理决策：管理信息系统是为管理决策服务的，必须能够根据管理的需要，及时提供所需信息，帮助决策者作出决策。

与现代管理方法和手段相结合：管理信息系统不仅是利用计算机系统替代在生产管理流程中的手工工作，减轻生产管理人员的劳动，而是融进现代化的管理思想，采用先进的科学管理方法，提升管理水平，提高生产效率，优化生产资源。

多学科交叉的边缘科学：管理信息系统的理论基础是从计算机科学与技术、网络通信技术、应用数学、管理决策理论、运筹学等学科中抽取相应的理论构成的，是一个特色鲜明的边缘科学。

（2）概念结构。

从管理任务的角度，管理信息系统一般可以划分为战略决策层、运行控制层和生产作业层等三个层次。管理信息系统的分层结构如图 6-33 所示。

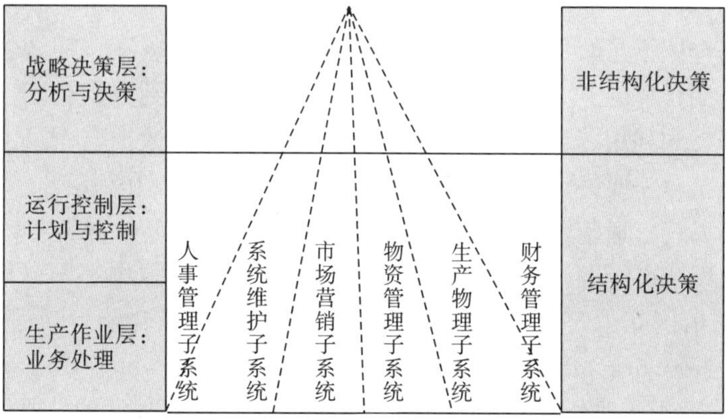

图 6-33　管理信息系统的金字塔架构

①战略决策层：通过数据的汇总分析，支持企业或组织的战略性决策，系统的功能表现为全局性、方向性，或关系到企业发展、核心竞争力等重要问题的分析与决策。

②运行控制层：是上下层的枢纽，接受上层的决策，通过合理配置资源，编制工作计划和具体的运行流程，保证系统的正常运行和流转，并对来自下层的数据进行加工汇总生产概括性的状态信息，供决策层使用。

③生产作业层：是具体业务的执行者，通过管理信息系统提供准确便捷的数据收集处理功能，提高工作效用和工作效率。

一个管理信息系统具有一个总体目标和多个功能。这种功能往往由不同的职能部门，在不同的层次体现出来。各种职能之间有着各种信息的紧密联系，管理信息系统正是完成信息处理的各功能子系统的综合。

从系统实现层面来看，管理信息系统可以看成由业务应用系统、计算机系统、通信与网络系统、数据库系统、用户和系统管理人员六个部分有机构成，结构如图 6-34 所示。

图 6-34 管理信息系统结构

业务应用系统：业务应用系统是管理信息系统的核心和实质性构件，由一系列实现管理职能和支持管理职能的应用软件构成，一般安装于应用服务器或客户端计算机。业务应用系统种类繁多，规模大小不一，一般多以具有某一专门管理职能项或业务项的功能模块或子系统为相对完整和独立的单元。一个业务应用系统，无论其功能项多还是少，都共享统一的数据库系统，各模块之间通过信息交互和某种规程进行相互配合的运作。

计算机系统：计算机系统是管理信息系统的工具构件，负责具体解释和执行应用系统的程序指令。计算机系统的构成主要包括计算机硬件和系统软件，目前主流的计算机系统结构主要有客户端/服务器（Client/Server，C/S）、浏览器/服务器（Browser/Server，B/S）结构。

数据库系统：数据库系统是存储、管理、提供与维护系统数据或信息的基础性构件，一般安装于数据库服务器。数据库系统包括数据库管理系统和被存储的数据两大部分。

数据库系统中的数据所承载的信息和知识是企业的重要资源。随着应用系统的运行，数据会逐步积累，针对企业数据资源的开发和利用问题，近年又推出数据仓库的概念和实用系统。数据仓库不是日常管理和业务的工作库，而是一类存储历史数据的档案库，一般采用预定周期转存的方式，把数据库中积累的数据转存到数据仓库，然后对数据仓库中数据加以开发和利用。目前的数据挖掘等技术主要用于数据仓库。由于数据仓库投资较大，技术复杂，需要一定规模的数据量才能获得有效开发和利用。

通信与网络系统：通信网络系统是企业信息化的基础设施，两者与计算机系统结合构成计算机网络系统。企业一般以局域网形式构建自己的企业内部网（Intranet），或者通过数字数据通信网络（Digital Data Network，DDN）、综合业务数字网（Integrated Services Digital Network，ISDN）、非对称数字服务网（Asymmetric Digital Subscriber Line，ADSL）等形成企业外部网（Extranet），以此来开展对外活动。通信与网络系统需要配置通信设备、网络设备以及相关的软件。

用户和系统管理人员：管理信息系统是一个人机系统，人包括用户和系统管理人员。用户之所以包括在系统中，一是因为系统的许多功能要由用户与机器交互运作，不同的用户会有不同的应用效果和产生不同的结果，二是一些无法由计算机实现的管理和业务工作必须由人来完成，尤其是比较复杂和高度非结构化的决策工作，而这些工作与系统的功能密切关联。将用户纳入管理信息系统也意味着机器不可能完全替代人，用户的经验和能力永远是企业最为重要的资源。

系统管理人员负责系统的管理和维护，保证系统的正常运行和适时更新。

3）铁路供电管理信息化

铁路信息化是铁路现代化的主要标志，其重要目的是将信息技术广泛应用于铁路生产经营的各项活动中，改造传统产业，提高铁路运输生产率与竞争力。铁路信息化可以定义为“在同一规划及有序组织下，充分利用国内外先进的信息技术与网络资源，深入开发、运用各种信息资源及信息系统，逐步实现铁路市场经营、运输生产、社会服务、运行维护和管理决策等方面的现代化。”

2005 年，铁道部颁布《铁路信息化总体规划》后，中国铁路信息化得到了扎实推进。铁路供电系统一方面为电力机车提供动力，另一方面为铁路的通信、信号等重要用户以及生活用电提供电能，是铁路运输中非常重要的基础设施，因此其运营管理水平也必须与铁路信息化发展的整体要求相匹配。

6.6.2　铁路供电管理业务

1）组织结构

铁路供电管理信息系统与铁路供电业务单位的组织机构紧密相关。在目前管理体制下，供电业务的管理模式是铁道部（现铁路总公司）－铁路局－站段－车间－工区五级结构，如图 6-35 所示。

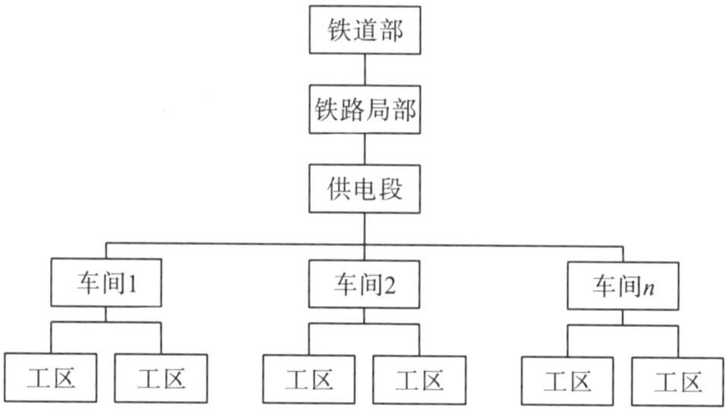

图 6-35　铁路供电组织结构图

其中最高管理机构是铁道部，随后依次是各铁路局的供电处、供电段。在铁路站段调整后，每个供电段的管辖范围更大，职工人数更多。为了便于实际业务工作的开展，每个供电段除了有段机关之外，还下设了多个车间，每个车间又管辖若干工区（如变电所、接触网、配电所等）。

从管理分层的角度来看，上述组织机构中铁道部处于顶层，主要职责是进行全路范围内供电业务的宏观管理；铁路局处于中层，主要职责是协调铁道部和供电段之间的关系；铁路供电段处于下层，主要承担具体的铁路供电管理业务；而供电段下属的工区处于最底层，负责铁路供电具体业务过程的执行。由于一个供电段下属的工区很多，由车间进行分化管理。总体而言，由于铁路供电段是承担铁路供电业务的主体，对铁路供电管理信息系统来说，其核心的功能是要满足供电段及其下属机构的各项业务需求。

2）供电管理业务

铁路供电业务分为牵引供电和电力配电业务。铁路供电系统由众多设备组成，必须对供电系统中的这些设备进行日常保养、维护，以及故障情况下的抢修，这样才能保证供电系统的正常工作。

牵引供电管理业务：牵引供电系统主要包括供变电设备和接触网，通过供电段及下属各级单位的日常维护，保证供变电设备和接触网的正常工作。

供变电设备一般安装在变电所、开闭所、分区所内，主要包括变压器、电压互感器、电流互感器、断路器、隔离开关、母线、电抗器、避雷器、耦合电容器、电抗器、电容器、高频阻波器、消弧线圈、高压柜等。对于供电管理信息系统来说，与此类设备相关的主要业务有变电设备台账管理、变动设备异动管理、变电设备履历管理、变电设备检修管理、变电设备运行管理等功能。

接触网沿线架设，且无备用，一旦损坏或者故障，将给铁路运输工作带来重大影响。由于一个供电段管辖的接触网绵延几百至上千千米，考虑到日常维护工作的便利性，接触网线路分由多个接触网工区进行维护，每个接触网工区负责电气化铁路上的几个区间和车站。接触网工区的工作人员要按计划对接触网线路进行巡视、保养和检修，并在发生接触网故障或事故时，对接触网进行抢修。对于供电管理系统来说，一方面要管理好接触网线路上的众多零部件，另一方面要实现接触网的巡视、保养、检修和事故抢修管理。

电力配电管理业务：在配电所有变压器、电动机、配电装置、箱式变电站（含远动箱变）、自动控制设备、高压开关电气、电容器、电度表、变压器台（室）、投光灯塔（桥）等发变配电设备。此外，还有用于对以上设备进行检修及测量的维护保养设备。配电所工作要根据规定记录设备工作情况，并按计划对设备进行检修，及时消除设备缺陷，从而消除安全隐患。

电力线路是铁路信号、沿线生产及生活供电不可缺少的部分，主要分为架空线路、电缆线路。电力线路在使用时，需要一些支持和附属设备，如杆塔、阀门井、合架等，在电力线路异常或故障情况下，对电力线路进行抢修，保证生产及生活的正常供电。电力班组需要按照站场、区段和线路来对管辖内的电力线路进行巡视和维护。

3）铁路供电管理业务分析

铁路供电管理信息系统是一套大型的计算机应用系统，由计算机硬件、计算机网络和计算机软件（包括系统软件和应用软件）等部分组成，其核心是应用软件的实现。

铁路供电系统由多种不同类型的设备组成，并且数量众多、安装位置分布很广。对于铁路供电管理信息系统来说，一是要管理好这些设备的基本情况，包括记录设备的基本信息（如设备铭牌信息、设备的安装位置等）、设备状态的变化、设备的历史状况等；二是要随时掌握设备的运行状况，如变压器小时负荷等；三是要管理好设备的维修，即记录何时对设备进行了检修、检修的结果如何、何时应该安排下一次检修等。通过检修从而保证设备的正常工作。只有各个设备工作正常，铁路供电系统才可能正常工作。

因此，铁路供电管理信息系统的核心业务是设备管理、设备运行管理和对设备的检修管理。

如图 6-36 所示，从设计、安装（建设）、运行、维护、改造到报废构成了一个设备的完整生命周期。这个过程由工程设计、设备选型、试制鉴定、购置合同、监造检验、运输保管、安装调试、交接验收、运行维修、改造更新、报废等阶段构成。对于新修铁路，工程设计、设备选型、试制鉴定、购置合同、监造检验、运输保管、安装调试等阶段一般由铁路建设单位负责。铁路建设完毕，这些设备交付给供电单位（主要是供电段）之后，设备管理才由供电单位负责。铁路供电管理信息系统强调设备的全寿命动态管理。所谓全寿命是指能对设备的整个生命期进行管理；所谓动态是指不仅能管理设备的静态信息（如各种铭牌信息），还能对设备的各种运行情况进行管理（例如，变压器的小时负荷、变压器承受的短路次数等信息都可以很好地管理起来）。

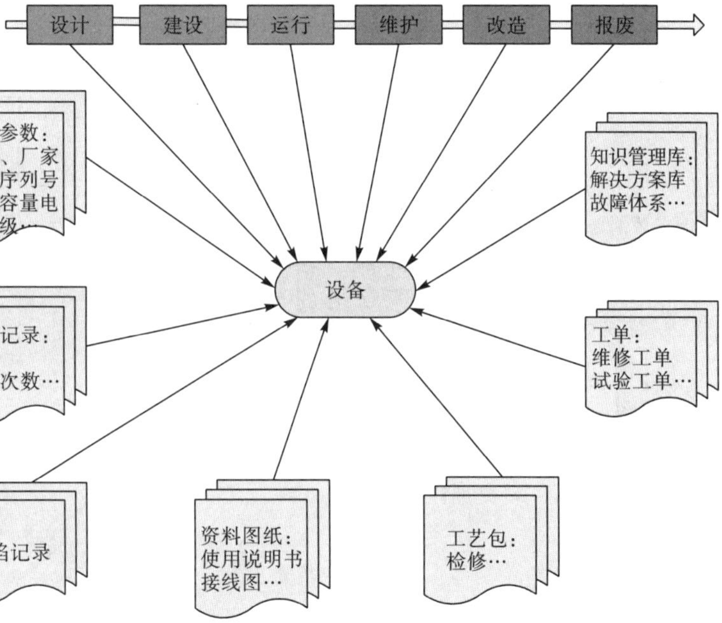

图 6-36　设备生命周期管理

对铁路供电管理信息系统进行分解后，可以将其分为设备管理、线路管理、运行管理、检修管理、缺陷管理、调度管理、图片图纸管理、视频管理、抢修管理等业务模块，如图 6-37 所示。除此之外，其他一些业务往往还需要纳入铁路供电管理信息系统进行集中管理，主要包括变电所/配电所综合自动化系统数据、接触网检测车数据、电气试验车数据、变压器在线监测等数据。

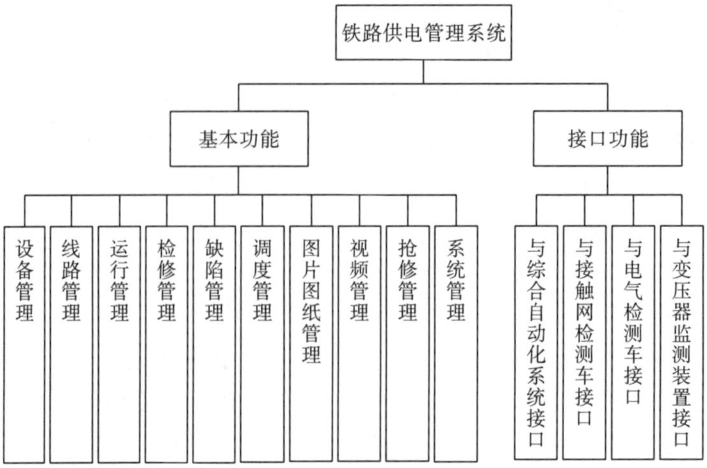

图 6-37 铁路供电管理信息系统业务模块

6.6.3 铁路供电管理信息系统结构

铁路供电管理信息系统由计算机硬件、计算机网络和计算机软件等三部分组成。下面以段级系统为例介绍铁路供电管理信息系统的典型配置和结构。图 6-38 是一个实际供电管理信息系统段级网络总体结构图。

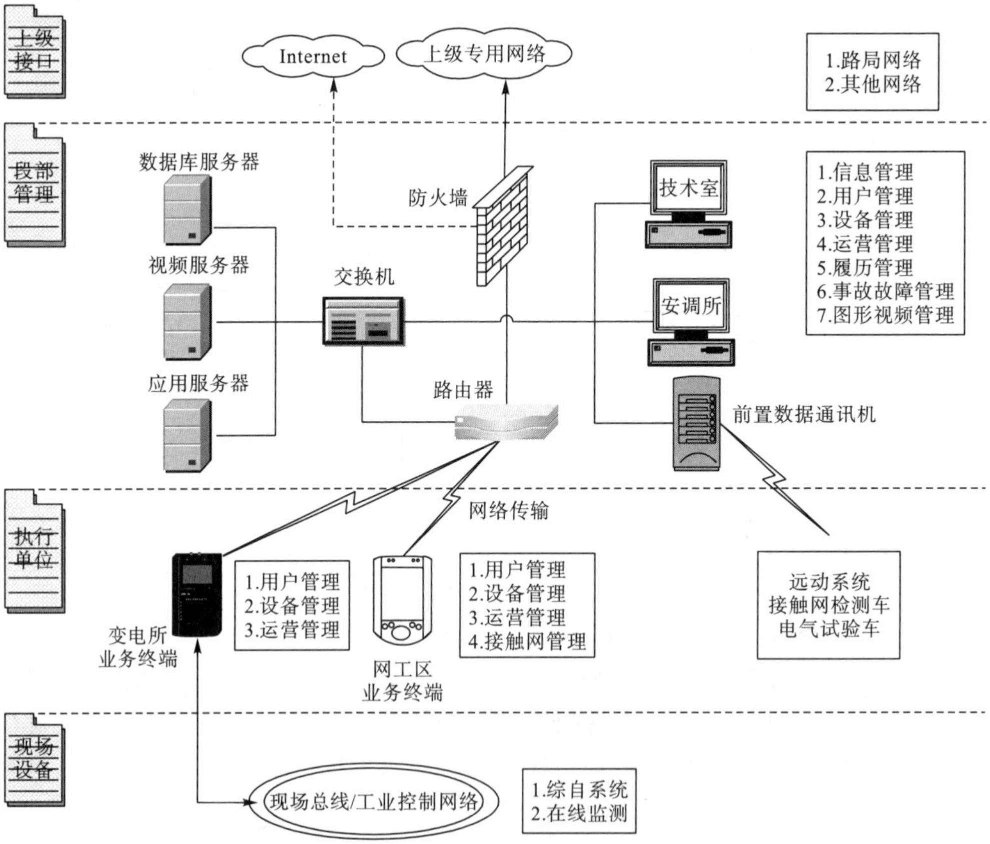

图 6-38 供电管理信息系统段级网络总体结构

1）计算机硬件配置

为实现全供电段业务数据的共享，需在供电段段部部署数据库服务器，用于静态和动态数据的存储。如果铁路供电管理信息系统应用软件采用多层架构，则在供电段段部还要部署应用服务器，用于业务逻辑的实现。如果要支持用户通过浏览器方式访问业务数据，则在供电段段部还要部署 Web 服务器，提供远程用户的标准 IE 浏览访问。视频服务器用于相关视频资料的存储和服务。

供电段段部、车间以及各工区的工作人员一般通过 PC 机使用铁路供电管理信息系统。此时，这些 PC 机充当铁路供电管理信息系统业务终端的功能。需要强调的是，铁路供电管理信息系统中的某些业务界面较为复杂，可能需要在同一界面中展示多项数据，因此大尺寸的显示器非常有优势。另外，牵引变电所的电磁干扰非常严重，会影响 CRT 显示器的正常使用，因此在配置牵引变电所的 PC 机时应该优先选择 LCD 显示器（即液晶显示器）。

由于供电段是铁路供电业务的主要承担者，相对而言供电段需要配置更高性能的服务器。总体而言，基于 Intel 架构的高性能 PC 服务器（PC Server）就可以满足铁路供电管理信息系统对服务器的需要。在服务器硬件的选型方面，应主要考虑处理器性能/数量、磁盘容量、内存容量、网卡速度等指标。

2）网络结构

由于铁路供电业务管理范围大，业务复杂，因此确保各种业务数据流的高效、可靠流动是系统正常运行的关键。目前情况下，大部分供电段在段部都铺设了高速局域网（100 M 或者 1000 Mbps），可以实现段部各部门之间的快速数据交换。车间、工区数量比较多，并且在位置上一般距离供电段段部比较远，要实现供电段管辖各车间、工区与供电段段部网络的接入主要有两种方案。一种方案是通过拨号网络，另一种方案是通过铁路广域网。下面对这两种方案进行介绍。

通过拨号网络接入，优点是设备投入小，不需要进行大规模的网络工程，建设周期短。不足之处是网络带宽低，并且拨号连接容易受周围环境影响，稳定性难以保证。工区使用 56 K 的 Modem（调制解调器），较理想的情况下，拨号连接能达到 33.6 Kbps 的数据速率。但在牵引变电所，由于受周围电磁环境的影响比较大，拨号连接一般只能达到 14.4 Kbps 的数据速率。在个别的牵引变电所，拨号连接根本无法工作。另外，在建设工区时，一般为一个工区只分配了一条电话线路，而这一条电话线路既要满足工区与车间、供电段段部的语音通话需要，又要满足拨号上网的需要，往往存在着严重的时间冲突。由于拨号连接存在这些问题，要随时将变电所自动化系统中形成的各种报告（如事件报告、故障报告等）上送到供电段段部几乎不可能。

铁路广域网的传输介质采用的是光纤。由于铁路广域网初始建设的目的是为了运行 TMIS 系统，因此这个广域网络有时也被称为 TMIS 网络。目前，在这个网络已经承载了多个铁路应用系统。使用铁路广域网接入的优点是带宽高（2 Mbps），数据传输不容易受周围环境影响，不足之处是初次网络建设投入较大。目前，铁路系统的 2 M 广域网已敷设到铁路局、供电段段部以及铁路沿线各车站的机械室。车间、工区要接入铁路广域网，必须敷设从车间、工区到最近的车站的光纤，并配置相应的网络设备。因此，初次网络建设费用比较高。但毫无疑问，通过铁路广域网接入的优势是很明显的。

既然两种网络接入方案各有优缺点，各个供电段应根据当时的实际情况选择合适的接入方式。

3）应用软件结构

基于网络应用软件主要有两层结构和多层结构两种，下面分别介绍。

（1）两层应用结构模型。

两层结构模型主要有客户/服务器模型、浏览器/服务器模型。客户/服务器模型是一种典型也是最为流行的应用程序结构，如图 6-39 所示。在这种结构中，发出请求的程序被称为客户（Client），接收并处理请求的程序被称为服务器（Server）。服务器处理完客户发出的请求，将处理结果回应给客户。一般情况下，客户程序和服务器程序分别运行在不同的计算机上。但是，客户程序和服务器程序运行在同一台计算机上也是可以的，只要客户程序和服务器程序是独立运行的，不会互相干扰，与它们在不同的计算机上运行并没有实质的差别。

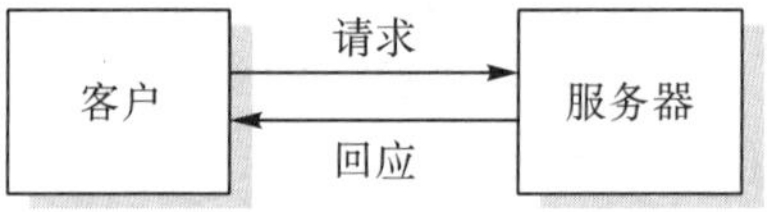

图 6-39 客户/服务器模型

在客户/服务器模型中，一个服务器可以为多个客户同时提供服务。一般情况下，在服务器上都有一个侦听进程或线程，当服务器侦听到客户请求时，会重新派生一个进程或线程为客户服务，侦听进程或线程继续监视其他的客户请求。通过这种方式，提高了服务器并发服务的能力。

传统的客户程序是一个根据用户应用需要编写的运行在客户端操作系统之上的程序，这个程序和其他程序的差别就在于其不能独立完成某种任务，必须在服务器的配合下进行工作。客户/服务器模型是一个广义的计算模型。如果客户、服务器程序运行在两台不同的计算机上，客户、服务器之间必须通过网络交换信息。支持运行客户、服务器程序的底层物理网络可以是以太网、ATM 等，也可以是无线网络（如无线以太网，3G 网络等）。

由于传统的客户程序缺乏通用性，不同的应用系统必须使用不同的客户程序。不同操作系统平台上的相同应用系统也必须使用不同的客户端程序。客户端程序在使用以前，必须先进行安装并进行相应的配置。随着 Internet 的普及，浏览器（Browser）变成了基于 Web 应用的通用客户端。使用浏览器作为客户端的应用程序模型，常常被称为浏览器/服务器结构。从严格意义来说，浏览器/服务器依然是客户/服务器结构中的一种具体应用，不过在浏览器/服务器应用中，客户程序是更为通用的客户端，即浏览器。

（2）多层体系结构。

传统的客户/服务器结构又被称为两层（2-Tiers 或 2-Layers）结构，即一层是客户端程序，另一层是服务器程序，如图 6-40 所示。两层应用系统结构沿袭使用了很多年，到目前为止，还有系统在继续采用这种结构。两层系统的开发相对来说比较容易，不需要考虑系统架构（Framework）等方面的问题。

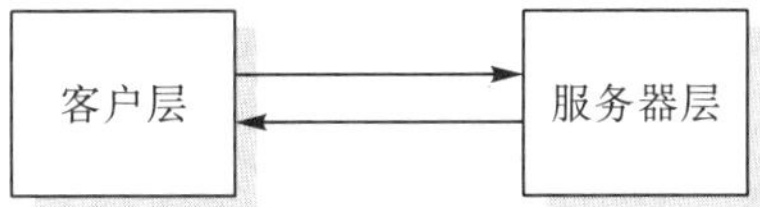

图 6-40　两层结构

但是，两层结构系统存在一些不足。

①系统安装不便：在一个基于数据库的应用系统上，即服务器是数据库服务器，在安装客户端程序以前，必须在运行客户端程序的每台计算机上安装数据库客户端驱动程序，并进行相应的配置工作。

②系统升级维护困难：由于客户端计算机上必须安装数据库驱动程序，在重新安装操作系统以后，必须再次安装驱动程序和客户端程序，增加了维护工作量。在进行系统升级时（例如，对数据库版本进行了升级），必须对每一个客户端进行升级。

③不能灵活支持负载均衡：如果应用系统比较复杂，由多台服务器协同工作时，在两层结构的应用系统中，必须由客户端用户自己选择所要连接的服务器，而由于客户程序可能并不了解目前每台服务器上的负载状况，因此不便于选择。

由于传统的两层客户/服务器模型存在不足，后来人们将客户/服务器模型扩展到三层（3-Tiers）甚至更多层（*N*-Tiers）。一般情况下，将采用了三层或者三层以上的系统结构称为多层结构系统。在三层结构系统中，客户层、服务器层（一般是数据库服务器）依然存在，在客户层和服务器层之间加入一个应用服务器（Application Server）层。三层系统结构如图 6-41 所示。由于应用服务器层位于客户层和数据库服务器层之间，因此应用服务器层也常常被称为中间层。

图 6-41　三层软件体系结构

在三层体系结构中，客户端程序所完成的功能可以归结为数据的表示（Presentation）问题，即向客户端用户展示数据、提供数据的输入/输出、数据一致性检查等；服务器程序主要提供数据服务，即向数据库插入数据、修改数据、删除数据、提取数据，并保证数据的完整性等；对于应用服务器来说，完成的功能主要是处理业务逻辑，例如，核对用户权限、增加一个用户订单等，因此，应用服务器层又常常被称为业务逻辑（Business Logic）层。按照三层结构系统中各层完成的功能，可以将客户层、应用服务器层、数据库服务器层分别称为表示层、业务逻辑层、数据服务层，如图 6-42 所示。

图 6-42　按功能划分的三层体系结构

不管是传统的客户/服务器结构，还是多层体系结构，它们所包含的层是一种逻辑上的概念。在实际系统部署时，这些层可以运行在一台物理主机上，也可以分布在不同的物理主机上。

(3) 基于组件技术的多层体系结构。

引入三层体系结构解决了一个大型软件的逻辑结构划分问题。对铁路供电管理信息系统来说，划分了软件系统的逻辑结构以后，数据表示层和业务逻辑层的软件功能仍然很复杂。很早以前，人们就设想能不能按照搭积木的思路来设计软件，从而导致了在计算机软件领域组件（Component，又译为构件）概念的提出。组件是一个自包含的软件单元，它不仅是代码和数据，它通过属性、方法和事件（Event）来公开自己的类。组件所公开的方法可通过其接口（Interface）进行调用。每一个组件都有一个 UUID（Universal Unique Identity），UUID 唯一标识了一个组件。一个组件在某台计算机上进行了注册，就可以通过该组件提供的接口使用其提供的服务。使用组件技术开发应用系统，被称为 Component-Based Development，即基于组件的软件开发。分布式组件（Distributed Component）技术是组件技术和分布式对象技术相结合的产物。组件技术解决了对象只能基于源代码级别的重用，依赖于特定编程语言的问题。而分布式对象技术解决了组件对象调用只能在本地进程和地址空间内进行的问题，将调用拓展到跨进程、跨机器、跨局域网、甚至跨 Internet 范围内。分布式计算技术有 CORBA、J2EE、DCOM 等，在微软 .NET 环境下，DCOM 由 Remoting 技术替代。分布式组件技术的底层是基于 RPC（Remote Procedure Call）的，即远程过程调用，虽然不同组件技术实现的方法和通信协议有一些差别。

以段级系统为例，铁路供电管理信息系统的段级应用服务器（即中间层）可以由多个分布式组件组成，如图 6-43 所示。应用服务器组件主要包括系统管理组件、登录验证组件、数据字典组件、基本信息组件、设备管理组件、运营管理组件、故障事故组件、图形图片组件、机电报组件、上报中心组件、数据同步组件和数据访问组件。

图 6-43 基于组件的逻辑结构

思考题

（1）为什么用差动保护和瓦斯保护共同构成变压器的主保护，缺一不可？

（2）与过电流保护相比，低电压启动的过电流保护为什么能够提高灵敏度？

（3）在自适应距离保护中，采用二次谐波闭锁判据的目的是什么？采用综合谐波抑制的目的是什么？

（4）在馈线保护中采用电流增量保护的目的是什么？

（5）牵引变电所馈线保护中的重合闸与分区所馈线保护中的重合闸有什么不同？

（6）并补保护设置失压保护的目的是什么？

（7）并补保护中差电压保护的作用是什么？

（8）牵引变电所的备用电源自投的作用是什么？

（9）变电所自动化系统主要有哪些功能？

（10）变电所自动化系统的结构形式有哪些？每种形式各有什么优、缺点？

（11）直流系统供电保护的内容是什么？

（12）供电监控系统的主要作用和基本功能是什么？

（13）供电监控系统的性能指标有哪些？其含义是什么？

（14）监控系统的监控中心主要由哪些设备构成？各完成什么功能？

（15）什么是信息和信息化？

（16）举一个实例，说明管理信息系统是人机一体化的系统。

（17）从管理层次分类看，不同层次的管理信息系统在目的和功能上有何不同？

（18）从组织机构来看，铁路供电管理信息系统软件由哪几部分组成？从管理业务来看，铁路供电管理信息系统一般由哪些业务模块组成？

（19）铁路供电管理信息系统应用软件采用多层软件系结构有什么好处？

（20）如何理解铁路供电管理信息系统中应实现的设备全寿命动态管理？

参考文献

陈小川．2010. 铁路供电继电保护与自动化．北京：中国铁道出版社.

贺家李，宋从矩．1994. 电力系统继电保护原理．北京：水利电力出版社．

黄益庄．2000. 变电站综合自动化技术．北京：中国电力出版社.

林国松．2003. 光纤电流纵差保护及其在地铁供电系统中的应用．成都：西南交通大学硕士学位论文.

王晓红．2001. 地铁直流馈线保护的研究．成都：西南交通大学硕士学位论文.

魏晓东．2004. 城市轨道交通自动化系统与技术．北京：电子工业出版社．

许正亚．2004. 变压器及中低压网络数字式保护．北京：中国水利水电出版社．

第 7 章　受电弓与接触网系统

7.1　概述

受电弓与接触网组成的系统（以下简称弓网系统）是供给电动车电能的受流方法之一，世界上具有代表性的高速铁路，毫无例外地采用弓网系统。

弓网受流过程是通过升起的受电弓从接触网上滑动接触取流来实现的，因此，任何情况下应确保电流传输的连续性。

弓网系统是一个不可分割的整体，决定了受流质量。弓网系统中受电弓是移动设备，接触网是固定设备，弓网接触点是二者联系的纽带，是牵引供电系统电能传输的瓶颈。接触网静态参数的设置是为动态受流服务的，为保证电流传输的连续性，接触网的参数设置应参考受电弓的技术参数，即受电弓是接触网设计的前提。

任何情况下接触网都应处于受电弓的有效工作范围以内；同时接触网的安装应满足，受电弓的最大抬升及摆动时，接触网的任何设备不得侵入受电弓的动态包络线。

弓网系统的最终目的是实现良好的受流质量，在保证系统安全性前提下，尽量延长系统使用寿命。

弓网系统的设计与施工过程就是将几何特性、动态特性、材料接口、电接触特性等弓网相互作用技术要求具体应用于一个弓网系统构建过程，这一过程包括弓网系统设计、接触网施工设计、接触网施工、接触网静态验收以及弓网系统动态评估等环节，每一个环节都有相应的技术规范约束。图 7-1 为构建一个弓网系统的过程。

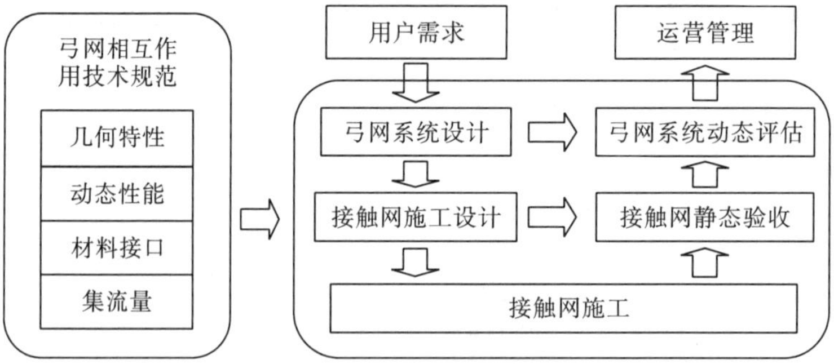

图 7-1　构建一个弓网系统的过程

弓网系统运行可靠性、接触质量和运行寿命依赖于两个子系统的特性与匹配。在一定经济、技术条件下，确定一个与既定受电弓特性相匹配的、兼容的架空接触网设计方案是弓网系统设计的主要内容。弓网系统设计又称为初步设计。

按照弓网系统设计批复意见所确定的原则和性能指标要求，使用经过实践证明的、成熟可靠的方法和经验对接触网进行施工设计。施工设计应提供工程（材料）数量，并生成符合要求的设计文件，便于工程项目的预算、计划、安装和交接，同时作为竣工文件的制定基础。

接触网施工的主要任务是将经过质量认证的接触网零部件按设计要求进行装配，施工设计文件是接触网施工的依据。

按照接触网施工设计文件要求对全部接触网工程进行检查，并使用专用设备对静止状态下的接触网进行测量，以证实竣工后的接触网结构尺寸符合施工设计文件的要求，这一环节通常称为静态验收，用于评价接触网的施工质量。

利用弓网动态相互作用测量设备对弓网系统的动态性能参数进行测量和评估，以证实弓网动态相互作用性能满足技术规范的要求，这一环节通常称为动态评估。

电力机车的受电弓从接触网上取流，需要兼顾弓网之间的几何需求、电气需求、动态需求、材料需求、环境需求和运营维护需求。

1）几何需求

受电弓的工作范围及弓头的几何外形是确定接触线空间位置的重要依据。受电弓与接触网相互作用的基本要求：接触线在充当配电线路的同时又是受电弓的滑道，只有接触线不离开受电弓的工作范围和弓头的工作范围才能使弓网系统顺利运行。在正常运行时，受电弓沿接触线滑行是最重要的。

接触线在空间的横向位置是相对于弓头的中心线而言的，而轨道上方的接触线高度则依据铁路、受电弓的有效工作范围和使用现场的具体情况确定。为使受电弓沿接触线平稳滑行，接触线高度最小值、最大设计值以及接触线允许坡度的取值都非常重要。

为实现滑板和接触线的良好接触并降低磨耗，接触线必须沿受电弓中心线周期性地往复运动。在直线区段，定位点处接触线相对于受电弓中心线的横向偏移称为"之"字值；在曲线区段，定位点处接触线相对于受电弓中心线的横向偏移称为拉出值。"之"字值和拉出值统称为拉出值。

所有作用于接触网上的机械荷载必须由支柱和基础承担，并将所有荷载传送给大地。接触网部件的变形，如支柱弯曲或振动等，都不应影响电力机车所需电能的可靠传输。

任何情况下，受电弓经过接触网中性段时，都不应导致不同相位的接触网发生短路。

2）电气需求

电力机车所需电能的传输依赖弓网系统，对车内的辅助设施、生活设施的固定用电和牵引车辆运行的移动用电两方面来说，电能传输都应安全可靠。

电能通过弓网接触点进行传输，较小的接触面积是电流路径上的主要障碍。在所有架空接触网设施的损坏中，有相当比例是因为滑板与接触线的不良电接触带来的短期热效应造成的，这种情况在车辆静止不动或缓慢移动且高额取流、或滑板磨损及损坏时都有可能发生。

连续送电时没有大的电压降或电流损失，就意味着受电弓与接触网必须维持一定的机械接触。如果失去机械接触，弓网系统就会离线。如果离线间隙有电流通过，电弧也就伴随着离线产生了。电弧对环境产生影响，引起干扰并加大弓网系统磨耗，但却能维持电力机车取流的连续性，这对移动接触能量的传输非常重要。如果受电弓与接触网的离线间隙过大，维持牵引电流传输的电弧熄灭而不再复燃，电力机车就会因牵引电流的中断而失去动力。

弓网系统的电接触具备静态、滑动与可分合电接触的所有特点，静态电接触的主要问题是接触温升，滑动电接触的主要问题是摩擦磨损与润滑，可分合电接触的主要问题是弓网燃弧。

3）动态需求

弓网集流的过程是通过升起的受电弓与接触网接触实现的，评价弓网动态性能的主要参数是弓网接触力（或燃弧率）与接触线的抬升。

在受电弓与接触网组成的弹性系统中，运行中的受电弓激励接触网振动，振动沿接触线传播会产生反射，反射波遇到移动的受电弓会使弓网振动幅度增大，放大后的振动导致弓网接触力产生增量，受电弓又会把这一增量产生的动能传导至接触网，接触线的抬升会进一步增加。受电弓与接触网的这种动态相互作用与受电弓的运行速度密切相关。随着受电弓运行速度的提高，空气动力也会参与其中。

弓网接触力过大，弓网机械摩擦显著；弓网接触力过小，电气损耗显著。这意味着，为保证弓网系统有尽可能长的运行寿命，维持恰当的弓网接触力至关重要。

电力机车运行过程中，弓网接触力与接触线的抬升是不断变化的。弓网接触力和接触线抬升是受电弓和接触网两个振动子系统动态耦合的结果，能够用来评估受电弓和接触网的接触质量。

4）材料需求

弓网系统接触部件的磨耗以及接触点的允许电流很大程度上依赖于滑板和接触线的材料组合。

由于铜和铜合金有较高的导电性、张力、硬度及承受温度变化和抗腐蚀的能力，硬拉电解铜和铜合金已经成为全球使用的接触线材料。

制作受电弓滑板的材料通常为钢、铜合金、纯碳和浸金属碳，这些材料与接触线的相互作用原理有明显的不同。碳具有光滑的表面，没有任何粗糙成分磨损接触线。铜和钢形成的粗糙表面类似于一把细锉，这种粗糙表面所起的研磨作用会使滑板和接触线出现快速磨损。

碳滑板已被证明特别适用于匹配铜及铜合金接触线。碳滑板的自润滑性能及耐电弧性能较好，能满足高速弓网系统动态需求和延长弓网系统使用寿命的要求，但碳滑板导电性能较差，需要提防电气列车停车时的静态接触温升引起接触线局部温度超过允许限度的危险。另外，碳滑板在受到机械碰撞时容易破碎，为避免碳滑板受损后的受电弓继续运行，高速受电弓通常安装自动降弓装置（Auto Dropping Device，ADD），一旦滑板破损断裂，ADD可快速降下受电弓，尽可能缩小弓网事故范围。

金属滑板比同样体积的碳滑板要重得多，对受电弓的动态性能带来不利影响。直流电气化铁路电压低，列车取流量大，为避免弓网接触点过热，有时不得不选用金属滑板。

滑板与接触线的磨耗是机械摩擦和电气磨损两方面因素共同作用的结果。

5）环境需求

弓网系统应能在一定的温度范围内工作，这一温度范围应根据当地的气象条件确定。

风会使接触线产生相对于原始位置的横向偏移，极端情况下有可能导致接触线偏离弓头的有效工作范围。与受电弓相对运动的气流也会通过受电弓间接作用在接触线上。应在一定风速下对弓网系统进行针对性设计，确保极端情况下的风荷载不会造成受电弓与接触网设备的损坏。

在一定的天气气候条件下，受电弓和接触网有可能产生覆冰。接触网的覆冰会危及受电弓的正常运行，受电弓的覆冰也可能导致接触网损坏，同时覆冰会增加接触网结构和线索的附加负载。

风与冰的共同作用还可能使接触网线索产生舞动。

运行中的弓网系统会产生噪声。弓网噪声的主要成分包括摩擦噪声、电弧噪声和空气动力噪声等。受电弓高速运行时，空气动力噪声成为关注的重点。

伴随弓网系统燃弧产生的高频电磁波也会对 30 MHz 的调幅无线电产生干扰。

6）运营维护需求

在规定的工作年限内，弓网系统设备的安装、运营维护费用应尽可能低。接触网的设备与零部件应使用恰当的防腐措施。对接触网定期进行技术诊断，并依据诊断结果对接触网进行恰当的维修。

7.2 受电弓与接触网的基本组成

7.2.1 受电弓

受电弓是从一根或多根接触线上取流的设备，由底架、传动装置、框架和弓头组成，几何形状可以改变。运行时，受电弓全部或部分带电。车顶安装接口处通常电气绝缘。受电弓能确保电流从接触网传送到车辆电气系统。

1）受电弓的结构

受电弓的结构依赖于车辆的运行速度、负荷大小、接触网的状况，并因各个国家的制造经验和技术习惯而有所不同。常用的单臂受电弓结构如图 7-2 所示。

弓头安装在框架的顶端，靠框架支撑，由滑板（也称接触板）和弓角组成，还可能包含一个悬架（弓头支持装置）。沿车辆横向所测得的滑板总长度称为滑板长度。

向下翻转的弓角位于弓头的两端，确保受电弓能平稳通过接触网的线岔。弓头借助于框架的伸缩可以上下运动，并能绕自身的固定支承轴作少量转动。沿车辆横向所测得的弓头水平尺寸称为弓头长度，沿车辆纵向所测得的弓头尺寸则称为弓头宽度，而弓头高度指的是弓角最低点与滑板最高点之间的垂直距离。

框架是能使弓头相对于受电弓底架在垂直方向运动的铰接结构，用来支持弓头重量和传递受电弓的静态接触力。框架尺寸主要由要求的受电弓工作范围决定。

通常情况下，下部工作位置高度是指受电弓升至能集流的最低设计高度时，受电弓在绝缘子之上的安装平面与滑板上表面的垂直距离。上部工作位置高度是指受电弓升至能集流的最高设计高度时，受电弓在绝缘子之上的安装平面与滑板上表面的垂直距离。上部工作位置高度与下部工作位置高度之差称为受电弓的工作范围。

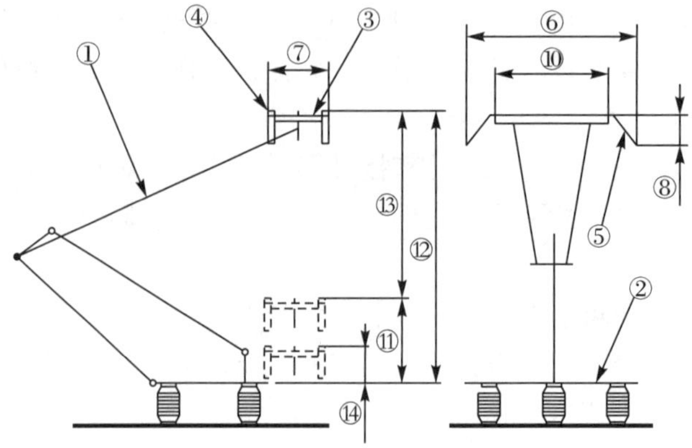

图 7-2 单臂受电弓的结构

1—框架；2—底架；3—弓头；4—滑板；5—弓角；6—弓头长度；7—弓头宽度；8—弓头高度；10—滑板长度；11—下部工作位置高度；12—上部工作位置高度；13—工作范围；14—落弓高度

落弓高度是指处于落弓位置时，受电弓在绝缘子之上的安装平面与滑板上表面或受电弓结构上的其他较高点之间的垂直距离。处于落弓位置的受电弓最高处的带电体与最低处的带电体之间的垂直距离称为受电弓的“电气厚度”。

2）受电弓的特性

安装在车辆顶部的受电弓应与大地绝缘，所需的绝缘强度应根据受电弓的工作电压等级确定。通常情况下，将车辆静止时外部电源的标称电压作为受电弓的设计工作电压。

车辆停车时，受电弓 30 min 内经受的电流平均值为车辆静止时的额定电流，该电流不应超过滑板和接触线接触点的允许静态取流量。车辆停车时，尽管取流量较小，但由于弓网接触点静止不动，接触点温升仍有可能达到严重影响滑板和接触线机械性能的程度。

车辆从静止状态到最大运行速度时，受电弓的持续电流传输量为车辆运行时的额定电流。

车辆运行过程中，弓网接触点不断变换位置，此时的最大温升可能出现在滑板上，也可能出现在受电弓的轴承、枢轴和电连接部位。

无论车辆处于静止状态，还是最高速度和最大载流量时的运行状态，从接触网集取所需电流时，受电弓的设计应确保包括滑板在内的任何部位均不会出现机械变形或异常的发热现象。

受电弓升起且车辆处于静止状态时，弓头向上施加在接触网上的平均垂直力称为静态接触力，该力由受电弓的传动系统产生。

受电弓在整个工作范围内上下运动时，理想情况下，各个工作高度的静态接触力应均等。实际上，由于各铰接处存在摩擦阻力，受电弓上下运动过程中，相同高度的静态接触力并不相同。

静态接触力可以测量。在工作范围内操作受电弓升起、下降过程中，连续测量 F_r（升弓时的静态接触力）、F_1（降弓时的静态接触力），依照惯例，任何高度的标称静态接触力 $F_0=(F_r+F_1)/2$。

车辆静止不动且仍从接触网取流时，静态接触力的取值应确保弓网接触点不出现危险的过热。当然，接触点发热除与静态接触力有关外，还与通过接触点的电流量以及滑板与接触线的静态接触电阻有关。

TSI（欧洲互联互通技术规范）能量子系统建议，交流电气化铁路供电系统受电弓采用的标称静态接触力 F_0 为 60～90 N，直流 1500 V 供电系统的标称静态接触力 F_0 为 70～110 N，直流 3000 V 供电系统的标称静态接触力 F_0 为 90～130 N。

受电弓的特性与测试标准规定，受电弓升起、下降期间测得的静态接触力应位于图 7-3 所示的界限范围内。

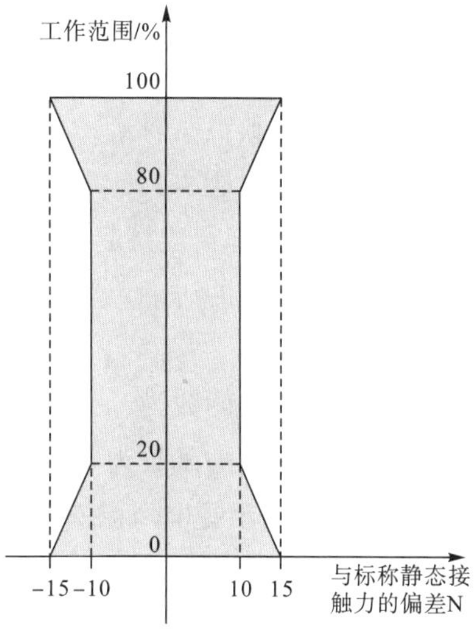

图 7-3 静态接触力的允许偏差界限

3）空气动力

高速运行中的受电弓，会对相对静止的空气带来冲击，空气会因此向四周流动，气流在受电弓的一些部件上产生气动升力的同时，还会产生气动阻力。

图 7-4 为受电弓（a）、连杆机构（b）及受电弓在运行过程中所受到的气动升力及气动阻力示意图。

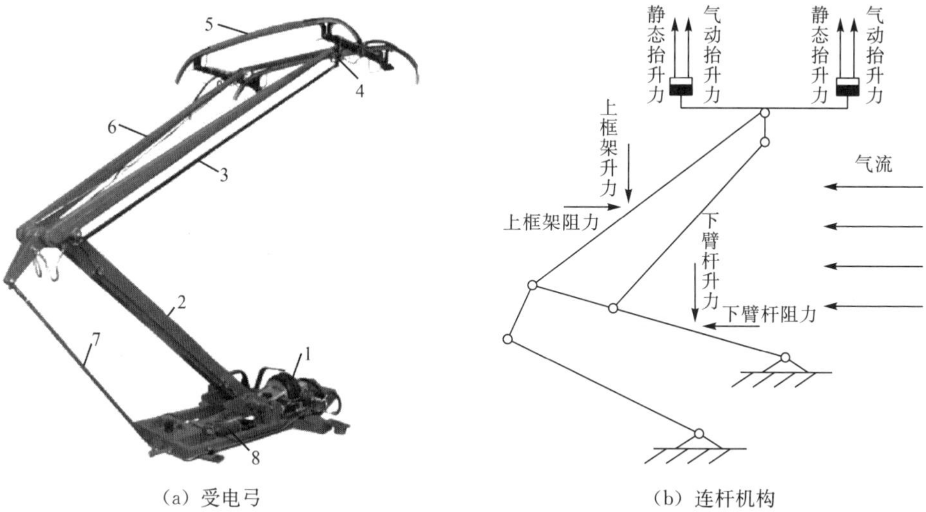

（a）受电弓　　（b）连杆机构

图 7-4 受电弓运行时的空气动力

受电弓的各个部件在气动升力、气动阻力的共同作用下，最终在滑板处产生一个垂直于接触网的气动抬升力——空气动力。

通常根据空气动力学原理选定一种特定的结构使受电弓产生一个所期望的空气动力 F_{AER}，其目标值为

$$F_{AER}=k\cdot v^2 \tag{7-1}$$

式中，k 是一个与弓头工作高度和运行位置无关的恒定系数。

4）动态接触力分力

受电弓以一定的速度 v 沿接触网滑行时，并非在一个水平面上运行，接触网的高度和弹性变化导致弓头轨迹无法呈现一条直线。假定弓头运行轨迹呈现为一个幅值 e 的正弦波，如图 7-5 所示，m 和 m_c 分别表示受电弓的弓头和活动框架部分的视在质量，两者用刚度为 K 的弹簧连接起来，传动系统产生的力通过 m_c 和 m 垂直作用在接触线上。

为方便问题的讨论，取 t 时刻接触点处接触线的振幅为 e，则

振动函数为 $e_t=e\cdot\sin\omega t$

振动速度的函数为 $v_t=\omega e\cdot\cos\omega t$

振动加速度的函数为 $a_t=-\omega^2 e\cdot\sin\omega t=-\omega^2 e_t$

若用 T 表示受电弓以速度 v 通过接触网跨距 l 所需的时间，则 $T=l/v$，于是，弓头的振动角频率为 $\omega=(2\pi/T)=2\pi v/l$。

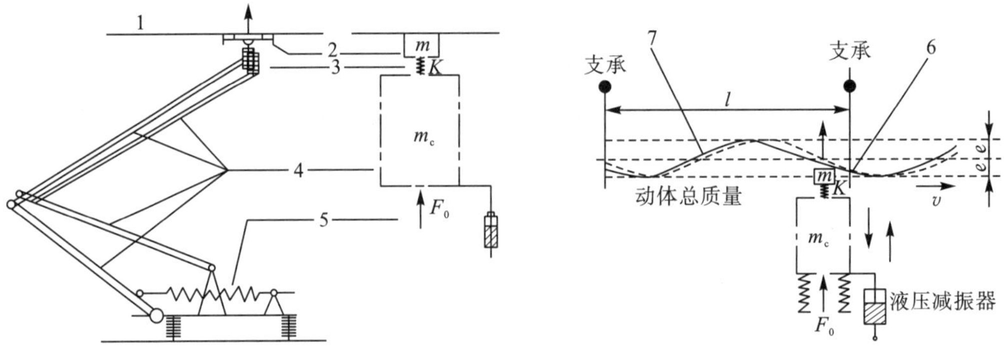

(a) 弓网系统的动力学模型　　(b) 动力学分析

图 7-5　动态接触力分力的产生

1—接触线；2—质量为 m 的弓头；3—刚度为 K 的弓头弹簧；4—动态视在质量为 m_c 的框架；5—静态接触力 F_0；6—正弦波；7—接触线在受电弓作用下的振动

振动使 m_c 和 m 的组合质量 m_t 产生附加的惯性力，即动态接触力分力

$$F_{DYN}=m_t\cdot a_t=-m_t\cdot\omega^2\cdot e_t=-m_t\cdot\left(\frac{2\pi}{l}\right)^2\cdot v^2\cdot e_t \tag{7-2}$$

由式（7-2）可知，F_{DYN} 与弓头的运行方向相反，与弓头的振动加速度方向一致。F_{DYN} 正比于受电弓运动部分的质量和受电弓弓头的振幅，与受电弓滑动速度 v 的平方成正比，与跨距的平方成反比。降低 e 和（或）m_t，可以有效降低 F_{DYN}。

5）接触力

受电弓作用到架空接触网上的垂直力称为接触力，等于受电弓与接触网所有接触点的接触力总和。车辆运行过程中的弓网接触力总是变化的，又称接触力为动态接触力。

图 7-6 为受电弓上的作用力分析。F_R 为受电弓铰接部位的摩擦阻力。

任一时刻的接触力 F 等于静态接触力 F_0、摩擦阻力 F_R、空气动力 F_{AER} 及动态接触力分力 F_{DYN} 的矢量和，即

$$\vec{F}=\vec{F}_0+\vec{F}_R+\vec{F}_{AER}+\vec{F}_{DYN} \tag{7-3}$$

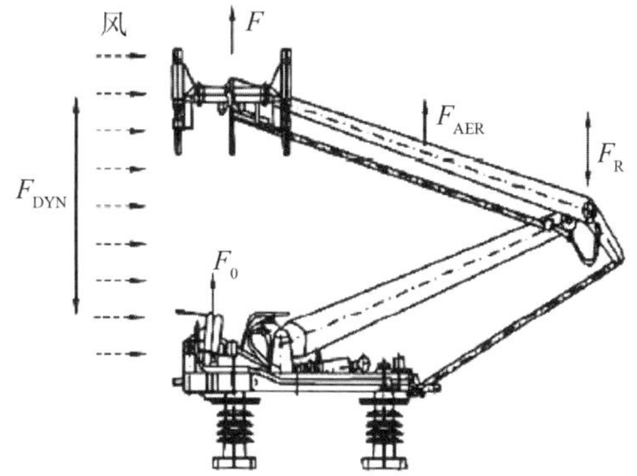

图 7-6　受电弓上的作用力

6）平均抬升力

受电弓的平均抬升力等于受电弓的静态接触力与规定工作高度和速度下的空气动力的总和，又称准静态接触力。

受电弓的平均抬升力是弓网系统电气作用与机械作用的最佳匹配值，是决定弓网接触力上、下限值的关键因素，也是弓网系统动态性能设计的重要依据。平均抬升力的目标值不仅应使弓网系统没有不适当的燃弧，而且也应使弓网系统不产生无法接受的磨耗与抬升。

依据互联互通要求，受电弓的平均抬升力目标值应为

$$F_m = F_0 + F_{AER} = F_0 + k \cdot v^2 \tag{7-4}$$

对于 AC25 kV 供电系统，通常取 $F_0=70$ N，$k=0.00097$，则 $F_m=70+0.00097v^2$，图 7-7 为 F_m 与 v 的关系曲线，其中 v 为列车运行速度的大小。

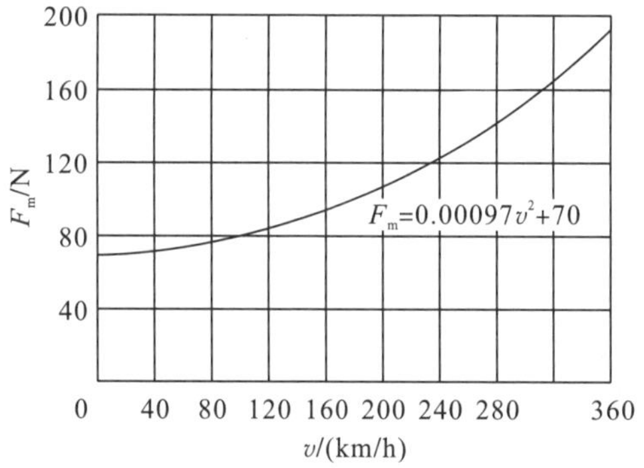

图 7-7　AC25 kV 系统受电弓平均抬升力随速度变化的目标值

对于某种特定型号的受电弓来说，平均抬升力是该型号受电弓安装在特定车辆上的特有研究成果。任何特定型号受电弓的平均抬升力均不应大于受电弓平均抬升力的目标值。

对于 DC1.5 kV 和 DC3.0 kV 供电系统的电气化铁路，受电弓的平均抬升力目标值如图 7-8 曲线所示。DC1.5 kV 系统的静态接触力值为 140 N，这样可以在列车停止运行但仍受流时，避免弓网接触点过热。

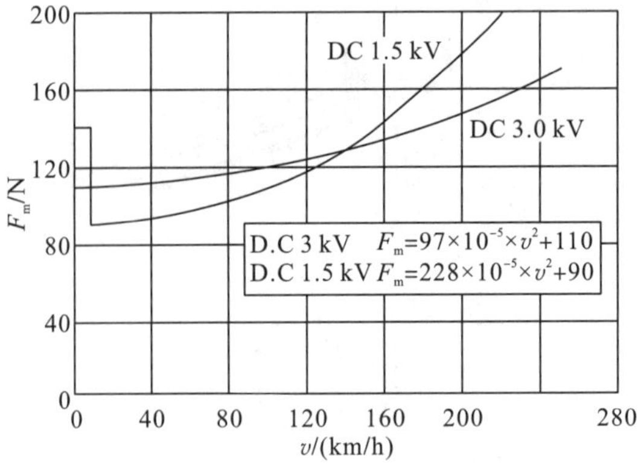

图 7-8 DC1.5 kV 和 DC3.0 kV 系统受电弓平均抬升力随速度变化的目标值

7）动态特性

受电弓是一个具有质量模块、弹性系数、阻尼系数的弹性系统，其动态特性包含了固有特性、动力响应等方面内容。

各级固有频率、模态振型以及阻尼属于受电弓的固有特性。

在外部激励的作用下，受电弓将产生受迫振动。振动使受电弓的结构承受动应力，动应力越大，受电弓部件受损的可能性就越高。如果振动引起弓头的振幅过大，受电弓也将无法正常工作。计算受电弓受到激励作用下动力响应的目的，一方面是为了将振动控制在允许范围内，另一方面是为了寻求最佳的机械结构，使受电弓在相同激励作用下的振动最小。

7.2.2 接触网的典型结构和设备

接触网位于车辆上部限界的上方或侧面，经由受电弓向电力牵引单元提供电能，是一种应用于电气化铁道的特殊供电设备。接触网按结构形式的不同可划分为架空接触网系统和接触轨系统，而接触轨系统可进一步划分为架空接触轨（又称为刚性悬挂）和接触轨（第三轨），如图 7-9 所示。

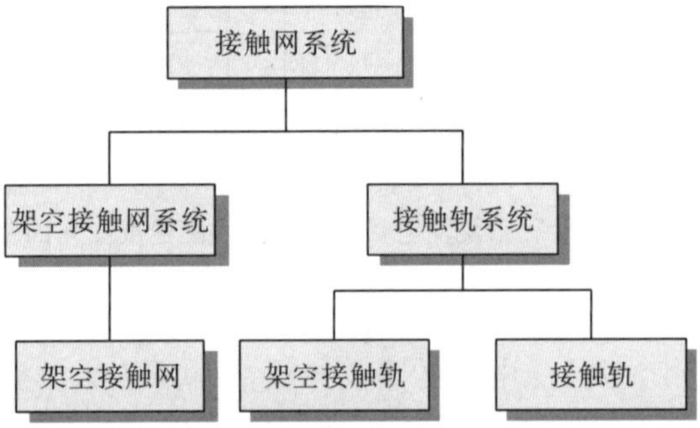

图 7-9 接触网系统分类

图 7-10（a）为一种架空接触网的典型方案，支柱均沿钢轨两侧架设；图 7-10（b）为典型的架空接触轨方案；图 7-10（c）为典型的接触轨。

（a）架空接触网的典型方案　（b）典型的架空接触轨方案　（c）典型的接触轨

图 7.10　典型的架空接触网系统分类方案

架空接触轨一般适用于城轨交通的地下段，而不应用于地面及高架桥。地面及高架桥若采用刚性架空接触轨则必须安装专用支架来悬挂支撑，投资较大。在中国干线电气化铁路的隧道内也有采用刚性架空接触轨形式。刚性架空接触轨是将接触线夹装在汇流排中，汇流排取代了承力索，并靠它自身的刚性保持接触线的固定位置，使接触线不因重力而产生弛度。

汇流排一般由铝材制成，一般 12 m 一段，安装时用中间接头将其连接为一体。刚性架空接触网的汇流排形状有“T”形和“π”形两钟。相比较而言，“T”形汇流排自重略大，跨距较“π”形小，因而“T”形汇流排在造价上高于“π”形。我国目前采用的架空接触轨主要为“π”形。

“T”形和“π”形汇流排示意图如图 7-11 所示。

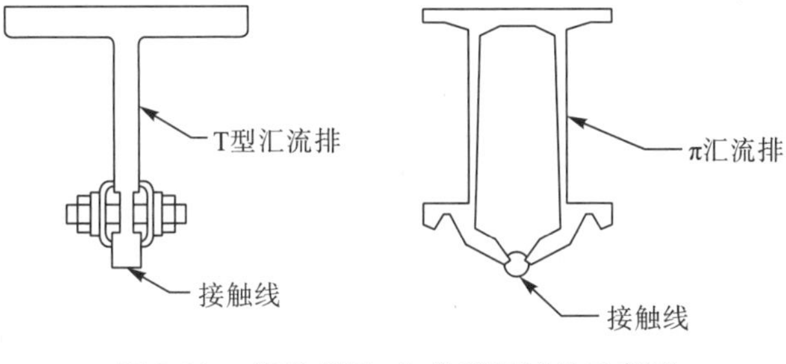

图 7-11　“T”形和“π”形回流排示意图

接触轨，又称第三轨或简称三轨。接触轨系统是沿线路铺设的专为电动车辆授给电能的系统，主要应用于地铁。接触轨系统由两部分组成：正极电网、负极回流网。供电网由接触轨、弯头、连接板、膨胀接头、绝缘支架或绝缘子、绝缘防护罩、锚结、隔离开关、电缆等组成；回流网由回流轨、有关电气设备及电缆组成。

接触轨系统根据受流方式的不同分为上部受流、下部受流和侧部受流三种形式，如图 7-12 所示。受流过程是通过接触靴与第三轨滑动接触实现。

架空接触网又称柔性架空接触网，是我国干线电气化铁路普遍采用的一种接触网方案，在上海地铁、广州地铁、深圳地铁、大连快轨等线路中也有成功应用。

接触网的设备和零部件应按照规定的性能要求进行选取，使用寿命应至少与整个接触网的使用寿命相当，并应遵守检查、修理以及更换的有关维修管理规定，且具有可追溯性的信息标示。

（a）上部受流方式　（b）下部受流方式　（c）侧部受流方式

图 7-12　接触轨不同受流方式示意图

1）支柱与基础

（1）支柱。

为接触网提供支持、下锚和定位的主要垂直结构统称为接触网支柱。

支柱的材料和结构有多种样式。根据制造材料的不同可将支柱分为钢支柱和预应力钢筋混凝土支柱。由于外形的不同，钢支柱又可分为格构式钢柱、H 型钢柱、圆管型钢柱及其他异形钢柱；而预应力钢筋混凝土支柱又可分为横腹式预应力混凝土支柱和环形预应力混凝土支柱，如图 7-13 所示。

（a）格构式钢柱　（b）H 型钢柱　（c）圆管型钢柱

（d）横腹式预应力混凝土支柱　（e）环形预应力混凝土支柱

图 7-13　支柱按材料分类

通常在 200 km/h 及以下新建、改建铁路中路基上普遍采用预应力横腹杆混凝土支柱，桥上采用格构式桥钢柱，车站采用格构式软横跨钢柱或硬横跨，隧道内采用管型或异型钢吊柱，部分特殊工点采用 H 型钢柱和管型钢柱；环形等径预应力混凝土支柱在大秦、广深、秦沈、遂渝、京沪线沪宁段等线路中使用，同时作为 20 m 以下硬横跨支柱也大面积使用。

根据支柱的功能不同，可将支柱分为腕臂柱、硬横梁和软横跨，见图 7-14。

(a) 腕臂柱

(b) 硬横梁

(c) 软横跨

图 7-14　支柱按功能分类

由于型号存在差异，腕臂柱可分为不同类型，在图 7-15 所示的一个接触网锚段，不同的数字就代表不同的腕臂柱类型。

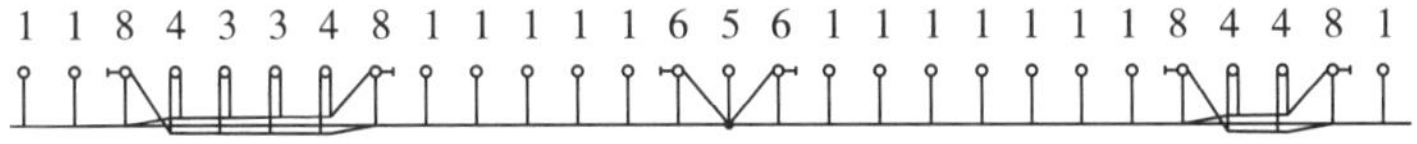

图 7-15　标准腕臂柱类型

1—单腕臂柱；3、4—双腕臂柱；5—中心锚结柱；6—中心锚结下锚柱；8—锚柱

支柱的长度取决于支柱和基础的连接设计，应在系统设计期间确定。确定支柱长度之前要确定支柱内缘与轨平面垂直中心线的距离，即侧面限界。

接触网支柱（含吊柱，下同）在其整个寿命期内应能够承受风荷载，支柱的损坏（失效）对接触网的可靠运行会产生重大影响。另外，为避免非固定荷载（如风荷载）引起的接触线横向偏移危及弓网系统的安全运行，应对支柱的挠度进行验算，并校核其稳定性。

接触网系统设计人员还应掌握与支柱有关的事项，例如，支柱材质的选用、工程项目所在地有关物资采购方面的政策，以及与既有固定设施的相互兼容等。支柱的视觉美学效果有可能成为接触网设计中的第一要素。

为了在不频繁维修保养情况下仍能满足设计寿命要求，应对支柱在大气污染下的腐蚀问题给予高度关注，并采取严格的防腐措施。

除了按照有关的标准进行设计外，支柱的选取还应考虑下列荷载或荷载组合。

垂直荷载——包括支柱本身的重量、与其相连接设备（例如，腕臂、接触悬挂、定位装置、绝缘子等）的重量以及所有与其相关的导线重量。

张力荷载——与支柱相连导线的张力形成的荷载。

风荷载——包括所有作用在支柱、与支柱相连的设备以及线索上的风力引起的荷载。

计算支柱所受的风荷载时，应假定风压垂直作用在支柱表面，而作用在接触网线索上的风荷载应按接触悬挂或线索下锚点的高度进行计算。

环境效应产生的荷载——主要包括特殊环境下的风压改变、冰/雪等情况引起的荷载变化。

临时荷载或异常荷载——施工安装、维修作业或零部件发生故障失效（如断线）所引起的荷载。

单个零部件发生故障失效而引起的突变荷载不应导致接触网支柱产生永久故障。

弯曲变形——支柱的挠度不得超过允许值。挠度验算是接触网风偏移计算工作的一部分。

如果接触网设计对支柱提出了电气性能参数方面的要求，那么支柱就应该允许通过故障电流，或提供一条与牵引电流回流回路相互连接的电流通道。

（2）基础。

基础的设计应符合以下规定。

①不得由于基础的位移和/或支柱的挠曲变形而导致接触线横向偏移超出允许范围。

②已经了解掌握有关的土壤特性和用于线上工程计算的土壤断面分层的资料。

③已经获取有关接地方面的资料。

④已经获取有关轨道线路维修所需要的净空方面的资料。

基础的倾覆力矩应不大于基础稳定力矩的85%，基础稳定力矩的计算应考虑到以下几个方面。

①支柱传递给基础的垂直力（包括支柱的重量）。

②基础本身的重量。

③作用在基础上的土壤压力和重量。

④支柱安装在岩石或挡墙上时，支柱与岩石或挡墙的连接装置允许承受的荷载应不小于该支柱所承受荷载的1.5倍。

2）支持装置

支持装置安装在支柱上或者倒立柱上，用于将接触悬挂的所有部件悬挂在轨道上方。支持装置主要包括单腕臂、多线路腕臂、软横跨以及硬横梁等形式。单腕臂支持装置一般在区间采用，站场或多股道区段大多采用其他形式。支持装置的形式应与当地条件、运行速度相适应，并能满足接触网的电气分段与机械分段要求。

（1）旋转腕臂。

旋转腕臂通过转轴固定于支柱、建筑物或其他结构上，是一种承担带补偿装置的接触悬挂的支持装置。温度变化时，为了不妨碍接触悬挂线索的伸长或缩短，旋转腕臂应能围绕转轴转动。常用的旋转腕臂结构由承力索支持装置和接触线定位装置组成，如图 7-16 所示。

承力索支持装置包括腕臂、上拉杆（平腕臂）、承力索座和斜撑等。接触线定位装置分为两种：正定位和反定位。无论是正定位还是反定位，均由定位管、定位支座、带定位线夹的定位器、防风拉线和定位管拉线（或定位斜撑）等组成。

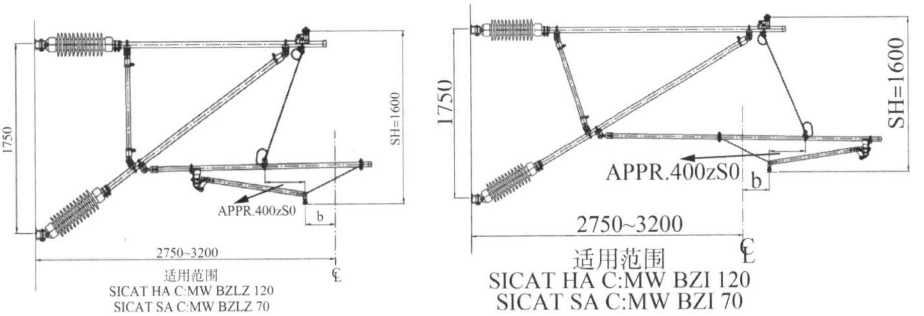

（a）正定位　　（b）反定位

图 7-16　常用的两种旋转腕臂支持装置

定位器是确定接触线空间位置的重要部件，铝合金轻型材料定位器承受接触线的横向力可达 2.5 kN，且能将接触网上的局部重量降至最低点。按照接触网的设计标准规定，当无抬升限制时，定位器应允许有相应于 2 倍预期抬升值的运行空间；有抬升限制时，应允许有预期抬升值的 1.5 倍运行空间。

防风拉线可防止定位管在受压时发生偏转，并使受风时的接触线拉出值不变，通常在直线和曲线半径大于 1200 m 的区段上使用。

在锚段关节或道岔区域，由于设计原因需要使用双腕臂或者三腕臂支柱时，需要注意腕臂的对向偏转对腕臂零部件之间的必要电气间隙带来的不利影响。

（2）多线路腕臂。

在多股道区段，如果只能在铁路线路的一侧立支柱，可以采用横跨多线路的腕臂来解决这个问题。用拉线把一根横臂固定连接在支柱上用来支撑接触悬挂的支持装置，如图 7-17 所示。多线路腕臂在相邻的接触悬挂之间不传导机械振动，能够满足不同接触悬挂之间的机械振动隔离要求。

图 7-17　多线路腕臂

（3）软横跨。

在图 7-14（c）所示的软横跨中，多条线路的接触悬挂共用一组支持装置，各股道接触悬挂不再单独设立支柱和腕臂，也不需要因腕臂长度有限而限定支柱到线路中心的距离。

受电弓通过软横跨时引起的振动会对邻近股道的接触悬挂带来影响，因此，软横跨不具备机械隔振能力，通常情况下，仅在速度目标值不超过 200 km/h 的线路上使用。

（4）硬横梁。

硬横梁是一种使用镀锌钢制成的安装架空接触网的支持装置，如图 7-14（b）所示。

由于硬横梁采用抗弯设计，作用在支柱和基础上的荷载与软横跨相比要小，因此，硬横梁可以使用较短较细的支柱和较小的基础。

硬横梁既可以与倒立柱和腕臂组合共同支持接触悬挂，也可以像软横跨那样使用定位索支持接触悬挂。倒立柱和腕臂的使用能够避免相邻接触悬挂产生相互影响，但成本也相应变高。

接触网设计无论使用何种形式的支持装置，均应满足以下要求。

①能与接触悬挂线索及其附属的绝缘子等设备相互匹配。

②能适应最不利条件下接触悬挂线索的伸长和缩短，且不会对弓网系统的运行特性产生不利影响。

③能承受接触网系统设计所要求的悬挂、定位和拖拽力。

④在施工偏差允许的范围内，能够对承力索高度、接触线高度和拉出值进行微调。

⑤位于受电弓的动态包络线之外。

作用于支持装置上的荷载可以分为以下几种类型。

①支持装置本身的自重、与支持装置相连接的零部件/材料设备和绝缘子的重量，包括施工安装时额外的附加荷载。

②通过接触悬挂线索传递给支持装置的荷载，这些线索连接到或悬挂在该支持装置上，且包括作用在线索上的风力和线索结冰所导致的荷载。

③因风压和冰荷载作用而在支持装置上产生的荷载。

在接触网施工或接触网运营期间产生的上述临界荷载条件应作为选择支持装置零部件的基础。此外，还应考虑受电弓运行所产生的动态荷载。

材料的许用应力（尤其是材料的弯曲应力）是支持装置选择时应注意的首要问题，为了不影响弓网系统的正常运行，接触网系统应避免因支持装置强度不足而出现结构扭曲变形问题。

针对可能出现的绝缘击穿（闪络）情况，在对支持装置进行设计时，应提供一条（短路）故障电流顺畅通行的路径，如图 7-18 所示，避免对支持装置的连接部件造成电气烧伤。

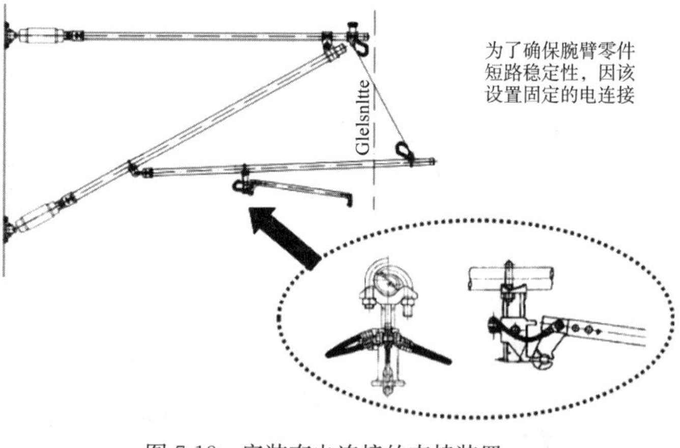

图 7-18 安装有电连接的支持装置

3）定位装置

定位装置使接触网偏离受电弓中心一段距离，以便均匀磨耗受电弓滑板，延长滑板的使用寿命。

接触线定位装置分为两种：正定位和反定位，如图 7-16 所示。正定位即通过定位装置将接触线拉向支柱侧，反定位即将接触线拉向支柱相反侧。

定位装置的设计应满足以下要求。

①在接触线拉出值的允许偏差范围内，定位装置应能使接触悬挂线索保持在悬挂定位点处。

②定位装置应能适应接触悬挂线索由于温度变化而产生的伸缩。

③在接触线最大允许磨耗和受电弓最大允许偏差情况下，接触线的抬升不应导致受电弓与定位装置的任何部件发生机械碰撞。

接触线定位线夹、定位管或悬吊定位装置的零部件等定位装置的可活动部分的质量应尽可能小，以便弓网系统获得令人满意的接触质量。

为了保证接触线沿受电弓中心线以“之”字或折线形式布置，在定位点处需要安装定位器。定位器一端与支持装置相连，另一端与接触线相连。受电弓经过时，定位器不应妨碍接触线的自由振动，且接触线抬升达到最大时，定位器下沿的轮廓形状应能保证受电弓顺利通过。此外，定位器的结构应能方便接触线拉出值的调整，温度变化时也不应妨碍接触线顺线路方向的伸缩。

4）接触悬挂

接触悬挂直接承担给电气列车供电的任务，接触网的各类线索、中心锚结、补偿下锚装置等都属于接触悬挂的范畴。接触悬挂应具有良好的机电性能，一方面接触悬挂应具有良好的导电性，能承受牵引电流、过负荷电流和瞬时短路电流，并具有可靠的安全裕度；另一方面应具有良好的机械强度，能承受接触网固有负荷以及冰、雪、霜等附加负荷。

接触悬挂根据承力索的数目可分为简单悬挂、单链形悬挂（简单链形悬挂和弹性链形悬挂）和复链形悬挂如图 7-19 所示。

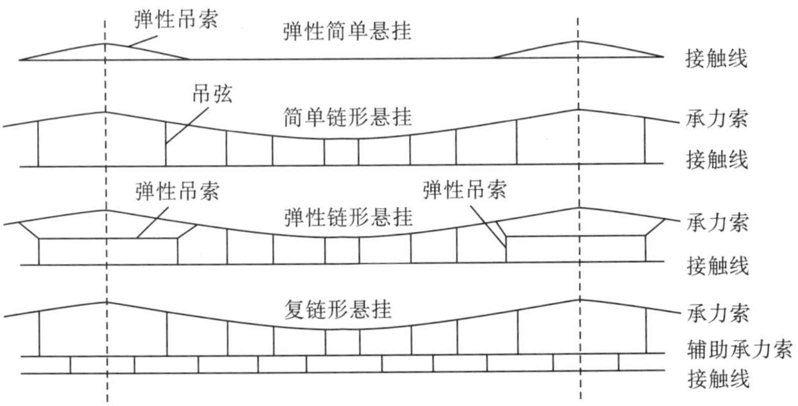

图 7-19　典型接触悬挂示意图

简单悬挂无承力索，接触线直接固定在支持和定位装置上，或通过弹性吊索（8～16 m长的钢绞线或铜绞线）悬挂在支持和定位装置上。简单悬挂的弛度较大（100～250 mm），弹性均匀度较差，适用于最高运行速度不超过80 km/h的线路。

单链形悬挂有简单链形悬挂（支柱定位处无弹性吊索和弹性吊弦）和弹性链形悬挂（支柱定位处有弹性吊索和弹性吊弦）两大类。简单链形悬挂结构简单、便于施工和维护，但弹性均匀度较弹性链形悬挂差；弹性链形悬挂的结构略复杂于简单链形悬挂，施工调整难度较简单链形悬挂困难，其弹性均匀度略优于简单链形悬挂。

复链形悬挂由一根主承力索和多根辅助承力索组成，优点是受流效果和防风性能好，缺点是结构复杂，造价高，不便于施工与运营维护。

根据承力索与接触线的走向，链形悬挂可分为直链形、半斜链形和斜链形三种悬挂形式，如图7-20所示。

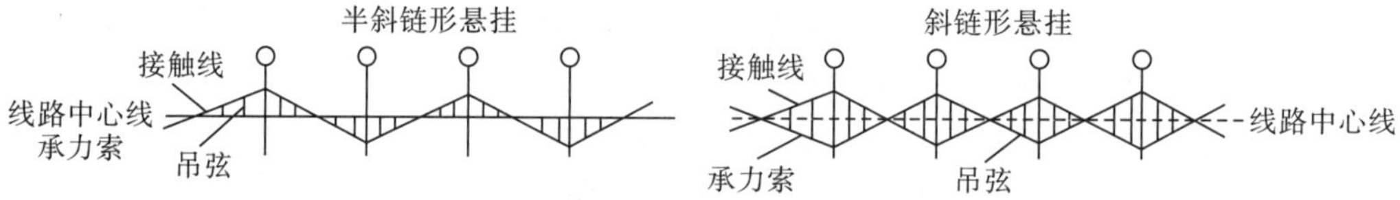

图7-20　半斜链形悬挂和斜链形悬挂示意图

5）锚段与锚段关节

为了实现机械和电气上的分段，将接触网分成若干一定长度独立的机械分段以便缩小事故范围，安装张力补偿装置。这些独立的机械分段称为锚段。两个相邻锚段相衔接的区段称为锚段关节，通常用重叠的接触悬挂跨数来表示。锚段关节的设置应能使受电弓滑板沿一个锚段的接触网平稳地过渡到相邻锚段的接触网上。锚段关节的设计必须满足弓网系统的静态、动态、热及电气要求。

有的锚段关节不仅对接触网起机械分段作用，同时，还利用两支接触悬挂之间的空气绝缘间隙对接触网进行电气分段，这种锚段关节称为绝缘锚段关节。

相邻锚段在机械上的相互独立非常重要，如果一个锚段的接触网产生机械故障，一般不应殃及相邻锚段的接触网。此外，这种机械分段方法也为各个锚段内接触网线索的架设提供了方便。

在锚段的终端可以设置固定下锚（俗称硬锚）或张力自动补偿装置。固定下锚是指将接触网线索直接固定在接触网支柱或其他结构上，温度变化引起导线伸长或缩短时，固定下锚方式无法自动调整导线的张力，而张力自动补偿装置能使接触网线索的张力在一定温度极限范围内保持基本恒定。

将承力索固定下锚、接触线设置张力自动补偿装置的接触悬挂称为半补偿链形悬挂，将承力索与接触线均设置张力自动补偿装置的接触悬挂称为全补偿链形悬挂。高速接触网应采用全补偿链形悬挂。

通常需要在锚段两端均有张力自动补偿装置的接触网中部设置一个中心锚结，用于限制接触网线索在温度变化以及出现断线故障后产生移动。中心锚结不仅能保证接触网沿轨道方向的稳定，还能起到缩小接触网事故范围的作用。

一个锚段的接触网由若干个连续跨的接触网组成，从降低投资的观点出发，接触网应尽量采用较长的锚段。锚段长度为同一个锚段两个锚固点之间的接触网长度，通常由以下因素决定。

（1）架空接触网设备的温度范围。

（2）接触网线索可能的水平张力变化。

（3）张力补偿装置的工作范围。

（4）接触线拉出值的允许值。

（5）接触线高度。

为了保证在工作温度范围内的弓网动态性能最佳，确定锚段长度时还应考虑由支持装置和张力自动补偿装置的回复力而导致的接触网线索张力消耗，避免接触网线索的张力与其标称张力出现较大差异。

确定锚段长度的另一个附加标准是锚段关节处双腕臂的相对旋转运动。极限温度情况下，应使绝缘锚段关节的两支接触悬挂及其支持装置部件的最近距离不小于最小电气绝缘间隙。

图 7-21 是一种架空接触网的结构，包含两个锚段、三套张力自动补偿装置、一个三跨锚段关节和一个中心锚结。

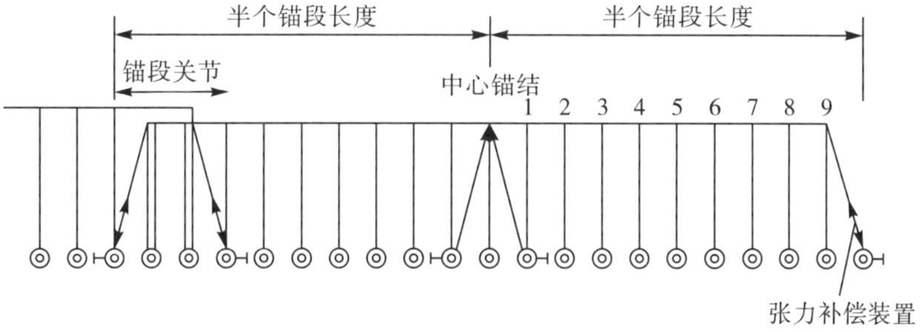

图 7-21　接触网的锚段和锚段关节

一跨、二跨、三跨、四跨及五跨锚段关节的结构各有差异。图 7-22 是直线区段接触网锚段关节的设计结构。

受电弓通过二跨或四跨锚段关节时，在支持装置附近与两根接触线同时接触，这种情况出现的弓网接触力峰值比受电弓通过三跨或五跨锚段关节时要大，因为后一种情况下，受电弓从一个锚段过渡到下一个锚段的过渡区出现在中心跨的中部。

在图 7-23 所示的三跨锚段关节中，转换柱非工作支接触线比工作支接触线升高约 0.5 m，中心跨内两支接触线的等高点提升为 60～80 mm。

在设计速度目标值较高的接触网中，由于跨距较小和接触线张力较大，需要将靠近中心跨的转换柱非工作支接触线比工作支接触线提升 0.15 m，以控制两支接触线等高点的屋顶形状不要过于凸起（一般为 40 mm），以便受电弓能平稳通过锚段关节。这就要求非工作支接触线要缓慢升高，在距离中心跨较远的转换柱提升 0.5 m，并被引导到后面的支柱下锚。这种设计又引出了图 7-24 所示的五跨锚段关节。

所有小曲线半径和小跨距的接触网设计都会出现同样的情况，这种情况也应采用五跨锚段关节。

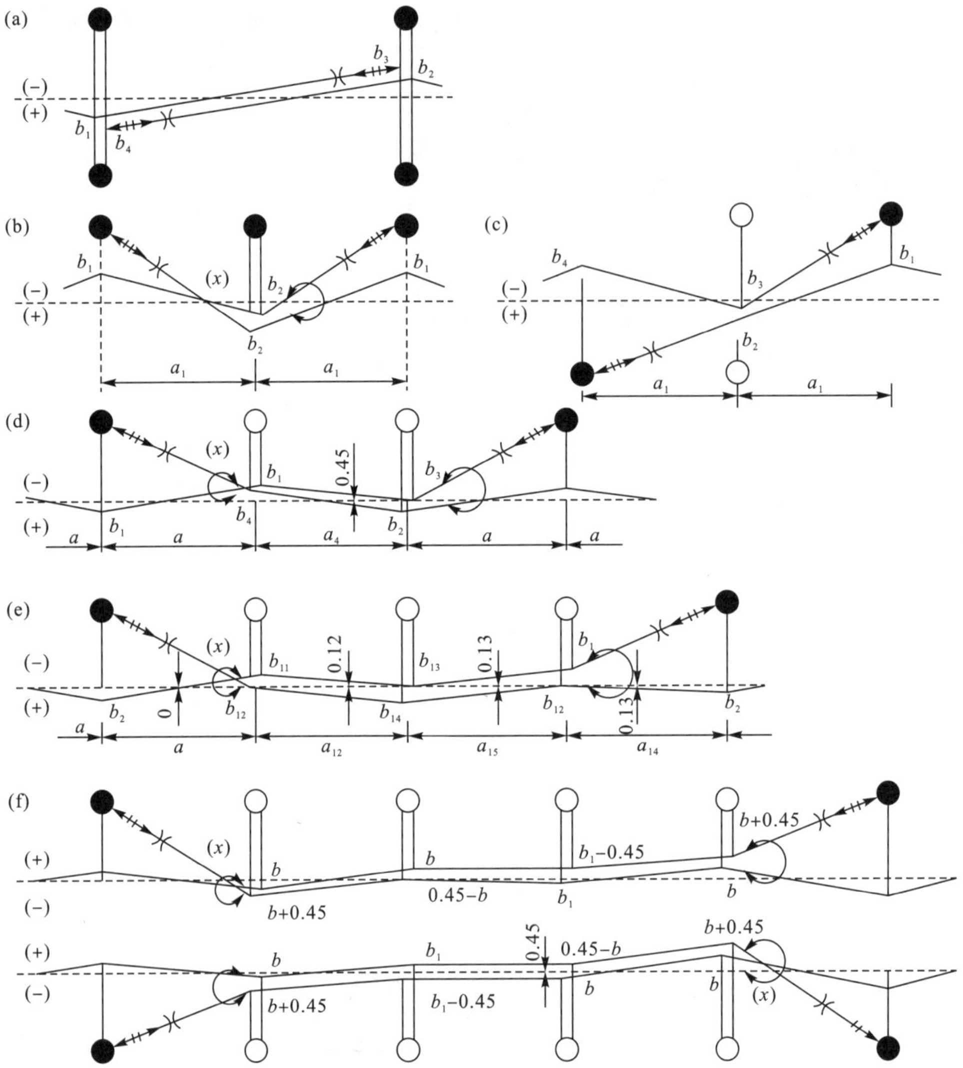

图 7-22 直线区段上的锚段关节设计

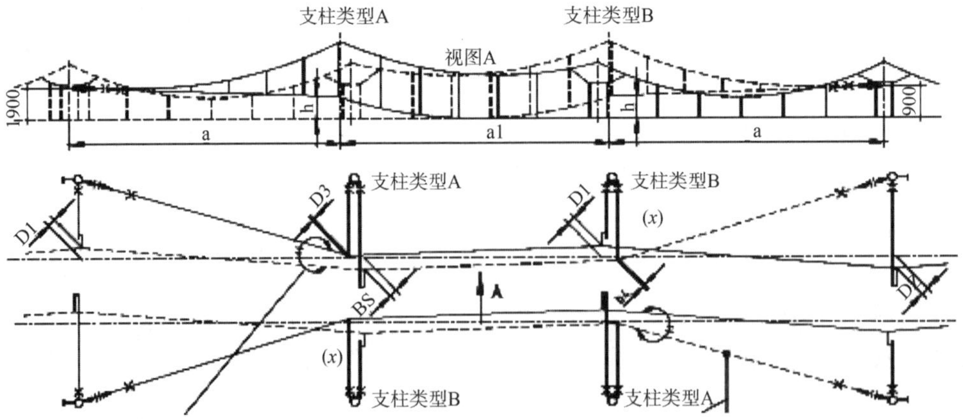

图 7-23 三跨非绝缘锚段关节

45 m<a1≤55 m 时，h=500 mm；a1>55 m 时，h=600 mm

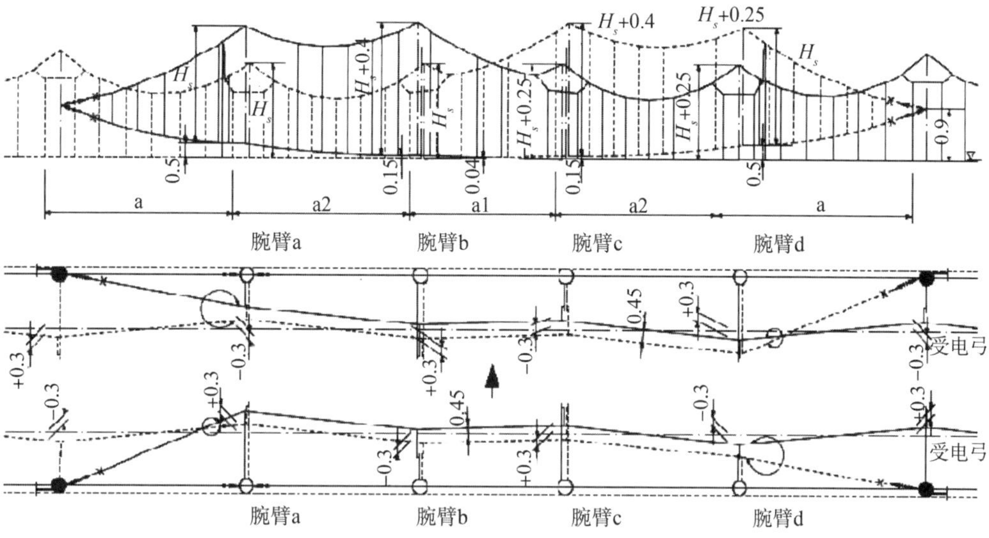

图 7-24　直线区段的五跨锚段关节

6）张力补偿装置

由于温度变化，接触线和承力索的长度会改变，张力补偿装置的作用是在导线长度发生变化后尽量使接触悬挂中的张力及接触线的位置保持基本恒定。将实际测量出的张力与要达到的张力之比称为张力补偿装置的传动效率。补偿装置的传动效率应尽可能高，通常不应小于 97%。

张力补偿装置有滑轮补偿装置、棘轮补偿装置、鼓轮补偿装置、弹簧补偿装置等。

常用的张力自动补偿装置有滑轮组补偿装置、棘轮补偿装置、弹簧补偿装置和卷簧补偿装置，如图 7-25 所示。

图 7-25（a）所示的滑轮组补偿装置利用几个滑轮将坠砣重量传递到接触网的线索上。

图 7-25（b）所示的棘轮补偿装置由同一轴上带两个钢绳卷筒的张力滑轮以及闭锁装置组成。在棘轮两侧小卷筒上缠绕的柔软钢丝绳与接触网线索相连，大卷筒上的钢丝绳由坠砣的重力张紧。闭锁或缓冲装置能使混凝土或铸铁坠砣在绳索或导线断裂时不至于掉落，并能防止接触悬挂因坠砣重力作用而产生过大变形。

在锚段较短或对景观有较高要求的地方可以使用弹簧或卷簧补偿装置，如图 7-25（c）、（d）所示。

承力索和接触线的长度变化不相等时，相互独立的补偿装置能够使各自的设计张力保持基本恒定。

在下列情况下，下锚装置应使架空接触网的线索保持所要求的张力。

（1）硬锚固定的线索在所要求的基准温度时。

（2）自动补偿的接触悬挂在所要求的温度范围内。

在接触网设计所规定的整个温度范围内，下锚装置的工作效率应满足接触网系统的性能要求。

接触网的设计还应考虑其他各种有关下锚装置的要求。

（1）对景观影响的最小化。

（2）与既有设施兼容。

（3）万一发生系统故障，应降低对人员带来伤害的风险。

（a）滑轮补偿装置，使用了混凝土坠砣块

（b）棘轮补偿装置，使用了铸铁坠砣块

（c）弹簧补偿装置

（d）卷簧补偿装置

图 7-25　常用的下锚装置

7）中心锚结

两端均安装了张力自动补偿装置的接触网锚段，还应在锚段中部设置中心锚结，用于对架空接触网设备进行固定，避免接触悬挂线索在荷载产生变化时向一端窜动。中心锚结应设置在锚段的中部或该锚段接触悬挂线索的张力平衡点。

在区间区段，接触悬挂通过中心锚结辅助绳固定在相邻支柱上，相邻支柱下锚是为了承载接触悬挂线索断裂时产生的拉力。中心锚结所在的跨与正常跨有所不同，接触线和承力索之间安装有“Z”字绳，即接触线中心锚结辅助绳。当接触线断线时，“Z”字绳通过承力索将接触线张力传递给中心锚结下锚柱，如图 7-26（a）、（b）所示。这种中心锚结既能防止接触悬挂沿线路方向窜动，又能防止中心锚结一侧接触悬挂线索断线后殃及另一侧的接触悬挂，又称防窜防断式中心锚结。

安装在站场的中心锚结，有可能因为无法设置防断拉线而只能使中心锚结具备防窜功能，如图 7-26（c）所示，也称为防窜不防断式中心锚结。

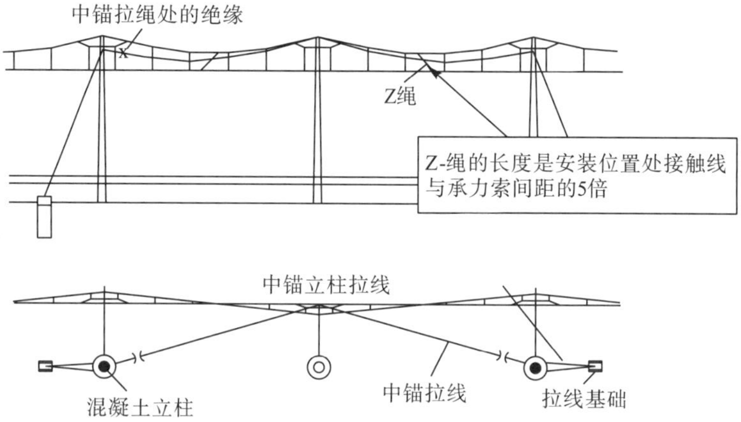

（a）中心锚结

（b）防窜防断式

（c）防窜不防断式

图 7-26　中心锚结

在道岔或站场区域有可能需要布置较短的接触网锚段，锚段的一端或两端可以使用硬锚（无补偿下锚），此类接触网锚段没有必要设置中心锚结。

8）线岔

道岔是把一条轨道分支为两条或两条以上轨道的设备。铁路机车车辆从一股轨道转入或跨越另一股轨道时，需要设置道岔和交叉设备，这些设备包括各种道岔、交叉及道岔和交叉的组合，习惯上也把道岔和交叉设备统称为道岔。道岔上方接触网的布置称为线岔（又称架空转辙器），道岔的形式多种多样，线岔的形式也多种多样。

受电弓安装在电气列车上，如果为列车设置一个道岔，就应为受电弓设置一个相对应的线岔。无论列车如何行走，线岔均应确保受电弓在正线和其他所有方向的安全通行。

线岔的平面布置取决于道岔类型和受电弓长度，有交叉式线岔和无交叉式线岔两种可能。

采用交叉式线岔时，两接触线的工作支在道岔上方交叉，并使用线岔限制管连接。支持装置的安装应使接触线的交叉点位于设计位置，以便受电弓从一支接触悬挂平稳地过渡到另外一支接触悬挂，如图 7-27 所示。

无交叉式线岔使接触网间相互平行，其方式类似于锚段关节内的接触网平面布置。

接触线平行工作区段内的接触网是不交叉的，只有当道岔号数较大且受电弓长度允许接触线平行时才可以使用无交叉线岔方式。无交叉式线岔又包含双支接触悬挂和三支接触悬挂两种情况。

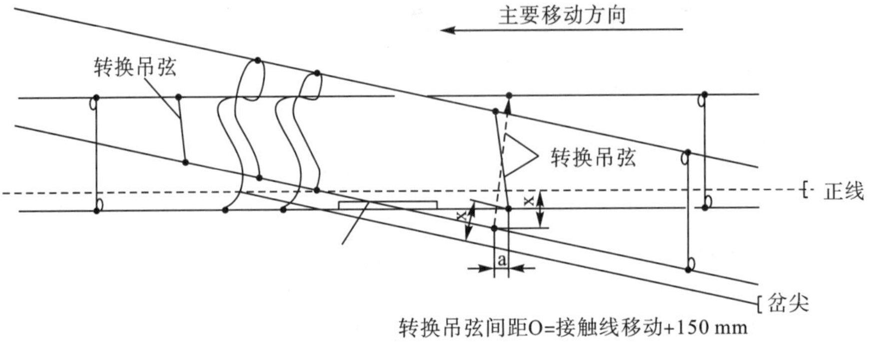

图 7-27　交叉式线岔

图 7-28 为双支接触悬挂无交叉线岔的结构示意图，图 7-28（a）中的 A 点视图为从正线通过时受电弓与两支接触线的相对位置，图 7-28（b）中的 B 点视图为受电弓在向正线转换过程中，两支接触线与受电弓的相对位置，C 点视图描述的过程与 B 点视图相反，即正线向侧线转换过程。

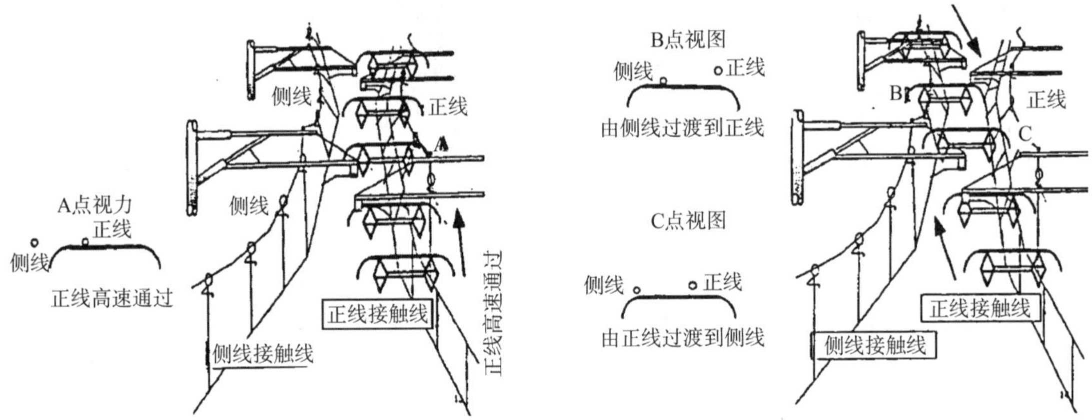

（a）受电弓由正线通过　　（b）受电弓由侧线进入正线或由侧线进入正线

图 7-28　无交叉线岔

受电弓由侧线向正线过渡过程中，侧线高度逐渐升高，然后又逐渐降低。转换开始时，因侧线低于正线，受电弓只与侧线接触，在转换区的某一点，侧线与正线等高，两支接触线与受电弓同时接触，之后，侧线开始有较大升高，退出与受电弓的接触，仅余正线接触线与受电弓相接触，受电弓顺利从侧线过渡到正线，过渡过程结束。

受电弓从正线向侧线的过渡过程与上述过程相反。

受电弓从正线通过时，与侧线接触线不发生接触。

受电弓在道岔区域短时间内同时与两条接触线滑动接触。侧线接触线或正线接触线在受电弓的一个侧面上运行，由于动态抬升作用可能引起滑板与任何倾斜安装的线夹发生剧烈冲撞，此为诱发弓网事故的原因，因而需要在考虑受电弓动态抬升以及车辆横向运动等因素的基础上建立无线夹区。图 7-29 表示的是宽度为 450 mm 的无线夹区。

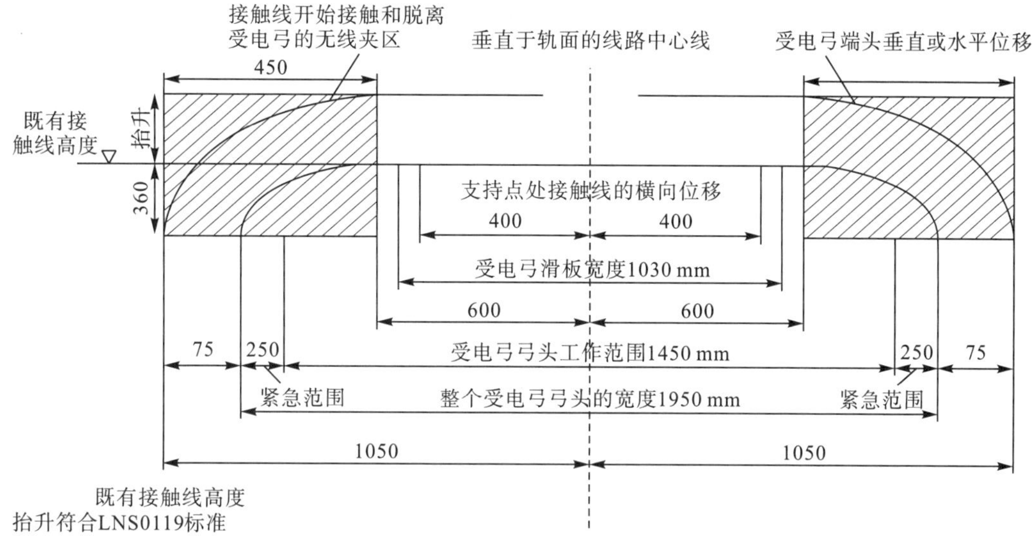

图 7-29　接触网无线夹区(单位：mm)

在垂直轨道平面的线路中心线左边和右边的无线夹区内，不得安装除吊弦线夹外的其他任何线夹或零部件，例如，馈线线夹、接触线线夹、弹性吊索线夹和绝缘子并考虑由风力引起的偏移；楔形终端锚固线夹。

也不应在无线夹区内进行接触线的对接、连接或拼接。

电气列车通过道岔时，无论经过哪一股道，两支接触线都应位于受电弓弓头中心线的同一侧（图 7-30），这就要求道岔处的接触网采用双腕臂支持装置。

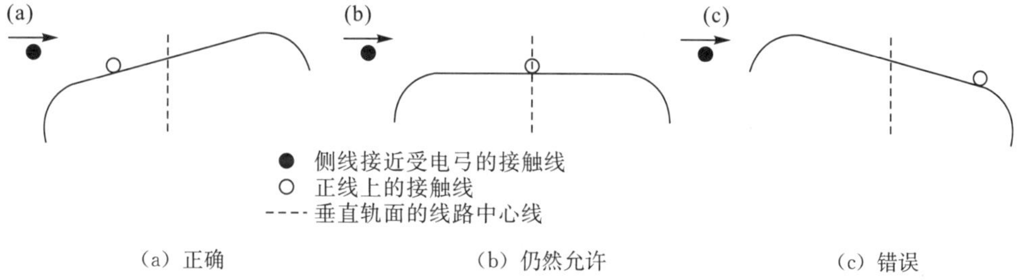

(a) 正确　　(b) 仍然允许　　(c) 错误

图 7-30　通过线岔时的受电弓与接触线的相对位置

无交叉式线岔的接触悬挂在道岔区不交叉布置，所以不要求使用线岔限制管，因而减小了接触悬挂的质量并有可能改善弓网动态性能。但是，受电弓同时与支持装置处的两条接触线接触又抵消了接触悬挂质量的减小。无交叉式线岔要求道岔具有足够的长度，以便能够抬升或降低接触线的高度，但在多数情况下所使用的道岔并不具备这些条件。

在道岔区域增加辅助接触悬挂会增加投资和维修成本，接触网出现故障时需要花费更多的时间和精力进行调整。由于中国铁路电气列车采用的受电弓弓头总长度为 1950 mm，工作长度为 1450 mm，中国电气化铁路接触网没有必要使用复杂形式的无交叉式线岔。

9）电分段与电分相

接触网为单相 AC27.5 kV，50 Hz 单向负载，为实现供电的可靠性和灵活性需对其接触网进行电气分段。

铁路线路的电气化范围确定以后，施工设计的首要任务是对接触网进行电气分段。施工设计人员应与用户、运行调度指挥以及维修管理部门共同协商确定接触网的电气分段。

（1）供电臂。

接触网需要的电能可以由一座或多座牵引变电所供应，将整个接触网系统分成若干个在电气上互相独立的供电臂，每个供电臂可以由一座或多座牵引变电所供电。

接触网发生短路故障时，故障供电臂的电源应及时切断。

（2）供电臂内的电气分段。

将每个供电臂细分成若干个电气上互相连接的供电分区，但相邻供电分区之间应能实现电气隔离，便于局部接触网的维修和抢修。

（3）电分段的形式。

应使用电分段器件或绝缘锚段关节对接触网实行电气分段。在电气列车高速行驰通过的接触网上，不允许使用器件式电分段装置。

（4）中性段（又称电分相）。

交流供电系统中，如果两个相邻的供电臂具有不同的标称电压或相位，这两个供电臂之间应该插入中性段实现电气隔离。中性段主要有器件式和绝缘锚段关节式两种类型。中国电气化铁路的中性段按受电弓不降弓通过进行设计，无论选取何种型式的中性段，相邻供电臂均不允许被经过的受电弓滑板短接。

器件式中性段比较短，约为 30 m。图 7-31 为一种由三组分段绝缘元件串联组成的器件式中性段及其预告信号标志。分段绝缘元件底部开有斜沟槽，用于和接触线相连接。这种分段绝缘器件只对两侧的接触网进行电气隔离而未进行机械隔离，而且可以选用多种绝缘器件充当分段绝缘元件。

图 7-31　器件式电分相及其预告信号标志

为了使电气列车顺利通过中性段，需要在来车方向设置预告信号标志，提醒司机按照信号要求进行相应的操作。预告信号标志包括如下。

“禁止双弓”——不允许具有电气连接的受电弓同时升起通过中性段。

“断”——操作规程规定，接近中性段时，电气列车需要退级、关闭辅助机组、断开主断路器，即列车在不取流情况下利用惯性通过中性段。

“合”——通过中性段后，进行与“断”相反的一系列操作，使电气列车恢复受流。

中性段的器件式分段绝缘元件属于集中质量块，列车通过速度超过一定限度时，弓网动态接触力会出现超过允许范围的峰值，对弓网系统的运行寿命具有不利影响，因此，器件式中性段通常在普速接触网中使用。

在高速接触网系统中，为了尽可能减少不期望的集中质量，只能使用绝缘锚段关节代替器件式分段绝缘元件组成中性段。绝缘锚段关节式中性段又可分为长中性段和短中性段。

图 7-32 为京津城际铁路接触网使用的长中性段。

在图 7-32 中，中性段依靠两个五跨绝缘锚段关节与两侧的接触网实现电气隔离。中性段的无电区长度 L 约为 220 m，当两架集流受电弓的间距不超过无电区长度时，不管集流受电弓之间有无电气连接，均能满足电气列车双弓集流的运行需要。

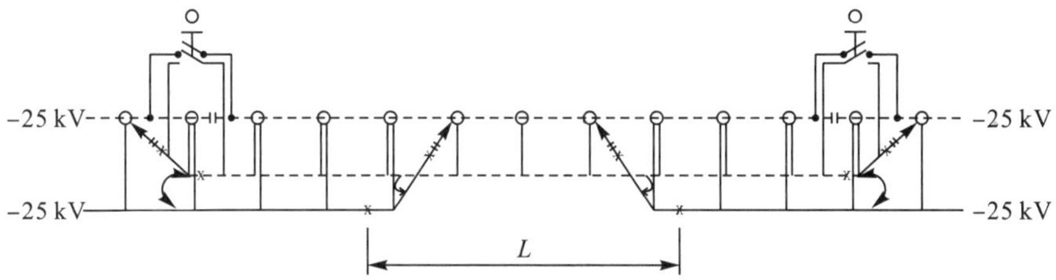

图 7-32　京津城际铁路接触网使用的长中性段

与隔离开关（常开）配合使用，中性段可以与两侧接触网实现电气连接。正常运行时，中性段不带电，电气列车依靠惯性通过无电区。当电气列车因故停在无电区时，可以将前进方向的接触网隔离开关闭合，使中性段与前方的接触网相连接，电气列车可以受流并重新起动，驶离中性区后，闭合的隔离开关需要恢复到常开状态。

在某些运营模式下，如牵引变电所需要越区供电时，可以将两个隔离开关闭合，于是，中性段接触网与两侧的接触网电气连接在一起，中性区消失。

与上述长中性段不同，图 7-33 所示的中性段是利用两个四跨绝缘锚段关节实现两侧接触网的电气隔离，中性区的长度约为 50 m。集流受电弓间距小于 50 m（有或无电气连接）或大于 150 m（无电气连接）时，电气列车均可正常通过。通常将这种中性区较短的中性段称为短中性段。

中性段的设计应考虑电气列车集流受电弓的数量及这些受电弓的间距，这就要求中性段的总长度要设计成比牵引车辆上两架集流受电弓的最小间距短（图 7-34（a）），或设计成比动车组上距离最远的两架受电弓的最大距离长（图 7-34（b））。

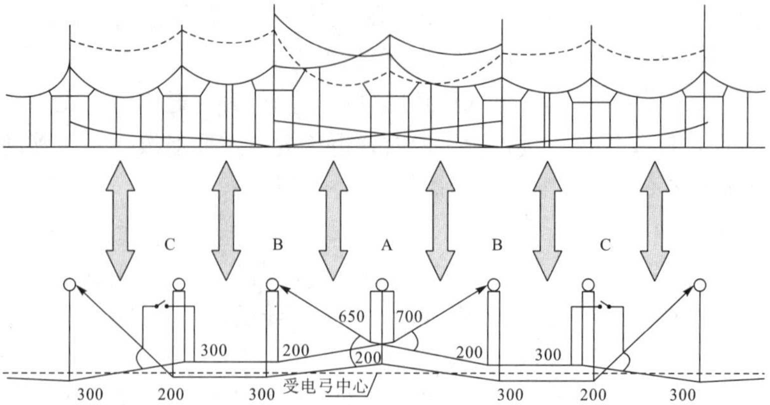

图 7-33　郑西高速铁路接触网使用的短中性段

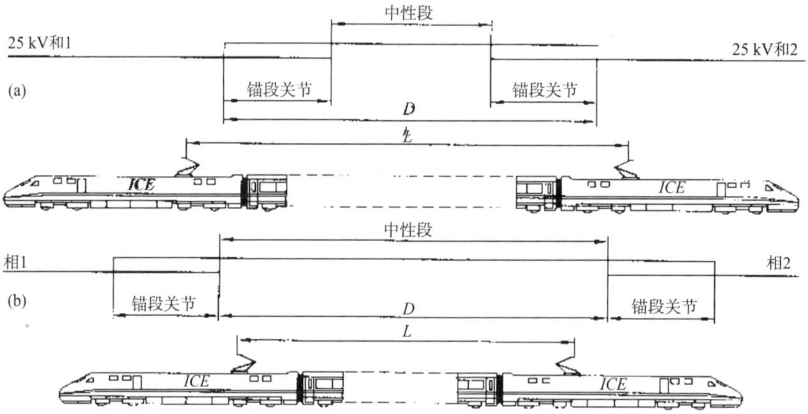

图 7-34　中性段设计的变化情况

（a）中性段长度 D＜集流受电弓的距离 L；　　（b）中性段长度 D＞最远受电弓的距离 L

中性段应具备如下条件。

（1）在滑板不桥接中性段的情况下，电气列车应能从一个接触网电气区段移动到相邻（由不同的相或系统供电）的接触网电气区段。

（2）应提供足够的措施使停在中性段的电气列车能自行离开中性段。

中性段的布置：可以使用一些符号对中性段进行更清晰的描述，这些符号及其含义示于图 7-35 中。

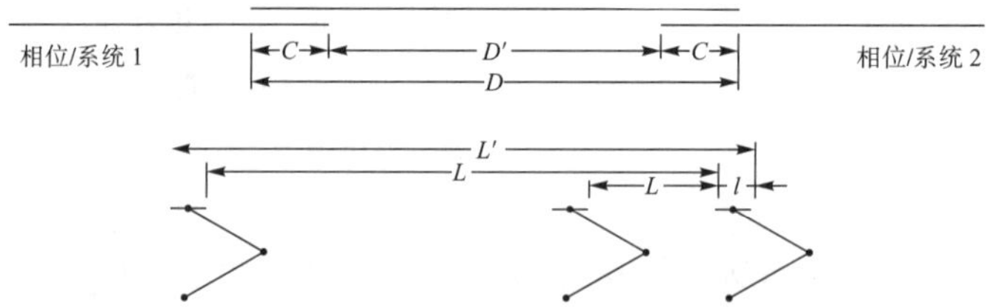

图 7-35　中性段的符号表示

C—绝缘锚段关节长度；D—中性段总长度；D'—中性区长度；L—最近两架受电弓间距；

L'—最远两架受电弓的覆盖距离；L''—3 架连续受电弓间距；l—最大宽度

可以使用图 7-36～图 7-39 的中性段设置，以确保受电弓与中性段的几何参数匹配。

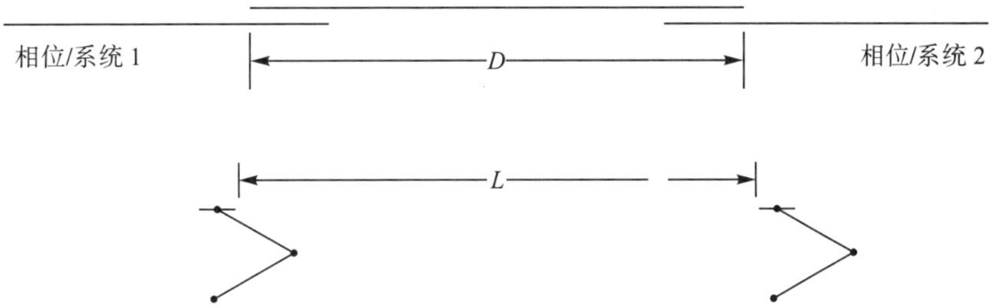

图 7-36　短中性段
（条件：$L>D$）

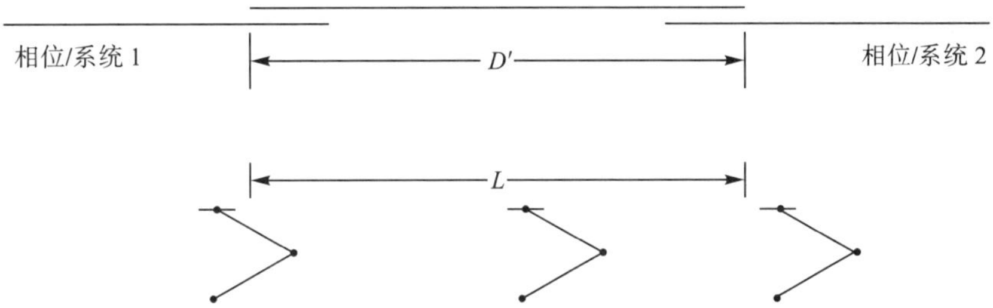

图 7-37　长中性段
（条件：$L'<400$ m 、$D'>402$ m）

在图 7-37 的布置中，中性段的长度大于互联互通列车上距离最远的两架受电弓间距，该间距为 400 m。

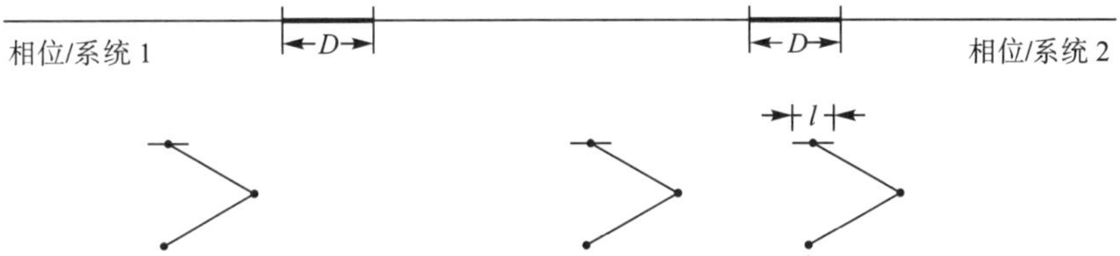

图 7-38　两端为绝缘器件的中性段

（条件：$D>l$）

d 插入接触线中的绝缘器件长度

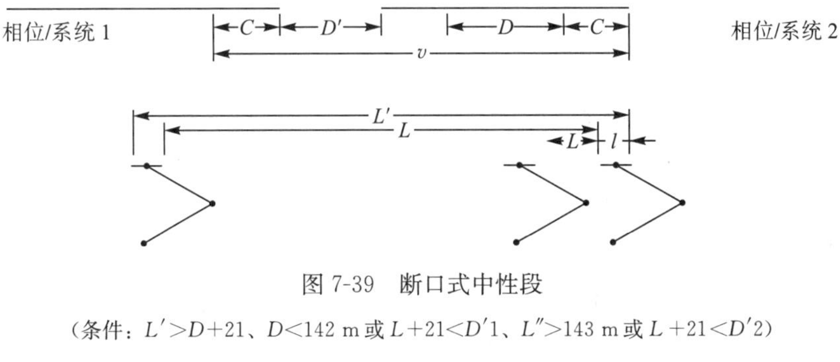

图 7-39　断口式中性段

（条件：$L'>D+21$、$D<142$ m 或 $L+21<D'1$、$L''>143$ m 或 $L+21<D'2$）

在图 7-39 的中性段布置中，中性段的总长度 D 小于 3 架连续受电弓的间隔，该间隔 L''为 143 m。

受电弓在车辆上的布置：为通过那些特定类型的中性段，同一电气列车上受电弓的最大间隔是 400 m。另外，3 架连续受电弓的跨度覆盖应大于 143 m，中间那架受电弓可布置在该跨度内的任意位置。运营中，同时集流的受电弓之间不能设置电连接。受电弓在车辆上的布置如图 7-40 所示。

图 7-40 的受电弓布置与图 7-37 和 7-39 的中性段方案兼容。

对于图 7-36 和 7-38 的解决方案，受电弓的布置应得到接触网管理部门的同意，条件是 $L'=L_1<400$ m、$L''=L_2>143$ m。

不应该把中性段设置在长大坡道线路上，也不应该在电气列车通常停车的位置或大电流牵引的地方设置中性段，如接近火车站或信号机的区段，这样的地方有可能会使电气列车停下来。如果电气列车因失电而在中性区内停车，可将中性段与架设在行驶方向上的接触悬挂临时连接，以便停在中性段的电气列车依靠自己的动力驶出中性段。

有多条线路并行的情况下，中性段应尽量设置在紧邻馈电上网点处，避免架设过长的馈电线。

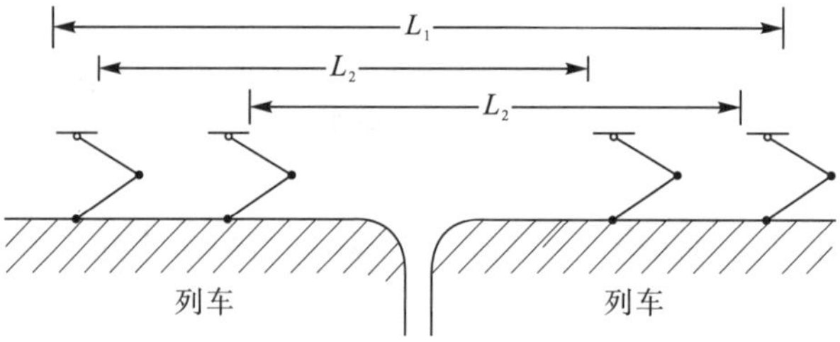

图 7-40　受电弓在车辆上的布置

10）绝缘间隙与绝缘子

接触网带电体与接地体（包括大型建筑物、机车车辆、扩大货物等）之间的空气绝缘距离，称为绝缘间隙。

接触网绝缘间隙是接触网绝缘配合的的重要内容。就整体电气化铁路而言，如果接触网的绝缘间隙过大，则必然提高电气设备的耐压等级及水平，造成投资过大；如果绝缘间隙过小，则必然导致绝缘间隙击穿，造成不稳定运行。

确定合理的绝缘间隙，应考虑接触网的工作电压和其他影响空气击穿的因素。选择空气绝缘的原则，一是能经受住在空载条件下具有脉冲性质的操作过电压；二是能在任何恶劣的气候条件下不发生事故，以保证接触网良好的工作状态。在确定绝缘间隙时，除了考虑电压的变化外，还应考虑气象条件的变化、受电弓的抬升以及施工误差等原因造成绝缘间隙的变化。绝缘间隙还应保证在任何运营条件下，消除在接地零件上发生闪络的可能性。在考虑了这些因素后，应力求缩小绝缘间隙的数值。

应该对接地体与接触网带电体或接地体与供电线之间的空气绝缘间隙进行规定，以减少接触网或接地基础设施的损害并确保安全。

在重度污染地区，应加大接触网带电体与结构物或接触网带电体与机车（动力车）车辆之间的空气绝缘间隙。

上述空气间隙的“静态”值和“动态”值是不同的，其区别通过概率统计的方法而不是物理的方法进行确定。例如，当受电弓通过隧道某处很窄小的空间时，在这个非常短的瞬间是否会产生一个冲击过电压，不一定必然发生。对于诸如此类的这些“动态”情形，就需要在静态空气绝缘间隙的基础上进行调整。根据 EN50119-2002，接触网带电体距接地体之间的空气绝缘间隙应满足表 7-1 的要求；不同电压相位的接触网相邻导体之间的空气绝缘间隙应满足表 7-2 的要求。

表 7-1　空气绝缘间隙

电压	空气绝缘间隙推荐值	
	静态/mm	动态/mm
DC750 V	100	50
DC1.5 kV	100	50
DC3.0 kV	150	50
AC15 kV	150	100
AC25 kV	270	150

根据各种参数的不同取值，表 7-1 中给出的空气绝缘间隙推荐值可以增大或减小。例如，这些参数是空气绝对湿度、环境温度范围、大气压力、相对空气密度、带电体和接地的结构物［参见欧洲标准：铁路机车车辆上的设备装置（EN50125）］这两种物体的形状和材质。但是，上述每种情况都宜逐个进行考虑。

绝缘子除了对接触网不同电位的导体或导体与地电位进行电气隔离外，还需要承受带电系统产生的机械荷载作用。

既有用在水平拉杆和腕臂上的绝缘子，也有用在下锚点、轮式补偿器、中心锚结、分段绝缘器和软、硬横跨等处的绝缘子。这些部件的绝缘子有可能只受到拉力或压力的作用，也有可能同时受到拉力、压力以及弯曲力的共同作用，接触网的设计应考虑到各种作用力和当地环境条件对绝缘子的共同影响。

表 7-2　交流制式电气化铁路接触网不同相带电体之间的空气绝缘间隙推荐值

标称电压/kV	电压相位差	线电压/kV	空气绝缘间隙推荐值	
			静态/mm	动态/mm
25	120 度	43.3	400	230
25	180 度	50	540	300

接触网的绝缘子种类众多，按外形可分为悬式绝缘子和棒式绝缘子；按材质可分为瓷质绝缘子、玻璃钢绝缘子和复合绝缘子。在图 7-41（a）所示的接触网中，下锚支选用了棒式复合绝缘子，腕臂选用了棒式瓷质绝缘子；图 7-41（b）所示的接触网除选用了棒式瓷质绝缘子外，还使用了悬式玻璃钢绝缘子（平拉杆与加强线）。

架空接触网系统设计时，应按照空气污染等级和相关要求确定绝缘子的泄露距离。绝缘子的外形和结构尺寸应根据该绝缘子的机械性能和电气性能、绝缘表面憎水能力和防污染能力以及与给定连接零部件的兼容适配性要求确定。

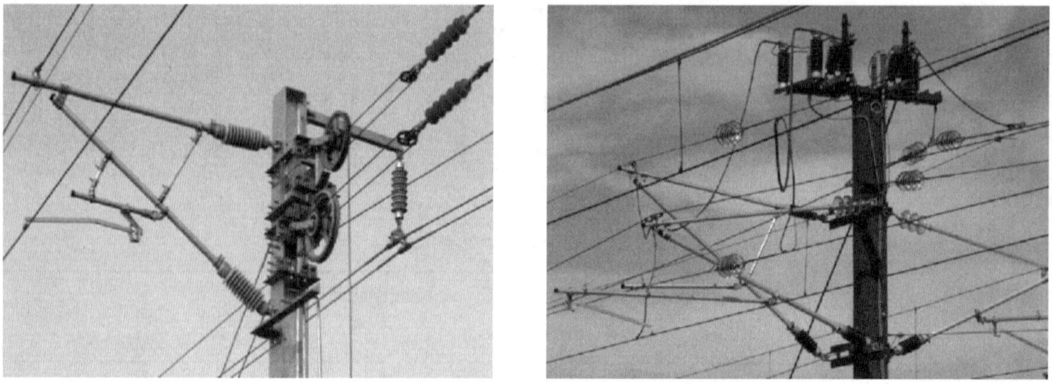

（a）棒式瓷质绝缘子与棒式复合绝缘子　　（b）棒式瓷质绝缘子与悬式玻璃钢绝缘子

图 7-41　接触网的绝缘子

EN50119-2009 标准规定，绝缘子的抗拉强度不得小于连接线索所要求抗拉强度的 95%，作用于绝缘子上的最大工作张拉力不得大于该绝缘子抗拉强度的 40%，绝缘子的最大工作弯曲应力不得大于该绝缘子最大允许弯曲应力的 40%。此外，还可以根据绝缘子的变形指标参数要求对最大工作弯曲应力进行限定。

对于承受或可能承受扭转应力的绝缘子，其允许扭转应力应在系统设计时予以规定，并与绝缘子所承受的其他应力一起进行测试。

设计时所选用的绝缘子及其终端连接件均应能够承受设计荷载作用下、任意方向的相对扭转运动。

除满足上述一系列要求外，绝缘子的终端连接件还应符合连接零部件的相关规定。弓网系统的设计还应对绝缘子的周期性保养和特殊维护保养措施予以规定。

7.3　受电弓与接触网的相互作用

7.3.1　几何特性

弓网几何参数相互匹配是弓网相互作用的基本内容，不同类型的弓头几何外形所要求的接触网几何参数也不同。

既定受电弓的弓头几何外形是新建接触网几何参数选取的主要依据。受电弓的几何特性应能适应既有接触网的几何特性要求。

电气列车能够到达的地方就是受电弓需要到达的地方，也是接触网应该布置的地方。受电弓与接触网相互作用的基本要求：接触线在充当配电线路的同时又是受电弓的滑道，只有接触线不离开受电弓的工作范围与弓头的工作才能使弓网系统顺利运行。

接触线在空间的位置可以使用横向参数与垂向参数来表征。如以与线路垂直的轨顶面连线方向为横轴、以轨顶面连线的垂直中心线为纵轴建立平面直角坐标系，则接触线在坐标系中的横坐标为横向参数、纵坐标为垂向参数。

为了使电气列车在规定的运行范围内实现互联互通，需要在受电弓几何特性确定的前提下确定接触线在空间的横向参数和垂向参数，以便接触线在线路上方的位置能与受电弓的几何特性相匹配。

定位器是接触线悬挂点的主要部件，定位器的自然状态由其所受的外力决定。受电弓通过定位点时，会引起定位点处接触线升高，定位器的状态也会相应变化。任何情况下，定位器均不得侵入受电弓的运行范围，以免成为受电弓滑道上的障碍。

锚段是接触网的基本结构和功能单位。在锚段关节处，受电弓应能从一个锚段的接触网平稳地滑行到另一个锚段的接触网上。

道岔上方的接触网是在紧缩有限的空间内布置的，接触网的平面布置应确保受电弓在正线及侧线等各个方向均能安全通行，而平面布置的原则又取决于道岔的类型、弓头的几何外形以及受电弓通过道岔的速度等。

当相邻区段的接触网分别由不同相位的电源供电时，应插入一个不带电的中性段作为电气分隔。中性段分开相邻区段接触网的方式应确保受电弓经过时不会造成短路。

受电弓与接触悬挂的运行空间应位于机车车辆限界之外、建筑限界之内，而处于落弓位置的受电弓不得超越机车车辆的限界。

1）限界

机车车辆必须有一个安全的运行空间，因此，应该对机车车辆和接近线路的建筑物、设备规定一个不允许超越的轮廓尺寸，也就是限界。可以说，限界就是合理的空间。

限界是保障列车安全运行、限制机车车辆断面尺寸、限制沿线设备安装尺寸以及确定建筑结构有效尺寸的依据。

根据不同的功能要求，限界又分为建筑限界和机车车辆限界。

建筑限界是一个和线路中心线垂直的横断面，规定了保证机车车辆安全通行所必需的横断面的最小尺寸。凡靠近铁路线路的建筑物及设备，其任何部分都不得侵入建筑限界之内，但与机车车辆相互作用的设备除外。

机车车辆限界是机车车辆横断面的最大极限。当机车车辆停留在平直的轨道上，车体的纵向中心线和线路的纵向中心线重合时，其任何部分不得超出规定的极限轮廓线。所以机车车辆并不是越高越宽越好，尽管高而宽的车辆可以装更多的货物、可以拉更多的旅客。

由于需要与机车车辆处于工作状态的受电弓产生相互作用，作为基础设施的接触悬挂需要安装在机车车辆限界之外、建筑限界之内。为避免电气绝缘间隙被击穿，架空接触网与机车车辆和其他非高压固定设施的距离在任何情况下均不得小于规定的电气绝缘间隙。

沿接触网滑行的受电弓必须有适用的运行空间，这一空间应位于机车车辆限界之外、建筑限界之内，处于落弓位置的受电弓不得超越机车车辆的限界。

中国铁路的机车车辆上部限界如图 7-42 所示。

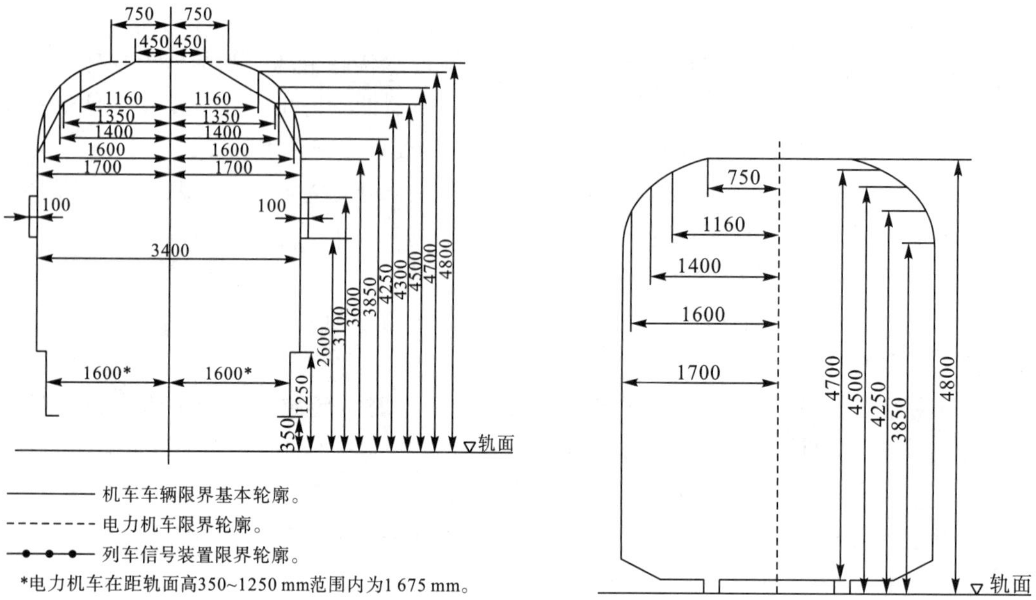

(a) $v<200$ km/h (b) $v\geqslant200$ km/h

图 7-42　机车车辆上部限界(单位：mm)

中国铁路双层集装箱运输装载上部限界如图 7-43 所示。

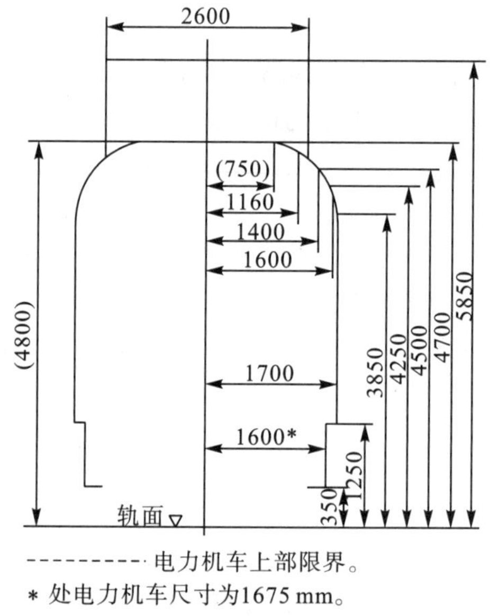

图 7-43　双层集装箱运输装载上部限界(单位：mm)

中国铁路的基本建筑限界分别如图 7-44～图 7-47 所示。

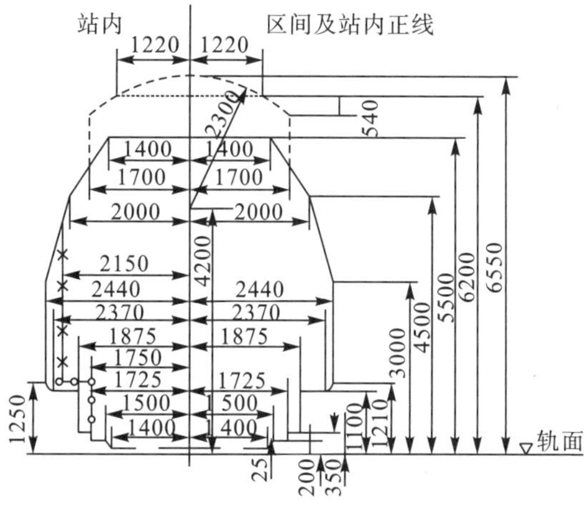

—×—×—×— 信号机建筑限界（正线不适用）。
—○—○—○— 站台建筑限界（正线不适用）。
———— 各种建筑物的基本限界。
- - - - - - 适用于电力牵引区段的跨线桥、天桥及雨棚等建筑物。
·········· 电力牵引区段的跨线桥在困难条件下的最小高度。

图 7-44　客货共线铁路基本建筑限界(单位：mm)

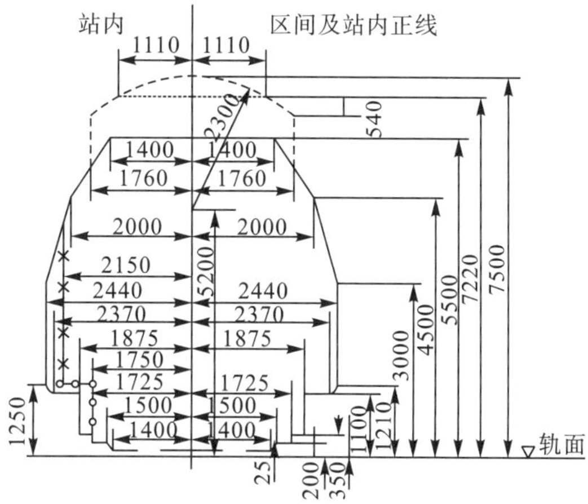

—×—×—×— 信号机建筑限界（正线不适用）。
—○—○—○— 站台建筑限界（正线不适用）。
———— 各种建筑物的基本限界。
- - - - - - 适用于电力牵引区段的跨线桥、天桥及雨棚等建筑物。
·········· 电力牵引区段的跨线桥在困难条件下的最小高度。

图 7-45　客货共线铁路基本建筑限界

（160 km/h<v≤200 km/h）（单位：mm）

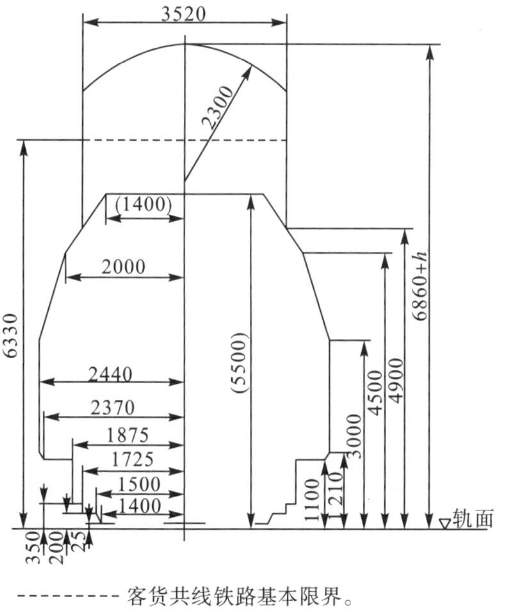

- - - - - - 客货共线铁路基本限界。
·········· 接触网导线的最低调度为6330 mm。
h为接触网结构高度。弹性悬挂时，200 km/h地段为1 100 mm，16 km/h及以下地段为700 mm；采用刚性悬挂，结构高度另定。

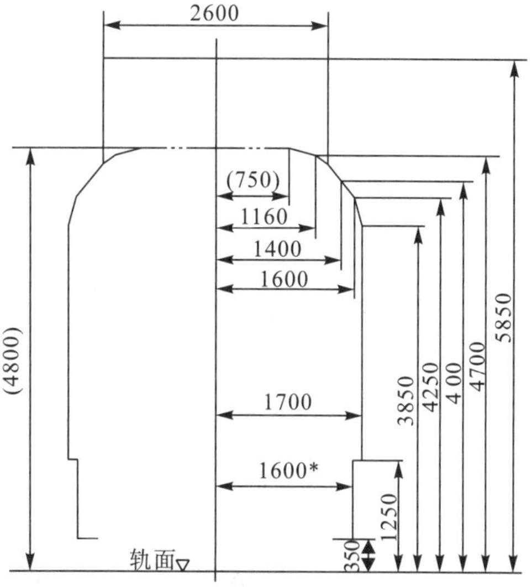

-·-·-·-·-· 电力机车上部限界。
*处电力机车尺寸为1675 mm。

图 7-46　双层集装箱运输基本建筑限界（电气化区段）（单位：mm）

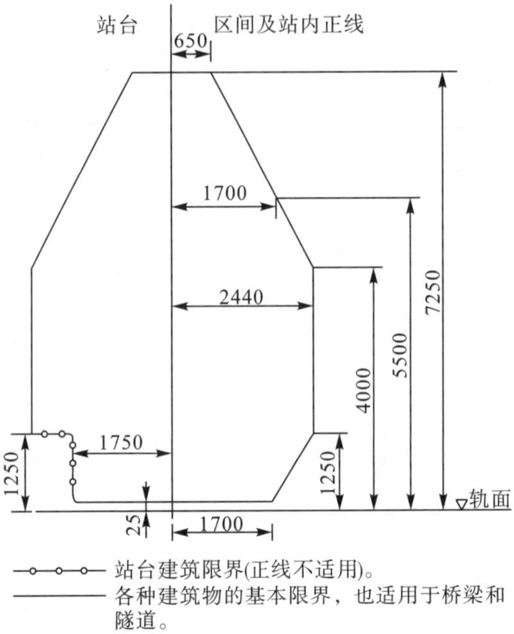

图 7-47 高速铁路建筑限界（200 km/h≤v≤350 km/h）（单位：mm）

2）受电弓和接触悬挂区域

如果因架空接触悬挂断线或带电受电弓移位导致铁路附近的电气设备部件带电，且电位接近或达到接触网的电位时，可能会发生特别严重的事故，这就要求设定受电弓区和接触悬挂区，使接触网断线或带电受电弓移位时不会超出这个范围。在该区域内，对因接触网断线导致与设备的接触、断裂或移位受电弓与带电部件的接触等可能出现的状况进行了假设。图 7-48 为 IEC62128-1 规定的受电弓和接触悬挂区域。

在图 7-48 中，HP 是所有运行条件下带电导线在轨道平面上方的最高点。架空接触悬挂区的范围垂直向下延伸到轨道平面下方的大地或桥梁表面。

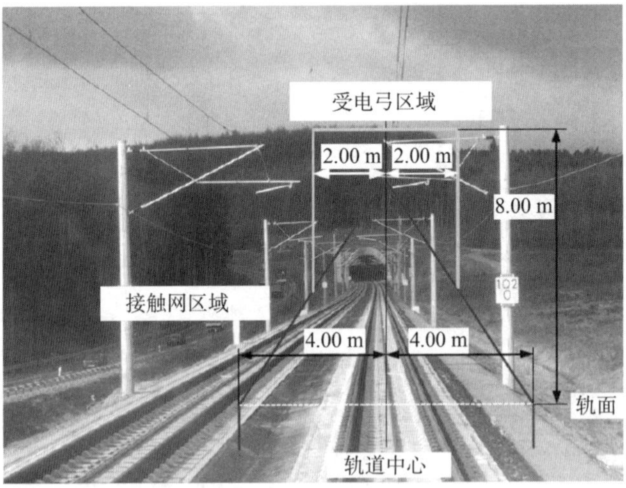

图 7-48 受电弓与接触悬挂区域

3）受电弓的几何特性

受电弓的几何特性通过受电弓的工作范围、弓头的几何外形、滑板长度、弓头宽度、受电弓的动态包络线以及弓头的倾斜等主要参数来表征，集流受电弓的最大和最小间距则是与车辆相关的几何特性。

（1）受电弓的工作范围。

受电弓上部工作位置高度和下部工作位置高度之差称为受电弓的工作范围。图 7-49 中的 H 为 SSS400＋型受电弓的工作范围。以落弓位置为基准，下部工作位置高度为 $H_{min}=300$ mm，上部工作位置高度为 $H_{max}=2400$ mm，工作范围 $H=H_{max}-H_{min}=2100$ mm。

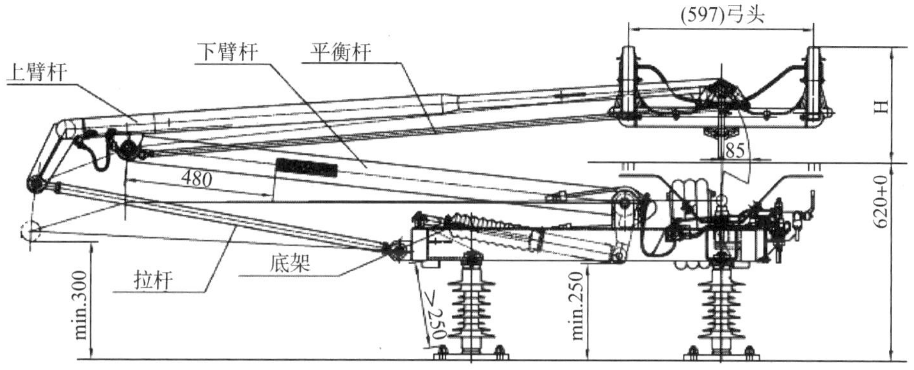

图 7-49　SSS400＋型受电弓的工作范围

如果受电弓的安装平台距轨平面高度为 4000 mm，则处于落弓位置受电弓的滑板高度为 4620 mm，下部工作位置高度为 4920 mm，上部工作位置高度为 7020 mm。

（2）弓头的几何外形。

中国高速动车组的受电弓弓头几何外形遵循 UIC608（国际通用受电弓标准）附件 4a 的规定，外形尺寸如图 7-50 所示。弓头总长度为 1950 mm，弓头的工作范围是指弓头总长度减去至少 2 mm×200 mm 后所得到的数值。在正常运行情况下，接触线应总是处于弓头的工作范围内。

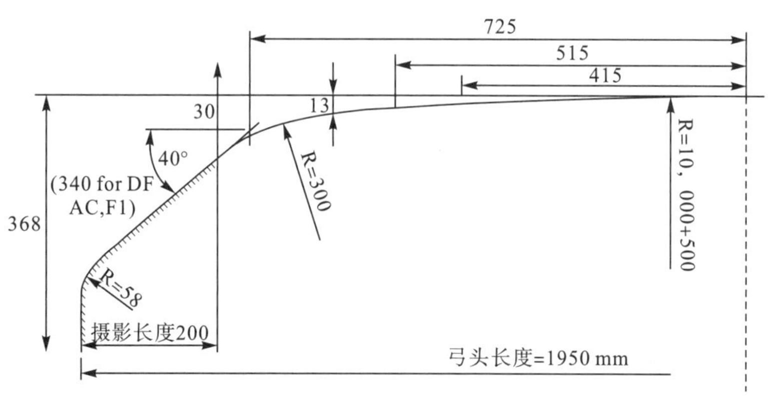

图 7-50　UIC608 附件 4a 规定的 1950 mm 弓头几何外形

图 7-51 为 SSS400+型受电弓弓头的几何外形，滑板总长度为 1576 mm，工作面呈现为 $R=10$ m 的圆弧形状。

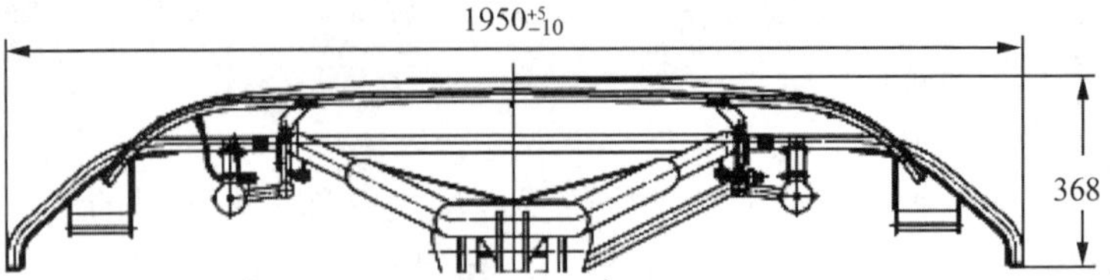

图 7-51 SSS400+型受电弓弓头的几何外形

为改善受电弓的动态性能，弓头与弓头支持装置之间通常需要安装弹性元件，因此，接触线作用在弓头纵向中心线以外的地方时，弓头会产生不同程度的倾斜，当然，倾斜值不应超出容许的范围。

各国电气化铁路均根据各自的情况选用受电弓弓头的几何外形。几何外形越小，接触线在弓头上的往复运动范围就越小，允许的接触线横向偏移就越小；几何外形越大，接触线在弓头上的往复运动范围就越大，允许的接触线横向偏移就越大。低速铁路的接触网通常根据接触线在弓头上允许的横向偏移决定跨距的大小，允许的横向偏移越大，接触网的跨距就越大，这对降低接触网的投资很有效。但这些经验对高速接触网的设计已不适用，因为高速接触网除需要考虑跨距对接触线横向偏移的影响外，还要着重考虑跨距对接触网弹性及弹性不均匀系数的影响。

4）架空接触网的几何特性

架空接触网的几何特性可以通过接触线高度、接触线坡度、侧风作用下接触线横向偏移、接触线在定位点处的抬升以及中性段的长度等参数来表征。

可以使用横向参数和垂向参数对接触线在空间的位置进行确定。横向参数是相对于弓头的纵向中心线（又称轨道平面的垂直中心线）而言，主要包括定位点处接触线的横向偏移、侧风作用下接触线在跨中的横向偏移等；垂向参数则以轨平面为基准，主要包括接触线高度、接触线坡度以及定位点处的接触线抬升等。

接触线的垂向参数应在定位点、每根吊弦点或最低点处测量，接触线的横向参数则应在偏离轨平面垂直中心线最远处测量。

需要注意的是，直线区段的轨平面与水平面重合，曲线区段的轨平面与水平面不重合，若在曲线处测量接触线的空间位置参数，以轨平面为基准的测量结果与以水平面为基准的测量结果并不相同。

（1）接触悬挂相对于弓头纵向中心线的布置方法。

为了避免滑板局部被接触线过度磨耗，连续定位点处的接触线应分别向弓头纵向中心线两侧布置，使接触线沿运行中的受电弓滑板作往复运动。

在直线或大半径的曲线区段，接触线在定位点处相对于弓头中心线的偏移称为“之”字值。

在半径较小的曲线区段，定位点处的接触线均朝曲线外侧布置成折线形状，折线顶点距弓头纵向中心线的距离为拉出值。

通常，将“之”字值和拉出值统称为拉出值。对城市轨道交通使用的双接触线悬挂而言，距弓头纵向中心线较远的那根接触线的横向偏移称为拉出值。

（2）拉出值的确定。

在进行接触网平面布置设计时，在定位点处应标明接触线拉出值的大小和方向。拉出值的确定应遵循以下原则。

①任何情况下，接触线的最大横向偏移不得超出弓头的有效工作范围。

②应从咽喉区开始布置和确定拉出值。

③应将定位器的坡度控制在允许范围内。

（3）接触线高度。

接触线应始终处于车辆的动态包络线之外，同时还要兼顾接触网的最小空气绝缘间隙、受电弓的下部工作位置高度与上部工作位置高度，除避免接触线与车辆之间产生电弧外，还应确保升起的受电弓能与接触线可靠接触。

接触线高度是指轨道平面与接触线下表面的垂直距离。通常，接触线高度应在接触线定位点、每根吊弦点和接触线最低点处进行测量。为确保接触线高度处于允许的范围内，需要对接触线高度最小值、最小设计值、最大设计值以及标称值进行规定。

①接触线高度最小值。

据第 7.3 节可知，中国铁路机车车辆的限界高度为 4800 mm，超限货物列车装载高度分为三级，一级超限装载货物的高度为 4950 mm，二级超限装载货物的高度为 5000 mm，三级超限装载货物列车的最大装载高度为 5300 mm。

随着中国与世界其他国家的货物交流日益增多，双层集装箱的使用范围越来越广泛，这就要求部分线路在进行电气化改造时，接触线高度的取值应考虑到双层集装箱货物列车的限界要求，而双层集装箱货物列车的装载高度为 5850 mm。

中国电气化线路规定：接触网带电部分至货物列车装载高度的空气绝缘间隙不应小于 350 mm。为满足货物列车的运行需求，接触线高度最小值应符合以下规定。

（a）净空符合《标准轨距铁路建筑限界》（GB146.2）“隧限-2A”及“隧限-2B”的要求，隧道内为 5700 mm，困难情况下不应小于 5650 mm，以确保 5300 mm 装载高度的超限货物列车在接触网有电时通过。

（b）净空不符合《标准轨距铁路建筑限界》（GB146.2）“隧限-2A”及“隧限-2B”规定的，隧道内为 5370 mm（5300 mm 装载高度的超限货物可在接触网无电时通过，5000 mm 装载高度的超限货物列车可在接触网有电时通过）。《铁路技术管理规程》规定，既有线电气化改造时，困难区段可取为 5330 mm。

（c）一般中间站和区间为 5700 mm。

（d）编组站、区间站及配有调车组的中间站内为 6200 mm。如该站已建成的天桥的下方无法满足该高度要求，经批准后可降为 5700 mm。

（e）运行速度超过 300 km/h 的高速铁路不宜小于 5150 mm，而且不考虑超限货物列车运行要求。

②接触线高度最小设计值。

为确保完全满足接触线高度最小值要求，接触网设计时考虑了多种不利因素后得出的接触线高度理论计算值称为接触线高度最小设计值。

接触线高度最小设计值是在接触线高度最小值的基础上，考虑到导致接触线高度减小的各种不利因素后得出的。选取接触线高度最小设计值时应考虑的不利因素包括如下。

（a）轨道的横向不平顺。

（b）接触线的施工安装偏差。

（c）接触线的振动。

（d）接触悬挂线索的覆冰。

（e）接触悬挂线索的张力变化。

③接触线高度最大设计值

考虑到各种不利因素后确定的、不大于受电弓上部工作位置高度的接触线高度称为接触线高度最大设计值。选取接触线高度最大设计值时应考虑的不利因素包括如下。

（a）受电弓作用导致的接触线振动。

（b）接触线的施工安装偏差。

（c）接触线磨损后导致的位置上升。

（d）接触悬挂线索张力变化而导致的接触线位置上升。

接触线高度最大设计值是依据受电弓的工作范围确定的，顾及到接触线可能出现的最大负弛度及保证必要的弓网接触力，规定接触线高度最大设计值不得大于 6500 mm。

④标称接触线高度

标称接触线高度是指在定位点处的接触线与轨道平面的垂直距离，可以在接触线高度最小设计值与接触线高度最大设计值之间自由选取。

选取标称接触线高度时应考虑到接触线弛度对接触线高度带来的影响。在最大正弛度时，标称接触线高度不应小于接触线高度最小值；在最大负弛度时，标称接触线高度不应大于接触线高度最大设计值。

为满足上述要求，标称接触线高度的取值如下。

（a）一般区间及中间站为 5800～6000 mm。

（b）编组站、区段站及配有调车组的中间站为 6200 mm，特等站、大站为 6400～6450 mm。

（c）运行速度超过 300 km/h 的高速铁路为 5300 mm。

接触线高度最小值、最小设计值、最大设计值、标称值之间的关系如图 7-52 所示。

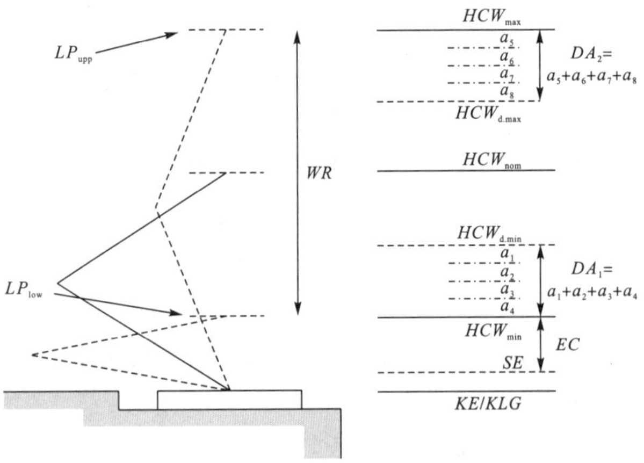

图 7-52 接触线的高度

LP_{upp}——受电弓的上部工作位置高度；

LP_{low}——受电弓的下部工作位置高度；

WR——受电弓的工作范围；

KE/KLG——动态包络线；

SE——伸展包络高度；

EC——电气间隙；
HCW_{min}——接触线高度最小值；
HCW_{max}——接触线高度最大值；
$HCW_{d,min}$——接触线高度最小设计值；
$HCW_{d,max}$——接触线高度最大设计值；
HCW_{nom}——标称接触线高度；
DA_1——超过最小接触线高度的设计偏差；
a_1——轨道的垂直误差；
a_2——接触线向下的安装误差；
a_3——接触线向下的动态位移；
a_4——导体温度和冰负载的影响；
DA_2——低于最大接触线高度的设计偏差；
a_5——轨道的垂直误差；
a_6——接触线的动态位移；
a_7——接触线向上的安装误差；
a_8——由于磨耗和温度变化导致接触线向上的抬升。

6.3.2 材料接口特性

受电弓的滑板与接触网的接触线等接触材料直接接触，接触材料的磨耗以及接触点的允许电流很大程度上依赖于两者的材料组合。另外，应用场合不同，对接触材料的要求也不同，为适应不同的运行工况，种类繁多的接触材料便应运而生。

弓网相对静止不动时，要求接触点的电阻要低而稳定，避免过热；弓网滑动接触要求接触材料具有较强的抵抗摩擦磨损的能力；弓网离线时，除要承受弓网振动、水平冲击等机械作用外，接触材料还应具备耐受电弧热侵蚀的能力。

在弓网系统的运行过程中，滑板和接触线相对静止、滑动与离线等情况往往交替、伴随发生，产生的问题与现象既相互区别、又相互联系，这也是研究和开发接触材料的难点所在。

为了优化高速接触网设计的动态特性，就需要增加接触线的应力。除能够抵抗源自外界的水平冲击外，高速受电弓的滑板应具有较小的体积和质量，以使受电弓具备较佳的动态性能。与此同时，接触材料的磨耗也应尽可能低，便于实现所期望的运行寿命。

为了使电弧或焦耳热源产生的热量尽快散发，避免温升过高，接触材料还应具有较好的热传导性能。

概括而言，滑板和接触线等接触材料应具备适用的机械性能、电性能以及热性能。

滑板和接触线的磨耗以及接触点的允许电流很大程度上依赖于两部件的材料组合。

滑板和接触线的使用寿命基本取决于以下几方面。

(1) 弓网接触力。

(2) 制作滑板和接触线的材料。

(3) 每架受电弓滑板的数量和制作尺寸。

(4) 通过滑板与接触线接触点的电流。

(5) 电气列车的速度。

(6) 线路处于隧道或区间的环境系数等。

处于停车状态时的电气列车，受电弓以静态接触力作用于接触线，弓网静态接触电阻仅与滑板和接触线的材料有关，车内辅助设施所需要的电流通过弓网接触点时，发热引起的接触温升与接触材料的电阻率之和成正比。

受电弓沿接触线滑行时，弓网接触力出现波动，运行速度越高，波动的范围越大。滑动过程中，滑板与接触线呈现出机械摩擦与电气磨损行为，并可能伴随出现燃弧现象。

金属、碳和浸金属碳已经用做滑板的材料，铜与铜合金已成为接触线的主要材料，各种不同材料的滑板和接触线组合，其相互作用的机理明显不同。弓网材料组合的首要原则是弓网静态接触电阻要满足取流量要求。接触电阻过高，则电气列车在静止取流或起动时，容易造成弓网接触点的温度升高过快，当温度达到滑板和（或）接触线的软化点和熔化点时，滑板和（或）接触线就会软化和熔化。

粉末冶金滑板材料是金属体，其电阻率仅高于钢滑板，硬度和强度也较高，在实际线路的接触网下运行时，由于金属类滑板和接触线材质相近，与接触线亲和力强，加之自润滑性能的局限性，无论是与之匹配的接触线还是滑板自身，两者的磨耗均比较严重。为了改善滑板与接触线的摩擦条件，可在粉末冶金滑板上添加润滑剂。润滑剂有润滑油（脂）和固体润滑剂两种。由于润滑油（脂）易硬化和被水冲掉，在高温情况下易挥发和失效，飞散的黄油对车顶设备造成污染，导致车顶支持绝缘子的电气绝缘强度下降，所以常选择在粉末冶金滑板上加装固体润滑剂（如石墨、石蜡）。

金属滑板比同样体积的碳滑板要重得多，会对受电弓的动态性能带来不利影响。直流电气化铁路电压低，电气列车取流量大，为避免弓网接触点出现过热，有时又不得不采用金属滑板。

碳和石墨带来光滑的表面，没有任何粗糙成分磨损接触线。碳滑板已被证明特别适用于铜及铜合金接触线。碳滑板自润滑性能及耐电弧性能好，能满足高速弓网系统的动态需求和延长弓网系统使用寿命的要求，但碳滑板的导电性能差，需要提防静态接触温升对接触线的热侵蚀，避免引起接触线的局部温度超过允许限度。另外，碳滑板机械强度较差，在遭遇机械碰撞时容易破碎。为避免碳滑板损坏后的受电弓继续运行，受电弓需要安装 ADD，一旦滑板严重破损，ADD 可快速将受电弓降下，避免弓网故障范围扩大。

目前，中国高速铁路使用的接触线主要采用铜合金材料，与之匹配的滑板使用纯碳材料。尽管纯碳滑板的电阻率是所有滑板中最高的，但由于接触网电压为 AC25 kV，弓网系统仍能满足高速列车的集电需求。此外，比重较小的碳滑板有利于弓网动态性能的提升，但其脆弱性却对接触网的设计与施工质量提出了更高要求。

中国城市轨道交通的架空接触线主要是铜或银铜合金材料。由于地铁列车采用直流供电，电压较低，通过弓网接触点的电流较大，这就造成高电阻率的碳滑板无法适用于地铁列车的受电弓。浸金属碳滑板既具有粉末冶金滑板机械强度高、电阻率小的特点，又具有纯碳滑板对接触线磨耗小、在接触线摩擦表面易形成润滑膜和熄弧性强的优良性能，在地铁中与银铜合金导线的组合是一个比较合理的选择。

实践经验表明，金属滑板引起的接触线磨损率几乎是碳滑板的 10 倍。如果碳滑板和金属滑板在同一接触线上混合运行，会形成不同的接触线表面结构，使接触线和碳滑板的磨损率均明显加剧。出于这种原因，禁止在同一接触网区段既使用碳滑板，又使用金属滑板。

为了满足互联互通需要，有些电气列车不得不安装多架不同滑板材料的受电弓，以匹配运行区段内的多种供电制式或多种材料的接触线，如意大利 ETR500 型高速电气列车的牵引单元上就安装了两种滑板材料的受电弓，如图 7-53 所示。ETR500 电气列车碳滑板材料的受电弓在 AC25 kV 区段使用，铜滑板材料的受电弓在 DC3 kV 区段使用。在 DC3 kV 高速区段，列车的两个牵引单元需要同时升起各自的铜滑板材料受电弓与铜接触线接触集取电流。两架受电弓的距离为 320 m，前弓的静态接触力为 160 N，后弓的静态接触力为 200 N，直流区段的接触线约 3 年更换一次。

图 7-53　意大利高速电气列车牵引单元上的受电弓

（在 DC3 kV 区段升起的受电弓使用铜滑板，处于落弓位的受电弓使用碳滑板）

铜包钢接触线在初始阶段可以与碳滑板良好匹配，这与纯铜接触线与纯碳滑板的匹配没有什么区别。但接触线被磨损到钢芯外露时，裸露的钢芯会导致碳滑板快速磨损。

在某些使用钢铝或铝包钢复合接触线的电气化线路上，电气列车的受电弓如果使用碳类滑板，滑板会快速磨损。宜采用铁基粉末冶金滑板与此类接触线相匹配。

7.3.3　动态相互作用特性

受电弓与接触网的动态相互作用性能依赖于受电弓和接触网的设计方案及大量的参数，当电气列车由普通速度提高到高速运行时，受电弓与接触网的动态相互作用显得极为重要，因为与弓网动态性能密切相关的电能传输是限制实现最高速度的一个因素。

受电弓与接触网属于两个相互独立的振动子系统，这两部分具有各种不同的质量模块、弹性系数、衰减系数和固有频率，并且通过弓网接触力耦合在一起。由于接触网具有弹性，在受电弓作用到接触网上时就使接触线产生一定的抬升量。实际上，沿接触网锚段变化的弹性导致受电弓周期性上下振动，而振动幅度又与抬升力相关。

随着电气列车运行速度的提高，动态部件对弓网接触力的影响越来越大，弓网接触力的动态范围也越来越大，弓网振动引起的接触线抬升也会相应增加。

弓网接触力和接触线抬升是表征弓网动态相互作用性能的核心参数，可以用来对弓网接触质量进行评估。

对弓网系统的动态性能进行计算机仿真，既能证明弓网系统各种参数的作用，还可以对不同弓网系统的动态相互作用性能进行评估与对比。

弓网系统（特别是接触网）的投资很高，故期望其能达到使用寿命长、少维修的目标要求。检测既有弓网系统的动态性能参数可作为评估弓网系统性能的一个方法，同时也是一种对弓网系统进行技术诊断的途径。

弓网动态性能计算机仿真与参数测量是研究弓网动态特性的必要手段，仿真系统与测量设备需要经过严格的确认才能令人信服。

受流质量的参数数据应采用平均接触力和接触力的标准偏差来表征，或通过单位时间的（受电弓）离线来表征。

平均接触力减去 3 倍的接触力标准偏差后的值应大于零。

当“接触网——受电弓系统”计算机仿真模拟的接触力取样间距为 0.2 m 时，规定离线率（the percentage loss of contact）应小于 1%。如果一列车有多架受电弓，那么每架受电弓的受流情况都应进行评估。

7.3.4 电接触特性

电接触是指两个导体相互接触，并通过接触界面实现电流传输时所产生的物理、化学现象的统称。

靠两个导体相对静止不动而维持的电接触称为静态电接触，靠两个导体滑动接触而维持的电接触称为滑动电接触，如果电接触的产生或消除导致两导体之间的电流接通或分断，则称为可分离电接触。

静态电接触的主要问题是接触电阻、接触温升和接触熔焊；滑动电接触的主要问题是导体之间的摩擦磨损和润滑；可分合电接触在工作期间则会出现电火花或电弧，电弧的热等离子体与接触材料相互作用，会带来比静态电接触和滑动电接触严重得多的问题。各种电连接、电机电刷以及开关触头等电气设备均无法回避这些电接触问题，弓网接触点也不例外，更有甚者，弓网系统涵盖了所有电接触的问题。

在架空接触网设施的损坏中，有相当比例是弓网接触点不良电气接触形成的短期热效应造成的，焦耳热或电弧对接触材料带来热侵蚀，导致接触线损坏的过程又往往伴随着接触线的局部再结晶和形成孔洞及凹痕。

弓网系统在静止或移动接触中传输能量，滑板与接触线的机械摩擦和电气磨损伴随着弓网系统的运行而产生作用，这在很大程度上决定着弓网系统的运行寿命。

1）受电弓与接触网的静态电接触

（1）静态电接触的特点。

两个导体的电接触形式包括点接触、线接触和面接触，如图 7-54 所示。

电气列车停车时，受电弓与接触网相对静止不动，滑板与接触线表现为静态的线接触。无论如何加工、打磨及运行过程中的相互摩擦磨损，接触部分在微观上总是凸凹不平的，如图 7-55 所示。即使有很大的弓网接触力使滑板与接触线相互压紧，也只有少数的点（或小面）发生了实际的接触，这些实际接触的点（或小面）承受着全部的弓网接触力。

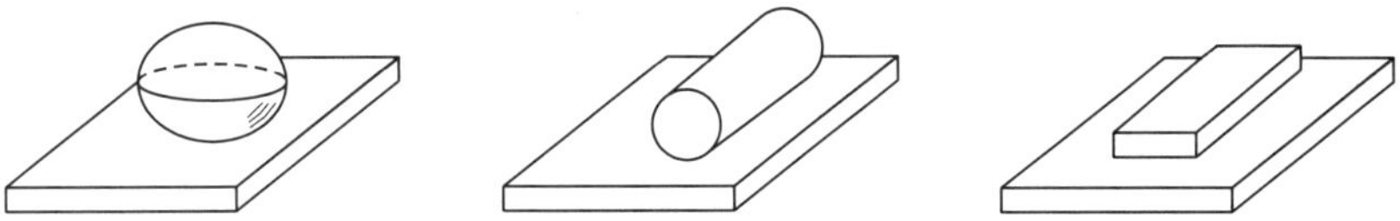

（a）点接触　（b）线接触　（c）面接触

图 7-54　电接触形式

由于滑板和接触线的表面一般都覆盖着一层导电不良的氧化膜或其他种类的杂质，因而在实际接触的点（或小面）内，只有少部分膜被压破的地方才能形成电的直接接触，电流实际上只能从这些更小的接触点通过（图 7-56）。通常把实际发生机械接触的点（或小面）称为接触斑点，把接触斑点中那些形成了金属或准金属接触的更小面（实际传导电流的面）称为导电斑点。

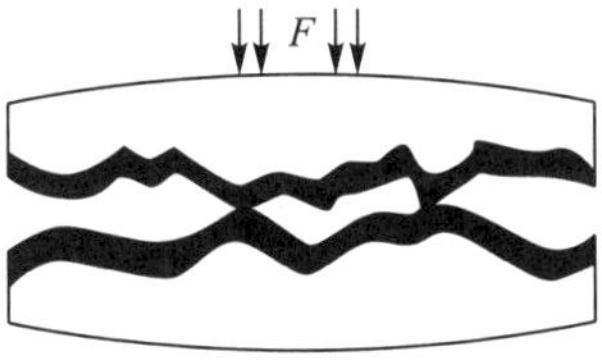

图 7-55　滑板与接触线接触斑点

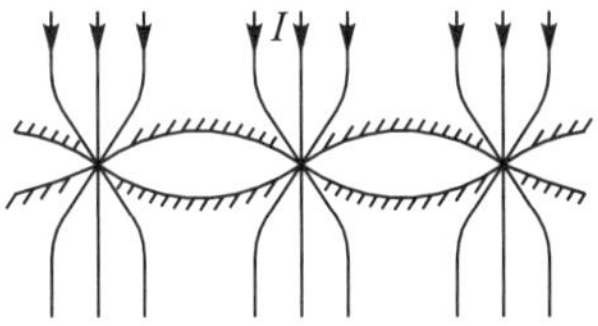

图 7-56　电流经过导电斑点

（2）弓网系统静态接触电阻。

电气列车所需的电流从滑板和接触线之间的导电斑点流过，电流线在导电斑点附近发生收缩，造成电流流过的路径增长，有效导电面积减小，因而出现局部的附加电阻，称为收缩电阻。如果电流经过的导电斑点不是纯金属接触，而是存在可导电的表面膜，则还存在另一附加电阻，称为膜电阻。这两部分电阻表现为串联，相加后的总电阻即为弓网静态接触电阻。若略去较小的膜电阻，弓网静态接触电阻 R_C 为

$$R_{\mathrm{C}}=\frac{\rho_1+\rho_2}{4}\sqrt{\frac{\pi H}{F}} \tag{6-5}$$

式中，R_{C} 为单个导电斑点的收缩电阻（Ω）；ρ_1、ρ_2 分别为滑板和接触线的电阻率（Ω·m）；H 为滑板与接触线两者中较软材料的接触硬度（$\mathrm{N/m^2}$）；F 为弓网接触力（N）。

由式（6-5）可知，弓网系统的接触电阻与滑板及接触线材料的电阻率、导电斑点数目、接触硬度、接触力大小有关。

（3）弓网系统电接触稳态热效应。

电气列车停车时，其内部附属设备的运转仍需通过相对静止的弓网接触点获取电能。由于接触电阻的存在，当电流通过接触点时必然会产生焦耳热，使弓网系统接触点局部区域温度升高，严重时温升可达到滑板和接触线材料的软化点、熔化点，甚至发生接触线断线事故。

根据电位—温度理论可知，导电斑点的温度升高（即接触温升）与接触电阻及通过接触点的电流成简单的函数关系。

$$\theta = \frac{U^2}{8\,\overline{\lambda\rho}} = \frac{(IR_{\mathrm{C}})^2}{8\,\overline{\lambda\rho}} \tag{6-6}$$

式中，θ 为导电斑点的接触温升（K）；U 为电流 I 通过接触点产生的压降，即接触压降（V）；I 为通过接触点的总电流（A）；$\overline{\lambda\rho}$ 为接触材料的热导率与电阻率乘积的平均值（V^2/K）。

由式（6-6）可知，通过弓网接触区域的电流越大，或者接触电阻越高，则接触点温升也会相应变大；另外，滑板与接触线材料的电阻率也是接触点温升的主要影响因素。

在滑板与接触线材料一定时，通常根据接触点温升的容许值决定受电弓的静态抬升力。

2）受电弓与接触滑板与接触线的摩擦磨损与润滑

滑板与接触线相对滑动时的接触区域是由一些分散的微小接触斑点所构成，这些接触斑点不仅支撑载荷，而且还承受摩擦功和电流流过接触电阻所产生的热流。电流收缩及机械载荷的高度集中会产生高密度的焦耳热，随着热量的积累，接触斑点温度升高，接触材料性能改变，当其不能继续支撑接触载荷时，接触斑点便受到破坏，直到另一个合适的“冷”接触斑点重新支撑载荷为止，如此便构成了滑动接触载流条件下的摩擦磨损行为。

弓网接触材料的磨耗如图 7-57 所示，大致可以分为机械磨耗、化学磨耗和电气损耗三种。机械磨耗通常又分为粘结磨耗、硬粒磨耗和疲劳磨耗。

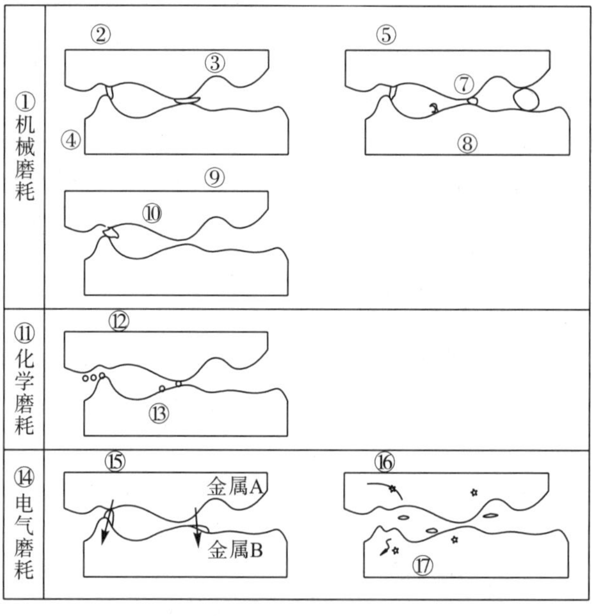

图 7-57　载流摩擦磨损机理的分类

1—机械磨耗；2—粘结磨耗；3—移动；4—粘结；5—硬粒磨耗；6—二元磨耗；7—三元磨耗；8—夹在中间的硬质粒子；9—疲劳磨耗；10—疲劳破坏；11—化学磨耗；12—腐蚀磨耗；13—腐蚀、氧化；14—电气损耗；15—金属离子移动；16—电弧熔损；17—电弧

所谓粘结也称发热粘结，是接触材料凸部原子相互结合的产物。不同金属相接触就会生成合金，因此，越容易合金化的金属就越容易引起粘结。当然，同种金属相互“均质粘结”是最常见的现象。然而，接触材料越硬，磨耗也未必就越少。接触材料的凸部相互结合后，剪切力首先破坏弱的凸部。如进一步发展，另一方凸部就多起来，达到一定限度时，即使是强的凸部也会被破坏而生成独立的粒子。这个粒子夹在滑动面中间，又可能使凸部再度破坏、脱离，直至最终排出，这就是磨耗粉。从这种磨耗过程来看，粘结磨耗使接触材料双方均被磨耗，即滑板有磨耗，接触线也必定有磨耗。与金属难起粘结作用的碳基滑板的磨耗主要是硬粒磨耗。在与铜基滑板混用时，接触线变得很粗糙，从而增大了磨耗就是这个机理。在使用金属基滑板的情况下，粘结磨耗起支配作用。

所谓疲劳磨耗是指凸部在剪切力的反复作用下产生疲劳裂纹，最后导致凸部微粒脱落而引起的磨耗。接触斑点由于温升的原因频繁发生软化，软化范围内的接触材料容易引起粘结，因为粘结部的抗剪切强度下降，磨耗就会增大。

化学磨耗又称腐蚀磨耗，即在腐蚀环境下溶解、生锈等，结果又在滑动中加速了损耗。

电气损耗是指电离子转移和电弧熔损。前者是金属离子沿着电流方向移动，从而成为产生“均质粘结”的粘结磨耗的加速因素。从金属电刷的实验例子可以推断，电气列车在直流供电牵引工况下，接触线的铜离子向滑板方向移动，而再生工况下，则是滑板的成分向接触线方向移动。

电弧熔损按词义解释是指因电弧熔化而引起的损耗。转动接触的齿轮和轴承，或者固定接触处由于形成放电熔融而称为电蚀。

在弓网滑动电接触情况下，通常称为“电气性磨耗”，即通电时的磨耗比不通电时要大。

这些就是包括基于电弧热流和接触电阻引起的焦耳热而附加的机械磨耗（尤其是粘结磨耗）和电弧熔损等在内的各种损耗。然而，初步估算电弧熔损仅占电弧引起的磨耗的 16%，就磨耗机理来说，可以认为金属系列滑板磨耗多数是由粘结磨耗引起的。

电气列车速度提高时，滑板与接触线的摩擦速度相应提高，凸出部相互接触的时间缩短了，较难引起粘结作用。即高速时摩擦系数下降而磨耗减少，这是粘结磨耗的特性。

3）弓网系统的电火花和电弧现象

弓网系统在一定情况下会产生电火花、电弧等放电现象，产生电火花或燃弧的情况有以下几种。

（1）弓网滑动接触过程中，当滑板和接触线实际导电面的面积较小、接触电阻较高及列车的取流量较大时，电流通过导电斑点产生的热量使导电斑点温度迅速上升到一定程序形成电火花，或因弓网相对滑动导致导电斑点断裂，滑板与接触线凸部脱离接触时也会形成电火花。上述两种情况在弓网滑动接触中比较常见，甚至在列车低速运行情况下也能见到。需要说明的是，此时弓网系统并未出现机械脱离或接触力不足的现象。电火花的能量较弱，对弓网系统的影响有限。

（2）在电动列车高速运行过程中，因各种原因导致滑板与接触线整体分离或部分分离，在两者接触区域最后分离前的瞬间，列车电流通过接触电阻引起热能集中加热最后分离的导电斑点，使其温度迅速上升到材料沸点而引起爆炸式气化。在滑板和接触线之间充满高温导电气体的条件下，电弧电压很低。弓网恢复接触后，电弧熄灭。弓网之间的电弧拉长到一定距离后也会熄灭。

高速运行的列车，其弓网系统的电弧弧根与弓网一起快速移动，或在很短的时间内熄灭，尽管电弧温度很高，但其热流对弓网系统的侵蚀却有限，对弓网系统的影响也有限。

高速运行中的电弧对环境产生影响，但却能保证电动列车取流的连续性，这对滑动接触下的能量传输非常重要。当然，如果空气间隙增大，电流中断，列车会因为电源切断而失去牵引动力。

(3) 受电弓的升或降一般为无负载或小负载操作，弓网接触或脱离瞬间会产生电火花现象，但不会带来严重后果。而带大负载操作受电弓升降或电动列车带负载进出无电区均能导致弓网间产生强烈的燃弧现象，此种情况下电弧根部在滑板和接触线的固定部件上长时间燃烧，电弧热流会对弓网系统带来严重后果，这种情况是不允许的。

思考题

(1) 弓网系统研究的范畴是什么？
(2) 研究弓网系统的基本点是什么？最终目的是什么？
(3) 弓网系统设计的依据是什么？
(4) 什么是受电弓？
(5) 什么是接触网？
(6) 什么是弓网接触力？
(7) 接触网主要由几部分组成？
(8) 中心锚结布置的依据是什么？
(9) 什么是电分段？什么是电分相？
(10) 接触网的几何参数主要有哪些？确定的一般依据是什么？
(11) 什么是限界？
(12) 如何理解机车车辆限界、建筑限界和受电弓的动态包络线之间的关系？
(13) 弓网系统电弧产生的主要原因与影响是什么？
(14) 什么是受流质量与接触质量？

参考文献

安孝廉. 2003. 受流器. 北京：中国铁道出版社.
程礼椿. 1988. 电接触理论及应用. 北京：机械工业出版社.
松山晋作. 1997. 受电弓的受流摩擦学. 电力牵引快报. (1)：52-60.
松山晋作. 2003. 集电材料的演变——受电弓滑板和接触网导线. 国外机车车辆工艺，(3)：1-8.
吴积钦. 2009. 受电弓—接触网系统电接触特性研究. 成都：西南交通大学.
吴积钦. 2010. 受电弓与接触网系统. 成都：西南交通大学出版社.

于松伟．2008．城市轨道交通供电系统设计原理与应用．成都：西南交通大学出版社.

于万聚．2003．高速电气化铁路接触网．成都：西南交通大学出版社.

CENELEC. 1998. EN 50206-1 Railway applications-Rolling stock-Pantographs：Characteristics and tests-Part1：Pantographs for main line vehicles. Brussels：CENELEC.

CENELEC. 2002. EN50318 Railway applications-Current collection systems-Validation of simulation of the dynamic interaction between pantograph and overhead contact line，Brussels：CENELEC.

CENELEC. 2002. EN50367 Railway applications-Current collection systems-Technical criteria for the interaction between pantograph and overhead contact line (to achieve free access)，Brussels：CENELEC.

CENELEC. 2009. EN50119 Railway applications-Fixed installations-Electric traction-Overhead contact lines，Brussels：CENELEC.

CENELEC. 2009. EN50317 Railway applications-Current collection system-Requirements for and validation of measurements of the dynamic interaction between pantograph and overhead contact line. Brussels：CENELEC.

International Union of Railways. 1989. UIC608 Conditions to be complied with for the pantographs of tractate units used in international services. 2nded. International Union of Railways.

Kiessling F，Puschmann R，Schimieder A. 2003. 电气化铁道接触网．中铁电气化局集团有限公司译．北京：中国电力出版社.

第 8 章　轨道交通机车车辆电气系统

8.1　电力机车

20 世纪 80 年代中期电力机车有多种分类方式，从驱动车轮产生牵引力的动力源（直流电机或者交流电机）区分，可分为直流传动电力机车和交流传动电力机车，如果从外部接触网或者第三轨提供的电压性质来区分，又分为直流供电电力机车和交流供电电力机车，如果更细，则单从直流供电电力机车的供电等级又分为直流 1500 V 或者3000 V 供电电力机车，而如果采用交流供电，则因电压和频率又分为 15 kV/16 $\frac{2}{3}$ Hz 或者 25 kV/50 Hz 供电电力机车。但铁路行业内普遍倾向于采用电力机车外部提供电能的制式，以及内部电能变换后的电能性质，再结合驱动车轮的动力源将电力机车分为直—直电力机车、直—交电力机车、交—直电力机车、交—直—交电力机车。

自从第一台电力机车在德国问世以来，世界范围内的电力机车发展各有特点，对于工业相对发达的国家（德国、瑞士、俄罗斯、法国、意大利等），由于外部接触网或者供电第三轨的供电制式未曾做出较大改变，而随着电力变流设备的改进以及电机控制技术的发展，早期易于控制的直流电机，已被结构简单功率更为强劲的交流电机所取代，因此这些国家早期的直—直电力机车发展为直—交电力机车，而交—直电力机车则发展为交—直—交电力机车，至于其各自发展的细节，此处不再详细介绍。

我国解放前工业基础薄弱，未曾有过电气化铁道，解放后在广大铁路科研工作者的努力下，20 世纪 50 年代中后期，由西南交通大学曹建猷院士倡导和主持修建了我国第一条电气化铁道——宝成铁路（宝鸡凤阳段），它采用了当时最为先进的 25 kV/50 Hz 供电制式，这一供电制式也成为迄今为止我国唯一的电气化铁路供电制式，统一的供电制式为电力机车长距离跨区域运输带来了便利，也便于电力机车的保养与维护，因此，我国电力机车的发展从 1958 年开始到现在只经历了交—直传动电力机车和交—直—交传动电力机车。

8.1.1　速度开环控制交—直传动电力机车

所谓速度开环控制，是指机车必须依靠司乘人员，随时掌控当前机车速度，根据当前速度与线路限速和机车限速的差距，不断的调节司机控制手柄或手轮，来控制机车速度，防止超速现象的发生，这考验着司乘人员的驾驶技术，同时也给司乘人员带来很多的工作量，是一种自动化程度很低控制方式。

1958 年我国试制第一台 6Y1 型电力机车，6Y1 小时功率 3900 kW，最高速度 100 km/h，转向架采用 Co-Co 轴式结构。主整流器用汞弧整流，1959～1969 年，田心机车车辆厂经过对 6Y1 型机车十年的改进，1966 年制造了第七台 6Y1，编号 008，这是第一次重大技术改造，新机车以大功率硅取代引燃管作为整流装置，并改称为韶山一型，代号 SS1，如图 8-1 所示。

图 8-1　第一代韶山一型电力机车

韶山一型电力机车采用牵引变压器副边抽头调压整流方式，调节牵引电机电枢电压，属于有级调速方式，级间转换时容易产生牵引力冲动，同时接触器的触头也容易烧损。在对 6Y1 改造的十年间我国还相继引进了一部分交—直电力机车，并试制了韶山二型电力机车，但是由于工业基础薄弱，上述机车并未大规模使用。

韶山三型机车是中国铁路第二代（级间相控调压、交—直流电传动）国产客、货两用干线电力机车（图 8-2），机车持续功率达到 4800 kW，最大速度 100 km/h，车长 20300 mm，轴式 C0-C0，采用低压侧调压开关实现 8 个大调压级和在每级内利用晶闸管相控无级调压，机车具有无级加速特性。1978 年首台韶山三型机车研制成功，经过试验改进，1985 年开始小批量生产，并于 1989 年开始大批量生产以取代韶山一型，韶山三型机车后期还进行了大规模的规范化改造主要安装了微机控制系统和列车网络等，此时的改进型机车除了外壳和原来的韶山三型机车相像外，内部已经较大改动。

图 8-2　第二代韶山三型电力机车

8.1.2　速度闭环控制交-直传动电力机车

速度开环控制电力机车自动化程度不高，为了实现列车的恒速控制，司乘人员必须根据当前的速度，频繁切换调压开关，来增大或者减小直流电机的端电压从而实现粗略的速度恒定控制，20世纪90年代后，我国通过引进日本和欧洲等国的交—直电力机车，改进自己的制造水平，逐步掌握了第三代交—直电力机车的研制和生产，这一时期的交直电力机车完全由微机实现直流电机的恒流准恒速运行特性，自动化程度得到提高，极大地减轻了司乘人员的工作强度。

这一时期主要研制了以韶山四型、韶山六型和韶山七型（图8-3）电力机车为代表的货运电力机车，其中韶山四型电力机车主要用于主要货运干线，而韶山六型则主要用于客货干线铁路的货运牵引，韶山七型电力机车独特的$3B_0$转向架结构，尤其适合山区小半径铁路的货运列车牵引。

(a) 韶山四型电力机车　(b) 韶山六型电力机车　(c) 韶山七型电力机车

图8-3　第三代韶山系列货运电力机车

客运方面，我国开始了第一次干线铁路大规模提速，广深高速铁路也建成通车，为此提速前夕，我国研制成功了韶山八型电力机车、韶山七E型电力机车、韶山九型电力机车（图8-4），它们牵引快速旅客列车的最高速度普遍在120 km/h左右，而牵引特快列车则可达150 km/h。

(a) 韶山九型电力机车　(b) 韶山八型电力机车　(c) 韶山七E型电力机车

图8-4　第三代韶山系列客运电力机车

从表8-1可以看出，交-直电力机车单轴功率普遍低于1000 kW，且由于电机换向器的存在，需要进行一定量的维护和保养，由于早期交—直电力机车为进行统一的电路设计，不同车型的关键电气元件不能通用，给机车维护带来很多的不便，目前已经不再生产，而交—直—交电力机车单轴功率普遍大于1200 kW，采用异步电机驱动极少维护。采用先进的网侧变流器控制，机车无论是轻载还是重载，牵引还是制动，都能以单位功率因数运行，非常符合未来铁路的发展趋势。

表8-1　我国主要交直电力机车的参数

机车型号	单轴功率×轴数	最大速速	调速方式	电机结构
韶山一型	650 kW×6	90 km/h	相控整流有级调速	串励

续表

机车型号	单轴功率×轴数	最大速速	调速方式	电机结构
韶山三型	800 kW×6	100 km/h	相控整流有级调速	串励
韶山四型	800 kW×8	100 km/h	相控整流无级调速	串励
韶山六型	800 kW×6	100 km/h	相控整流无级调速	串励
韶山七型 C/D/E	800 kW×6	120/170/170 km/h	相控整流无级调速	他励
韶山八型	900 kW×4	170 km/h	相控整流无级调速	串励
韶山九型	900 kW×6	170 km/h	相控整流无级调速	串励

8.1.3　交—直—交传动电力机车

与交—直传动机车相比，在相同编组的情况下，机车单轴功率可达 1600 kW，即使在遇到较大坡道的情况下也可以牵引 5000 吨级的货物列车，保持列车的高速行驶，具有很好的保速能力，启动加速度也较交—直电力机车要快，可以明显地提高现有繁忙干线铁路的运行效率。其自身电耗降低 15%～20%，网侧损耗降低 30%～40%，机车寿命期成本（静态）可降低 30%～50%，并且全寿命期总运用里程高出 11%左右，同时还具备较大的扩充编组的潜能。机车无论前进、后退、牵引、制动均不需要机械转换开关；主电路简化，有完备的微机控制系统和故障自诊断系统，我国从 20 世纪 70 年代末就开始了交流传动电力机车的前期研究，国内株洲电力机车研究所最早建立了 1000 kW 交—直—交传动地面实验系统，我国后续交流传动电力机车都无一例外采用了交—直—交主电路系统。

我国 1996 年研制了首台交直交电力机车 AC4000，仅作为验证车未投入实际运行，后期又生产了 DJ 和 DJ2 等型号的机车（图 8-5），但都因为技术不成熟，而未大规模使用，这一系列的交—直—交电力机车可以算是我国在交流传动电力机车领域的初探，为新世纪我国加快交流传动电力机车的研制提供了宝贵经验。

(a) AC4000　　(b) 奥星　　(c) DJ2

图 8-5　我国早期研制的交流传动电力机车

通过市场换技术的思路，在 2006 年“和谐型”系列交流电力机车投产以前，中国铁路普遍缺乏大功率电力机车，当时只有韶山四型电力机车能达到总功率 6400 kW（2×3200 kW）。随着近年中国经济持续增长，铁路货运需求随之增加。2007 年左右，与法国阿尔斯通、德国西门子、日本东芝合作，分别引进其 Prima、ES、EH 原型车技术平台，通过与大同、株洲、大连等主机厂合作的方式，转让关键技术，完成大规模交-直-交电力机车的研制，先后研制了 HXD1 系列、HXD2 系列、HXD3 系列大功率交流传动电力机车，使我国电力机车的发展整体上了一个台阶（图 8-6）。

(a) HXD1　　(b) HXD2　　(c) HXD3

(a) HXD1C　　(b) HXD2C　　(c) HXD3C

图 8-6　我国目前大规模使用的 HXD 系列交流传动电力机车

HXD 系列电力机车采用了先进的列车控制网络，完善的故障诊断和维护系统，机车完全采用微机控制，可实现恒速运行、恒牵引力启动以及恒制动力制动，尤其是实现了从牵引到再生制动的制动转换，对于高速重载的节能效益是显著的，在机车总体设计上采用“标准化、系列化、模块化、信息化”的设计原则，增加了设备的通用性、互换性。其大部分零件都是通用的，从而减轻了保养负担，目前我国所有在线运行的交—直—交传动电力机车主要阐述如表 8-2 所示。

表 8-2　和谐系列交流传动电力机车参数

机车型号	HXD1	HXD2	HXD3
用途	干线货运	干线货运	干线货运
制造年代	2006	2006	2006
整备重量/t	2×100	2×100	150
轴重/t	25	25	25
轴式	2（Bo-Bo）	2（Bo-Bo）	Co-Co
牵引功率/kW	9600	10000	≥7200
最大启动牵引力/kN	760	777	≥570
持续牵引力/kN	532	≥554	≥400
持续速度/(km/h)	65	65	65
最大运行速度/(km/h)	120	120	120

8.2　动车组

一般情况下，人们乘坐的普通列车是依靠机车牵引的，车厢本身不具备动力，机车可以灵活换挂，牵引不同的列车，是一种动力集中技术。动车组与电力机车牵引列车不同，它是将带动力的动力车与非动力车按照预定的参数固定编组，列车两端分别设有司机室进行驾驶操作，配备现代化服务设施旅客列车的单元。带动力的车辆称为动车（M），不带动力的车辆称为拖车（T）。动力分散型列车，车厢本身也具有动力，运行的时候，不光是机车带动，车厢也具有动力，这样把动力分散，更能达到高速的效果，当然也有动力全部集中在首尾两个动车上，形成推挽驱动的动力集中形式。由于动车组可以根据某条线路的客流量变化进行灵活编组，可以实现高密度小编组发车以及具有安全性能好、运量大、往返不需要调转车头、污染小、节能、自带动力等优点，受到青睐，被誉为 21 世纪交通运输的“新宠儿”。

动车组与电力机车只是列车编组结构形式的差异，他们可以采用相同的电力牵引传动结构形式，因此动车组也可以采用交-直传动和交-直-交传动，例如，我国曾经生产了春城号、大白鲨直流动车组，但鉴于交-直传动已经日渐式微，目前的动车组都是采用先进的交流传动系统。

8.2.1　时速 270 km 动力集中动车组

我国曾在本世纪初期研制了两种典型的动力集中型交流传动动车组，如图 8-7 所示，它们的动力结构形式如图 8-8 所示。

(a) 中华之星动车组　　(b) 蓝箭动车组

图 8-7　我国早期研究的 270 km/h 动力集中型交流传动动车组

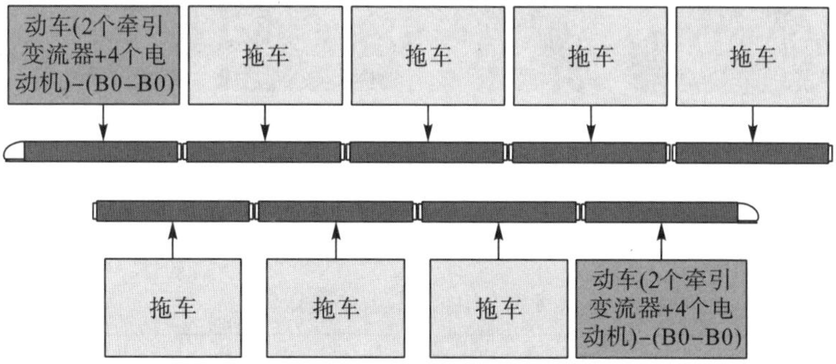

(a) 中华之星动车组

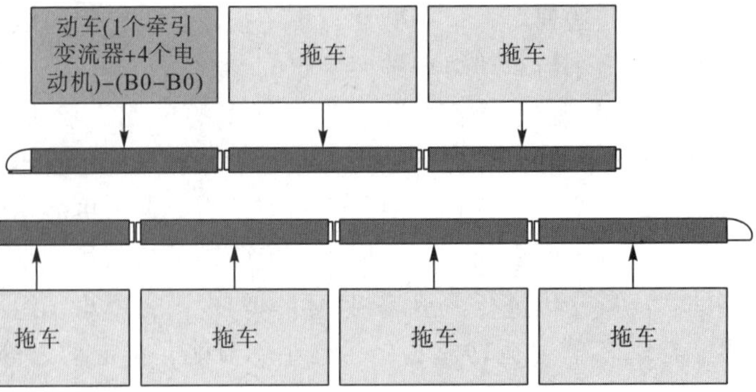

(b) 蓝箭动车组

图 8-8　270 km/h 动力集中型交流传动动车组动力结构形式

这两种动车组都采用了先进的交-直-交传动系统，中华之星采用首尾动力车一推一挽驱动方式，首尾动力车功率总和达到了 9600 kW；蓝箭动车组一般为单动力车 4800 kW，如果将另一端控制车也换为动力车，功率可达到 9600 kW。中华之星曾在我国秦沈客运专线短暂运行，但未能广泛运用，应是我国高速动车组技术的初步探讨；蓝箭动车组曾在我国广深高速铁路公交商业化运行数年时间，目前已被 CRH1 型动车组所取代，逐步退出历史舞台。

8.2.2　时速 200～250 km 动力分散动车组

动力分散动车组技术源于地铁，我国先后研制了 CRH1、CRH2、CRH3 以及 CRH5 型高速动车组（图 8-9），主要用于既有干线提速，如京广、京沪、陇海、京哈、广深、成渝新线、沪昆线。受线路条件限制，最高速度在 200 km/h 左右。

(a) CRH1 型动车组　　(b) CRH2 型动车组　　(c) CRH5 型动车组

图 8-9　我国的 CRH 系列 200 km/h 动车组

各动车的结构和主要性能参数分别见表 8-3 和图 8-10。

表 8-3　4 种动车组参数比较

车型	CRH1	CRH2	CRH5
厂家	青岛庞巴迪	青岛四方	长春
编组形式	8 辆	8	8

续表

车型	CRH1	CRH2	CRH5
动力配置	2×（2M+1T）+（1M+1T）	4M+4T	3M+1T+2M+2T
编组重量/t	420.4	359.7	451
车体形式	不锈钢	铝合金	铝合金
编组长度	2132.5	201.4	211.5
定员/人	668	610	620
总牵引功率/kW	5500	4800	5500
动轴数	20	16	10
单轴功率	275	300	550
吨均功率/（kW/t）	13.08	13.34	12.19
人均功率	8.23	7.87	8.84
运营时速/km	200	200	200
试验时速/km	250	250	250
启动加速度/（m/s²）	0.6	0.406	0.5
轴重	16	14	17

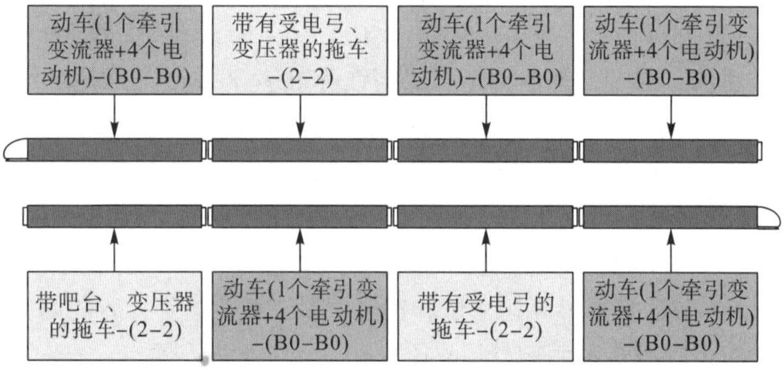

（a）CRH1 型动车组

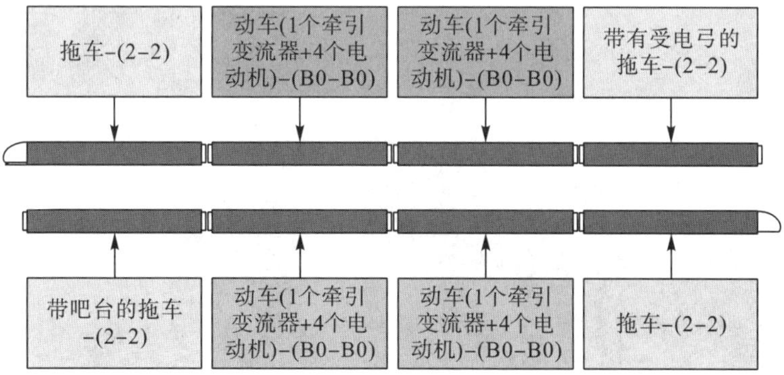

（b）CRH2 型动车组

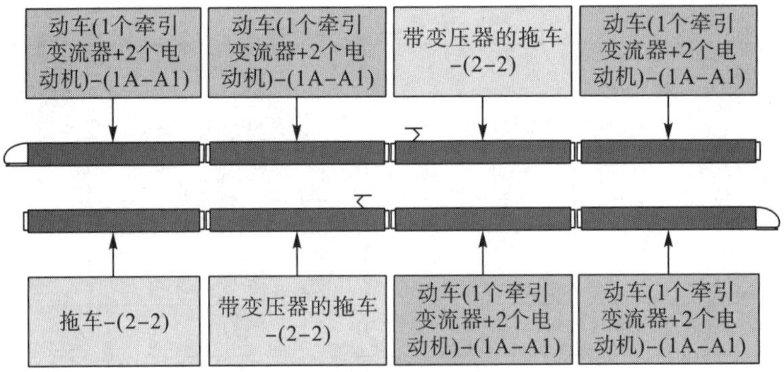

(c) CRH5 型动车组

图 8-10 CRH 系列动车组编组及牵引动力设备配置

CRH 系列高速动车组都采用了先进的交流传动控制技术，主电路采用交—直—交结构形式，但每种动车组又有自己的特点，CRH1 型动车组由一台逆变器控制一个转向架上的两台电机，为架控方式；CRH2 型动车组由一台逆变器控制两个转向架上的四台电机，为车控方式；而 CRH5 型动车虽然也采用车控方式，但其牵引电机安装在车体上，电机轴与车轴垂直，牵引电机通过类似于汽车的传动轴方式传递动力，且 CRH5 是专门为我国东北地区设计的高寒型动车组，CRH2 型动车组采用了三电平主电路结构，而其他动车组采用两电平主电路结构等，各电路将在后续章节介绍。

8.2.3 时速 300 km 以上动力分散动车组

随着武广、京沪、沪宁、郑西、京石武高铁等时速 300km 的客运专线开通，一大批 300km/h 速度级别的高速动车组开始崭露头角，我国分别研制了 CRH3 系列高速动车组（包括 CRH3、CRH380BL、CRH380CL）、CRH2 基础上改进的高速动车组（包括 CRH2－300、CRH380AL）、CRH1 基础上改进的的高速动车组（包括 CRH380D、CRH380E），目前 CRH380AL 和 CRH380BL 有时速达 400 km 的记录，CRH380AL 甚至创造了 486.1 km/h 的世界最高运营试验速度记录，其生产厂家青岛四方，近期甚至研制了更高速度动车组，准备冲刺 500 km/h。

目前广泛应用的 300 km/h 级别动车组如图 8-11 所示。

(a) CRH380AL 动车组

(b) CRH2-300 动车组

(c) CRH380CL 动车组

(d) CRH380D 动车组

(e) CRH3 动车组

(f) CRH3BL 动车组

图 8-11　CRH 系列动车组编组及牵引动力设备配置

各动车的结构和主要性能参数分别见图 8-12 和表 8-4。

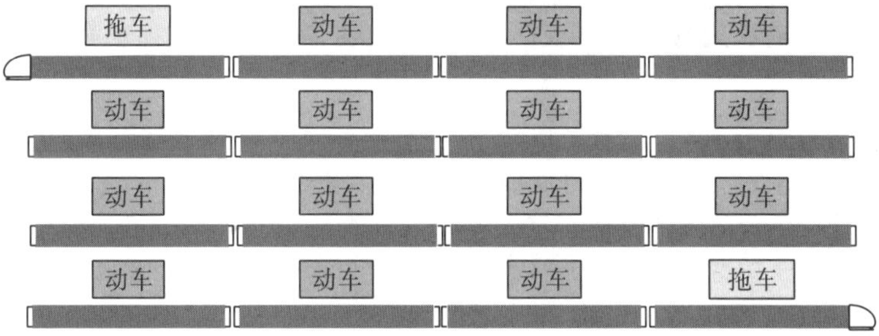

(a) CRH380AL

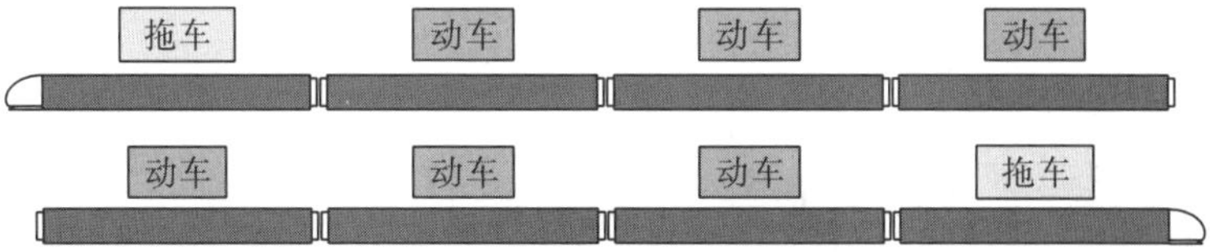

(b) CRH2-300 动车组

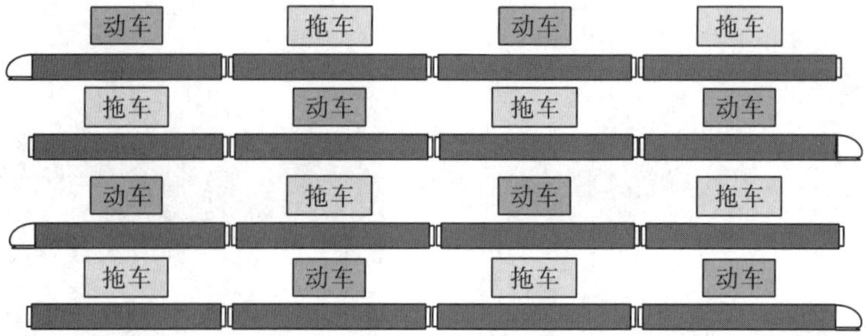

(c) CRH380CL 动车组

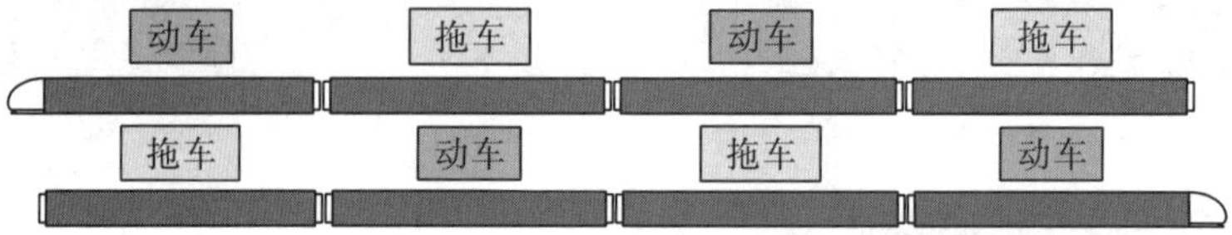

(d) CRH380D 动车组

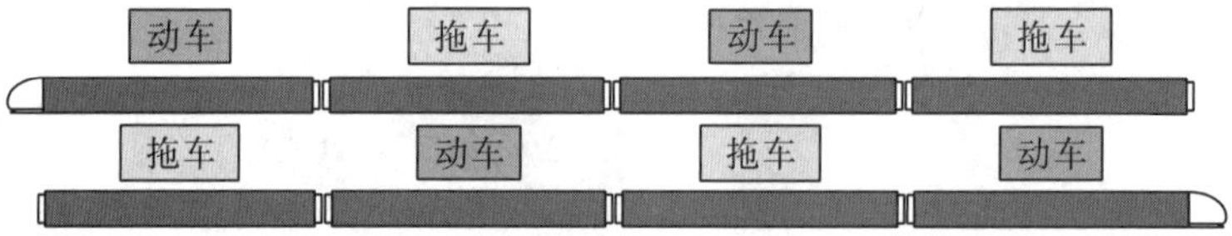

(e) CRH3 动车组

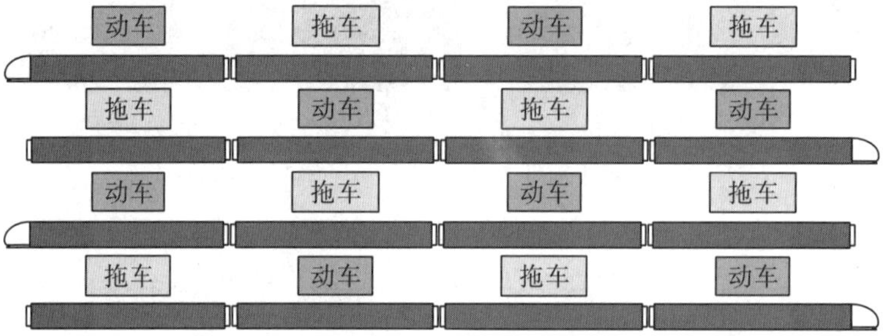

(f) CRH3BL 动车组

图 8-12 CRH3 系列动车组编组及牵引动力设备配置

表 8-4 300 km/h 系列动车组参数比较

列车名称	最高速度/(km/h)	编组方式	最大轴重/t
CRH380AL	380	14M+2T	16
CRH2-300	300	6M+2T	14
CRH380D	380	10M+6T	14
CRH380CL	380	8M+8T	17
CRH380BL	380	8M+8T	17

8.3 城市轨道交通及其分类

城市轨道交通种类繁多，技术指标差异较大，世界各国评价标准也并不完全统一，因此并没有严格的分类。由于城市轨道交通在世界范围内发展较快，以及地区国家城市不同，服务对象不同等因素，城市轨道交通发展成为多种类型。目前尚无十分统一的分类标准，不同的分类方法，给出了不同的形式：按容量（运送能力），分为高容量、大容量、中容量和小容量；按导向方式，可分为轮轨导向和导向轨导向；按线路架设方式，可分为地下、高架和地面；按轨道材料，分为钢轮钢轨系统和橡胶轮混泥土轨道梁系统；按牵引方式，可分为旋转式直流牵引、交流电机牵引和直线电机牵引；城市轨道交通按运能范围、车辆类型及主要技术特征可分为有轨电车、地下铁道、轻轨交通、市郊铁路。上述各分类方式可用表 8-5 进行直观统计。

表 8-5　各种城市轨道交通系统的主要特征

类型	系统分类	轴重/t	最大坡度	曲线半径/m	时速/km	运距	适宜运量/(万人次/h)
高运量	钢轮钢轨	≤16	30‰～35‰	300～350	30～40	中长运距	5～7
大运量	钢轮钢轨	≤14	30‰～35‰	250～300	30～40		3～5
中运量	直线电机钢轮钢轨	≤13	6‰	60	33～55	中短运距	2.5～4
	轻轨车钢轮钢轨	≤11	60‰	>80	20～40		1～3
	胶轮单轨跨座系统	≤11	6%	>50	30～40		1～3
	胶轮导向系统	≤9	6%	>50	30～40		0.8～1
	有轨电车	≤8	8%	25～50	15～18		0.8～1.5

本书将按运能范围和车辆类型特征进行分类。

8.3.1　有轨电车

有轨电车（Tram 或 Streetcar）是使用电车牵引、轻轨导向、按照 1～3 辆车编组运行在城市路面线路上的低运量轨道交通系统。图 8-13 为法国有轨电车。

图 8-13　法国有轨电车

随着电动机的发明和牵引电力网的出现，世界上第一条有轨电车于 1888 年 5 月在美国弗吉尼亚州里士满市开通。1906 年，我国第一条有轨电车线在天津北大关至老龙头火车站（今天津站）建成通车，随后上海、北京、抚顺、大连、长春、鞍山等城市相继修建了有轨电车或电铁客车，在当时的城市公共交通中发挥了重要作用。图 8-14 为我国大连的有轨电车。

图 8-14　中国大连有轨电车

天津市于 2007 年在滨海新区开通了全长 7.6 km 的亚洲首条胶轮导轨电车，如图 8-15 所示。

图 8-15　天津导轨电车

北京市于 2008 年奥运会前开通了服务于首都机场 T3 航站楼的新交通系统，上海市也于 2009 年开通了胶轮导轨电车。我国台湾地区的台北市 1994 年建成、1996 年 3 月投入运营的木栅线（中山中学至木栅动物园），线路全长 10.8 km，其中高架线 10 km、地下线 0.8 km，采用 VAL 制式，属中运量新交通系统。我国香港 20 世纪 90 年代后期建设的新机场从登机厅到机场主楼，为接送旅客也建设了一条约 1 km VAL 制式的新交通系统。

8.3.2　地下铁道及地铁车辆

地下铁道简称地铁，是城市快速轨道交通的先驱。地铁是有电力牵引、轮轨导向、轴重相对较重、具有一定规模运量、按运行图行车、车辆编组运行在地下隧道内，或根据城市的具体条件，运行在地面或高架线路上的快速轨道交通系统，如图 8-16 所示。车辆的驱动方式有直流电机、交流电机、直线电机等。

(a) 广州地铁

(b) 深圳地铁

图 8-16　地铁

地下铁道由于大部分线路在地下或高架通行，所以技术水平要求较高，可靠性和安全性要求也高。地铁系统与国家干线铁路一样，主要由线网、轨道、车站、车辆、通信信号等设备构成，要求各部门能够有机结合，协同动作，最大限度地完成运输任务。

8.3.3　轻轨交通及其车辆

轻轨是个比较广泛的概念，公共交通国际联会（UITP）关于轻轨运营系统的解释文件中提到：轻轨是一种使用电力牵引、介于标准有轨电车和快运交通系统（包括地铁和城市铁路），用于城市旅客运输的轨道交通系统，它是在有轨电车的基础上改造发展起来的城市轨道交通系统。轻轨当初使用的是轻型钢轨，现在的轻轨已采用与地铁相同质量的钢轨。所以，目前国内外都以客运量或车辆轴重的大小来区分地铁和轻轨。轻轨是指运量或车辆轴重稍小于地铁的快速轨道交通。在我国《城市轨道交通工程项目建设标准》（试行本）中，把每个小时单相客流量为 0.6～3 万人次的轨道交通定义为中运量轨道交通，即轻轨。

轻轨一般采用地面和高架相结合的方法建设，线路可以从市区通往近郊。列车编组采用 3～6 辆，铰接式车体。由于轻轨采用了线路隔离、自动化信号、调度指挥系统和高新技术车辆等措施，最高速度可达 60 km/h，克服了有轨电车运能低、噪声大等问题。

经过 100 多年的发展，轻轨交通已形成钢轮钢轨系统和橡胶轮轻轨系统。钢轮钢轨系统即新型有轨电车，是应用地铁先进技术对老式有轨电车进行改造的成果，如图 8-17 所示的上海轻轨。

图 8-17　上海轻轨

单轨也称为独轨，是指通过单

一轨道梁支撑车厢并提供导引作用而运行的轨道交通系统，其最大特点是车体比承载轨道要宽，是采用一条大断面轨道并全部为高架线路的轨道交通。单轨通常为跨座式，单轨跨座式轨道由预应力混凝土制作，车辆运行时走行轮在轨道上平面滚动，导向轮在轨道侧面滚动导向。中国首条跨座式单轨线路是在有“山城”之称的重庆修建的，如图 8-18 所示。

图 8-18 重庆轻轨

重庆轨道交通 2 号线（较新线）一期工程于 2004 年建成，全线于 2006 年开通，单轨客车技术从日本引进，经中国北车集团长春轨道客车股份有限公司的技术人员消化、吸收、再创新，终于制造成功。跨座式单轨交通十分适合重庆市道路坡陡、弯急、路窄的地形特点，同时由于结构轻巧、简洁、易融于山城景色而取得了较好的景观效果。

单轨的车辆采用橡胶轮，电气牵引，最高速度可达 80 km/h，行驶速度为 30～35 km/h，列车可 4～6 辆编组，单向运送能力为 1～2.5 万人次/h。

与普通轮轨相比单轨有很多突出的优点。由于单轨客车的走行轮采用特制的橡胶车轮，所以振动和噪声大为减少，两侧装有导向轮和稳定论，控制列车转弯，运行稳定可靠。高架单轨因轨道梁仅为 85 cm 宽，不需要很大空间，可适应复杂地形的要求，同时对日照和城市景观影响小。单轨交通占地少，造价低，建设工期短，它的工程建筑费用仅为地铁的 1/3。

当然，单轨也存在橡胶轮与轨道梁摩擦产生橡胶粉尘的现象，对环境有轻微污染，列车运行在此区间发生事故时救援比较困难。

8.3.4 市郊铁路及其车辆

所谓市郊铁路，指的是建在城市内部或内外结合部的道路。线路设施与干线铁路基本相同，服务对象以城市公共交通客流，即短途、通勤旅客为主。

城市铁路通常分为城市快速铁路和市郊铁路两部分。城市快速铁路是指运营在城市中心，包括近郊城市化地区的轨道系统，其线路采用电气化，与地面交通大多采用立体交叉。市郊铁路是指建在城市郊区，把市区和郊区，尤其是远郊联系起来的铁路。市郊铁路一般和干线铁路设有联络线，设备与干线铁路相同，铁路大多建在地面，部分建在地下或者高架。其运行特点接近于干线铁路，只是服务对象不同。

市郊铁路是城市铁路的主要形式。市郊铁路伴随着城市规模的扩大、卫星城的建设而发展起来，通常使用电力牵引和内燃牵引，如图 8-19 所示的北京市郊铁路。列车编组在 4～10 辆，最高速度可达 100～120 km/h。市郊铁路运能与地铁相同，但由于站距较地铁长，运行速度超过地铁，可达 80 km/h 以上。

图 8-19　北京市郊铁路 S2 线列车

8.4　轨道车辆的电气系统

所有轨道机车车辆的电气设备主要有列车控制系统和牵引传动系统，但是他们又因采用的驱动电机不同或者牵引供电制式不同，而在牵引传动系统上有所区别。

8.4.1　列车控制系统

轨道机车车辆的控制电路，是低电压小功率电路，分为有接点的直流电路和无接点的电子电路。直流控制电路是由主控制器、继电器、电气控制的低压部分、联锁接点组成；无接点的电子电路由微机及各种电子单元组成，如列车牵引控制单元、制动控制单元、空调控制单元等。

控制电路的作用是控制牵引系统与辅助系统各种电器的动作，通过司机或检修人员控制车辆的运行。主电路、辅助电路、控制电路在电气设备方面互相隔离，分别装置在操纵台和各种设备箱、电气柜中，但又通过电磁或机械传动等方式，相互联系、相互配合动作，完成完整统一的车辆电气系统，以实现整个列车的正常运行。

1）主电路控制

主控制器、控制主电路，通过司机控制主控制器的手柄和操纵按钮，控制线路中线管的继电器得电或失电，使相对应的主电路接触器动作，从而控制牵引电机的运转，实现牵引、制动等工况。另外，控制电路中还有许多监控回路，检测列车各工况下的参数，并及时切断主电路中相关的触点，起到保护的作用。

2）辅助电路控制

辅助电路控制系统，主要围绕变流器从起动到输出过程来工作的，在逆变器出现故障或欠压等情况下，采用联锁的方式，将变流器、蓄电池组或者备用电源进行切换，使整个系统在可靠的工况下工作。

3）列车照明控制

列车照明系统包括客室照明、设备柜照明、头尾灯、目的地灯照明等。当列车处于起动状态时，辅助逆变器/劈相机正常工作，且主控制器钥匙打开时，司机可以通过操作驾驶台上的客室照明按钮，或者其他照明的旋转按钮，来开启或关闭照明系统。

对于动车组和城市轨道交通车辆还应具备以下功能。

4）空调控制

列车空调控制，通过空调控制单元（ALU）对空调压缩机、空调冷凝风扇和通风风扇等进行控制，来检测和调节客室的温度及通风量。

5）车门控制

客室车门的开、关动作，由司机在驾驶室，通过按压驾驶室左、右侧壁上的开关按钮完成。该按钮带车门状态指示，让司机了解客室车门当前所处的开关状态。门控系统采用了继电器控制的方法，完成整个控制过程。一旦车门发生故障，司机室故障显示屏上会及时显示故障车门的部位，以便司机尽快作出反应，及时处理。列车门控系统还具备与列车控制系统的监控保护联锁功能，即在列车行驶过程中，不能打开车门。在车门打开状态或门控出现故障时，列车将不能启动行驶。在列车行驶途中若有紧急状况，有人拉下客室内的紧急拉手时，列车会施加紧急制动。

6）列车运行自动控制

列车自动控制系统，在信号系统中已经作了介绍。这里只将与列车控制相关的内容作简单介绍。ATC 系统的车载信号系统，将收到的列车运行目标速度或目标距离数据信息，送至列车控制的系统处理 CPU，实现列车自动运行控制；另外，列车超速控制器的 CPU，接受来自系统处理 CPU 的限制速度信息和来自速度传感器的列车实际信息，当列车实际速度超过 ATP 限速，出现超速状态，在自动运行模式下，列车将自动调整速度，在人工模式下由司机采取措施减速，以确保列车在目标速度限制下安全运行。

当列车在“ATO”模式下运行时，不仅可以实现上述列车运行速度的自动调整，而且可以实现列车在车站的程序定位停车控制；当列车到达定位停车点，由超速 CPU，进行零速检测，零速检测信息返送至系统处理器，确认列车在定位停车点已经停稳后，由车站 ATP 子系统自动传送车门控制信息，司机看到该信息后，可以开启列车门；与此同时，由列车 ATC 系统向站台屏蔽门控制系统，传送开启与列车编组相对应的屏蔽门信息。

所以在 ATC 系统的控制下，列车可以实现在区间运行时的速度自动调整，以及在车站的程序定位停车控制；“ATO”控制的情况下，司机在确认收到允许列车发车信息后，按压“出发按钮”，列车就会自动运行；另外，列车车门的开启和关闭也是在车载信号系统的监督下，由司机操纵。无人驾驶的条件下，上述司机操纵功能都由车载信号系统完成。

8.4.2 牵引传动系统

轨道机车车辆牵引传动系统是将电能转换成机械能，能量变换与传递的途径如图 8-20 黑色箭头所示；再生制动运行是将机械能转换成电能，能量变换与传递的途径如图 8-20 白色箭头所示，根据电力机车，动车组和城市轨道交通车辆的具体形式，其表现形式多样。

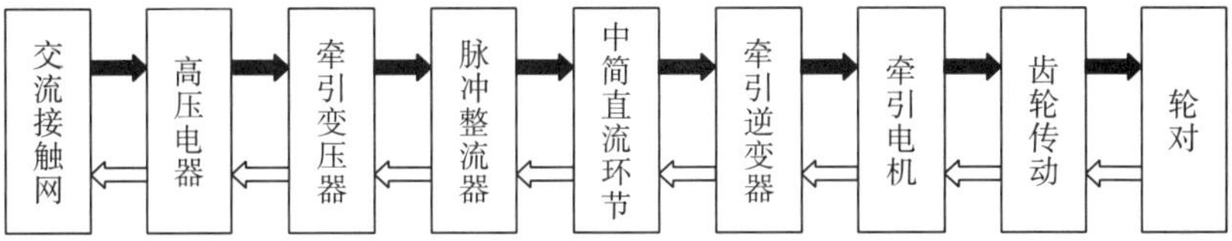

(a) 电力机车/动车组的交—直—交牵引传动系统

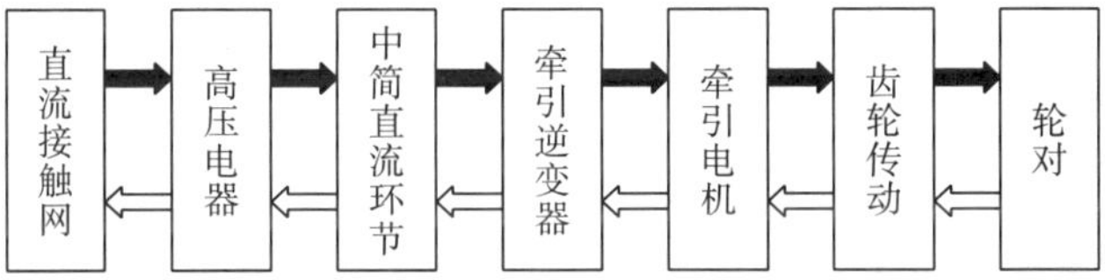

(b) 城市轨道交通车辆的直—交牵引传动系统

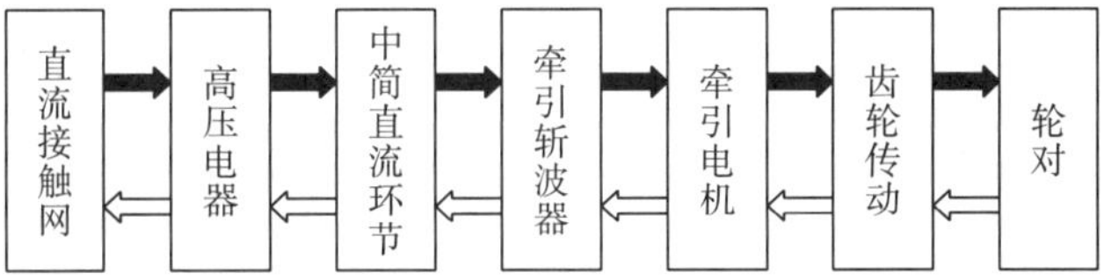

(c) 城市轨道交通车辆的直—直牵引传动系统

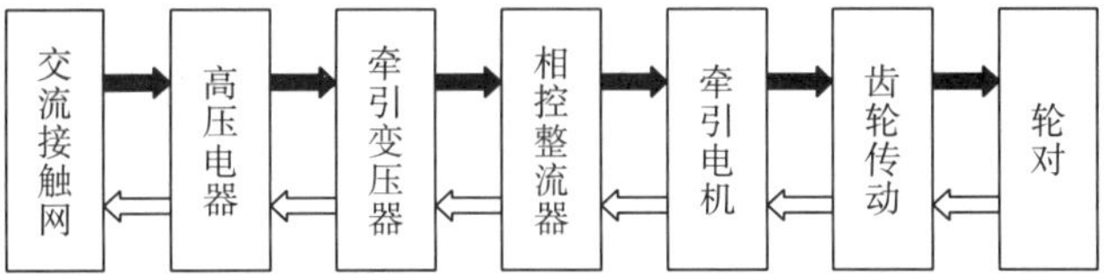

(d) 电力机车的交直牵引传动系统

图 8-20　能量变换与传递途径示意图

根据图 8-20 所示的轨道机车车辆的牵引传动系统，首先从其共有的接触网到高压电器部分进行介绍。

1) 高压电器

高压电器是指主电路中使用的电气设备，包括集电设备（受电弓/集电靴）、真空断路器、避雷器、高压电压互感器（交流接触网）、高压电缆及高压连接器、保护接地开关 EGS、高压隔离开关、高压电流互感器（交流接触网）、接地电阻器等。

集电设备：集电设备是轨道机车车辆从相对运动的接触网或者第三轨吸取电能的装置，目前我国的电力机车和动车组都采用接触网供电方式，因此其集电装置都是受电弓，而城市轨道由于直流 1500 V 供电方式的电流小而且线路压降低，能量损失少，同时会减少整个牵引系统的电流容量，所以很多城市轨道交通车辆都采用直流 1500 V 接触网供电的受流方式，如果采用直流 1500 V 供电则也使用受电弓，如图 8-21 所示。

动车组受电弓

电力机车受电弓

地铁轻轨的受电弓

有轨电车的受电弓

图 8-21　轨道机车车辆的集电装置

受电弓种类繁多，形式多样，但基本原理是一样的，受电弓是从接触网获得电能的部件，受电弓及其附属装置安装在车顶。一列动车组通常有两台受电弓，正常运行时采用单弓受流，另一台备用，处于折叠状态。当两列车组编挂在一起运行时，每一列车各有一台受弓处于工作状态。列车运行时压缩空气通过车的各阀进入受电弓升弓装置气囊，升起受电弓；降弓时，排出升弓装置气囊内压缩空气，使受电弓落下，图 8-22 为一台典型的受电弓。

如果安装受电弓，将使所占用的净空增加，车辆轮廓将增大，不得不开挖更大尺寸的隧道，导致建设成本剧增，因此考虑采用与运行轨道平行的第三轨供电方式，这时则需要电靴取电，在车辆的转向架上，装有受流器（集电靴），其接触方式分为上部受流和下部受流，上部受流即车载受流器滑块，与第三供电轨上部接触滑行；下部受流即车载受流器模块，与第三供电轨的下部接触，如图 8-23 所示。

图 8-22　单臂受电弓

图 8-23　地铁的第三轨供电及集电靴

如果将轨道机车车辆比作用电器，那么集电靴和受电弓则相当于插头，只不过它是能活动的，集电装置取回的电能还需一个装置控制其是否接入车辆，那就是主断路器。

主断路器（VCB）：即真空断路器如图 8-24 所示，用来按指令断开、接通接触网或者第三轨电源电路，并作为过载或短路等故障状态的保护器件，兼有断路器和开关两种作用。起切断主电路和主电路的接地保护作用，在正常情况下，高速断路器能闭合或者断开线路接触网经受电弓提供电能的电路，以达到断电、供电和转换电路的目的。当电网或车辆主电路出现不正常的情况时，如短路、过压、欠压时能自动地把负载从电网上断开。因为这些不正常的情况将危及司机、检修人员和乘客的安全或设备的正常运行，甚至会引起人身伤亡事故或造成电气火灾。为了防止事故的扩大，要求高速断路器动作迅速、可靠，并具有足够的断流容量。

避雷器：避雷器是一种保护电器，用于限制电气设备运行过程出现的大气过电压及操作过电压，使电气设备免受过电压损害，减少系统的跳闸率及事故率，如图 8-25 所示。

图 8-24　真空断路器

图 8-25　避雷器

氧化锌避雷器是采用 ZnO 等多种金属氧化物制成的，利用其相当理想的伏安特性，其中线性系数只有 0.025 左右，使避雷器处于正常工作电压时，流过的电流非常小，可认为是一种绝缘体；而当电压值超过某一动作值时，电流急剧增加，电流的增加反过来抑制电压的上升，从而保护了机车的绝缘设备不被击穿。待电压恢复到正常工作范围时，电流相应恢复极小值，避雷器仍呈绝缘态，不影响系统的正常工作。

高压隔离开关：高压隔离开关其作用是当车顶设备发生故障时，能将故障部分隔离，维持动车组运行。它的存在可大大减少因车顶设备故障而造成的机破事故，保证动车组的安全运行，如图 8-26 所示。

图 8-26　隔离开关

接地电阻器：动车设置接地电阻器，其作用是防止接地刷的异常磨损、轴承电腐蚀，使接地电流均匀。在通以最大负载电流时，即使电阻体或绝缘发生局部破坏也不会导致电阻开路，并依此原则设计电阻器的容量、电阻和框架绝缘等所需的最小值，以实现结构的小型、轻量化。

以上即为城市轨道交通车辆和干线轨道机车车辆所共有的高压电器部分，而后续的高压电器则为交流接触网下运行的干线机车车辆所特有，运行于直流供电系统的城市轨道交通车辆则不存在上述高压设备。

高压互感器：对于交流接触网供电下的电力机车和动车组高压电器还包括高压互感器、电流互感器和牵引变压器。

高压互感器是一种测量用设备，有电流互感器和电压互感器两种，其作用、原理和变压器相同。使用互感器有三个目的：一是为了工作人员的安全，使测量回路与高压电网隔离；二是可以使用小量程的电流表测量大电流，用低量程电压表测量高电压；三是用于各种继电保护装置的测量系统。通常，电流互感器的牵引绕组侧额定电流为 5A 或 1A，电压互感器的牵引绕组侧额定电压为 100 V。

电流互感器：电流互感器与普通的变压器相比，电流互感器的一次绕组由 1 匝或几匝截面较大的导线构成，并串入需要测量电流的电路中；牵引绕组的匝数较多，导线截面较小，并与阻抗很小的仪表（如电流表、功率表的电流线圈等）接成回路。电流互感器的运行情况相当于变压器的短路情况，必须注意：电流互感器的二次绕组绝对不允许开路；必须将电流互感器的外壳和二次绕组的一端可靠接地，以防原、副边绕组间绝缘损坏，原边电压窜入二次侧，引起触电和仪表损坏。

电压互感器工作时，原边绕组直接接到被测的高压电路，牵引绕组接电压表或功率表的电压线圈。由于电压表和功率表的电压线圈内阻抗很大，所以电压互感器的运行情况相当于变压器空载的情况。忽略漏阻抗压降时，其原边绕组、牵引侧绕组之比就等于原边绕组、牵引绕组的电压之比，而电压互感器在设计时，为了保证其准确度，一般都采用高性能的硅钢片，以减小励磁电流和原边、牵引侧绕组的漏电抗。

牵引变压器：干线机车动车运行于 25 kV 交流工频电源下，需要将其转换为合适的电压才能使用，牵引变压器正是为此设置的，早期牵引变压器有立式变压器和卧式变压器之分，由于立式变压器重心较高，体积庞大不利于机车车辆的轻量化和平稳运行，即将淘汰。随着冷却技术和绝缘材料的改进，广泛应用的是卧式牵引变压器，牵引变压器容量大，需要专门的冷却循环装置散热，以保证其正常运行。

以 CRH2 型动车组为例，采用的是 ATM9 型变压器，采用单相壳式、无压密封方式，一个基本动力单元配置 1 台，全列共计 2 台，其实物图如图 8-27。储油柜安装在牵引变压器中央部位，和主机油箱通过连接孔输送绝缘油。波纹管采用圆型不锈钢焊接结构，外侧存放油，内侧与大气相通。

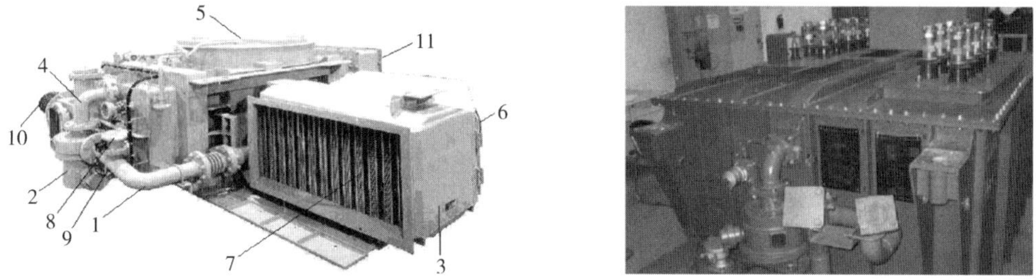

(a) 动车组变压器　　(b) 电力机车变压器

图 8-27　牵引变压器

2）主电路

由于电力机车、动车组和城市轨道交通车辆的差异，以及各自内部的差异，将导致多种多样的主电路形式，本书不再按轨道机车车辆的不同进行主电路的介绍，而是按照主电路的分类加以介绍：

交—直电力机车的主电路：第一代电力机车主电路结构相对简单，它们共同的特点是都采用了变压器低压侧调压开关，通过改变牵引变压器原副边的匝数比例，来达到调节副边整流装置输入电压的目的，再配合不可控整流或者可控整流装置，最终实现了直流电机直流电压可调的效果，使得电力机车具备调速功能，部分机车由于研制时期很早，整流装置甚至采用了引燃管整流器，后期又改用硅半导体整流管，例如，韶山一型电力机车，而韶山三型电力机车，其原副边匝数比要明显少于韶山一型电力机车，它们除了采用副边级间的大范围调压以外，还在每级间采用可控硅半导体开关管进行相控无级调压，因此速度调节相比于韶山一型电力机车更加平滑，同时由于级间接触器的触头减少，避免了级间转换时开关烧损，提高了机车的耐用性能，这一类型的电力机车主电路结构如图 8-28 所示。

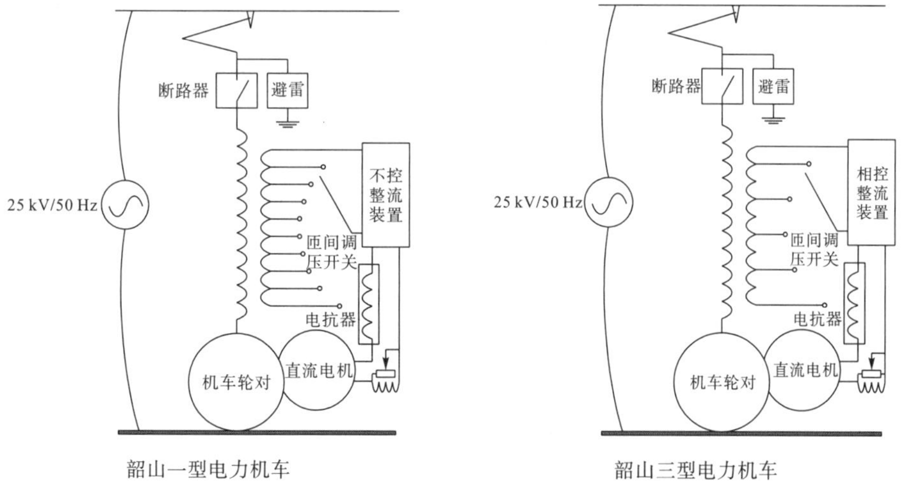

韶山一型电力机车　　韶山三型电力机车

图 8.28　第一代交直电力机车的主电路

第一代交—直电力机车，自动化程度不高，为了实现列车的恒速控制，司乘人员必须根据当前的速度，频繁地切换调压开关，来增大或者减小直流电机的端电压从而实现粗略的速度恒定控制，励磁绕组的弱磁控制依靠并联在励磁绕组上的电阻投切分流实现，机车运行速度普遍在 100 km/h 左右，目前除了韶山三型电力机车仍在少量使用以外，其他车型已经渐渐淡出了历史的舞台，表 8-6 列举了这一类型电力机车的主要参数。

表 8-6 第一代交直电力机车的主要性能

机车型号	单轴功率×轴数	最大速速	调速方式	电机结构
韶山一型	600 kW×6	100 km/h	副边匝间调压不控整流	串励
韶山三型	800 kW×6	100 km/h	副边匝间调压相控整流	串励

与第一代交—直传动电力机车相比，第二代交—直电力机车在主电路上有了很大的改动，摒弃了第一代交—直电力机车采用的匝间调压方式，硬触头的减少有效地提高了机车的可靠性，主电路改用由大功率晶闸管和二极管组成的相控无级调压整流电路，为了提高相控整流的功率因数，普遍采用了三段不等分半控桥，由于相控整流器件的使用，为微机控制提供了可能，这类机车完全由微机控制系统来控制机车的牵引、制动、防空转及故障保护等功能，可以实施恒流准恒速控制特性控制、制动系统的恒制动力控制、防空转、防滑行控制、轴重转移补偿控制、空电联合制动控制、故障诊断与故障记录等功能。在控制技术方面，部分机车采用了逻辑控制单元（LCU）等技术，用以替代传统的继电器有触点控制电路，使逻辑控制由软件来完成，从而减少机车布线；部分机车采用了先进的静止辅助变流器代替第一代机车的劈相机，为机车辅助机组提供三相电源，由于我国生产的电力机车完全是按照当时进口机车的设计经验研制的，因此它们的主电路和采用的驱动电机也分为法国 8K 方案和日本 6K 方案，法国的 8K 电力机车，以及韶山四型、韶山六型、韶山八型、韶山九型电力机车均采用了串励直流电机方案，在恒牵引力启动阶段，通过控制并联在励磁绕组的可控硅短路装置，维持磁通的恒定，而主要依靠调节多段不等分半控桥的输出电压，来实现机车的调速，当到达恒功率区段后，则维持多段不等分半控桥的输出电压恒定，依靠调节励磁绕组的可控硅短路装置来调节磁场，实现机车的恒功率调速，如图 8-29 所示。

而 6K 机车以及在此基础上研制的韶山七型系列机车，则采用了他励电机作为牵引动力，为此这类机车的牵引变压器副边专门设置了一个励磁绕组及其配套的励磁相控调压装置，在机车处于恒牵引力启动阶段，励磁调压装置为此恒定的励磁电压输出保持磁场恒定，这时的机车调速主要依靠多段不等分半控桥调节电枢电压实现，当机车进入恒功率运行阶段，此时多段不等分半控桥输出的电枢电压恒定，依靠励磁相控调压装置不断调节励磁电压，实现恒功率运行阶段的调速，如图 8-30 所示。

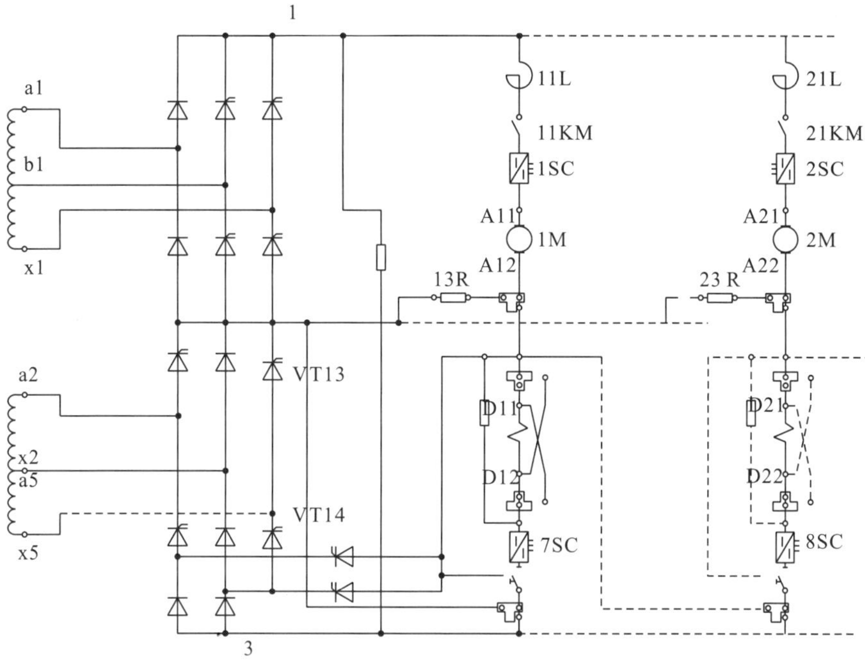

图 8-29　8K 系列技术路线交—直机车的主电路

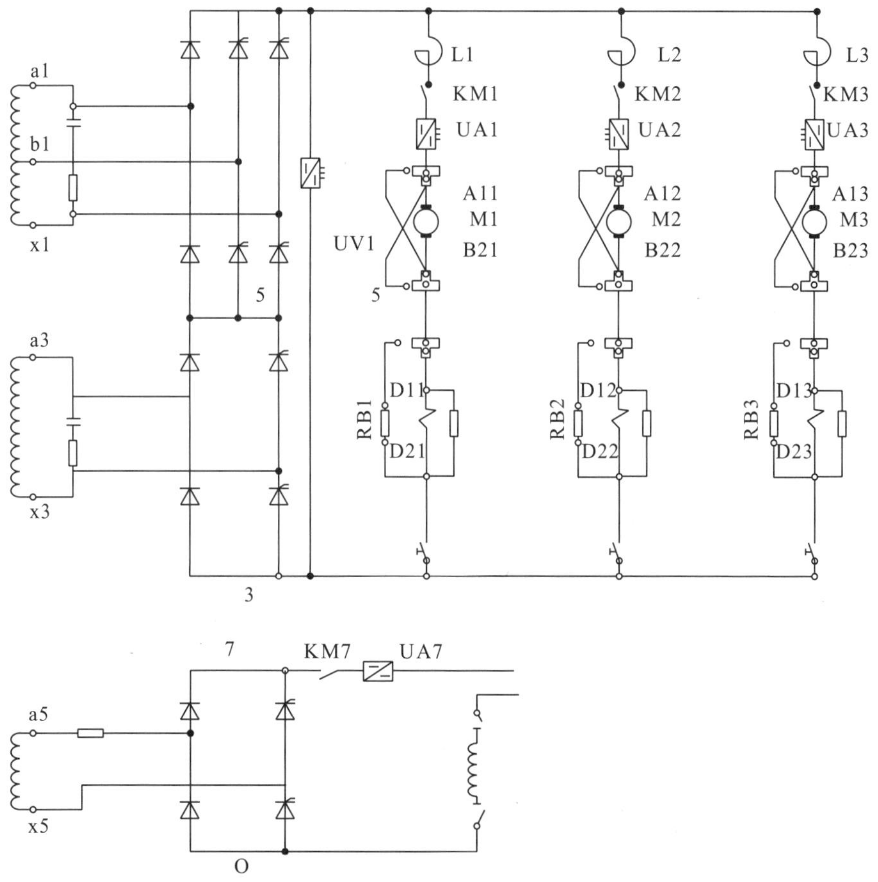

图 8-30　6K 系列技术路线交直机车的主电路

表 8-7 罗列了部分仍在使用的第二代交—直电力机车的主要参数。

表 8-7 第二代交直电力机车的主要参数

机车型号	单轴功率×轴数	最大速度(km/h)	调速方式	电机结构
韶山四型	800 kW×8	100	相控整流无级调速	串励
韶山六型	800 kW×6	100	相控整流无级调速	串励
韶山七型 D/E	800 kW×6	170	相控整流无级调速	他励
韶山八型	900 kW×4	170	相控整流无级调速	串励
韶山九型	900 kW×6	170	相控整流无级调速	串励

城市轨道交通车辆的直流电力牵引系统主电路：由于外部接触网或第三轨提供的即为恒定的直流电压，所以采用斩波调压控制，使用先进的大功率门极可关断晶闸管(Gate Turn-Off thyristor，GTO）或者普通晶闸管，利用晶闸管的导通和关断把直流电压转换成方波，用以调整直流电机的端电压，如图 8-31 所示。

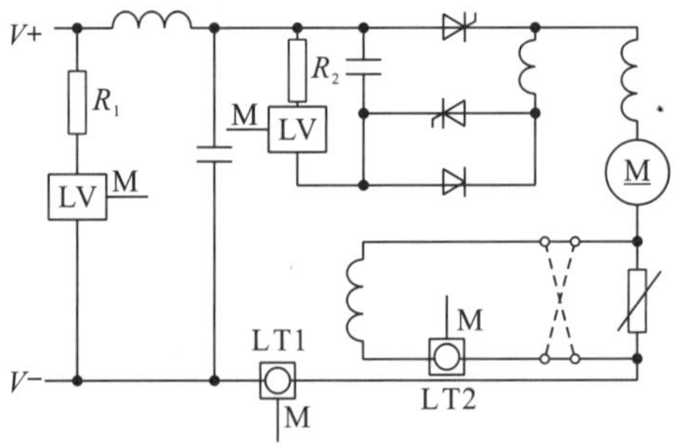

图 8-31 城市轨道交通车辆的直流电力牵引系统主电路

这种调压变速的方式主要优点：可实现无级调整，使车辆平稳启动和制动；将车辆动能转化为电能存储在电抗器中，再反馈到电网。只有在列车电制动，电网不能吸收再生电能时，才由电阻消耗电能，节约能量；电机的电流波动小，提高黏着能力；结构简单，便于检测。目前欧洲、加拿大、日本、上海（DC01 型）直流电机电动列车构造采用这种传动控制方式。上海地铁一号线 DC-01 型电动客车采用直流传动系统，如图 8-32 所示。

图 8-32 上海地铁一号线 DC-01 型电动客车

交—直—交电力机车/动车组的主电路如图 8-33 所示：交流传动电力机车主电路结构看似简单，但内部控制复杂程度却远高于直流传动电力机车，直流电力机车采用直流电机驱动，根据直流电机的控制原理，只需在恒牵引力启动阶段控制电枢电压维持磁通恒定，在恒功率运行阶段维持电枢电压恒定平滑弱磁即可，其磁通和电枢电压的控制完全由两套单独且易于控制的相控整流装置实现，且相互之间不受影响，控制原理简单，而交流传动电力机车采用了三相异步电机，要实现调速必须提供电压与频率时刻变化的三相交流电，而接触网提供的是单相工频交流电，因此如何实现定压定频的单相交流电向变压变频的三相交流电的转换，是交流传动电力机车主电路及其控制所必须实现的主要功能。牵引变流器的结构如图 8-34 所示。

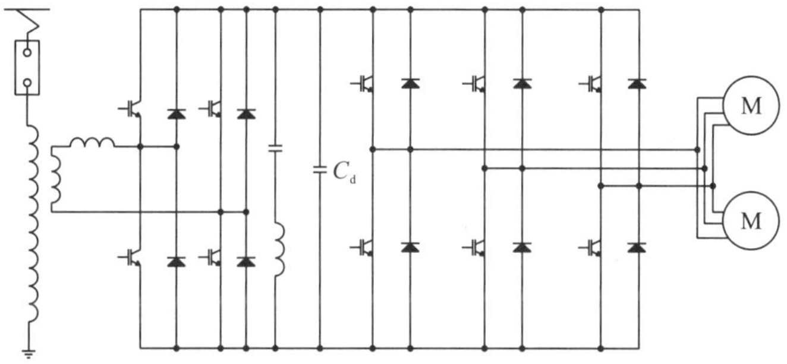

图 8-33　交—直—交电力机车/动车主电路

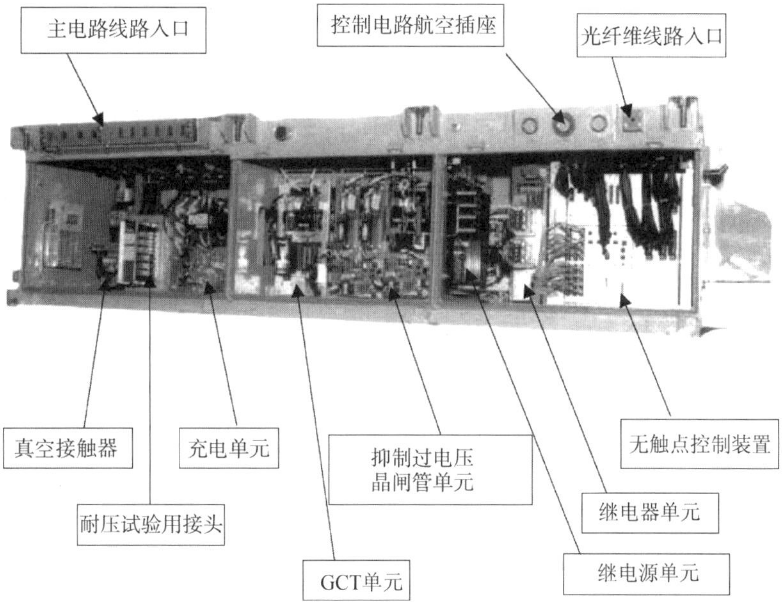

图 8-34　牵引变流器的结构

交—直—交的脉冲整流器部分由单相电压型 PWM 整流器和交流接触器构成。可实现交流电网侧功率因数接近 1；电网电流尽可能接近正弦，消除谐波，最大限度地提高电网的经济效益，减少电网对周围环境的电磁污染；在电网电压或负载发生变化时，能够维持中间直流电压的稳定，给电动机侧逆变器提供良好的工作条件。脉冲整流器还可以实现牵引、再生工况间的快速平滑转换，牵引时作为整流器，再生制动时作为逆变器。

动车组脉冲整流器主电路主要有两种，一种是两电平主电路结构，一种是三电平主电路结构。其中 HXD 系列、CRH1、CRH3、CRH5 型动车及其衍生系列组均采用两电平主电路结构，CRH2 型动车组及其衍生系列则采用三电平主电路结构。两电平和三电平主电路结构示意图如图 8-35 所示。

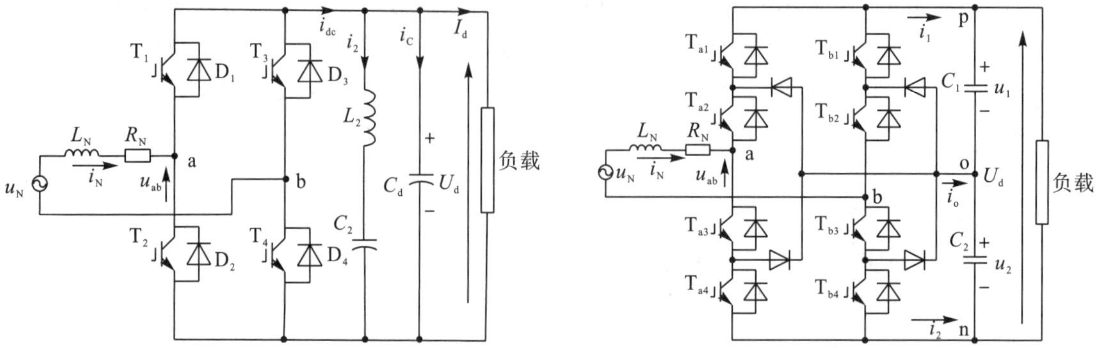

图 8-35　两电平和三电平脉冲整流器主电路框图

电压型牵引变流器中间直流电路通常由支撑电容构成。中间直流电路如图 8-36 所示，主要由均压电阻、支撑电容器和过压保护电路构成，目的是获得直流恒压。

以 CRH2 型动车组为例，支撑电容器 5 组并联，分别组装于各个功率模块内，即两台脉冲整流器模块各装 1 组，3 台逆变器模块也各装 1 组，合计容量 8000 μF。

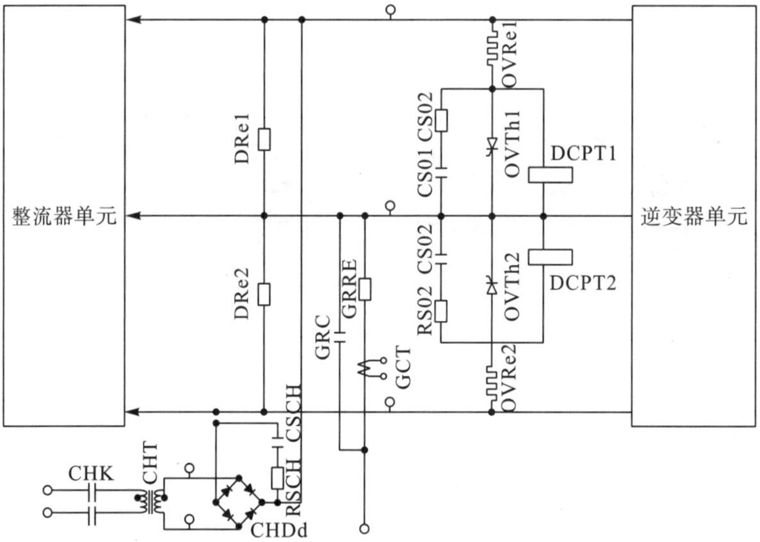

图 8-36　中间直流电路

支撑电容器与预备充电电路相连，启动时通过内置充电电阻的充电变压器从辅助电路进行初期充电，以防止接触器 K 接通时产生过大的冲击电流。换向开关接通方法：接通充电用接触器（CHK）充电（约 1 s），然后断开 CHK，接通接触器 K。中间直流电路设置由电阻和半导体开关构成的过电压保护电路。为防止牵引变流器原边绕组投入用接触器 K 投入时的过大冲击电流，在接触器 K 投入前对支撑电容器进行充电。开始充电的时间是从终端装置输入换向器（Reverser）投入信号时。以下表示从充电开始到接触器 K 投入为止的过程。

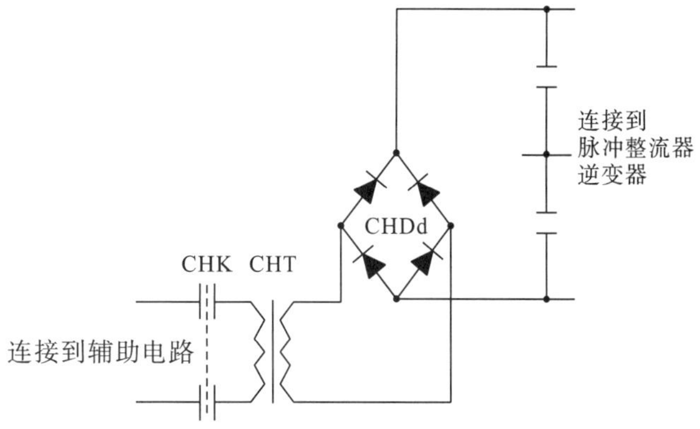

图 8-37　支撑电容器预备充电电路构成

逆变器部分以支持电容器电压为输入，牵引控制装置控制 IGBT 或 IPM 的开通或关断。牵引时逆变器输出电压频率可调的三相交流电，控制并联牵引电动机的转速和转矩。再生制动时以牵引电动机输出的三相交流电源为输入，向支撑电容侧输出直流电压。

动车组牵引逆变器主电路主要有两种，一种是两电平主电路结构，一种是三电平主电路结构。其中 HXD 系列、CRH1、CRH3、CRH5 型动车及其衍生系列组均采用两电平主电路结构，CRH2 型动车组及其衍生系列则采用三电平主电路结构。两电平和三电平主电路结构示意图如图 8-38 所示。

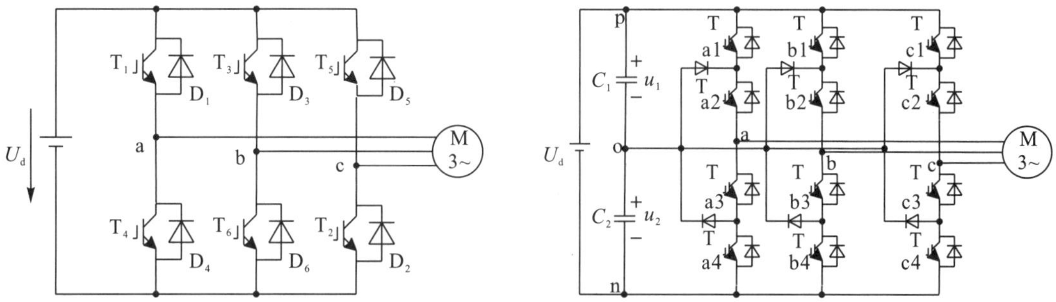

图 8-38　两电平和三电平脉冲牵引逆变器主电路框图

图 8-39 列举了部分 HXD 电力机车和 CRH 系列动车组的主电路结构，它们的交—直—交变流的基本原理与前面叙述的原理一致，但具体的结构形式有所区别。

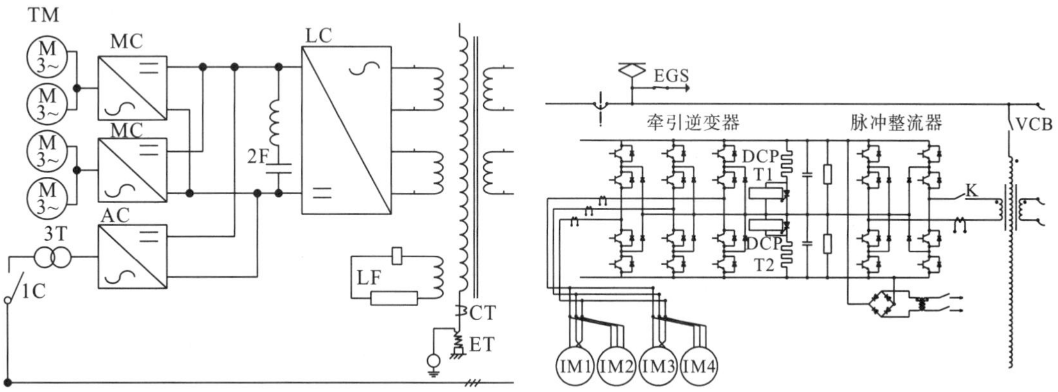

(a) CRH1 系列主电路　　(b) CRH2 系列主电路

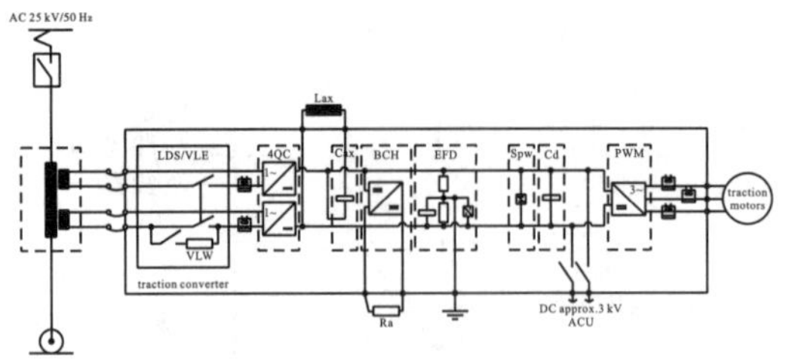

（c）CRH3 系列主电路

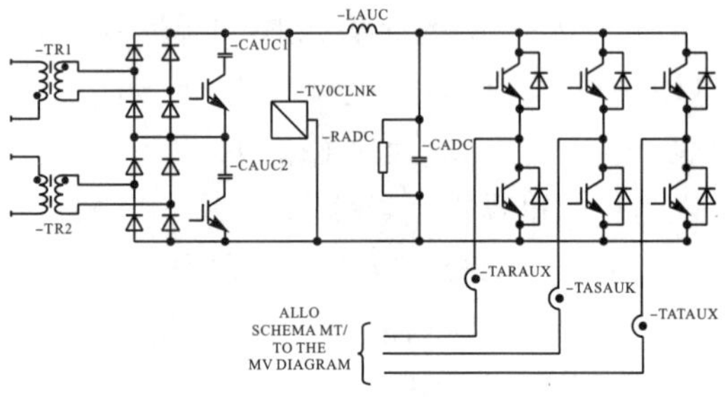

（d）CRH5 主电路

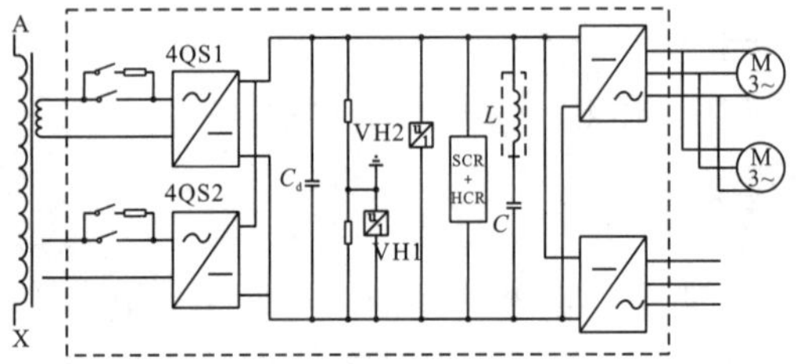

（e）HXD1 系列主电路

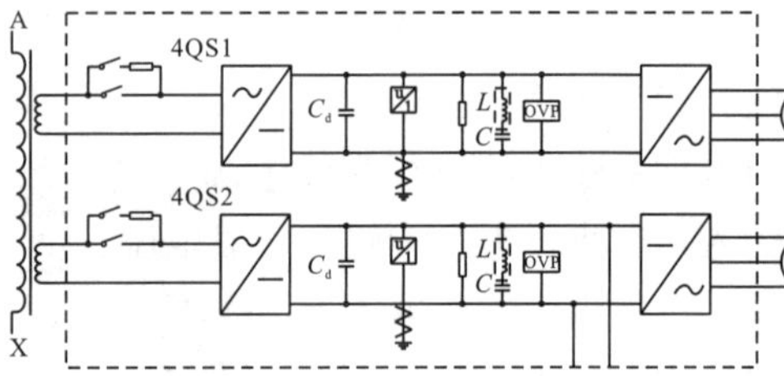

（f）HXD2 系列主电路

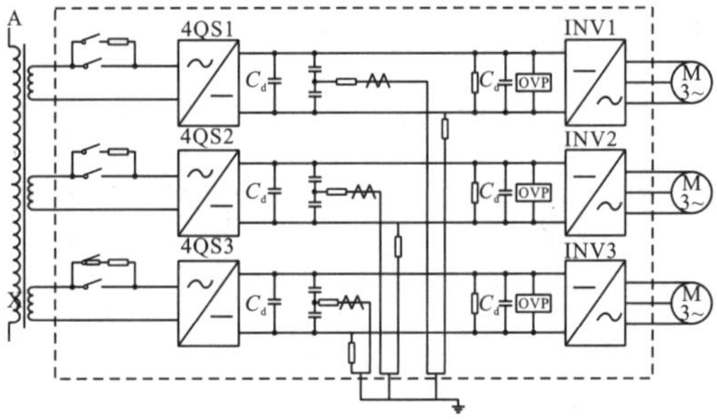

（g）HXD3 系列主电路

图 8-39 部分交-直-交电力机车与动车组的主电路

首先从电机变流器侧发现，其中 CRH1、CRH2、CRH3 型动车的主电路都采用了牵引电机的车控方式，也就是由一台变流器同时驱动 4 台电机，而 CRH5 型动车则由于电机安装在车体，所以一台逆变器只拖动一台电机，与 HXD 机车类似，在 HXD 机车中，HXD1 型机车的一台逆变器同时拖动两台牵引电机，形成了架控模式，而 HXD2 和 HXD3 电力机车的每台逆变器只对一台电机供电，由此形成了轴控模式，车控、架控和轴控各有优缺点，由于动车组黏着利用较好，所以采用车控方式较少产生滑行和空转，唯一的缺点是，当此台逆变器故障将导致该动力车失去全部动力，而对于电力机车，如果采用架控，不但容易造成动轮的空转和打滑，如果逆变器故障将导致一半的动力损失，因此应采用轴控方式较好，但缺点就是需要更多配置逆变器及其控制系统，增加了成本。

从网侧变流器分析，CRH1、CRH3 型动车和 HXD1 型电力机车在机车车辆轻载时，由单独的整流器向直流环节供电，而当重载时，则采用并联供电的方式向中间直流侧供电，而 CRH2 型动车和 HXD2、HXD3 型电力机车则完全由单独的整流器向直流环节供电。

最后从中间直流环节分析，CRH2 型动车和 HXD3 型动车均取消了中间 LC 滤波环节，采用控制算法消除直流环节的 2 倍工频脉动，使得牵引变压器的体积和重量都得以缩减，而其他型号机车动车在其牵引变压器内都安装了 LC 滤波电感。

直—交城市轨道交通车辆的主电路：轨道交通车辆的交流电力牵引系统，同样采用微机控制的交流调频调压技术，在网侧因为是直流接触网所以不存在网侧脉冲整流器，而主要由输入滤波器、三相逆变线路、制动斩波线路和控制线路组成的牵引逆变器来控制异步电机的电压及频率，实现牵引和电气制动。这种控制方式的优点：VVVF 无接点控制，运行可靠，过载能力强，黏着性能好；结构简单，重量轻，几乎无须保养和维修。这种传动控制方式，被认为是调速系统中性能最优越的，目前城市轨道交通大都采用这种传动控制方式，如图 8-40 所示。

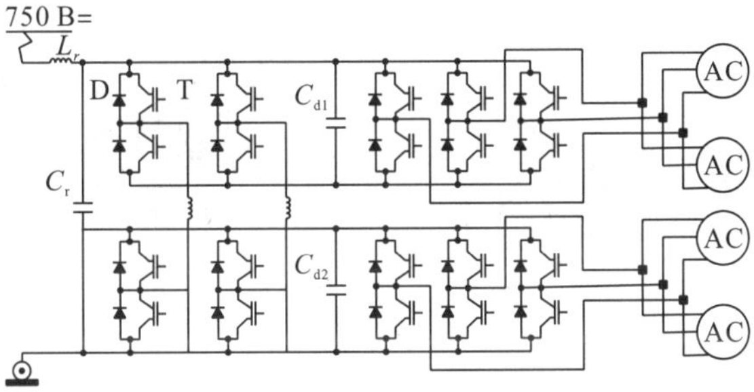

图 8-40　采用异步电机交流传动的城市轨道交通车辆主电路

上海地铁一号线 AC-06 型电动客车采用 VVVF（变压变频）交流传动系统，如图 8-41 所示。

图 8-41　上海地铁一号线 AC-06 型电动客车

8.4.3　辅助电气系统

轨道交通车辆安装有为旅客服务的电气设备如照明、制冷、制热和广播等，为满足列车控制系统和牵引传动系统需要的各种辅助用电系统，如冷却风机、油泵、空气压缩机、电子设备等，由于上述设备通常采用交流供电方式，在早期电力电子技术不发达的情况下，通常都采用旋转发电机组产生交流电，旋转发电机组噪音大、笨重，随着城市轨道交通车辆的不断更新，人们对乘车安全性、舒适性提出了新的要求，辅助供电系统的功能也日益增加。由逆变器、蓄电池及相应的部件组成的辅助供电系统为辅助设备提供电源，它的工作状态正常与否直接影响列车的功能，特别是当数个关键辅助系统故障时（油泵、压缩机、冷却风机），将引起轨道车辆无法运行。

1）旋转机组电源系统

发电机组是早期最常用的辅助供电系统，一般在车辆走行部转向架上，如图 8-42 所示。列车运行时，轮对上的皮带轮通过皮带驱动发电机旋转，从而产生电能，再经整流后向蓄电池充电，当列车运行较快时，发电充足直接由发电机供电，而当列车停止时，则由蓄电池向车内设备供电。

图 8-42 轮对发电机组

轮对发电机组功率小，通常为几千瓦，对于电力机车根本无法满足其他如风机、冷却油泵等的供电要求，因此与之配合还有一种称为劈相机的旋转发电设备，如图 8-43 所示。

图 8-43 旋转发电机组

劈相机是早期交—直—交电力机车给车内辅助电机供电的主要辅助电源，它是将单相电变换成三相电的特殊电机，其实质是由单相电动机和三相发电机组合成的旋转电机。

劈相机的工作原理：在单相工频交流电力机车的辅助系统中，异步劈相机（简称劈相机）用来将主变压器辅助绕组供给的单相电源“劈成”三相，向辅助系统所有三相异步电动机供电。

劈相机的实质：是一种本身只输出一相电流的异步电机。劈相机工作状态实际上是三相异步电机在不对称条件下运行的一个特例，劈相机存在体积庞大、所生成的三相电对称度较差的缺点，因此从后来的第三代交—直电力机车开始，已经普遍被静止变流器所代替。

2）静止辅助电源系统

目前基本所有新造的交流传动电力机车和动车组以及城市轨道交通车辆都已采用静止辅助电源系统，也就是辅助逆变器，基本原理都是三相逆变器结构，但它们在具体结构上有以下区别。

辅助绕组单独取电辅助电源：这类辅助逆变器一般应用于电力机车，如图 8-44 所示，机车牵引变压器有专门的辅助绕组，通过脉冲整流器生成稳定的直流电压，再通过图 8-44（a）、（b）两组逆变器分别生产变压变频三相电和恒压恒频三相电，其中变压变频三相电供风机等需要调速的风机使用，以减少其噪音，提高其经济性能，而恒压恒频三相电则供给不许调速的辅助电机使用，如空气压缩机、冷却油泵等，而开关电源则生成各种单相或者直流的稳压电源，供车上各种小功率电气设备使用。

这类辅助逆变器可靠性较高，两个 PWM 逆变器中的一个发生故障时可以随时切换运行，不至于引起辅助电机停机，并且由于单独的辅助绕组存在不会受到主变流器的影响，如果发生辅助电源故障，蓄电池可以通过开关电源优先向车载电脑等关键行车设备冗余供电。

主变流器直流环节取电辅助电源：这类辅助逆变器一般应用于动车组、城轨以及一部分电力机车，与图 8-44 不同，它没有单独的变压器辅助绕组，而是直接从主变流器的中间直流环节取电，如图 8-45 所示。

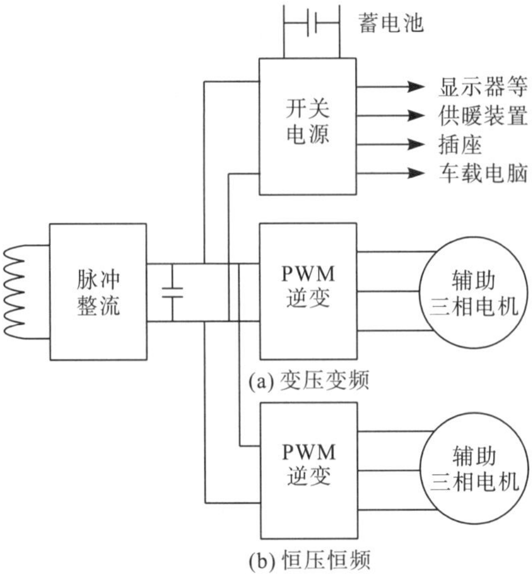

图 8-44　交—直—交型辅助逆变器

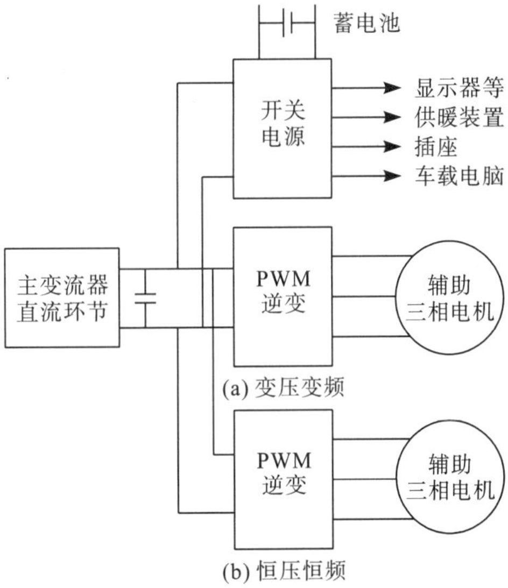

图 8-45　直—交型辅助逆变器

它的缺点在于，当直流环节故障时，辅助供电除了照明和基本行车电脑可以维持以外，其他如空调机组、辅助机组都将受影响。

图 8-46 是用于广州地铁三号线三节编组的 A 型车辆所用辅助逆变器。

图 8-46　直—交型辅助逆变器

图 8-47 是用于电力机车的主、辅一体化变流器，将主变流器和辅助变流装置集中在变流柜内，形成模块化。

图 8-47　主、辅一体化变流器

3）列车供电系统

与动车组和城轨不同，电力机车有些还兼顾向后续牵引旅客列车供电的功能。

图 8-48 是一种电力机车的机车供电电流，它将机车牵引变压器辅助绕组的单相交流电，通过不控整流的方式，整流成直流 600 V 左右的直流电，并使用电感和电容对其进行滤波，此 600 V 直流电压通过两侧的机车供电插头向后续列车传输，后续列车车厢自带了逆变器和开关电源将这 600 V 的直流电再经过处理供车载设备使用，形成机车集中整流，列车分散逆变的机车供电模式。

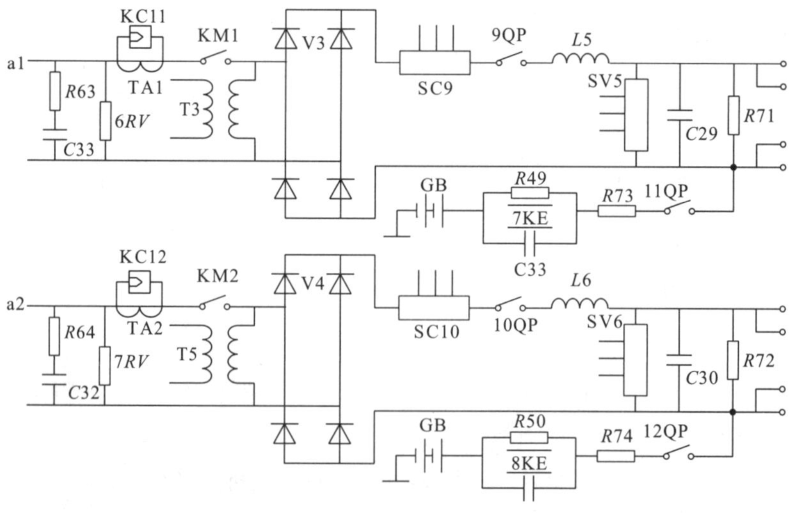

图 8-48　电力机车的机车供电电路

思考题

(1) 轨道交通列车分为哪几种类型?
(2) 与交—直型机车相比，交—直—交型机车有何优点?
(3) 动力集中式和动力分散式高速列车各有何优缺点?
(4) 当前主要城市轨道交通方式有哪些?
(5) 简述轨道交通车辆传动系统的分类及各自特点。
(6) 简述轨道交通车辆辅助电源的分类及各自特点。
(7) 为何要发展多种形式的轨道交通机车车辆?

参考文献

冯晓云 . 2009. 电力牵引交流传动及其控制系统 . 北京：高等教育出版社.
郭世明 . 2012. 机车动车牵引交流传动技术 . 北京：机械工业出版社 .
雷晓娟，张天彤 . 2011. 城市轨道交通车辆构造 . 北京：中国铁道出版社.
连级三 . 1996. 电力牵引控制系统 . 北京：中国铁道出版社.
连级三 . 2011. 电传动列车概论 . 北京：铁道出版社 .
刘友梅 . 1996. 韶山 3 型 4000 系电力机车 . 北京：中国铁道出版社.
刘志明 . 2010. 动车组设备 . 北京：中国铁道出版社.
吕刚 . 2011. 城市轨道交通车辆概论 . 北京：北京交通大学出版社.
上海申通地铁集团有限公司 . 2009. 城市轨道交通概论 . 北京：中国铁道出版社.
上海申通地铁集团有限公司轨道交通培训中心 . 2010. 城市轨道交通概论 . 北京：中国铁道出版社.
宋雷鸣 . 2007. 动车组传动与控制 . 北京：中国铁道出版社.
铁道部运输局机务部 . 2009. TB/T3215-2009 电力机车辅助变流器 .
徐安 . 2003. 城市轨道交通电力牵引 . 北京：中国铁道出版社 .
郑琼林，赵佳，樊嘉峰 . 2010. 直线电机轮轨交通牵引传动系统 . 北京：中国科学技术出版社.

第 9 章　牵引供电系统安全保障技术

9.1　概述

9.1.1　牵引供电系统安全保障的重要性

牵引供电系统是电气化铁路的电力源泉，是电力机车与机电系统正常运行的动力保证。牵引供电系统一旦发生故障，将使整条线路失去运营能力，造成重大的经济损失。随着高速、重载电气化铁路的快速发展，电气化铁路越来越多、供电系统复杂程度越来越高，牵引供电系统发生故障的可能性、故障波及范围及故障造成的损失也越来越大。

例如，2011 年 12 月 16 日，某变电所发生设备故障，致使某铁路线瘫痪将近 6 个小时，东西方向的几十列火车受到影响，大量火车晚点，沿线各停靠车站大批旅客滞留；2012 年 9 月 22 日，某铁路线上突发设备故障，造成沪杭高铁、沪昆线共计 9 辆列车晚点。2013 年 1 月 15 日，某铁路接触网发生故障，致使 D5116 次列车临时停运，D5102 等次列车不同程度晚点。

可见，牵引供电系统能否安全可靠运行直接关系到电气化铁路的安全、稳定运营。牵引供电系统的安全性与可靠性是系统长期工作的要求，贯穿于系统构想到系统寿命终结的整个寿命周期过程。

9.1.2　牵引供电系统在线监测

一般情况下，电气设备的使用必然造成设备绝缘系统的自然老化，同时，在非正常工作情况下，电气设备绝缘还会加速劣化。要保证牵引供电系统的可靠性与正常运行，必须对牵引供电系统的运行状态进行状态监测与分析。

定期预防性试验对保障电气设备良好运行起到了一定作用，但在实践中发现了其诸多不足：①设备的试验条件不同于设备的运行条件，所得数据不能真实地反映设备的绝缘状态；②试验周期长，缺乏实时性，难以预防突发性故障；③试验需要设备停电，造成较大的经济损失；④设备缺陷检出率及测试结果有效率低；⑤自动化水平低，工作量大，费用高。

为了保障牵引供电系统的安全可靠运行，实时掌握牵引供电系统设备运行中的绝缘状态是行之有效的重要手段。计算机技术与信息技术的高速发展，为牵引供电系统在线监测的实现提供了基础。牵引供电系统主要由牵引变电所与接触网线路组成，对牵引供电系统的在线监测主要分为牵引电气设备在线监测与受电弓—接触网在线监测。

1）牵引电气设备在线监测技术

对牵引电气设备实施在线监测有如下重要意义：①可以发现设备的早期故障，减少设备损坏，同时可及时了解电气设备绝缘的状况，制订合理的维修计划，提高对设备的维护水平，实现设备维修决策的智能化；②对老旧或有故障隐患的设备，采用在线监测可随时监视其运行状况，最大限度地利用设备的剩余寿命，实现全寿命周期管理，获取电气设备运行的最大经济化；③供电调度可根据设备的运行状态，灵活地采取运行方式，实现安全最大化与调度可视化；④相比于预防性试验，可在设备实际运行电压下进行测量，不需要停机试验所要用的昂贵高压试验设备，测试结果具有很高的真实性，大量连续地测试数据可以反映出设备状态随不同季节、不同环境条件及不同负荷情况的变化趋势。图 9-1 给出了电气设备检测对象。

图 9-1　牵引电气设备状态监测对象

2）受电弓—接触网监测技术

接触网是与电气化铁路安全运营直接相关的架空设备，其沿线路架设且无备用，工作环境恶劣，是整个牵引供电系统最为薄弱的环节，接触网性能的优劣直接决定电力机车受电弓的受流质量，影响列车的运行速度和安全。受电弓是电力机车从接触网取流的重要设备。由于弓网系统一直处于高速的运动状态，出现的任何轻微损伤，如果不及时发现，将会使损伤不断扩大，最终导致弓网故障。受电弓从接触网取流如图 9-2 所示。

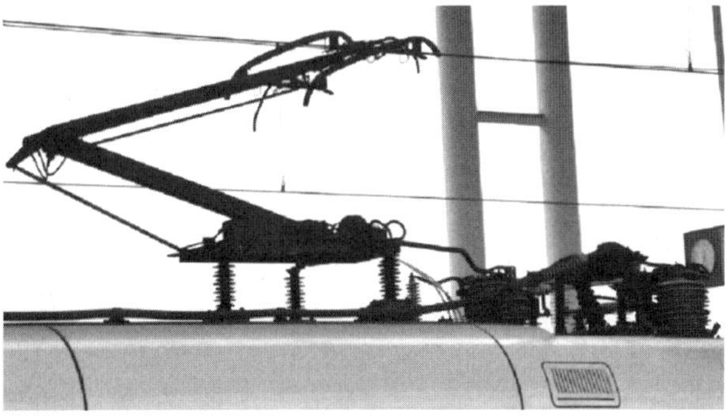

图 9-2　受电弓与接触网

意大利与德国研制的接触网检测系统具有一定的代表性。从系统结构上，意大利和奥地利接触网检测设备比较接近，称为非接触式检测方式，主要强调接触网几何参数的检测；日本、法国及瑞士研制的接触网检测设备与德国比较接近，称为接触式检测方式，主要强调弓网动力学参数的检测。

早在上个世纪80年代初，我国就开始研制接触网检测系统，虽然起步较晚，但在借鉴国外先进技术的基础上，自主研发创新，目前已达国际先进水平。

9.1.3 牵引供电系统防护问题

根据铁路运营部门统计数据显示，目前我国已开通了4.8万千米电气化铁路，牵引供电系统分布地域广，线路复杂交错，线路工作环境几乎全部露天，尤其是接触网，必须经受住大自然的严峻考验。目前，国内电气化铁路面临的自然灾害防护问题主要有三个方面：防雷、防污及防冰。

1）牵引供电系统防雷问题

我国牵引供电系统的额定电压等级为25 kV，与高压输电线路相比，电压相对较低，没有架设避雷线；接触网没有后备，易遭受雷击引起设备损坏或者线路跳闸、列车失电，导致运输中断；此外，雷击侵入波过电压通过接触网传入牵引变电所，可能引起所内电气设备损坏，造成严重事故。

我国雷害较多，全国各地雷电活动情况各不相同，如我国南部亚热带地区就是雷电活动比较频繁的多雷区，尤其是多山区的地方，雷害就更为突出。从气象部门了解到，我国南部地区的年雷暴日达到80天以上，最严重的雷州半岛、海南岛及广东、广西交界处甚至为100个雷暴日以上。近年来，随着电气化铁路规模增大，雷电活动对铁路电力系统的危害也越来越严重。广深铁路自1998年8月28日开通以来，发生过多起由雷击造成跳闸，甚至引起设备损坏的事故；在2001年1月间共发生雷击接触网跳闸45次，其中广深线平湖牵引变电所雷击跳闸占事故总跳闸比例的57.7%。贵昆线、南昆线和京广线韶广段雷击接触网事故也非常严重，南昆线昆明局管内的接触网，1999年3月27日～8月31日，发生雷击接触网跳闸85次。全国雷暴日分布示意图如图9-3所示。

随着运营里程的增加以及高速重载专线的快速发展，提高牵引供电系统耐雷水平、减少雷击故障跳闸率，对保障电气化铁路的安全运输具有极其重要的意义。提高接触网和牵引变电所的耐雷水平是电气化铁路运营管理部门必须解决的重大课题。

2）牵引供电系统防污问题

随着社会经济的发展，大气污染日益严重。环境污染对牵引供电系统最直接的影响就是提高了线路绝缘子的表面污秽增长速度。当绝缘子表面污秽积累到一定程度时，运行中的接触网线路在特定气候条件下可能发生持续时间较长的大面积污闪，并且可能连续多次发生，致使难以采用自动重合闸恢复供电，从而造成铁路运输线长时间中断，给国民经济带来严重影响。因此，防污是电气化铁路牵引供电系统亟待解决的问题。

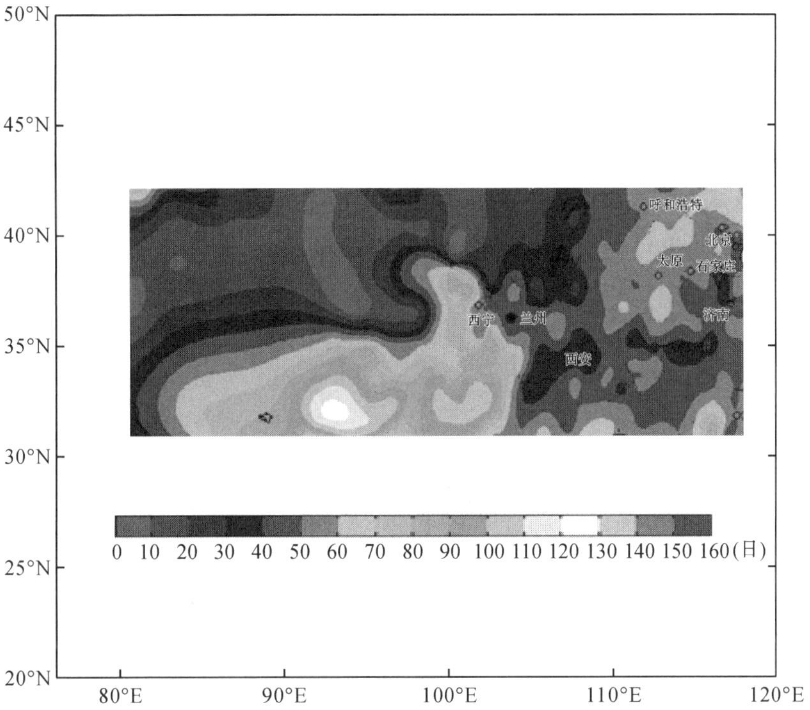

图 9-3 全国雷暴日分布示意图

3）牵引供电系统防冰问题

受气候、地形、气象条件的影响，冰灾事故发生时往往天气恶劣、冰雪封山、交通受阻、通信中断，抢修十分困难，容易导致牵引供电系统长时间瘫痪，经济损失惨重。因此，冰灾是牵引供电系统遭受的各种自然灾害中最严重的灾害之一，在我国南方更为突出。特别是近年来，受全球气候变暖影响，各类气象灾害更为频繁，极端天气事件更显异常，造成的损失和影响更趋严重，破坏程度越来越强，影响越来越广，应对难度也越来越大。牵引供电系统在运行中如何应对系统覆冰带来的危害也成为一项重要课题。

9.2 牵引供电设备在线检测技术

9.2.1 牵引供电设备在线监测系统构成

牵引供电设备在线监测系统包括对变压器、GIS、高压断路器、避雷器和电容型设备、高压电缆等设备的监测，并能及时对设备的运行状态及故障状况进行诊断，以便合理安排维修计划，确保铁路运输的正常运行。牵引供电设备综合在线监测系统框架如图 9-4所示。根据牵引变电所实际情况，可由其中的某几个监测子系统来组成实际的牵引供电设备在线监测系统。不论监测系统是什么类型，均应包括以下基本单元。

信号采集单元：一般由相应的传感器来完成，它从电气设备上提取反映设备状态的物理量，例如，电流、电压、温度、压力、气体组分等，并将其转换为电信号传送至后续单元。其灵敏度和可靠性直接关系到整个监测系统的性能。

信号处理单元：对传感器变送来的信号进行预处理，提高信噪比。

数据采集单元：对经过处理的信号进行采集、A/D 转换并记录。

信号传输单元：将采集到的信号传输到后续单元。

数据处理单元：对所采集的数据进行处理和分析，获取能反映设备状态的特征值，为诊断提供有效的数据和信息。

诊断单元：对处理后的数据和历史数据、判据及其他信息进行比较、分析，对设备的状态或故障部位作出判断，为采取进一步措施（如是否需要退出运行、安排维修计划等）提供依据，必要时提供预警。

由上述 6 个单元构成的在线监测系统如图 9-5 所示。

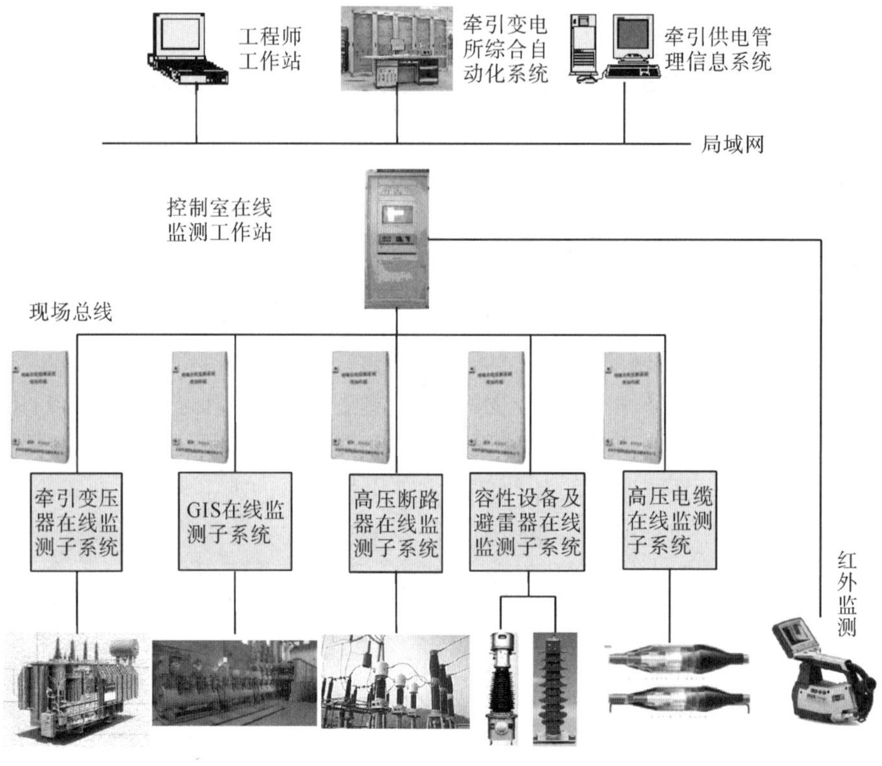

图 9-4 电气设备综合在线监测系统框架

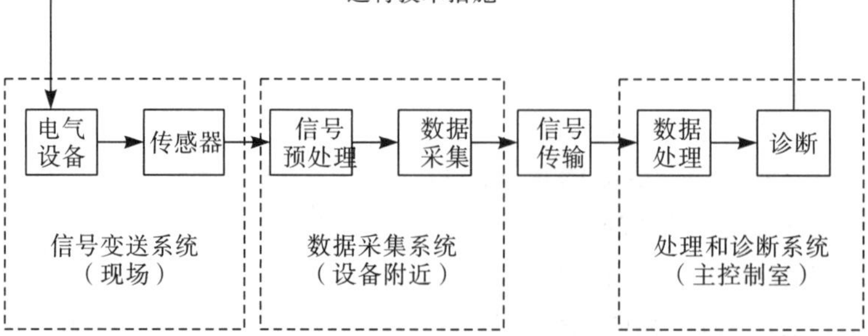

图 9-5 在线监测系统组成框图

在线监测系统包括三个子系统：①被监测设备和传感器，在设备现场；②信号预处理和数据采集子系统，一般在被监测设备附近，也在现场；③信号处理和诊断系统，由一台计算机和监测系统专用软件组成，位于距现场数十米至数百米的主控室内。

9.2.2 牵引变压器在线监测与故障诊断

牵引变压器是牵引供电系统的关键设备，其性能好坏直接影响到牵引供电系统的正常运行，因此提高牵引变压器的可靠性具有重要意义。牵引变压器的在线监测技术包括油中溶解气体在线监测、局部放电在线监测、绕组变形在线监测、高压套管介质损耗在线监测、铁心接地电流在线监测等。其中油中溶解气体在线监测是目前应用最广泛的监测手段。

根据监测对象不同，变压器油中溶解气体在线监测可归结为以下三类。

（1）测量可燃性气体含量（TGG）。包括 H_2、CO 和各类气体烃类含量的总和。

（2）测量单种气体浓度。变压器发生过热或局部放电时，所产生的气体多含有较多的 H_2，因此可以通过监测 H_2 的变化判断变压器是否存在故障。这类装置只适合用于现场故障的初步诊断，要了解故障的详细信息还需进一步进行色谱分析。

（3）测量多种气体组分的浓度。监测 CH_4、C_2H_6、C_2H_4、C_2H_2、H_2、CO 共 6 种组分，这类装置测量的气体组分信息较全，有助于实现智能化故障诊断，从电气设备状态维修制的发展来看，它是变压器油中溶解气体在线监测发展的方向。

油中溶解气体在线监测装置主要由脱气、混合气体分离及气体检测三大部分组成，监测对象不同略有区别，如检测可燃性气体总量时，一般可以省略混合气体分离的步骤。

1）脱气

脱气法主要有油中吹气法、抽真空取气法、分离膜渗透法。油中吹气法的基本原理是采用吹气方式将溶解于油中的气体替换出来，使油面上某种气体的浓度与油中气体的浓度逐渐达到平衡。抽真空取气法是利用常规色谱分析中的抽真空脱气原理，用真空泵抽空气来抽取油中溶解气体，油仍回到变压器油箱，灵敏度较高。分离膜渗透法结构简单、成本低、操作方便，因此得到了广泛应用，油中溶解气体通过分离膜进入气室，要使气室内的气体和油中溶解气体浓度达到平衡需要时间较长。

2）混合气体分离

混合气体分离一般用气相色谱柱完成。在同一推动力的作用下，不同组分在固定相滞留时间长短不同，从而按先后不同的次序从固定相中流出。固定相对气体组分的分离起着决定性的作用，不同性质的固定相适应不同的分离对象，应根据分离对象来选择固定相的材料。

3）气体检测

目前应用于油中气体监测的气体检测器主要有热导检测器、半导体型传感器、催化燃烧型传感器、光敏气体传感器、燃烧电池型传感器和其他形式的传感器。催化燃烧型和半导体型传感器由于使用方便、价格便宜，被广泛应用于电气设备油中溶解气体在线监测中。

典型的油中溶解气体在线监测装置的组成及结构如图 9-6 所示。

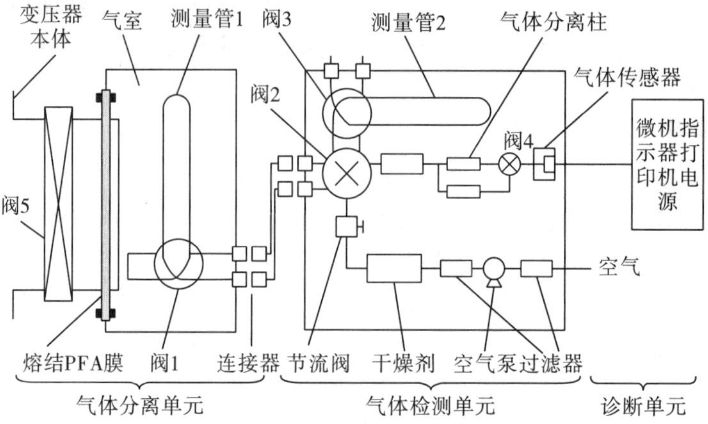

图 9-6 油中溶解气体在线监测系统原理图

4）油中气体分析与故障诊断

（1）是否存在故障的判断。

阀值判断法：将油中溶解各气体的浓度与表 9-1 列出的正常极限注意值作比较，若 H_2 和烃类气体不超过表中所列的含量，且气体成分一直比较稳定，则认为变压器运行正常。

表 9-1 变压器油中溶解气体的注意值 （单位：μL/L）

气体组分	含量	
	330 kV 及以上	220 kV 及以下
H_2	150	150
C_2H_2	1	5
C_1+C_2	150	150

根据产气速率判断：判断有无故障还要将各组分的气体浓度和产气速率结合起来，若短期内各组分气体含量迅速增加，虽未超过规定的注意值也可判断为故障。有的设备因某种原因使得气体含量基值较高，超过注意值，但增长速度很低，仍可认为正常。产气速率可分为绝对产气速率和相对产气速率。

绝对产气速率为每小时产生某种气体的平均值，绝对产气速率能较好地反映出故障性质和发展程度，不论纵比（与历史数据比较）还是横比（与同类产品比较）均有较好的可比性。但在实际应用中绝对产气速率往往难以求得，因而多采用相对产气速率来分析判断。

（2）故障性质的判断。

不同性质的故障所产生的油中溶解气体的组分是不同的，据此可以判断故障的类型。

特征气体法：我国现行的《变压器油中溶解气体分析和判断导则》（GB/T 7252—2001），将不同故障类型产生的特征气体归纳为表 9-2。

表 9-2　不同故障类型产生的气体组分

故障类型	主要气体组分	次要气体组分
油过热	CH_4，C_2H_4	H_2，C_2H_6
油和纸过热	CH_4，C_2H_4，CO，CO_2	H_2，C_2H_6
油、纸绝缘中局部放电	H_2，CH_4，CO	C_2H_2，C_2H_6，CO_2
油中火花放电	C_2H_2，H_2	—
油中电弧	H_2，C_2H_2	CH_4，C_2H_4，C_2H_6
油和纸中电弧	H_2，C_2H_2，CO_2，CO	CH_4，C_2H_4，C_2H_6
进水受潮或油中气泡	H_2	—

表 9-2 中总结的不同故障类型产生的油中特征气体组分，只能粗略地判断变压器内部的故障。因此国内外通常以油中溶解的特征气体的含量来诊断变压器的故障性质。

特征气体法对故障性质有较强的针对性，比较直观、方便，缺点是没有明确的概念，见表 9-3。

表 9-3　判断变压器故障性质的特征气体法

序号	故障性质	特征气体的特点
1	一般过热性故障	总烃较高，$C_2H_2<5\ \mu L/L$
2	严重过热性故障	总烃较高，$C_2H_2>5\ \mu L/L$，但 C_2H_2 未构成主要成分，H_2 含量较高
3	局部放电	总烃不高，$H_2>100\ \mu L/L$，CH_4 占总烃的主要成分
4	火花放电	总烃不高，$C_2H_2>10\ \mu L/L$，H_2 含量较高
5	电弧放电	总烃高，C_2H_2 高并构成总烃中的主要成分，H_2 含量较高

三比值法：国际电工委员会和我国国家标准推荐 CH_4/H_2、C_2H_4/C_2H_6、C_2H_2/C_2H_4 三个比值来判断故障的性质。表 9-4 为改良三比值法的编码规则，表 9-5 为故障类型判断方法。

表 9-4　改良三比值法的编码规则

特征气体的比值	比值范围编码		
	C_2H_2/C_2H_4	CH_4/H_2	C_2H_4/C_2H_6
<0.1	0	1	0
0.1～<1	1	0	0
1～<3	1	2	1
≥3	2	2	2

从表 9-5 中可以看出，C_2H_2/C_2H_4 编码决定故障的类型："0" 代表过热故障，"1" 代表高能放电故障，"2" 代表低能放电故障。

表 9-5 故障类型判断方法

编码组合			故障类型判断	故障实例（参考）
C_2H_2/C_2H_4	CH_4/H_2	C_2H_4/C_2H_6		
0	0	1	低温过热（低于 150 ℃）	绝缘导线过热，注意 CO、CO_2含量以及 CO/CO_2值
	2	0	低温过热（150～300）℃	分接开关接触不良，引线夹件螺丝松动或接头焊接不良。涡流引起铜过热，铁芯漏磁局部短路和层间绝缘不良，铁芯多点接地
	2	1	中温过热（300～700）℃	
	0，1，2	2	高温过热（高于 700 ℃）	
	1	0	局部放电	高湿度、高含气量引起油中低能量密度放电
1	2	0，1，2	过热兼电弧放电	线圈匝、层间短路，相间闪路，引线对箱壳放电，线圈熔断，分接开关飞弧，固环流引起电弧，引线对其它接地体放电
	0，1	0，1，2	电弧放电	
2	2	0，1，2	过热兼低能放电	引线对电位未固定的部位之间连续火花放电，分接抽头引线间油隙闪络，不同电位之间油中火花放电，悬浮电位之间火花放电
	0，1	0，1，2	低能放电	

应用三比值法时，对油中各种气体含量正常的变压器，其比值没有意义；只有油中各气体成分含量足够高（通常超过注意值），且经过综合分析确定变压器内部存在故障后，才能进一步用三比值法分析其故障性质。

在对运行过程中的变压器进行故障诊断时，还需要一些配套的辅助方法，如采用 CO_2/CO 比值判断是否存在固体绝缘故障。IEC 导则推荐以 CO/CO_2 比值作为判据，认为该比值大于 0.33 或小于 0.09 时，很可能有纤维绝缘分解故障。

其他故障诊断法：除了特征故障气体法和三比值法，还存在立体图示法、大卫三角法、四比值法等其他一些故障诊断法。近年来，神经网络、模糊技术、粗糙集等开始广泛应用于故障诊断，并建立了一些以人工智能为基础的故障诊断专家系统。在实际应用中，由于变压器故障形式以及故障起因均比较复杂，通常需要综合利用多种方法以求得到尽可能准确的诊断结果。

9.2.3 电容型设备在线监测

牵引变电所高压电气设备中，如果按照绝缘结构分类，电容性绝缘结构的设备占了多数，除了电容器外，属于这类设备的还有电容式高压套管、电容式电流互感器等。对于电容型绝缘的设备，通过对其介电特性的监测，可以发现尚处于早期发展阶段的缺陷。反映介电特性的参数有介质损耗正切 $\tan\delta$、电容值 C_x和电流值 I_o 监测 $\tan\delta$ 对发现设备总体劣化比较灵敏，如绝缘总体老化等，而不易发现局部缺陷，设备的绝缘体积越大，越不易发现。

1）相位差法在线监测

目前应用的电容型设备在线监测系统多为相位差法，相位差法则是直接测量介质损耗角的正切值 $\tan\delta$，其原理如图 9-7 所示，电流信号由设备末屏接地线或设备本身接地线上的低频电流传感器经转换为电压信号后输入监测系统。电压信号则仍由同相的电压互感器提供，并再经电阻器分压后输出。

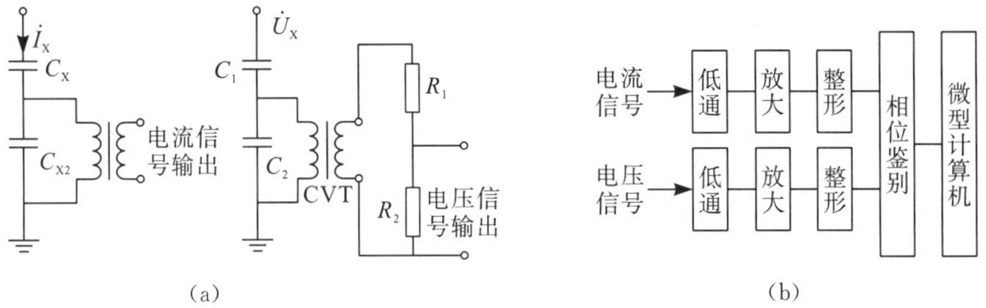

图 9-7　相位差法监测 tanδ 原理框架图

图 9-7 中的 C_1 和 C_2 分别是电容式电压互感器的高压臂和低压臂的电容。两路信号通过低通滤波器后，信号得到适当放大并滤去高次谐波。而后，信号送入预处理单元，信号幅值调整到必要的数值后，进入过零整形电路。电流信号经正相整形，而电压信号经反相整形。整形后的波形如图 9-8 所示。易知，$\dot{I}_x$ 和 $\dot{U}$ 两个信号之与的脉宽，即为电流和电压的相角差 φ，则 $\tan\delta \approx \delta = 0.5\pi - \varphi$。通过相位鉴别单元，用计数脉冲进行计数，计数值和 tanδ 成正比。

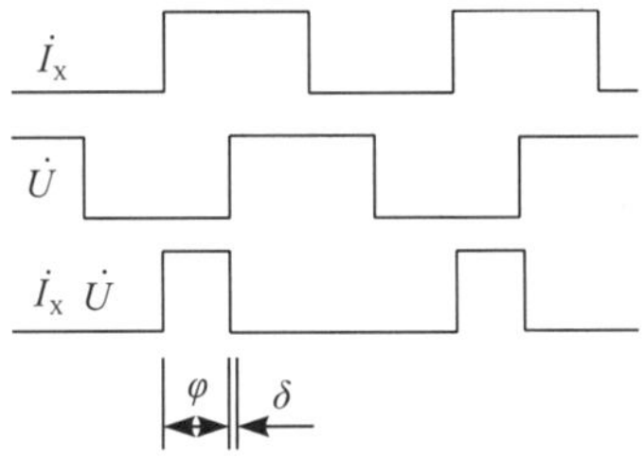

图 9-8　相位差法监测 tanδ 原理波形图

相位差法在国内应用较广，其优点是不更改设备的运行情况，缺点是由于众多因素的影响，对电子器件的要求较高，否则会影响监测数据的准确性，甚至导致无法进行设备状态正确诊断。

2）全数字测量法在线监测

用硬件测量 tanδ 存在数据重复性差的问题，为减少误差，会使监测系统复杂化。为更好地解决这一个问题，出现了用软件计算相位差的全数字化监测技术。

数字化测量方法主要包括过零点时差比较法、过零点电压比较法、自由电压矢量法、正弦波参数法、谐波分析法和异频电源法。谐波分析法和异频电源法在设计时充分考虑到在实际电压、电流中含有干扰成分，因而具有广泛的应用前景。

由低频电流传感器和同相电压互感器分别取得电流、电压信号，两路信号通过 A/D 转换后，即运用软件进行运算和处理。可运用傅里叶变换和三角函数的正交性质直接计算 tanδ。除了传感器和 A/D 转换外，本方法主要是通过数字运算得到 tanδ，它完全避免了运算硬件带来的诸多误差因素。在最后的运算中，虽存在大数相减的问题，但计算机能保证运算的准确性。同时，通过只对基波作运算，等于对谐波进行了理想滤波，从而排除了谐波对监测的影响。具有较高的准确性和良好的重复性。

图 9-9 即为某全数字化 $\tan\delta$ 监测系统的原理框架图，该系统除了可以监测 $\tan\delta$，也可监测电容型设备的电容电流、电容量和三相不平衡电流。

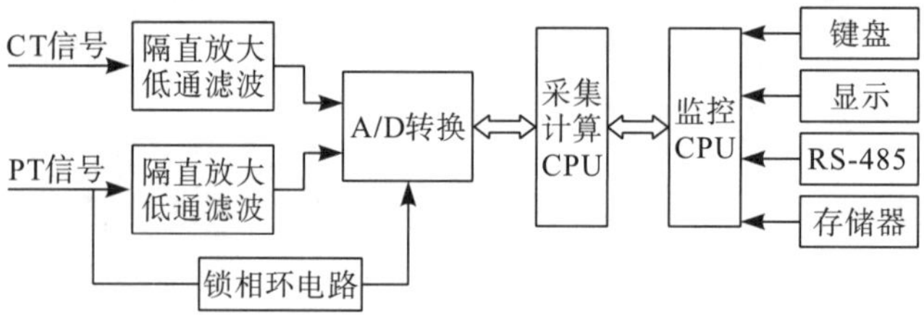

图 9-9　全数字化 $\tan\delta$ 在线监测原理框架图

9.2.4　避雷器在线监测

氧化锌避雷器（MOA）在正常工作电压下，流过氧化锌电阻片的电流仅为微安级，若阀片长期承受工频电压作用而产生劣化，引起电阻特性的变化，将导致流过阀片的泄漏电流增大。另外，由于避雷器结构不良、密封不严使内部构件和阀片受潮，也会导致运行中避雷器泄漏电流的增加。电流中阻性分量的急剧增加，会使阀片温度上升而发生热崩溃，严重时，甚至引起避雷器爆炸事故。

在线监测方法主要有总泄漏电流法、阻性电流基波法、阻性电流三次谐波法、容性电流补偿法及红外监测法等。

1）总泄漏电流法

该方法是基于总泄漏电流的增加能在一定程度上反映其阻性电流的增长情况，但由于阻性电流仅占很小的比例，该方法灵敏度较低，只有在 MOA 严重受潮或老化的情况下才能表现出明显的变化，不利于早期故障的检测。

2）阻性电流基波法

该方法是在测量各相 MOA 全电流的同时，测取 PT 二次侧的电压，然后将电压和电流信号进行快速傅里叶变换，得到电压和电流的基波分量的幅值和相位，将基波电流在基波电压上投影就可以得到阻性电流的基波分量。

3）阻性电流三次谐波法

该方法依据就是认为阻性电流与阻性电流三次谐波存在一定的比例关系，通过测量阻性电流三次谐波分量就可以得到其阻性电流的峰值。但由于不同的 MOA 其函数关系是不一样的，而且无法排除电网电压谐波所产生的容性电流高次谐波对 MOA 在线监测的影响，因此测量误差较大。

4）容性电流补偿法

该方法是用 PT 二次侧的电压信号来补偿容性电流分量进而得到阻性电流，日本计测器制造所研制的 LCD-4 阻性电流测试仪就是其中的代表，其原理如图 9-10 所示。这种方法其思想就是利用阻性电流和容性电流的正交性原理，通过自动调节 G 达到式（9-1）的平衡条件：

$$\int_0^{2\pi} U_{s0}(I_0 - GU_{s0})\,\mathrm{d}(\omega t) = 0 \tag{9-1}$$

式中，U_{s0}是外加电压移相 90°后所得的，即与容性电流 I_c 同相位。这样当容性电流完全补偿时，($I_0 - GU_{s0}$) 就是 I_R，即阻性电流分量 $I_R = I_0 - GU_{s0}$。

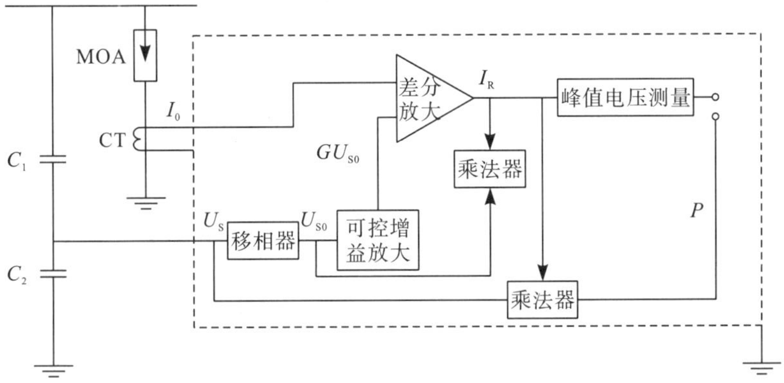

图 9-10　LCD-4 阻性电流在线监测原理图

LCD-4 阻性电流在线监测仪原理清晰、严谨，但其仍有缺点：如何有效安全地选取参考电压、相间干扰和系统谐波的影响较大等。可以通过测量两边相泄漏电流基波的相角差，对两边相相位进行补偿，从而在一定程度上减小了相间耦合电容对 MOA 在线监测的影响，但仍然未消除电网谐波对 MOA 在线监测的影响。

5）红外监测法

MOA 属于电压致热型设备，在正常运行时热场分布均匀，只有轻微发热。当局部受潮或老化时，局部将出现过热，用一般的泄漏电流很难发现，红外监测法可以得到各阀片的温度，以此来判断是否有缺陷。该方法属于非电气检测方法，安全性和灵敏度都较高，很适合现场应用。但目前红外检测诊断尚处于起步阶段，热像图分析没有统一的标准，尚需进一步完善。

9.2.5　GIS 及高压断路器在线监测

1）高压断路器在线监测与故障诊断

SF6 断路器具有开断能力强、动作快、体积小、可靠性高等优点，在高铁牵引变电所中得到广泛应用。高压断路器的机械故障在断路器事故中占有较大比例，因此机械故障的监测和诊断占有重要的地位。

断路器合闸、分闸线圈电流监测：大多数断路器均以直流为其控制电源，故直流电磁线圈的电流波形中包含可作为诊断机械故障用的重要信息。典型的线圈电流波形曲线如图 9-11 所示。

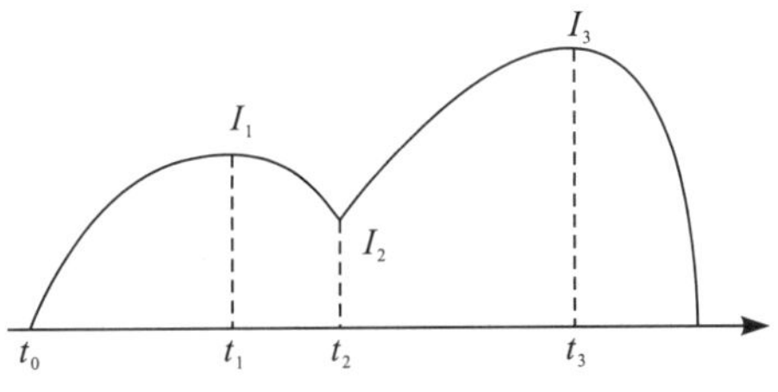

图 9-11　线圈电流波形曲线

根据铁心运动过程该波形可以分为 4 个阶

段：铁心触动阶段，铁心运动阶段，触头分、合闸阶段和电流切断阶段。通过分析 i 的波形和 t_1、t_2、t_3 和 I_1、I_2、I_3 等特征值可以计算出铁心启动时间、铁心运动时间、线圈通电时间等参数，从而得到铁心运动和所控制的启动阀、阀闩以及辅助开关转换的工作状态，即可监测出操动机构的工作状态。I_1、I_2、I_3 三个电流值分别反映电源电压、线圈电阻及电磁铁动铁心运动的速度信息，可作为分析动作的参考。监测电流信号可以选用补偿式霍耳电流传感器。

断路器操动机构行程及速度的监测：断路器行程的监测可选用光栅行程传感器、电阻行程传感器等，得到断路器操作过程中的行程时间特性曲线，并可计算出动触头行程、分合闸的同期性、超行程。由行程曲线可得到速度曲线，并计算出平均速度、分后合前 10 ms 内速度的平均值。通过触头的时间－行程信号可以提取触头运动过程中各个事件发生的时刻，根据事件时间来诊断故障，这种方法可以诊断断路器机械部分磨损、疲劳老化、变形、生锈等故障。但行程传感器不能直接安装在动触头上，因此不能直接测得触头行程。

断路器振动信号的监测：高压断路器操作过程中机械零部件间的碰撞或摩擦会引起振动，监测断路器操动时发出的机械振动信号也可以来诊断高压断路器机械系统的工作状态。除了操作振动之外，由断路器内部电接触不良引起电磁力改变而导致的振动信号变化，局部放电或导电微粒运动引起的振动以及机械构件松动造成的振动等，也可以在机座外壳上监测到。故振动信号实际上是综合信息，反映了断路器内部多方面的状态。

2）GIS 绝缘故障的监测和诊断

高压断路器作为 GIS 中的一部分，除了 SF6 断路器典型故障之外，GIS 的内部故障以绝缘故障的比例为多，且后果严重。GIS 以高压 SF6 作为相间和对地绝缘，SF6 气体监测是评估 GIS 绝缘状态的重要项目之一。另外，GIS 内部的局部放电是绝缘故障普遍的早期征兆，也是监测绝缘故障的主要项目。

SF6 气体监测：SF6 气体的绝缘强度和灭弧能力取决于气体的密度，SF6 气体密度降低，一方面会使其耐压强度降低，另一方面会使断路器开断容量下降。SF6 气体的密度降低，通常是由泄露引起的，而泄露点的存在常常还伴随着大气中的水分向设备内的渗透，从而导致 SF6 气体含水量的上升。一般通过检测 SF6 气体的压力间接计算出气体密度。

目前的全封闭组合电器和 GIS 开关柜都自带 SF6 气室压力表。在密度一定的情况下，温度发生变化时压力也随之改变，因此为了正确反映出压力的变化是由漏气还是由温度变化所引起的，必须通过温度补偿或修正的方法，使压力表的读数无论自然环境中的温度如何变化，指示的结果始终是 20 ℃时的标准压力值，将这个值等效为气室内 SF6 气体密度值。

SF6 气体压力进行监测，可通过采集 GIS 各气室安装的气体压力传感器输出信号，将气体压力传感器输出的模拟信号转换成数字信号，通过各现场监测单元采集气体压力信息，经统计处理并在上位机显示。

局部放电监测：目前普遍采用电气法和机械振动法来监测局部放电。

（1）电气法监测局部放电。

外复电极法：在 GIS 外壳上敷绝缘薄膜与金属电极，外壳与金属电极形成的小电容作为拾取信号的耦合器，其结构如图 9-12 所示。

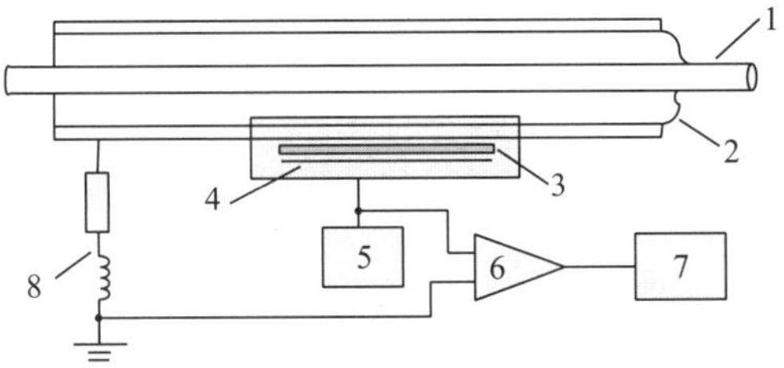

图 9-12　外复电极法原理图

1—导电杆；2—GIS 外壳；3—绝缘薄膜；4—电极；5—检测阻抗；
6—放大器；7—监测系统；8—接地导线

这种方法由于检测阻抗一端接电容，另一端接地，形成一个大环路，易受外界电磁干扰。改进的方法是将两个电容传感器分别置于绝缘子两侧，信号取自绝缘子两侧。在此情况下，信号电路环绕的空间面积很小，电磁干扰显著减弱。

内部电极法：将 GIS 法兰稍加改造，在法兰内部加装金属电极与外壳形成电容，以此电容传感器提取局部放电的脉冲信号。采用两个电容传感器（图 9-13）时即可实现定位。定位原理为采用信号到达两个传感器的时间差。

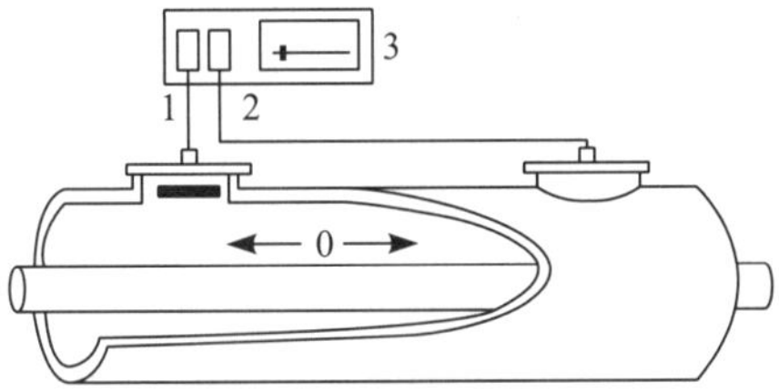

图 9-13　内部电极法原理图

1—输入；2—输入；3—示波器

另一种内电极法是在盆式绝缘子内靠近接地端子处先埋设一个电极，如图 9-14 所示。此方法灵敏度高，当采取有效的抗干扰措施时，可监测出 5pC 的局部放电量。由于 GIS 通常是多处接地，所以不宜采用从外壳接地线上监测脉冲电流的方法来测量局部放电。

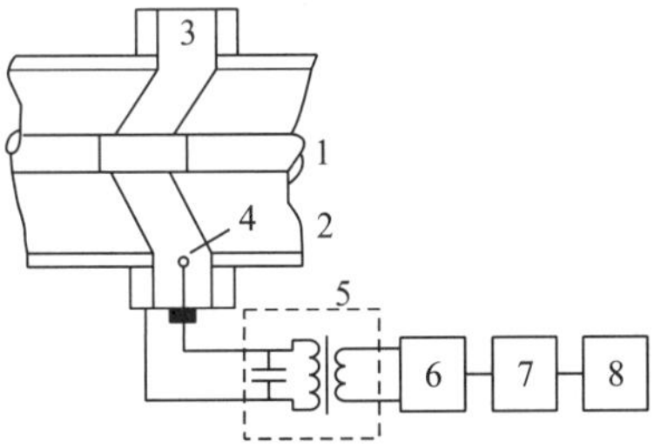

图 9-14　预埋内电极法原理图

1—导电杆；2—GIS 外壳；3—盆式绝缘子；4—内埋电极；5—检测阻抗；
6—高通滤波器及放大器；7—整形电路；8—监测装置

（2）机械振动法监测局部放电。

局部放电会产生声波，且在 GIS 中传播的声波只有纵波。在 GIS 外壳上测得的声波，往往是沿金属材料最近方向传到金属体后，以横波形式传播到传感器的。局部放电产生的声波频谱分布很广，为 $10\sim10^7$ Hz。

为除去其他声源的干扰，监测频率一般选为 1～20 kHz。采用加速度传感器可比测超声的声发射传感器有更高的灵敏度。

局部放电的特高频监测：局部放电电脉冲信号的频谱非常宽，约为数十赫兹到数百兆赫兹，并且随着介质击穿强度的提高而增加。SF6 的击穿场强在稍不均匀电场下约是空气的 3 倍，信号的频谱更宽，为 300 MHz～3 GHz。特高频监测就是将局部放电监测频带选在特高频段，避免其他电磁干扰的影响，特高频监测可有效抑制干扰，得到较高的信噪比。特高频监测也可根据放电脉冲信号的波形和频谱特征进行放电类型的诊断，还可根据不同传感器测得的放电脉冲信号的时间差进行放电源的定位。特高频监测可分为 GIS 内部监测和外部监测两种。

9.2.7 高压电缆温度在线监测

为了提高牵引供电系统的运行可靠性并减少占地面积，牵引变压器出线侧由高压电缆直接引入 GIS 开关柜并由电缆连接至接触网。由于电缆本身的特殊性，在铺设时因弯曲、拖拽等会造成绝缘层密度和绝缘强度的变化，引起电场和热场分布的畸变，留下安全隐患。另外电缆附件需要在敷设完成之后进行现场安装，受安装工艺和质量的影响，附件部位是绝缘的薄弱环节，经常导致电缆头爆炸、着火等严重事故；高压电缆的使用寿命主要取决于绝缘的寿命，在正常运行状态下，其绝缘的寿命基本上取决于运行期间水树、电树的产生和发展。电缆老化、受潮后，会造成局部放电及损耗增加，一旦过负荷运行，导体温度会急剧上升，加速绝缘老化，甚至发生热击穿。在运行过程中，大量的高压电缆故障都是由微小的缺陷逐渐发展形成的，在这个渐变过程中，会伴随着异常发热，表现为缺陷点温度异常升高。

基于分布式光纤传感器的高压电缆温度在线监测系统主要由光纤测温工程机、电量采集单元、监控主机三部分组成，监控主机与光纤测温工程机组成局域网，如图 9-15 所示。

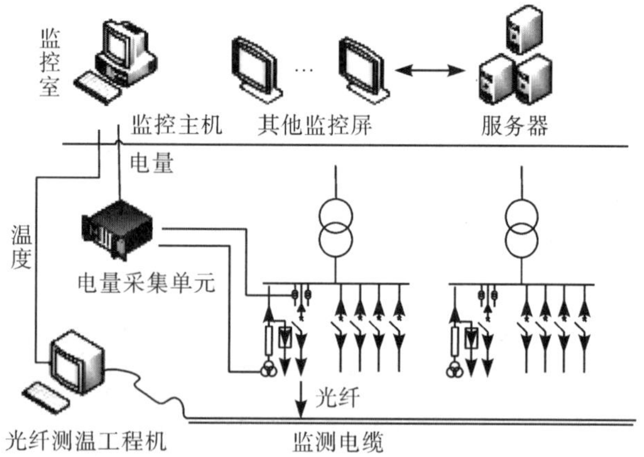

图 9-15 高压电缆温度在线监测系统结构框图

（1）光纤测温工程机。光纤测温工程机由光学测量与解调单元、数据采集卡等设备组成，由监测到的光信号解调计算出电缆温度，实现电缆温度的检测。

（2）电量采集单元。实现对监

测电缆电压、电流信号的采集，电量采集单元由电流变换器、电压变换器和数据采集模块组成。

（3）后台监控主机。后台监控主机由光纤测温工程机获得电缆温度，由电量采集单元获得电缆运行的电压、电流信号，进行电缆的线芯温度计算、动态载流量计算，判断电缆温度是否超标。其主要功能：①实现电量采集、数据存储、数据显示；②电缆稳态温度场和动态载流量计算；③故障判断与超温报警；④远程监控诊断。

9.2.7　红外监测与故障诊断

目前牵引供电系统广泛应用红外成像技术检测设备热故障，为牵引供电设备状态维护提供了有力的技术支持。

1）红外成像技术检测电气设备热故障的原理

一切温度高于绝对零度的物体，都会向外辐射红外线，也同时发射辐射能量。物体温度越高，发射的能量也越大。电气设备运行时，本身就是一个发热体，如果发热超过允许值，将威胁设备安全运行。当带电设备存在热故障时，其特点是过热点温度最高，形成一个特定的热场。根据热像图，可以找出热场中的最高温度点，即热故障点。红外成像技术由于是非接触式，具有不需要停电且安全、实时性和准确性高等优点，其推广应用日趋广泛。

2）电气设备发热分类和热成像技术使用范围

电气设备热故障一般分为以下两类：接触热故障（如导体连接件接触不良，电流流过时发热）和设备元件老化变质。接触不良热故障又分为设备内部故障和外部故障两种。

红外成像技术应用的初始阶段，用来检测裸露接头过热，效果显著。目前，除少数内部热故障外，大多数内部热故障均可在设备外壳有温度响应，适用于红外成像技术诊断。红外成像技术基本上覆盖以下电气设备的热故障：①电气设备内外导流回路热故障；②高压电气设备内部绝缘故障导致的热故障；③变压器、互感器内部充绝缘油设备缺油、油循环不畅等引起的热故障；④变压器铁心损耗、涡流损耗增加等引起的热故障；⑤电压分布异常和泄漏电流增大引起的热故障；⑥各种动作设备（如分接开关、断路器等）由于磨损引起的热故障。

3）红外成像技术在电气设备检测中的应用

（1）外部热故障检测和诊断标准。

各种裸露接头热故障检测方法和标准：电气设备各种紧夹件、裸露接头及隔离开关刀口接触不良，流过大电流时，温度和温升将大为升高，直至烧断；另外，如果是弹簧夹紧件，高温使弹簧退化，失去弹力同样造成接头接触不良，久而久之被烧断。这两种热故障开始时并不严重，但会使金属表面加速氧化，接触电阻成倍增加，发热更严重，接触电阻更大，温度更高，形成恶性循环，最终导致烧断的事故发生。

热成像仪配有现场计算机，设定某些特定参数后可在现场直接测量热场中任意一点的温度值。诊断标准如表 9-6 所示。

表 9-6 外部热故障检测标准

热点与最低温度点温差 / 故障类型 / 热点位置	设备存在疑点	设备存在热隐患	设备存在热故障	设备存在严重热故障	设备存在恶性热故障
各种外部裸露接头、将军帽	10～15 ℃	15～25 ℃	25～40 ℃	40 ℃以上	60 ℃以上
隔离刀闸关节套管膨胀器	10～15 ℃	15～20 ℃	25～35 ℃	35 ℃以上	55 ℃以上
刀闸刀口	10～15 ℃	15～20 ℃	25～35 ℃	35 ℃以上	55 ℃以上
采用的处理意见	建议查明原因后处理	建议安排处理	建议必须安排处理	建议马上停电处理	一定停电及时处理

牵引变压器外部热故障检测及标准：牵引变压器外表暴露的热故障，可以用红外成像仪检测，以热成像图为诊断依据。正常牵引变压器外壳热像图是一个水平线温度均匀分布的温度场，高、低压套管的温度各相基本平衡，箱体螺栓的温差也不应过大。其热像图诊断的标准：箱体同一水平线的最高和最低温差不应大于 10 ℃；各螺栓中最高的温度点温度与平均温度之差不应大于 15 ℃，平均温度与环境温度之差不应大于 55 ℃；牵引变压器套管将军帽温度对环境温度的温升不应大于 70 ℃，并各相平衡；如果某一台散热器的温度比其他散热器低很多，也可能存在问题，如闸门未开。另外，也可以判断油枕假油位等故障。

绝缘子红外成像热故障检测和诊断：绝缘子串的热故障红外成像检测和诊断，是根据整个绝缘子串的温度场图像判断劣质和零值绝缘子，而不是根据每个绝缘子的温度高低进行判断。良好绝缘子串瓷瓶钢帽上的温度分布和良好绝缘子串电压分布相对应，呈不对称马鞍型，可以从整个绝缘子串绝缘子热像图上看到，若某一片绝缘子钢帽上的温度破坏了整串绝缘子热场分布，则温度高者为劣质绝缘子，温度低者为零值绝缘子。但位于绝缘子串中间的绝缘子，由于电压分布和热场分布都是低谷，难以判断劣质或零值绝缘子。

通过绝缘子红外热成像也可以用于检测绝缘子的污秽状况，绝缘子积污严重时，会造成泄漏电流增大，发热量增大，使绝缘子温度升高。

（2）内部热故障红外成像检测和诊断标准。

内部热故障的发热状况不能直接反映到热成像仪上，但内部发热点所发出的热量可使外壳形成一个相对稳定的热场分布。利用这个热场分布，再考虑其他影响因素，通过对比，可间接判断内部热故障。

电流互感器内部热点检测和判断标准：电流互感器损耗由铜耗、铁耗和接头电阻损耗组成。这些损耗产生的热量都由顶部的顶帽散去。所以现场检测顶帽的热像图后，可进行三相互比判断。顶帽温度三相互差在 20 ℃以上，温度高者内部可能存在严重热故障，应立即处理；15 ℃以上，停电试验检查；相差 10 ℃以上，应加强监测，跟踪检测。同时，对环境的温升也不能大于 70 ℃。

避雷器红外成像检测和判断标准：单节避雷器如热像图显示温度比以前高，是并联电阻受潮或老化；温度低是并联电阻断开。两节避雷器的热像图，温度高的一节并联电阻受潮或老化，温度低时，并联电阻断开。多节避雷器应符合电压分布和热场分布——

对应关系，不符合者有热故障点。另外，还可以相间比较，三相比较接近，属于正常；若差别较大，则有异常，停电试验。

9.3　受电弓—接触网系统检测

由于经济和技术方面的原因，接触网无备用，一旦损坏将导致供电中断，影响列车的正常运行。因此，有必要通过检测确认接触网和受电弓的技术状态，为接触网的动、静态验收和接触网的运营维修方案的制定提供数据支持。

接触网检测的范畴包括接触网技术参数、弓网动态相互作用技术参数和受电弓动态特性技术参数的检测。

（1）只评价受电弓。将受电弓作为独立的部件，利用振动试验台对受电弓施加相应振幅和频率的激励，测量受电弓的动态响应参数，依据测量结果对受电弓的动态性能进行评价。

（2）只评价接触网。测量接触线初始位置和特定抬升力作用下的接触线抬升，根据测量结果计算出接触网的弹性。定期检查接触网的配件，特别是检查定位器和定位管的位置以及带电部件与支持装置和隧道壁的间隙。在一定的运营周期内测量接触线的残余厚度，确定其使用寿命。定期检查接触网的几何参数——拉出值、导高、双支接触线的水平和垂直线间距和接触线的坡度等，确认其是否符合设计要求，若不满足进行调整。

（3）评价受电弓与接触网的动态相互作用。除了动态接触力外，接触线抬升、受电弓弓头的运行轨迹、燃弧次数与燃弧时间已被采纳为评价弓网接触质量的参数。

用于评价弓网系统性能的参数与测量要求如表 9-7 所示。

表 9-7　评价弓网系统性能的参数与测量要求

检测目的	参数类别	检测参数
评价受电弓	受电弓动态特性	受电弓弓头的振幅与频率
评价接触网	接触网特性	接触线的横向、垂向参数
		接触线磨耗
		接触网弹性
		定位器坡度
评价弓网动态相互作用	弓网动态性能	弓网接触力（或燃弧时间与燃弧次数）
		弓头的运行轨迹
		定位点处的接触线抬升
	弓网电接触性能	弓网接触点温度（接触线温度）

除燃弧率外，表 9-7 中的参数均具有以下特征。

（1）能够评价连续的、渐进的接触质量变化，不仅仅是“是/否”的评定。

（2）既可以实际测量，也可以仿真计算，便于实测结果和预测结果的比较。

（3）同等条件下，重复测量应有同样的结果，而且不受随机因素的影响。

（4）弓网动态相互作用的评估参数必须可以在动态受电弓上测量。

燃弧的次数和持续的时间、测得的电压损失都是评价弓网接触质量的物理量，但倘若没有燃弧或很少发生燃弧，这个特性就完全不适用于弓网系统的比较。燃弧不可能模拟，且测量已经表明不可能重现反复试验运行的结果，即便在相同的线路、相同的条件下重复进行试验也会产生不同的结果。燃弧还与通过弓网接触点的电流量有关，如果没有电流通过弓网接触点，即使弓网接触质量再差，弓网系统也不会产生明显的电弧。显然，利用燃弧率对弓网接触质量进行评价有一定的局限性。

为了对接触网及弓网系统进行有效的质量评估与技术诊断，各铁路部门根据各自的需求开发了相应的测量技术与方法，以此获取质量评估参数的测量值。这些技术与方法既能应用于受电弓的参数测量，也能应用于接触网以及受电弓与接触网相互作用的参数测量，但这些测量技术与方法必须符合相应的测量要求。

9.3.1 受电弓特性参数的测量

德国铁路公司的受电弓振动试验台如图 9-16 所示。利用一个垂直升降支架模拟接触线高度的逐渐变化，如接触线降低或抬升，另一个可滑动的水平支架安装在垂直支架上，能够模拟接触线在滑板上的往复运动。

激振器安装于水平滑动支架上，可以产生作用于弓头的垂直振动。作用于激振器、水平支架及垂直支架的激励信号既可以源自实际线路的运行试验记录，也可以依据接触网的模型由计算机模拟。

振动试验台可用于分析和评价受电弓的动态特性。为了达到该目的，将受电弓通过滑板连接到激振器上经受振荡，并由测量系统测得有关参数，如各种力、加速度和位移等，然后进行评估。

图 9-16 受电弓振动试验台

1）测量频率响应

为了确定受电弓在各自由度范围内的振动特性且没有任何过度的反作用，在频率响应分析过程中有必要将激振器与受电弓滑板尽可能松地连接起来，将频率为 0.1～70 Hz 的动态激励通过激振器作用到受电弓弓头上。

依赖受电弓、带有测量装置的激振力系统以及频率响应分析仪确定受电弓的以下特性。

（1）动态视在质量函数。

（2）机械阻抗。

（3）扰动传递函数。

（4）接触力测量系统的传递函数等。

取得的上述参数表明了振幅和相位两个被测量与频率的关系，可以用响应函数来表示，从函数的形式可以推断出受电弓的动态特性和运行质量。

动态视在质量反映了接触力与滑板振动的相互关系，动态视在质量的表现对评价受电弓的动态特性具有参考价值。如果受电弓具有理想的运行性能，那么其视在质量图形上应只有几次微弱的自然振荡方式，即使视在质量比较小也是如此。

通过所谓的受电弓扰动传递函数也可以推导出类似的结论，扰动传递函数是接触力与受电弓耦合到接触网模型（质量弹簧缓冲系统）激发的振幅的比值。

使用频率响应分析方法可以在试验台上研究受电弓的动态特性，并且可以根据研究结果确定受电弓动态特性的改进措施，从而不需要支付线路运行试验的费用。

利用频率响应的测量和分析方法，能够获得仿真模型建立和评估所需要的重要数据，而仿真模型又是描述受电弓动态特性的数学形式。将受电弓的仿真模型与架空接触网的仿真模型联系起来，就可以对受电弓与接触网的动态相互作用进行定量研究。

一架受电弓的动态特性，例如，可以通过所谓减少的质量加以描述。通常以确定的视在质量函数描述受电弓的动态特性。为此，在受电弓的接触点处施加一个规定的力，并测量在这些点处的加速度，在 0～70 Hz 的频率范围内，作出激振力与被测量加速度的比值与频率的关系曲线，在此曲线中可看到谐振和反谐振处，目标是无强烈波动的平缓曲线。

2）结构分析

用频闪观测仪，可以在振动试验台上进行简单的光学结构分析。对受电弓某一部件的短时、间歇曝光能够监测到该部件的振动状态。振动的波节和波腹（在极端使用条件下）可能产生疲劳故障，由波节和波腹的构造可以得到运行期间有关材料应力的结论。

3）线路运行模拟

在分析频率响应时，可以将周期的或纯随机的激励信号传递给受电弓，而在实际运行期间，只能进行一定限度的运动参数和机械应力的测量评估。

通过试验台上的模拟线路运行，能够产生受电弓与特定接触网的动态相互作用参数。利用简化的接触网模型，还可以考虑接触线高度的变化、接触线横向位置（拉出值）的影响以及由于干扰激励作用在受电弓上产生较强的动态运动影响。根据有关参数（如内力和接触力）的计算，能够很精确地评价各种接触网设计结构下的受电弓运行特性。

9.3.2 接触网参数的测量

接触网参数的测量包括接触网几何参数的测量和接触网弹性的测量。接触网的几何参数主要包括拉出值、导高、绝缘距离、接触线的残高、双支接触线的水平间距、双支接触线的垂直高差、接触线的坡度和定位器坡度。其中接触线的坡度是计算参数，接触网的其他几何参数为测量参数。

1）接触网几何参数的测量

弓网接触力的测量结果表明，接触线几何参数的不连续通常会导致弓网接触力瞬间出现较大变化，而这种不连续不仅表现在接触线的高度方向，也表现在相对弓头中心线的偏移方向。从满足弓网动态特性和运营安全的角度来看，为相关线路设计正确的接触线空间位置十分重要。不仅如此，在竣工接触网动态评估之前，通常采用非接触式测量设备对接触线的几何参数进行检查，确保其符合设计要求。

接触线的几何参数需要在静态和动态两种情况下测量。在没有外界扰动（静态）的情况下，获取的接触线空间位置参数为静态参数；在与受电弓动态相互作用（动态）情况下，获取的接触线空间位置参数为动态参数。通常采用无接触式测量设备获取接触线的静态空间位置参数。

可以用便携式激光测量装置、安装在梯车上的接触网几何参数检测装置以及安装在高速车辆上的接触网几何参数检测装置对接触线的几何位置参数进行测量，示意图如图 9-17所示。

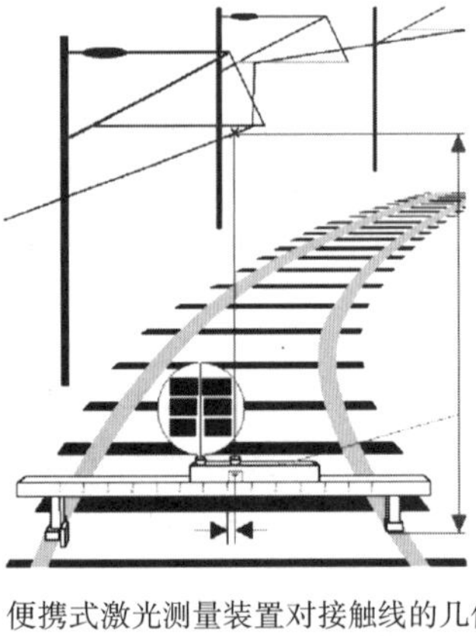

（a）便携式激光测量装置对接触线的几何参数进行人工测量

（b）安装在梯车上的接触网几何参数检测装置

（c）安装在高速车辆上的接触网几何参数检测装置

图 9-17　接触网几何参数检测装置示意图

便携式激光测量装置：便携式接触线空间几何位置参数测量装置常用于对接触网上某些特定点的横向参数与垂向参数进行测量与确认。用装有十字线和瞄准器的透镜系统对接触线成像，从而确定接触线的位置，如图 9-17（a）所示。一旦在十字交叉线处看到接触线，接触线高度便能根据光学系统相对于毫米刻度尺的位移而确定。这种测量装置的缺点在于检测数据不连续、测量速度低。

安装在梯车上的接触网几何参数检测装置：将非接触式光学传感器安装在可移动的梯车上，就能够实现接触线空间位置参数的不间断测量，如图 9-17（b）。发光器将被测接触线的下表面照亮，明亮的光斑在 CCD 相机内成像。依据光斑在 CCD 相机内的成像位置能够确定接触线相对于 CCD 相机的横向距离与垂向距离，再经过一定的计算即可获得接触线相对于轨道平面的空间位置参数。在使用时，需要同步测量车辆相对于轨道平面的晃动与侧移，并对光学测量装置的测量结果进行补偿，最终获得接触线相对于轨道平面的空间位置参数。

安装在高速车辆上的接触网几何参数检测装置：图 9-18 所示为德国铁路公司研制的一种安装在高速车辆上的接触线空间位置参数检测装置的检测原理。检测装置由三个高聚光度的聚光灯、四个高分辨率的摄像机以及相应的数据处理设备组成，能够对接触线的空间位置与磨耗面宽度进行测量，并能根据磨耗面宽度计算出接触线的面积损失。安装在车顶上的聚光灯与摄像机如图 9-17（c）所示。

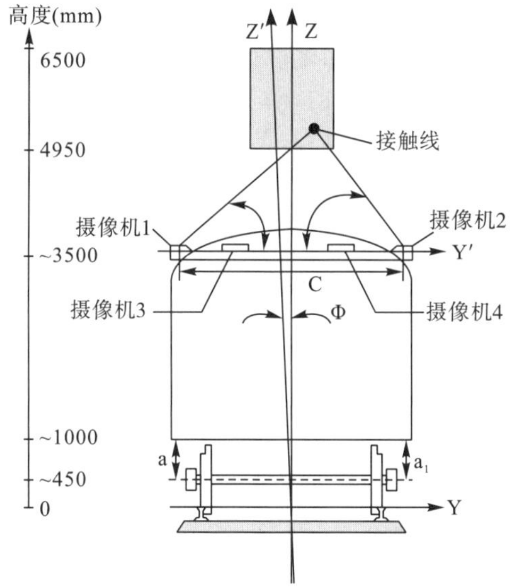

图 9-18　检测接触线空间位置的原理

该测量装置几乎可以在大雪之外的任何气候条件下运行。即使在行车超过 330 km/h 时，也可快速、有效地测量接触线的静态空间位置，为接触网的维修指明方向和目标。

该测量装置有配套的分析程序，分析程序不仅能显示接触线的空间位置和残余厚度，还可以由接触线的非扰动位置数据以及受电弓抬升后的位置数据计算出动态抬升，然后根据存储的接触力数据计算出接触网的弹性。

测量接触线的非扰动位置参数通常作为新建接触网或既有接触网完成调整工作之后

验收程序的测量部分，可获得接触线位置与设计值的偏差，如图 9-19 所示。

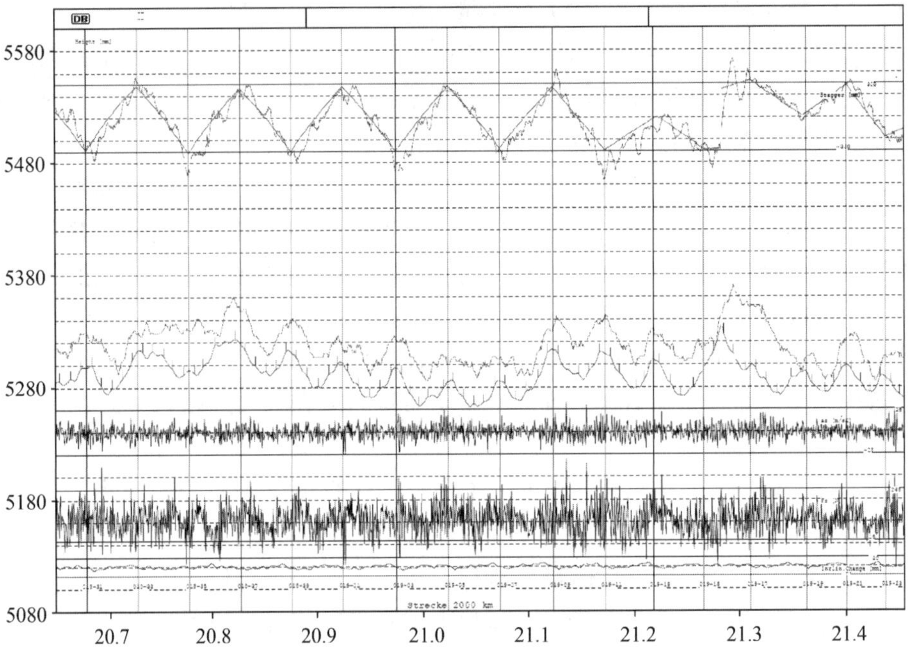

图 9-19 接触线的横向位置、高度、磨耗和坡度（从上到下）

除了接触线高度和横向参数外，其他有用的数据也可以显示出来，例如，公里标、支柱位置、吊弦位置、坡度等。吊弦和支柱位置是由分析程序自动识别出来的。

除了由操作员人工核查测量数据外，分析程序也支持全自动诊断、自动分析测量数据和记录任何接触网的缺陷（重点记录）。

重点记录包含以下数据。

（1）超过最大允许横向位置。

（2）相邻吊弦之间的高度差超过最大允许值。

（3）超过吊弦处的允许反向倾斜等。

2）接触网弹性的测量

接触网的弹性是指接触悬挂在受电弓抬升力作用下发生形态变化，除去抬升力后能恢复到原来状态的性质，常用单位抬升力作用下的接触线抬升表示。如果接触网某一点在抬升力 F_0 作用下的抬升为 y_{stat}，那么该点的弹性为

$$e=\frac{y_{stat}}{F_0} \tag{9-2}$$

式中，e 为弹性（mm/N）；y_{stat} 为抬升（mm）；F_0 为抬升力（N）。

单位抬升力作用下的接触线抬升称为接触网的弹性。测量接触网的弹性需要解决两个问题：第一，确定对接触线施加抬升力；第二，测量该抬升力作用下的接触线抬升。接触线的抬升等于接触线在抬升力作用前后的高度差，因此，需要对同一区段的接触线高度进行两次测量，并由两次测量的结果计算出接触线的抬升与接触网的弹性。

首先，测量接触线的初始高度。将模拟受电弓的抬升力调整到 5～8 N，与接触线保持接触，但要尽可能减小对接触线初始位置的改变，在低速情况下对接触线高度进行测

量并记录。也可用非接触式测量装置获取接触线高度数据。

其次，测量接触线在抬升力作用下的高度。将模拟受电弓的抬升力调整到一定值后与接触线接触，对受到抬升力作用后的接触线高度进行测量并记录。抬升力应依据接触网设计时选用的受电弓的平均抬升力选取。通常情况下，速度目标值为 200 km/h 的接触网，模拟受电弓的抬升力可选为 100 N；对于速度目标值大于 250 km/h 的接触网，模拟受电弓的抬升力可选为 120 N。为了证实道岔范围内接触悬挂的静态特性是否符合要求，模拟受电弓的抬升力可以选为 250 N。

第三，接触线高度两次测量结果之差即为接触线在一定抬升力作用下的抬升，此抬升与抬升力之比即为接触网的弹性，将每一点的弹性与线路公里标相结合，可得到与公里标对应的接触网弹性曲线。

图 9-20 为接触网弹性测量时临时安装在接触网作业车车顶的模拟受电弓，数据采集与数据处理设备安装在车内。

图 9-20　测量弹性使用的模拟受电弓

3）弓网接触力的测量

弓网接触点的功能是保证电能从接触网经受电弓向运行的电气列车不间断、无差错地传输，为了将滑板与接触线的磨损降至最低，就需要弓网接触力保持在一个特定的范围内：接触力太大会造成磨耗与接触线抬升增大，接触力太小又会因频繁燃弧而加剧磨耗。

受电弓施加于弓网接触点的接触力包括静态接触力 F_0、摩擦力 F_R、空气动力 F_{AER}、惯性力 F_{DYN}。通过控制受电弓的传动系统可以对 F_0 进行调节，F_R 则由受电弓的具体设计而定，通常在 10～30 N 变化。

F_{AER} 由流经受电弓上下柜架、弓头及滑板的气流产生，大小则由以下因素决定：列车速度、车顶受电弓附近设备的布置、受电弓在车顶的位置与布置等。F_{AER} 可由安装在弓头上的气流调节板的设计与位置控制。

F_{DYN} 是一种惯性力，与受电弓的动态视在质量及弓网系统的振动相关。当电气列车速度增加时，接触力也随着 F_{DYN} 的增加而波动范围增大。

对滑板惯性力的修正：直接测量弓网接触点上的力是不可能的，因为接触点在滑板上不停地移动，所以只能测量滑板固定处的力。力传感器安装在滑板与滑板支架之间，受电弓不应因传感器及其线缆的安装而过分地影响其动态特性。由于接触力测量传感器串接在受电弓滑板与滑板支架之间，属于高压信号，信号传输的过程中需采用高低压隔离的措施。

在每架受电弓的两列滑板下共安装 4 个力传感器，如图 9-21 所示。一列滑板的左、右传感器的信号总和能够反映一列滑板的接触力，4 个传感器的信号总和能够反映全部的弓网接触力。

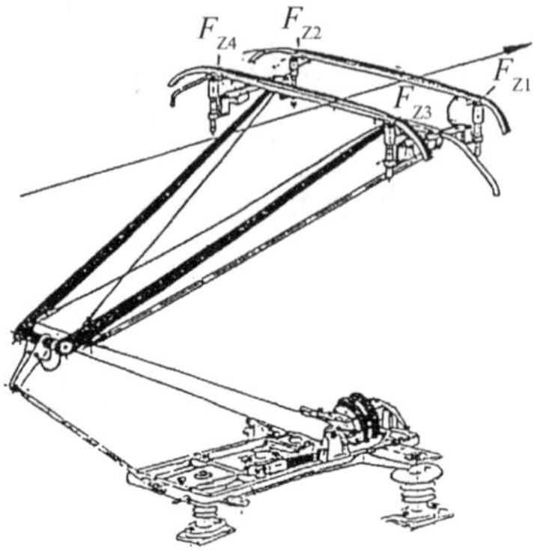

图 9-21 带有力传感器的受电弓

在振动的物体上测量重力会造成加速度误差，弓网接触力的测量也不例外。确定作用于弓网接触点上实际的力需要建立一个附加向量以去除“中间”质量。一架受电弓的修正质量（一列滑板）等于滑板的质量加上二倍的半个力传感器的质量（一列滑板）。修正这种类型的误差需要测量滑板的振动加速度，并以此修正滑板产生的惯性力。

对空气动力的修正：由于测量弓网接触力的力传感器设置在滑板的下方，力传感器无法测量空气动力对滑板的作用。为了不遗漏随运行速度产生的空气动力成分，计算接触力时必须增加一个与速度有关的修正系数。

空气动力成分是根据 UIC 准则通过测量抬升力来确定的。图 9-22 为测量空气动力的方法，用两根绳索把装有接触力测量装置的受电弓进行固定，这样在运行期间每个滑板均不与接触线接触，滑板和接触线的间隙约为 100 mm。

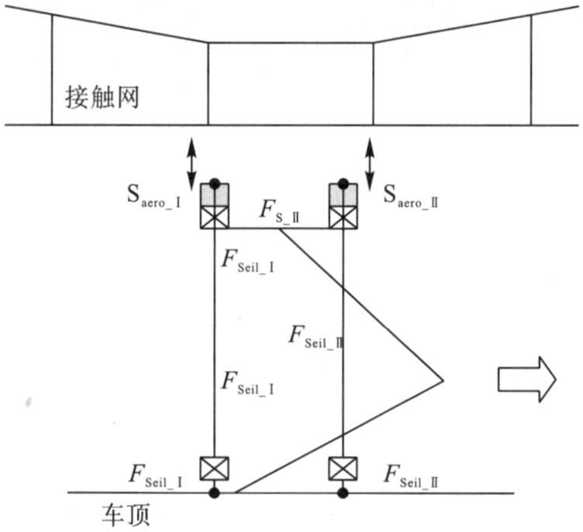

图 9-22 对空气动力的修正

在两根绳索的下部分别安装测力单元，使用测力单元记录绳索传输到滑板的力，同时，弓网接触力测量装置也记录滑板下面的内力。垂直方向的空气动力（$F_{aero}=F_{aero\_I}+F_{aero\_II}$）等于两绳索 Seil 记录的力（$F_{Seil}=F_{Seil\_I}+F_{Seil\_II}$）与接触力测量装置记录的内力（$F_S=F_{S\_I}+F_{S\_II}$）之差。

采用这种测量方法，可以确定作用在滑板上的空气动力与运行速度、运行方向（受电弓关节指向运行方向/运行反方向）以及受电弓在车辆上的布置等因素的函数关系。这种函数关系可以写入系统软件，便于对弓网接触力的测量结果进行及时修正。

4）定位点处接触线抬升的测量

通过安装在接触网支持装置上的固定测量设备可以准确测量接触线在定位点处的抬升量，这对于以下情况很有必要。

（1）动态评估时，确认弓网系统的方案设计是否符合标准要求。

（2）确定新型车辆或受电弓的最高允许速度。

（3）商业运营中固定监测受电弓。

在图 9-23 中，利用带预张力绳索的定位器与旋转编码器相连，可以在支持装置处固定监测定位点的抬升。在绳索上设有绝缘段，以此实现电位的隔离。编码器的输出可以直接由计算机接收，并计算出定位点的抬升。

图 9-23　带预张力绳索的定位点抬升测量装置

图 9-24 为日本新干线采用的定位器振动测量装置，不仅能分析定位点处的接触线抬升，还可以分析定位器的振动以及接触线的应变等。

测量装置分为两部分，一部分安装在接触网的支持装置上，与接触网等电位。测量定位器振动的角位移传感器通过细线与定位器端部相连。这部分设备使用蓄电池供电，采集的信息通过无线方式发出。另一部分设备，即信息接收与处理设备临时放置在移动的汽车内。

接触线的振动加速度主要表征受电弓通过时导线受到的垂向振动强度，通过对导线弯曲应变的测量，可以获得导线受到的弯曲强度，并且能够预测导线的抗弯寿命。

（a）安装在支持装置上的测量设备

（b）信息接收设备安装在汽车内

图 9-24　日本铁路的定位点振动测量装置

图 9-25 为安装在京沪高速铁路接触网支柱上的非接触式位移测量设备，用于对定位点处的接触线振动进行测量，测量结果如图 9-26 所示。

图 9-25　安装在支柱上的非接触振动位移测量设备

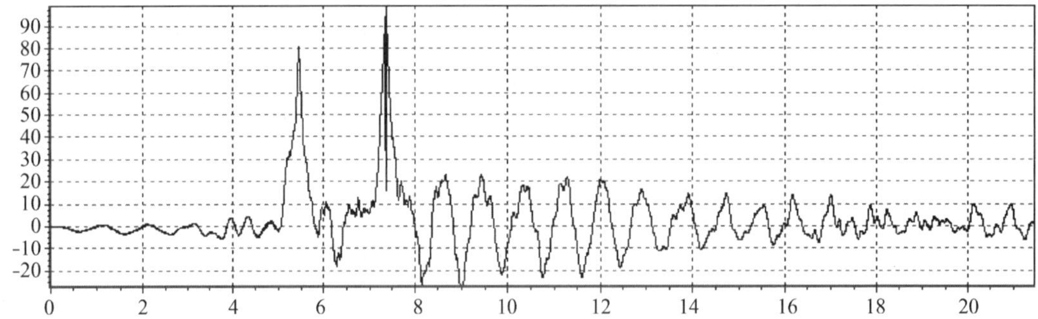

图 9-26　双弓集流时定位点的振动（坐标单位）

（接触网线索组合：JTMH120+CTMH150；张力组合：20 kN+40 kN；双受电弓间隔：197 m，受电弓型号：DSA380；前弓引起的最大抬升：81 mm；后弓引起的最大抬升：99 mm）

5）接触网温度的测量

如果位于主电路线路上的接触网设备出现下列故障，如连接螺丝松动、压接配合失灵、端子板连接处严重腐蚀、磨损或腐蚀使横截面减少、开关接触点缺陷等，这些设备及其附近可能会出现温度升高。

自然界中的任何物体，只要温度高于绝对零度（−273.15 ℃），都会以不同波长的电磁波形式向外辐射能量，但波长主要处于 0.8～15.0 μm 的红外区内。物体红外辐射能量的大小按其波长分布，与物体表面温度有十分密切的关系。对物体自身辐射的红外能量进行测量，便能准确地感知物体的表面温度。

红外热像仪主要由光学系统、扫描机构、红外探测器、前置放大器、视频信号预处理电路、显示记录系统和外围辅助设备等组成。红外热像仪的核心器件是红外探测器，可分为单元探测器、多元探测器和带有内处理功能的探测器。热像仪的工作过程就是把被测物体表面温度分布借助红外辐射信号的形式，经光学系统和扫描机构成像在红外探测器上，并由红外探测器将其转换成视频信号。这个微弱的视频信号经前置放大器进一步放大处理后，由终端显示器显示出被测物体表面温度分布的热图像。

红外热像仪能够远距离、非接触、实时、快速地获取设备的温度信息，可以用于接触网的温度测量。

接触网温度测量装置主要由红外热像仪、云台及防护设备、红外数据处理计算机等组成。安装在车顶的红外热像仪如图 9-27 所示，拍摄出的接触网的红外图像如图 9-28 所示。

图 9-27　安装在检测车车顶的红外热像仪

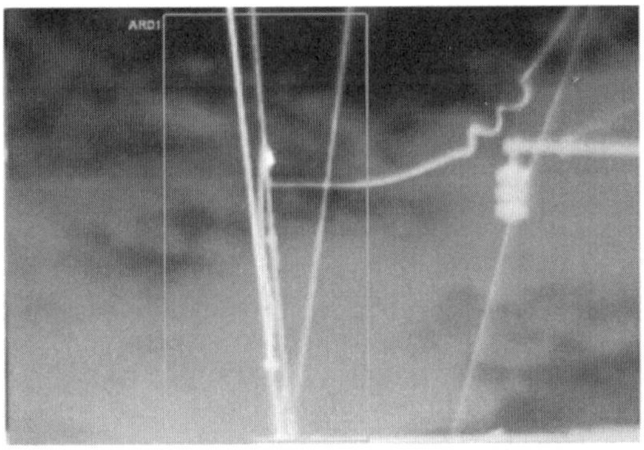

图 9-28　电连接线夹处接触网的红外图像

为了对接触网的温度进行无遗漏的全部检查，需要红外热像仪具有以下特征。

（1）宽广的视场。能够在测量过程中对接触网所有带电设备进行拍摄，包括承力索、接触线、电连接线、吊弦、各类线夹、支持装置等。

（2）较高的分辨率。能够在温度图像上分辨出线夹、定位器等接触网设备的形状。

（3）较高的采样频率。在列车快速运行过程中能够采集到清晰的接触网设备红外图像。

红外数据处理计算机接收到红外热像仪的温度图像数据后，对每帧温度图像进行处理，寻找接触网温度的异常点，然后将异常温度和当前位置一起保存，同时将异常温度图像保存在计算机硬盘上。分析程序可以对接触网温度异常情况进行统计分析、打印报表，方便接触网维修部门采取相应对策。

接触网维修人员可以根据绝对温度或相对温度诊断接触网设备的发热状况。

绝对温度诊断：根据接触网各类设备（接触线、承力索、吊弦和各类线夹等）材料的最大允许工作温度，判断获取的热图像中的最大温度是否超过限值。这种方法简单，但存在以下不足。

（1）接触网设备的发热状况与多种因素有关，不能因为接触网设备的绝对温度没有达到限值而判断设备运行正常，但温度达到限值的地方肯定存在着接触不良。

（2）接触网设备的材料不同，其电磁波的发射率不一样，而且发射率还与设备的氧化程度有关，但红外热像仪只能设定一种发射率，导致红外图像中每个像素的绝对温度出现测量偏差。

（3）接触网设备的温度还与大气环境相关，太阳辐射、雨、雪、风、不同的大气温度等都会对接触网的绝对温度产生影响。

相对温度诊断：计算红外热像仪采集到的每幅接触网温度图像的平均温度，并对当前连续 n 幅无过热状态的接触网红外图像上的平均温度取平均值作为当前基准温度，可将当前采集图像上最大温度与基准温度相比较判断过热点，此种方法为相对温度诊断法。

9.4 牵引供电系统雷电防护技术

雷电过电压是雷云放电引起的过电压，又称大气过电压、外部过电压。雷电过电压可分为直击雷过电压和感应雷过电压两种。直击雷过电压是由于雷电放电，强大的雷电流直接流经被击物产生的过电压，感应雷过电压是雷击线路附近大地，由于电磁感应在导线上产生的过电压。由于雷电现象极为频繁，产生的雷电过电压可达数千千伏，足以使电气设备绝缘发生闪络和损坏，引起停电事故，因此有必要对接触网和牵引变电所的电气装置采取防雷保护措施。

本节简要介绍了雷电参数以及几种防雷设备的防雷原理，主要阐述了接触网和牵引变电所的防雷保护原理和方法。

9.4.1 雷电参数以及防雷保护设备

雷电放电受气象条件、地形和地质等许多自然因素影响，带有很大的随机性，因而表征雷电特性的各种参数也就具有统计的性质。许多国家选择在典型地区建立雷电观测点，进行长期而系统的雷电观察，将观察所得数据进行统计分析，得到相应的各种雷电参数，为雷电研究和防雷保护设计提供重要依据。主要的雷电参数有雷暴日及雷暴小时、地面落雷密度、主放电通道波阻抗、雷电流极性、雷电流幅值、雷电流等值波形、雷电流陡度等。

雷电放电作为一种强大自然力的爆发是难以制止的，产生的雷电过电压可高达数百至数千千伏，如不采取防护措施，将引起供电系统故障，造成大面积停电。目前人们主要设法去躲避和限制雷电的破坏性，基本措施就是加装避雷针、避雷线、避雷器、防雷接地、电抗线圈、电容器组、消弧线圈、自动重合闸等防雷保护装置。

避雷针、避雷线用于防止直击雷过电压，避雷器用于防止感应雷过电压。下面主要介绍避雷针、避雷线和避雷器的保护原理及其保护范围。

1）避雷针防雷原理

避雷针是明显高出被保护物体的金属支柱，其针头采用圆钢或钢管制成，其作用是吸引雷电击于自身，并将雷电流迅速泄入大地，从而使被保护物体免遭直接雷击。避雷针需有足够截面的接地引下线和良好的接地装置，以便将雷电流安全可靠地引入大地。

当雷电的先导头部发展到距地面某一高度时，因避雷针位置较高且接地良好，在避雷针的顶端因静电感应而积聚了与先导通道中电荷极性相反的电荷，形成局部电场强度集中的空间，该电场即开始影响雷击先导放电的发展方向，将先导放电的方向引向避雷针，同时避雷针顶部的电场强度将大大加强，产生自避雷针向上发展的迎面先导，更增强了避雷针的引雷作用。

在供电系统中，避雷针一般用于牵引变电所，可根据不同情况装设在配电构架上，或独立架设。

2）避雷线防雷原理

避雷线，通常又称架空地线，简称地线。避雷线的防雷原理与避雷针相同，主要用于输电线路的保护，也可用来保护发电厂和变电所，避雷线除了防止雷电直击导线外，同时还有分流作用，以减少流经杆塔入地的雷电流从而降低塔顶电位，避雷线对导线的耦合作用还可以降低导线上的感应雷过电压。

3）避雷器工作原理及常用种类

避雷器是专门用以限制线路传来的雷电过电压或操作过电压的一种防雷装置。避雷器实质上是一种过电压限制器，与被保护的电气设备并联连接，当过电压出现并超过避雷器的放电电压时，避雷器先放电，从而限制了过电压的发展，使电气设备免遭过电压损坏。

为了使避雷器达到预期的保护效果，必须正确使用和选择避雷器，一般有以下基本要求。首先，避雷器应具有良好的伏秒特性曲线，并与被保护设备的伏秒特性曲线之间有合理的配合；其次，避雷器应具有较强的快速切断工频续流、快速自动恢复绝缘强度的能力。

避雷器的常用类型有保护间隙、排气式避雷器（常称管型避雷器）、阀式避雷器和金属氧化物避雷器（常称氧化锌避雷器）四种。

9.4.2　接触网的防雷保护

1）接触网直击雷过电压

按照雷击接触网部位的不同，直击雷过电压分为雷击接触网支柱（或回流线）和雷击接触线（承力索）两种情况。

雷击接触网支柱（或回流线）：当雷击支柱或回流线时，由于雷击点阻抗使其对地电位大大升高，当电压超过线路绝缘子 $U_{50\%}$ 时，可能引起支柱顶或回流线对接触线（承力索）放电，这种雷击闪络现象称为反击。参照输电线路雷电过电压的计算方法，当雷击接触网支柱时，雷电流沿支柱入地并在支柱上产生冲击电压 U_1 为

$$U_1 = R \times i + L\frac{\mathrm{d}i}{\mathrm{d}t} \tag{9-3}$$

式中，R 为支柱的冲击接地电阻（Ω）；i 为雷电流幅值（kA）；L 为为支柱的等值电感（μH）。

此时雷电通道的电磁场迅速变化，在线路上产生与雷电流极性相反的感应电压，感

应过电压U_2为

$$U_2 = \frac{I}{2.6}H \tag{9-4}$$

式中，H 为导线离地高度（m）。

加在接触网绝缘子上的电压U为冲击电压与感应电压的叠加，即

$$U = U_1 + U_2 = Ri + L\frac{\mathrm{d}i}{\mathrm{d}t} + \frac{I}{2.6}H \tag{9-5}$$

随着雷电流的增大，加在接触网绝缘子两端的电压U随之升高，当其大于绝缘子的$U_{50\%}$冲击闪络电压时，将引起绝缘子闪络，因此可以得到接触网反击耐雷水平。

$$I = \frac{U_{50\%}}{R + \frac{L}{2.6} + \frac{H}{2.6}} \tag{9-6}$$

雷击接触线（承力索）：雷击接触网导线如图 9-29 所示，雷电直接击中接触线（承力索），雷电波向两侧传播，使导线电位抬升，引起绝缘子闪络。雷电流向两端传播，在接触网上产生过电压，当这个电压达到支持绝缘子的冲击放电电压时，绝缘子闪络，雷电流经支柱、钢轨入地，过电压随之降低。

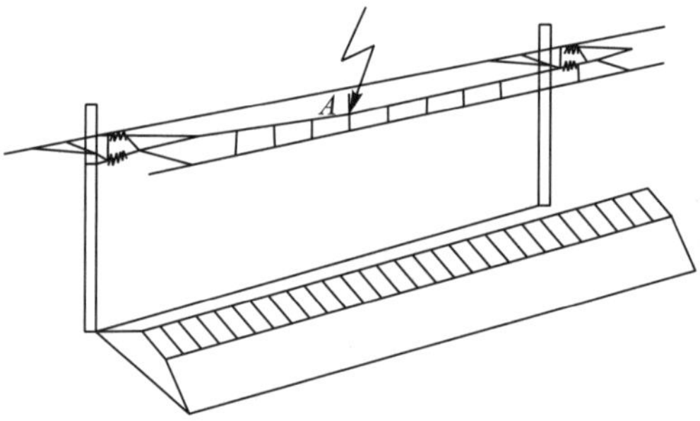

图 9-29 雷击接触网示意图

按照对称性和彼德逊法则，接触网集中参数等值电路如图 9-30 所示，图中Z为接触网线路的波阻抗，L为支柱的等值电感，R为支柱与钢轨的等值冲击接地电阻，J为支柱的支持绝缘子。对一般线路，通常取雷电流的波形为斜角平顶波，其波头陡度为$\mathrm{d}i/\mathrm{d}t = a$。

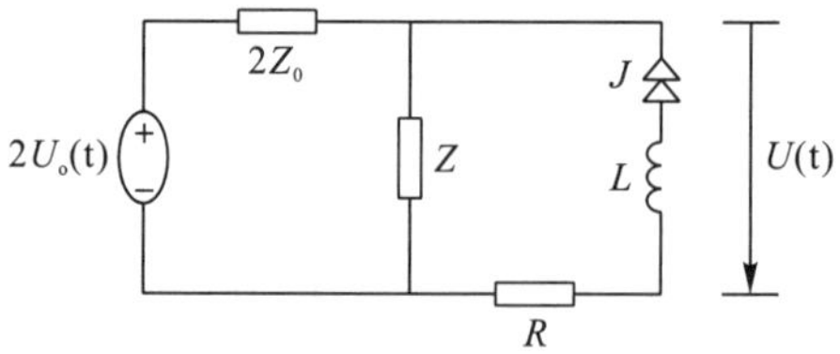

图 9-30 接触网等效电路

当雷击接触网时，使得靠近被击点的支持绝缘子闪络，由于雷电流波形为斜角平顶波，放电时延绝缘子的闪络时间t'只能发生在波头时间内，即$t' \leqslant \tau$（τ为波头时间）。假设在波头内某一时刻t_0，雷电流在绝缘子上产生的过电压等于其冲击放电电压u_c。

$$u(t) = u_c = \frac{Z \cdot Z_0}{Z + 2Z_0} \cdot at_0 \tag{9-7}$$

当时间 $t > t_0$时，等值雷电压源为

$$2u_0(t) = Z_0 \cdot a \cdot (t_0 + T) \tag{9-8}$$

式中，T 为从时刻 t_0开始计时的新时间间隔。根据等值电路，可列出该电路的特性方程为

$$2u_0(T) = 2Z_0\left[i(T) + \frac{u(T)}{Z}\right] + u(T) \tag{9-9}$$

$$u(T) = R \cdot i(T) + L\frac{\mathrm{d}i(T)}{\mathrm{d}T} \tag{9-10}$$

式中，$i(T)$为支持绝缘子闪络后的入地雷电流，利用积分变换可以解出方程(9-9)和方程(9-10)，得出靠近被击点的支持绝缘子上承受的过电压为

$$u(t) = \frac{aZZ_0}{KL(Z+2Z_0)}\{R(kt_0-1)k^{-1} + L + R(t-t_0) + [R(k^{-1}-t_0) + L(kt_0-1))\exp(-k(t-t_0))]\} \tag{9-11}$$

式中，k^{-1}为接触网等效电路的时间常数，其值为

$$k^{-1} = \frac{(Z+2Z_0)L}{RZ+2(R+Z)Z_0} \tag{9-13}$$

雷击接触网次数：接触网遭受雷击的频度与年平均雷暴日数 T_d有关，一般来说，T_d愈大，每平方千米大地 1 年的雷击次数也随之变大。根据国际大电网委员会 CIGRE 推荐计算：接触网侧面界限取 3 m，承力索距轨面平均高度取 7 m，则：

单线接触网遭受雷击次数

$$N = 0.122\ T_d^{1.3} \tag{9-14}$$

复线接触网遭受雷击次数

$$N = 0.244\ T_d^{1.3} \tag{9-15}$$

不同雷暴日接触网遭受雷击的次数如表 9-8 所示。

表 9-8　不同地区接触网雷击次数计算值　　单位：次/(100 km・年)

T_d/日	20	30	40	50	60	70	80	90
复线	12	20	29.6	39.4	50	61	72.6	84.8
单线	6	10	14.8	19.7	25	30.5	36.3	42.4

通过上述分析可以得出，现有的分析方法过于简单，由于接触网的结构远比输电线路复杂，接触网包括站场、区间、绝缘锚段关节与非绝缘锚段关节等，过电压的分布与传播远比输电线路复杂，其实际过电压水平与前面给出公式的计算结果相差很大。而目前通过雷暴日计算输电线路的雷击次数也存在很大争议，如我国山东地区与广东地区年雷暴日数非常接近，但通过比较雷电监测系统测得的数据，山东地区年落雷次数在 30 万次左右，而广东地区的年落雷次数达到 300 万次以上，因此要准确评估接触网的耐雷水平及应采用的防雷措施，必须进行深入的研究。

雷电反击：雷击支柱顶作用于接触网雷电反击过电压，不仅有雷电流通过支柱并在支柱顶产生电位，同时空气中迅速变化的电磁场还在导线上感应电压。按图 9-31 所示数据，根据 DL/T 620-1997《交流电气装置的过电压保护和绝缘配合》计算方法，计算耐雷水平。

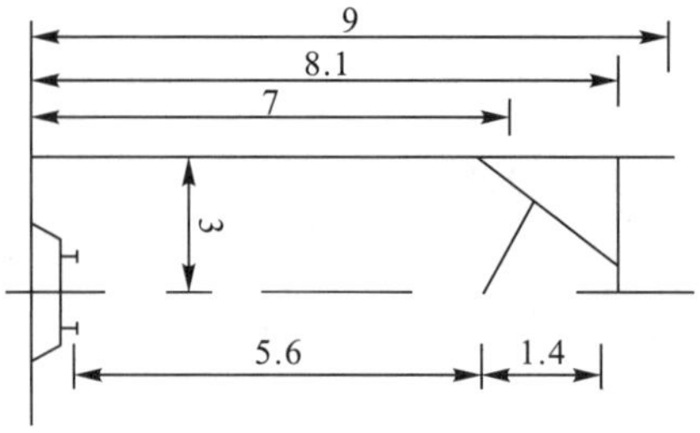

图 9-31 接触网支柱悬挂示意图(单位：m)

南昆、广深线接触网遭受雷击跳闸统计分析：从运营部门统计数据分析，南昆线单线昆明局管内 325.8 km，例如，在 1999 年 3 月 27 日～8 月 31 日，发生雷击接触网跳闸 85 次，其中变电所馈线跳闸次数分布见表 9-9，雷击跳闸集中发生在 39 个雷暴日，重合闸成功 77 次，不成功 8 次，占 9.4%。广深线双线 139.461 km，例如，在 1998 年 7 月 21 日～2001 年 4 月 16 日共发生雷击接触网跳闸 140 次，其中 1999 年共发生雷击跳闸 76 次，2000 年共发生雷击接触网跳闸 45 次，其变电所馈线跳闸次数分布见表 9-10。

表 9-9 南昆线部分变电所馈线断路器雷击跳闸统计

威舍	鲁番	岔江	罗中	师宗	宜耐	路南	永丰营	昆明南
8	1	6	7	16	21	8	8	10

表 9-10 广深线变电所馈线断路器雷击跳闸统计

时间	下元变电所	茶山变电所	平湖变电所
1998 年 7～12 月	38	48	56
1999 年 1～12 月	14	32	30
2000 年 1～12 月	15	9	21

因雷击及阴雨造成馈线断路器跳闸次数远高于计算数据。这是由于当地实际雷暴日未统计以及因阴雨天造成绝缘闪络未分开，致使理论计算与实际数据无法对比。因雷击造成跳闸占总事故跳闸比例很高，广深线平湖变电所雷击跳闸总跳闸数比例达 57.7 %。由此看来雷击接触网事故是影响安全运行的重要因素。

2）接触网感应雷过电压

感应雷过电压分析：感应雷过电压主要是由于电磁场的剧烈变化，通过电磁耦合而产生的，雷电流有正、负极性，根据实测结果，有 75%～90%的雷电为负极性。

当雷云接近接触网上空时，根据静电感应原理，将在线路上感应出一个与雷云电荷相等但极性相反的电荷，这就是束缚电荷。束缚电荷将产生一个沿线路方向的电场强度 E_x。接触网导线（承力索）上与雷云同号的电荷则被前述电场强度 E_x 排斥而向两侧运动，经由线路泄漏电导和通过牵引供电系统中性点逸入大地。由于先导发展的平均速度较慢，导线上束缚电荷的聚集过程也较为缓慢，因而导线上的电流很小。同时，忽略线路工作电压，就可以认为导线的电位仍保持在零值，即相当于线路无穷远处的电位。与雷云电荷极性相反的电荷产生的电场在导线高度处被先导中负电荷产生的电场所抵消。

主放电开始后，先导通道中的电荷自下而上被迅速中和，相应的电场迅速减弱，使导线上的束缚电荷迅速释放，形成电压波向两侧传播。这样就形成了过电压，称为感应过电压的静电分量。同时，在雷电通道中的雷电流还会在周围空间产生强大的磁场，它的磁通若有与导线相交链的情况，就会在导向中感应出一定的电压，称为感应过电压的电磁分量。由于主放电通道与导线基本上是互相垂直的，所以其值不会太大，通常在计算中忽略感应过电压的电磁分量。

感应雷过电压的计算方法：输电线路感应雷过电压的计算是电力线路绝缘设计、采取防雷保护措施的基本计算内容。国内外很多专家学者先后提出了多种计算雷击导线附近大地时架空线上产生的感应雷过电压的方法，由于本书主要是研究接触网感应雷过电压的计算方法，输电线路的感应雷过电压的计算只作为一种参考，在此只给出规程给出的计算方法。

对于输电线路雷电过电压的计算，我国规程 DL-T 620-1997《交流电气装置的过电压保护和绝缘配合》5.1.2 中规定如下。

距架空线路 $S>65$ m 处，雷云对地放电时，线路上产生的感应过电压最大值可按式(9-16)计算。

$$U_{\mathrm{i}} \approx 25 \times \frac{Ih_{\mathrm{c}}}{S} \tag{9-16}$$

式中，U_{i}为雷击大地时感应过电压最大值（kV）；I 为雷电流幅值（一般不超过 100，kA）；h_{c} 为导线平均高度（m）；S 为雷击点与线路的距离（m）。

接触网导线的感应雷过电压计算：在感应雷过电压的计算当中主要考虑静电分量，而忽略电磁分量的影响。在过电压计算中可假设：先导通道中的电荷均匀分布，其电荷线密度为 τ；空间电场由先导电荷形成；先导通道中的电荷在主放电时全部瞬时被中和，主放电通道是垂直向上，不考虑分支。

图 9-32 是用电磁场方法进行感应过电压计算时雷击接触网附近地面示意图。

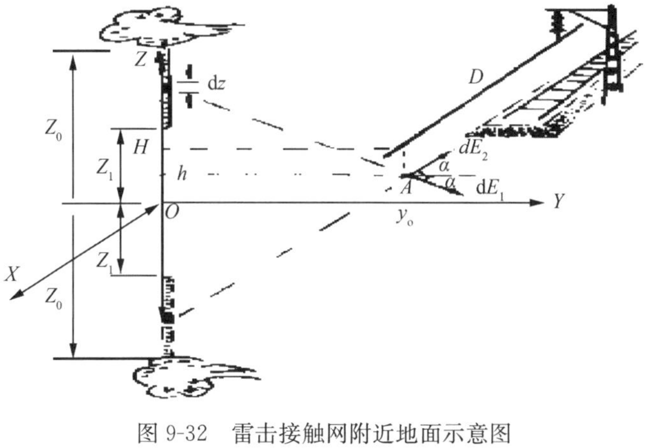

图 9-32　雷击接触网附近地面示意图

假设雷云沿 Z 轴垂直向地面（XOY 平面）放电，离地面有一高 H，且平行于 X 轴、距 X 轴 y_0的无穷长导线 D，如图 9-32 所示。

按图 9-32 所示，若雷云距离地面高 Z_0，雷云放电的先导头部距离地面高度为 Z_1，先导为具有线密度 τ 的均匀分布线电荷，则导线下方任一点 A（离地面高度 h）处的场

强垂直分量可表达为

$$E_1 = \int_{L_1} \mathrm{d}E_1 \cdot \sin\alpha \tag{9-17}$$

式中，L_1为沿先导通道的积分路径。

采用镜像法，大地对 A 点场强的垂直分量为

$$E_2 = \int_{L_2} \mathrm{d}E_2 \cdot \sin\alpha \tag{9-18}$$

式中，L_2为沿镜像先导通道的积分路径。

雷云放电的先导向地面发展过程中，导线下方任一点 A 的场强总垂直分量为

$$\begin{aligned} E &= E_1 + E_2 \\ &= \frac{\tau}{4\pi\varepsilon_0}\left\{\int_{Z_1}^{Z_0}\frac{(Z-\mathrm{h})dZ}{[y_0^2+(Z-\mathrm{h})^2]^{\frac{3}{2}}} - \int_{-Z_0}^{-Z_1}\frac{(\mathrm{h}-Z)dZ}{[y_0^2+(\mathrm{h}-Z)^2]^{\frac{3}{2}}}\right\} \\ &= \frac{\tau}{4\pi\varepsilon_0}\left\{\frac{1}{\sqrt{y_0^2+(Z_1-\mathrm{h})^2}} - \frac{1}{\sqrt{y_0^2+(Z_0-\mathrm{h})^2}} + \frac{1}{\sqrt{y_0^2+(Z_1+\mathrm{h})^2}} - \frac{1}{\sqrt{y_0^2+(Z_0+\mathrm{h})^2}}\right\} \end{aligned} \tag{9-19}$$

由上述公式可知，当雷云放电先导充分发展到地面（$Z_1=0$），即主放电开始瞬间时，导线下 A 点的场强垂直分量达到最大值。对于雷云距离地面高度 Z_0，一般情况下数值在数千千米以上；而对于接触网导线高度，根据我国有关规程规定，最高不能超过 6.5 m，一般情况下，接触网导线平均高度为 $H=6$ m。根据规程，一般高度线路的等值受雷面积宽度为 10 倍的线路平均高度，即线路两侧各为 $5H$ 宽的带状。因此，在实际工程中，雷云对地高度远远大于落雷点与线路的距离（$Z_0 \gg y_0$），并且线路高度 $0 \leqslant \mathrm{h} \leqslant 6$ m，所以式（9-19）中

$$\frac{1}{\sqrt{y_0^2+(Z_0-h)^2}} \to 0,\quad \frac{1}{\sqrt{y_0^2+(Z_0+h)^2}} \to 0$$

式（9-19）可简化为

$$E_{\max} = \frac{\tau}{2\pi\varepsilon_0} \cdot \frac{1}{\sqrt{y_0^2+h^2}} \tag{9-20}$$

取地面为参考零电位，导线上的感应过电压为

$$U = \int_0^H E_{\max}\mathrm{d}h = \frac{\tau}{2\pi\varepsilon_0}\ln\left[\frac{H}{y_0} + \sqrt{1+\left(\frac{H}{y_0}\right)^2}\,\right] \tag{9-21}$$

设雷电主放电速度为 v，则雷电流 $I=\tau v$，式（9-21）可表示为

$$U = \frac{I}{2\pi\varepsilon_0 v}\ln\left[\frac{H}{y_0} + \sqrt{1+\left(\frac{H}{y_0}\right)^2}\,\right] \tag{9-22}$$

取 $K=\dfrac{1}{2\pi\varepsilon_0 v}$，$K$ 为常数。因此正对雷击处形成的感应过电压为

$$U = KI\ln\left[\frac{H}{y_0} + \sqrt{1+\left(\frac{H}{y_0}\right)^2}\,\right] \tag{9-23}$$

当 $y_0^2 \gg H^2$ 时，式（9-23）可简化为

$$U \approx K\frac{IH}{y_0} \tag{9-24}$$

以上静电感应过电压最大幅值的推导，是基于理想化的假设而得到的，实际线路上

的静电感应过电压还要进行修正，其修正系数为 K_1，则

$$U \approx KK_1 \frac{IH}{y_0} = K' \frac{IH}{y_0} \tag{9-25}$$

在国外的防雷研究中，通常取 $K=38.8$，并根据线路具体情况，取 $K_1=0.6\sim0.9$ 进行修正。我国一般直接取 $K'=25$ 来计算静电感应过电压。

前面计算的是正对雷击处导线上的感应过电压。导线上距离中心点为 x 处的过电压与中心点的感应电压的计算方法相同，只需将式中的 y_0 换为 $\sqrt{y_0^2+x^2}$，即

$$U \approx 25 \frac{IH}{\sqrt{y_0^2+x^2}} \tag{9-26}$$

电磁场分析法仅考虑了静电感应电压的作用，未考虑电磁分量的作用，因此不能非常准确地计算感应雷过电压的值。

3）接触网的防雷措施

雷电活动频度分析：据统计，已开通（截至 1998 年）电气化铁路线路雷电活动频度分析，见表 9-11。其中年平均雷暴日在 40 天以下的线路占总电化公里的 69.6 %，40～60 天的线路占总电化公里的 3.6%，60 天及以上的线路占总电化公里的 26.8 %。但是，即使年平均雷暴日在 60 天以上的线路雷电活动频度也并不是全部一致，应沿线路进行调查分析，区别对待。

表 9-11　我国各线年平均雷暴日统计

序号	年平均雷暴日数（天）	线路名称	长度/km
1	10～20	宝成线、阳安线、襄樊—安康段、石家庄—太原段、宝鸡—兰州段、安康—达县、兰州—武威、成都—资阳、风沙大、资阳—内江、京秦线、太焦线、内江—重庆、陇海线郑州—宝鸡段、北同蒲、大秦线、京广线北京—武昌、孟平支线、宝中线、侯月线、甘圹—武威	8050
2	40～60	川黔线	415
3	60 及以上	湘黔线、贵昆线、鹰夏线、南昆线、广深线、京广线彬韶段	3099

接触网既有防雷保护：根据 TB10009-1998 的规定，在重雷区及超重雷区的重点位置设置避雷器，无其他特殊要求。在设计中，一般回流线架设高度比承力索低，且回流线的接地每隔 1～2 km 一处，接地电阻为 10 Ω，回流线与钢筋混凝土支柱采取非绝缘安装，与钢支柱采取绝缘安装，独立钢支柱接地电阻为 30 Ω，钢筋混凝土支柱不设独立接地体，车站内零散支柱采用火花间隙与钢轨连接。目前接触网防雷的现状如下。

（1）无避雷线，不能有效地防止直击雷，架空地线（或回流线）虽然有一定防雷作用，其仅能起到电力部门采取的架设耦合地线的防雷作用，其架设高度没有达到有效防止直击雷的高度。

（2）当支柱或架空地线遭受雷击，由于架空地线的接地间距较大，雷击过电压将首先击穿架空地线肩架与混凝土之间的保护层，经支柱向大地泄漏。

（3）对于重雷区及超重雷区接触网上的避雷器太少，造成雷击跳闸率过高。

（4）对于重雷区及超重雷区接触网对地空气间隙太小，最小值为 250 mm，其能够承

受的冲击放电电压 $U_{50\%}$ 为 170 kA，雷击耐受水平仅达到 11 kV，超过雷电流概率为 75%，与绝缘子雷电冲击耐受能力不匹配。

防雷保护改进措施：因为接触网本身的具体运行经验，是考验其防雷保护是否满意的最好指标，接触网防雷保护可采取的措施大体为下列几个方面。

（1）架设避雷线。

电气化铁路虽然采用 25 kV 供电，但其重要程度远远高于电力部门 35 kV 及以下线路，接触网除了传输电能，还具有直接向电力机车受电的功能，因此要求接触网应具备较高的可靠性。日本国铁在接触网防雷方面取得了比较成功的经验，针对雷击频度及线路重要程度，划分为三个区，即 A 区、B 区、C 区。防雷措施详见表 9-12，绝缘配合详见表 9-13。设备接地电阻为 10Ω，架空地线接地电阻为 30Ω，钢支柱接地电阻为 100Ω。

表 9-12　日本国铁接触网防雷措施

区域划分 \ 防雷措施		架空避雷线	避雷器
A 区	雷害严重且重要线路，进行全面防雷保护	全线架设避雷线	1. 变电所进出口； 2. 接触网用隔离开关两侧； 3. 架空线与电缆连接处； 4. 架空线终端； 5. 变压器进线等
B 区	雷害比较严重且重要线路，根据以往运行经验，对雷害场所、重点设备进行必要的防雷保护	特别需要的场所沿接触网架设避雷线	1. 变电所进出口； 2. 接触网用隔离开关两侧； 3. 架空线与电缆连接处； 4. 架空线终端； 5. 变压器进线等
C 区	A 和 B 以外的区域	—	1. 变电所进出口； 2. 接触网用隔离开关两侧； 3. 架空线与电缆连接处； 4. 变压器进线等

表 9-13　接触网绝缘配合

项目		日本要求	中国要求
避雷器	绝缘水平（基准冲击绝缘强度/kV）	200	185
	额定电压/kV	42	42
	直流（1mA）起始放电电压/kV	63	65
	雷电冲击起始放电电压/kV	135	120
	残压/kV（放电电流 10 kA）	140	138（放电电流 5 kA）
	设置地点	BT、AT、LT 设置场所	同左
架空地线		保护角 45 度以内	—
悬式绝缘子	种类/个数	250 mm c/o^{4}	280 mm c/o^{3}
	工频冲击耐受电压/kV（注水 1 min）	130	50 c/o^{3}
	雷击冲击耐受电压/kV	355	357

续表

项目		日本要求	中国要求
棒式绝缘子	种类	SK 形	QBN 形
	工频冲击耐受电压/kV（注水 1 min）	135	130
	雷击冲击耐受电压/kV	380	370
绝缘距离	标准/mm	300	300
	最小/mm	—	240
	瞬时/mm	—	200（正常值）

（2）降低接地电阻，缩短接地间距，改善接地引下线的连接。

降低接地电阻可以提高耐雷水平，防雷设备的接地装置是用来向大地引泄雷电流的。接地装置的效果和作用可以用它的冲击接地电阻值来代表，冲击接地电阻 R_i 的定义是指接地装置上引出雷电流处的电压最大值与流经接地装置的电流最大值之比。由于冲击接地电阻与工频接地电阻呈线性比例关系，冲击接地电阻无法在现场进行测定，一般使用工频接地电阻来规定杆塔的接地电阻。

降低接地电阻可以有效地提高线路的耐雷水平，当接触网的支柱形式、尺寸与绝缘子形式和数量确定后，影响接触网反击耐雷水平的主要因素则是杆塔接地电阻的电阻值，当取接地电阻值为 7Ω、15Ω、30Ω、50Ω 时，耐雷水平见表 9-14。

表 9-14　不同接地电阻对应的耐雷水平

接地电阻/Ω	7	15	30	50
耐雷水平/kV	43.37	26.4	15.2	9.73
P_1%	32.1	50.1	67.2	77.5
相对危险因数	1	1.56	2.09	2.41

表 9-14 中相对危险因数是以该接地电阻耐雷水平的概率与 7Ω 接地电阻时耐雷水平的概率之比。

缩短接地间距，增加接地数量可以提高接触网耐雷水平，按常规做法接触网采用钢筋混凝土支柱不做接地极，回流线每隔 1～2 km 与钢轨轭流线圈中性点连接并接 10Ω 的接地电阻，接触网钢柱采用 30Ω 的接地装置，其耐雷水平为 23.2 kA，如果接地电阻值为 10Ω 不变，接地间距与耐雷水平的关系如表 9-15 所示。

表 9-15　不同接地间距对应的耐雷水平

接地间距/m	60	120	240	480	1000
耐雷水平/kV	31.5	27.2	24.9	23.85	23.2
P_1%	43.9	49.1	52.1	53.6	54.5
相对危险因数	1	1.1	1.18	1.22	1.24

增加接地数量会增加工程投资，接触网钢筋混凝土支柱在 100 Ω · m 土壤电阻率地区工频接地电阻在 20 Ω 左右，这是由于支柱水泥层厚度一般为 20～30 m，埋设深度一般为 3 m，埋设后水分向水泥中渗透的主细管作用使其电阻几十倍下降，这样的下降过程持续几个月，对于土壤电阻率不大于 100 Ω · m 的土壤，支柱本身完全可以代替接地装

置。但是在高土壤电阻率的沙土中，不能用支柱本身作为接地装置。利用接触网混凝土支柱作接地装置必须设置良好的接地引下线，一般可利用支柱内的主钢筋作为引下线（图 9-33）。常规接地不设引下线，仅与回流线连接，造成支柱外表水泥层破坏，广深线多根支柱发生烧伤事故就是这一原因引起的。电力部门曾做过试验，当水泥层厚度为 30～35 mm 时水泥层发生破坏的临界冲击电流密度为 17.5 A/cm^2，而支柱抱箍包支柱的面积一般为 100～500 cm^2，当雷电流达到 2000 A 时，水泥层将被烧伤。因此，支柱上的横担应与接地体之间应采用金属连接。

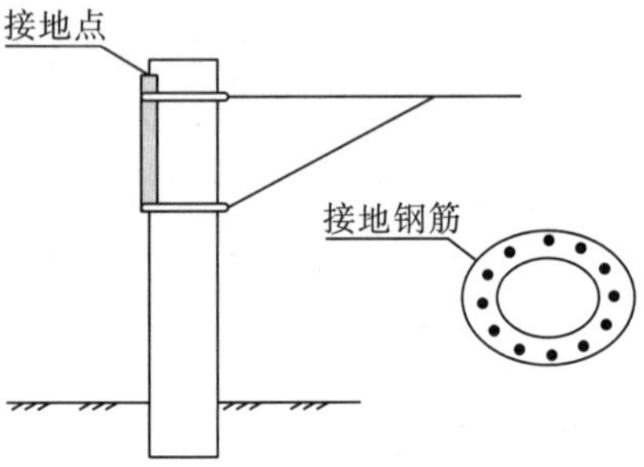

图 9-33 支柱接地线连接示意图

（3）在重雷区适当增大空气间隙。

接触网导线支柱与空气间隙的冲击放电电压，在考虑绝缘配合时，计算用风速一般采用 10 m/s，而在气象条件恶劣时（最大风速在 35 m/s 及以上时）采用 15 m/s。导线对地之间的正极性 50%冲击耐压可按 $\mu=550\times S$ 估算，S 为空气间隙距离（m）。

在跨距中央处导线之间的 50%冲击放电电压为 $\mu=750S$。

绝缘子串、棒式绝缘子及空气间隙 50%冲击放电电压列于表 9-17。由此可以看出接地间隙太小，不匹配，应适当增大绝缘间隙，将接触网最小空气间隙由 240 mm 增大到 300 mm。

表 9-17 绝缘子串、棒式绝缘子及空气间隙 50%冲击放电电压

	空气间隙		悬式绝缘子		棒式绝缘子	
	距离/cm	50%冲击放电电压	片数/片	50%冲击放电电压	泄漏距离/cm	50%冲击放电电压
接触网	24	137.5	3	357	1200	370
电力系统	45	247.5	3	357	—	—
日本接触网	30	165	3	355	1250	380

（4）在雷电特别严重地区加设避雷器。

采用架设避雷线、增大绝缘强度等措施不可能完全防止接触网雷击闪络事故，它只解决了直击雷和感应雷过电压。对于绕击事故必须采取其他措施，安装线路金属氧化物避雷器在防止无论是雷直击导线以及雷击塔顶或避雷线的反击、绕击等方面是非常有效的，可以从根本上消除线路雷击闪络事故。

9.4.3 牵引变电所防雷保护

牵引变电所的作用是向牵引系统供电，是电气化铁道供电系统的“心脏”。一旦发生雷害事故，将造成大范围停电，严重威胁运输安全。因此，牵引变电所的雷电过电压防护措施必须十分可靠。

牵引变电所的雷害主要来自两个方面：一是直接雷，雷电直接击于变电所的电气设备和建筑物；二是间接雷，雷击接触网或电源线路产生的雷电过电压波沿线路侵入变电所。

对于直接雷的防护牵引变电所一般采用避雷针，采用避雷针以后发生直击雷害的事故较少。而与牵引变电所相连接的接触网和 110 kV（或 220 kV）电源线路分别地处铁路上方和旷野，纵横交错，绵延数十至数百千米，遭受雷击比较频繁。由于电源线路上架设避雷线，有了规范的防护措施，所以侵入牵引变电所雷电波而造成的雷害也较少；但由于电气化铁道接触网的结构特点，不可能在其上装设避雷线，所以由接触网侵入的雷电波是造成牵引变电所雷害事故的主要原因。

1）防雷特点

接触网线路与牵引变电所设备防雷水平的差异：侵入牵引变电所的雷电波的幅值，在一定程度上受到引入变电所的线路绝缘水平的限制，对接触网的可靠性提出了越来越高的要求，接触网绝缘水平也逐渐提高。接触网绝缘爬距已提高到 1200 mm，1200 mm 防污棒式绝缘子的雷电冲击耐受电压为 300 kV；而牵引变电所供电设备（主变压器、断路器、隔离开关、母线支柱绝缘子、穿墙绝缘子等）的雷电冲击耐受电压为 185 kV。因此，牵引变电所是雷电冲击的薄弱环节，必须采取必要的防护措施，削弱来自接触网线路的雷电侵入波幅度和陡度，限制变电所内的过电压水平，才能避免电气设备发生雷害事故。

雷电电流的特点：一般雷电脉冲放电电流可达几十至二三百千安，幅值等于或者超过 50 kA 的雷电流概率为 33%。另外，人们眼睛观察到的一次闪电，实际上往往包含多次放电的重复过程。一般为 2～3 次，最多可达 40 多次，这就增加了雷电放电的总持续时间，对牵引供电系统的运行同样会带来不利的影响。

总之，雷电的特点是脉冲放电电流大，且有多次重复的现象。因此，选择避雷器时要确保具有较大的通流容量，并且要具备承受多次雷电放电的能力。

雷电过电压的特点：众所周知，雷云对地放电的实质是雷云电荷向大地的突然释放。地面被击物体的电位取决于雷电流与被击物体阻抗的乘积。因此，从降低雷电过电压的目的出发，对于雷电比较频繁的地区，防雷接地电阻必须要低，越低越好。尤其对于距离变电所最近的接触网线路上的避雷器的接地电阻要尽量低。

2）案例分析

通过调查侯月线所在地区特点，该线牵引供电系统的防雷保护的缺陷有以下几点。

（1）该地区是铁矿集中的重雷区，地面落雷较多，接触网遭受雷击的概率较大。

（2）变电所、开闭所、分区亭避雷器采用的是 5 kA 的氧化锌避雷器，通流容量较小，保护作用差，在通过雷电电流时容易爆炸。而在京秦、大秦的 AT 供电的牵引变电所中采用的是 10 kA 的氧化锌避雷器，在实际运行中还没有发生爆炸事故。

（3）AT 供电制接触网的结构是，除了在轨道线路上方架设接触网（T 线）外，在接触网支柱外侧（田野侧）还架设有正馈线（F 线），并且正馈线的高度比接触网要高 1 m 左右。但是，该线路只在接触网的 T 线（接触网）上装设角隙避雷器，而没有在 F 线（正馈线）上装设避雷器，因此容易使变电所 F 相的设备遭受雷击。从实际情况看，2001 年、2002 年翼城变电所发生的雷害事故也确实均在 F 相设备上。

对于牵引变电所侵入雷电波过电压防护的主要措施是，加强变电所对接触网馈线侵入雷电波的防护，合理确定牵引变电所内外装设的避雷器的种类、参数、数量和位置。

鉴于雷电时多次发生瓷绝缘外套氧化锌避雷器爆炸现象，可以采取下列措施：①将避雷器通流容量由 5 kA 提高到 10 kA；②采用复合外套氧化锌避雷器，其主要优点是该避雷器的裙套材料为硅橡胶，可以从根本上消除避雷器裙套爆炸的危险；因为内部真空浇筑结构，排除了内部气隙，这就在很大程度上消除了避雷器受潮的隐患，提高了避雷器的可靠性。

在馈线出口处的 T 线和 F 线上分别串接阻波器（也称为抗雷线圈），具体参数：额定电感 $L=1$ mH；抗雷强度 800 kV，以限制流过避雷器的雷电流和降低侵入波陡度。

在馈线出口外，从第二根接触网杆塔开始分别在接触网（T 相）和正馈线（F 相）装设 2～3 组管型避雷器：使牵引变电所电气设备上过电压幅值限制在电气设备的雷电冲击耐受电压以下。

为了提高牵引变电所的可靠性，进行牵引供电系统防雷设计时，在根据雷暴日数确定该地区的雷区等级而设计防雷设施的基础上，还必须要广泛调查该铁路沿线的地形、地貌及雷电活动特点；并据此综合考虑供电系统防雷设备的配置，使变电所电气设备上的过电压水平限制在其冲击绝缘水平以下，避免由原设计考虑不周，造成开通运行后雷电灾害损失，而再度投资进行设备改造。

思考题

（1）简述牵引供电系统安全保障的重要性。

（2）牵引供电系统防护主要针对哪些方面？

（3）简述变压器油中溶解气体在线监测装置的组成。

（4）避雷器在线监测的主要方法有哪些？分析各方法的优缺点。

（5）采用电气法来监测 GIS 局部放电的主要步骤有哪些？

（6）简述高压电缆温度在线监测的重要性。

（7）简述受电弓-接触网系统的主要检测内容。

（8）常用的防雷保护设备有哪些？各起什么保护作用？

（9）接触网的防雷保护措施主要有哪些？

（10）牵引变电所的防雷保护措施主要有哪些？

参考文献

王昌长，李福祺，高胜友．2006．电力设备的在线监测与故障诊断．北京：清华大学出版社．

吴广宁．2005．电气设备状态监测的理论与实践．北京：清华大学出版社．

吴广宁．2007．高电压技术．北京：机械工业出版社．

吴广宁．2011．电气化铁道高电压工程．北京：中国铁道出版社．

吴积钦．2009．受电弓-接触网系统电接触特性研究．成都：西南交通大学．

吴积钦．2010．受电弓与接触网系统．成都：西南交通大学出版社．

Kiessling F，Puschmann R，Schimieder A．2003．电气化铁道接触网．中铁电气化局集团有限公司译．北京：中国电力出版社．

第 10 章　轨道交通新技术

轨道交通的发展是随着科学技术的发展而发展的，在科学技术日新月异的今天，轨道交通必将采用更多的新技术。本章介绍的新技术，有的已经具有成功运行的经验，有的正在试运行中，有的正在研究过程中。

10.1　同相供电技术

我国现行的牵引网单边供电模式和现有的牵引变电所接线方式及其换相连接，决定了牵引网上必然存在电分相环节。采用的地面自动过分相装置出现故障时，列车会硬闯分相环节，容易造成短路故障，而车上自动过分相装置故障时会影响机车运行。电分相环节对高速、重载行车有极大制约作用。如何借鉴国外经验，结合国情，避免或减少牵引网电分相环节，同时以相对小的投资实施负序控制，减少对电力系统的不良影响，提高铁路牵引供电电压等级，是解决问题的可行思路。因此，应用现代电力电子技术和微处理器控制技术，研制具有自主知识产权的同相供电技术，实现牵引供电技术的创新，达到铁路与电力发展的双赢，具有重要意义。

10.1.1　基于平衡变压器的同相供电技术方案

所谓同相供电是指线路上不同变电所供电的区段接触网电压相位相同，线路上无电分相环节的牵引供电方式，如图 10-1 所示。理论上，全线各牵引变电所采用单相变压器就可实现同相供电，但由于单相负荷在电力系统引起负序电流，当电力系统薄弱时，会导致严重的三相不平衡，不能满足国家标准要求而不被允许。同相供电的技术关键是在牵引变电所中实现三相/单相对称变换，抑制负序电流和三相电压不平衡。理论上可以证明最节省对称补偿容量的技术方案是采用平衡变压器和潮流控制器（PFC），如图 10-2 所示。与日本采用的 RPC（Railway Static Power Conditioner）相比，同相供电技术方案能取消牵引变电所出口处的电分相。

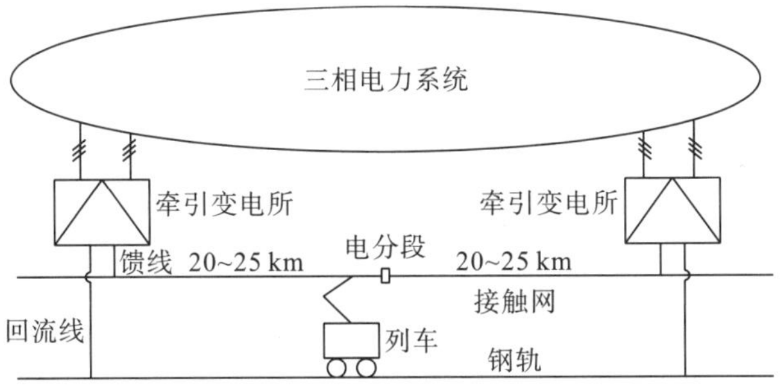

图 10-1　同相供电系统示意图

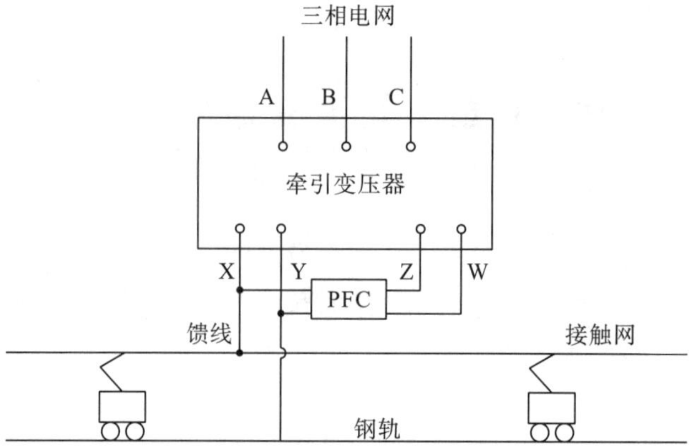

图 10-2　同相供电系统的牵引变电所

牵引变压器采用 YNvd 接线平衡变压器，如图 10-3 所示。其优点是原边可以中性点接地运行（Scott 接线不行），次边可输出相电压或线电压，便于与相邻常规变电所实现同相供电，避免电分相。例如，当相邻变电所供电臂为相电压时，应使 x、y 端子与 a、o 端子连接，z、w 端子与 b、c 端子连接；而当相邻变电所供电臂电压为线电压时，则 x、y 应连接 b、c 端子，z、w 连接 a、o 端子。

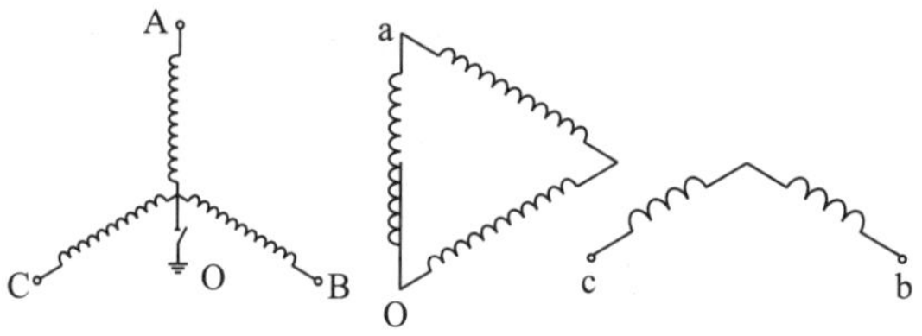

图 10-3　用于同相供电系统的平衡变压器

PFC 实现 a、o 与 b、c 端口之间的有功功率传递，其大小等于牵引功率的一半，可使负序为零。在牵引馈线侧，PFC 还补偿牵引端口的感性无功功率，提高功率因数，稳定母线电压，尚可滤除负荷电流中的高次谐波。其接线如图 10-4 所示，由两个电压源换流器 SVG 组成，通过中间共用的直流环节耦合在一起。其基本控制原理是利用中间直流耦合电容作为能量交换环节，在两个端口之间实现有功功率的交换，同时馈线侧换流器补偿无功，稳定母线电压，滤除主要谐波。b、c 端口电压经适当设计尚可省去 z、w 端口的隔离变压器。

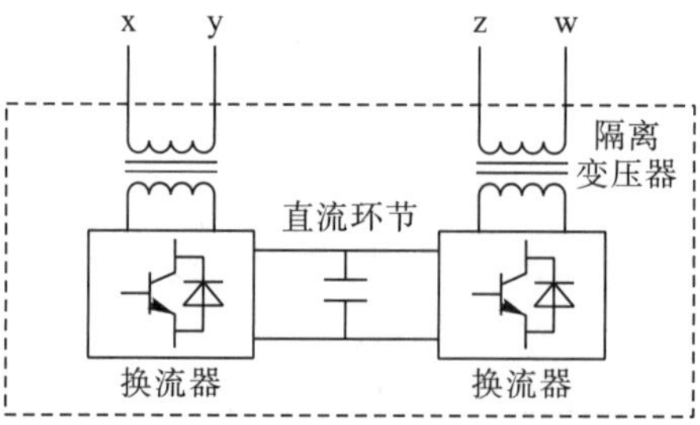

图 10-4　PFC 原理

10.1.2　同相供电工程实例

科技部在“十一五”国家科技支撑计划重点项目“电力电子关键器件及重大装备研制”中设置“电气化铁路同相供电装置”课题，主要目的是研制适合高速铁路的同相供电系统核心设备——同相供电装置。经广泛调研并报请铁道部批准，在成（都）昆（明）线眉山牵引变电所实施电气化铁路同相供电装置落地工程。

眉山牵引变电所位于成昆线北段，是成昆线 1998 年首期正式投入使用的牵引变电所之一。眉山牵引变电所采用阻抗匹配平衡牵引变压器，其原理如图 10-5 所示。

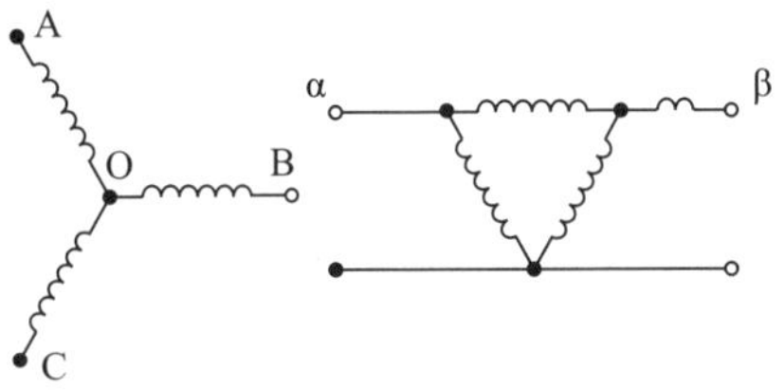

图 10-5　阻抗匹配平衡变压器原理图

眉山牵引变电所同相供电装置示范工程原理接线如图 10-6 所示。

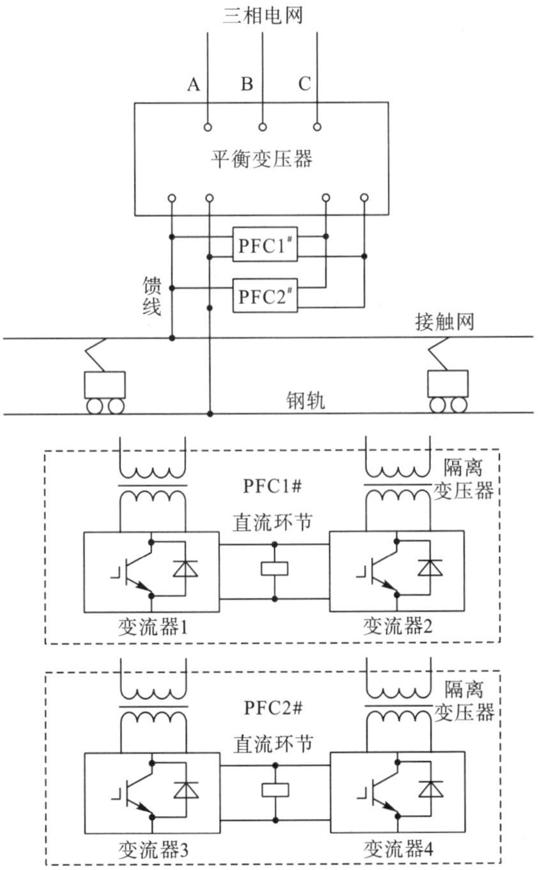

图 10-6　眉山牵引变电所同相供电原理图

在图 10-6 所示的同相供电方案中，同相供电装置共两套，每套为 5 MVA。1# 同相供电装置由变流器 1 和变流器 2 共用直流环节构成，2# 同相供电装置由变流器 3 和变流器 4 共用直流环节构成。1# 同相供电装置变流器 1 端口和 2# 同相供电装置变流器 3 端口与牵引变压器 α 端口并联接牵引网，1# 同相供电装置变流器 2 端口和 2# 同相供电装置变流器 4 端口并联后接入牵引变压器 β 端口。1# 和 2# 同相供电装置分别在变流器交流侧配置隔离变压器，实现至 27.5 kV（牵引网电压）升压。上层协调控制器主要控制两套同相供电装置工作方式和协调运行，同时具有监测功能。

牵引负荷处于牵引工况时，牵引变压器 β 端口仅输出有功功率，分别通过 1# 和 2# 同相供电装置流入接触网，为运行列车供电。该有功功率为该牵引变电所供电范围内所有牵引负荷有功功率的 1/2。同时，1# 同相供电装置负载侧变流器和 2# 同相供电装置负载侧变流器为牵引负荷提供无功补偿，使功率因数达到目标值。1# 同相供电装置负载侧变流器和 2# 同相供电装置负载侧变流器还可具有滤波功能，有效降低牵引负荷谐波发送水平。此时该牵引变电所供电范围内全部采用 α 相电压供电，取消牵引变电所出口处电分相；同时，牵引变压器 α 端口和 β 端口仅输出有功功率，且大小相等，牵引变压器高压侧三相对称，即实现对负序的完备补偿。

牵引负荷处于再生制动工况时，有功功率流向相反，其余与牵引负荷处于牵引工况时相同。

眉山牵引变电所同相供电装置主要包括两套背靠背变流器系统和 4 台配套隔离变压器，分别如图 10-7 和图 10-8 所示。

图 10-7 眉山牵引变电所同相供电装置背靠背变流器系统

图 10-8 眉山牵引变电所同相供电装置隔离变压器

另外，眉山牵引变电所同相供电工程关键设备还包括保护和控制设备，如图 10-9 所示。

图 10-9　同相供电工程保护和控制设备

眉山牵引变电所同相供电工程完成后外景如图 10-10 所示。

图 10-10　眉山牵引变电所同相供电工程外景图

眉山牵引变电所同相供电装置于 2010 年 10 月 28 日投入试运行，完成了同相状态下的投入退出试验、空载试验、无功试验、有功试验、综合补偿等试验。

以实测数据说明同相供电装置对负序和无功的补偿作用。

图 10-11（a）所示为牵引变压器系统侧电流不平衡度曲线，可以看出，同相供电装置投入后，对牵引变压器系统侧三相电流不平衡情况有较大改善。曲线 1 和曲线 2 分别为同相供电装置投入前和投入后的电流不平衡曲线。

图 10-11（b）所示为将牵引变压器系统侧电流不平衡度进行排序后的情况。此图能够充分说明同相供电装置对牵引负荷不平衡情况的改善效果。曲线 1 和曲线 2 分别反映同相供电装置投入前和投入后的情况。

图 10-11（c）所示为牵引变压器系统侧电压不平衡度曲线。横坐标 14000～18000 为同相供电装置投入时间，此时间段内电压不平衡度最大值为 0.5%，95% 概率大值为 0.28%，比未投入期间（电压不平衡度最大值为 1.06%，95% 概率大值为 0.63%）有很大改善。图 10-12 所示为同相供电装置投入后牵引负荷瞬时功率因数曲线。

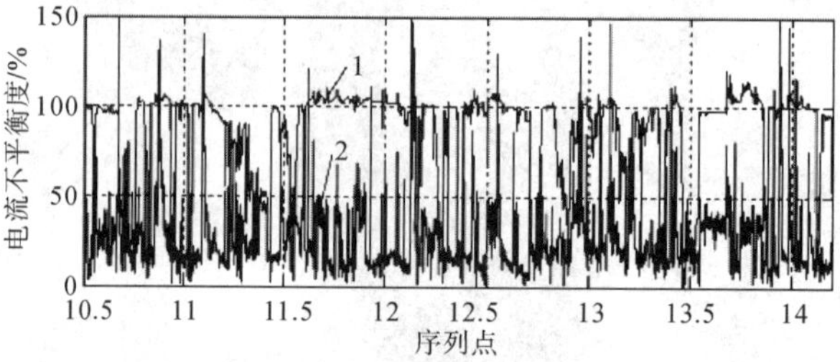

（a）瞬时电流不平衡度

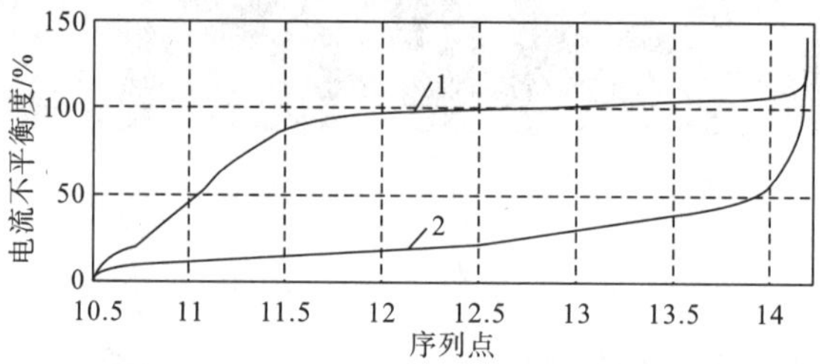

（b）排序后电流不平衡度

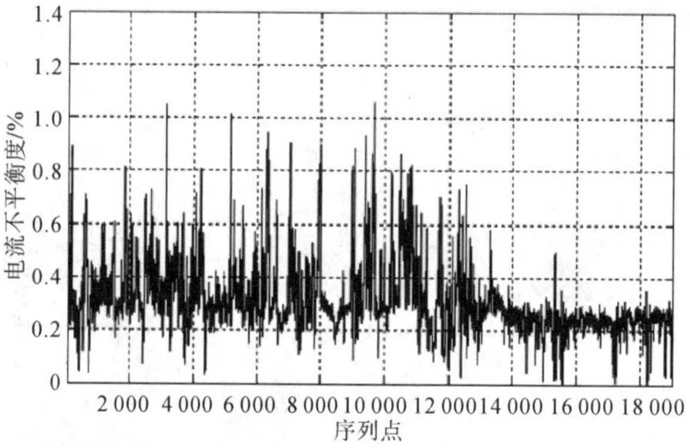

（c）瞬时电压不平衡度

图 10-11 同相供电装置对负序的补偿效果

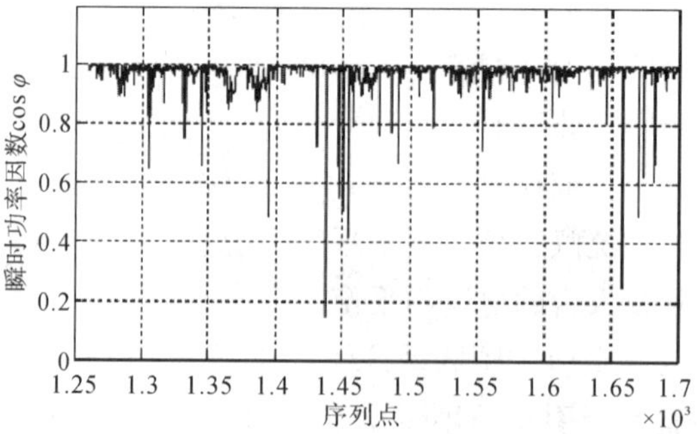

图 10-12 同相供电装置投入后牵引负荷瞬时功率因数曲线

表 10-1 给出了统计时段牵引负荷平均功率因数和同相供电装置投入后的平均功率因数。可以看出，同相供电装置投入后的功率因数接近 1。同相供电装置对牵引负荷无功的补偿效果较好。

表 10-1　统计时段牵引负荷平均功率因数和同相供电装置投入后的平均功率因数

牵引负荷平均功率因数	同相供电装置投入后的平均功率因数
0.79	0.98

试验结果表明，该装置效果较好，达到设计目标。

按照国务院批准的《中长期铁路网规划》（2008 修订），在未来 15 年中我国将新建近 30000 km 电气化铁路，其中包括 16000 km 高速客运专线。这表示未来 15 年将新建近 600 个牵引变电所。同相供电技术的研究成果和研制成功的同相供电装置应用于我国高速和重载铁路，不仅可以解决高速和重载铁路牵引供电系统中电分相这一关键问题，而且可以彻底解决困扰铁路部门和电力部门的电能质量问题，提高我国高速铁路牵引供电系统整体技术水平。

10.1.3　同相供电系统技术经济分析

1）技术方面

同相供电系统在技术方面具有以下优越性。

（1）对于电力系统而言，牵引负荷三相对称，功率因数接近 1，谐波电流极小，满足电能质量要求。

（2）牵引变电所馈线出口处电分相取消，为不影响既有二次侧主接线模式和馈线保护配置整定方法，可用普通 4 跨绝缘锚段关节或分段绝缘器取代；当分区所两端的压差不足以产生影响时，分区所处的电分相也可由简单的分段绝缘器取代（应进行试验研究）。列车在全线实现不断电运行，有利于高速和重载运输。

（3）PFC 在传输有功功率的同时，能对牵引端口的无功功率进行 100%补偿，有利于稳定网压，减少负荷引起的网压波动。

（4）考虑到今后高速铁路将尽可能采用 220 kV 单相变压器供电，而我国既有线路大量采用 YNd11 接线变压器供电，同相供电系统应使牵引网电压对应三相电网的相电压，或者对应三相电网的线电压。这里提出的 YNvd 接线平衡变压器能满足这种需求，对我国电气化铁路具有最广泛的适应性。

（5）理论上，实现对单相负荷的理想对称补偿，使 cos4=1，负序电流为零，所需的对称补偿容量最小且与牵引容量相等。澳大利亚昆士兰铁路牵引变电所全面实施无源 SVC 方案，虽然也解决了电压波动、负序、谐波问题，但一个 30 MVA 的牵引变压器要辅以 90 MVA 的 SVC 装置，一次性投入约是原变电所的 3 倍。这里利用平衡变压器的自有平衡变换能力把 PFC 的容量减少为牵引负荷容量的一半左右，并且结构简单，是最优试验方案。

2）经济方面

同相供电系统在经济方面带来的好处如下。

（1）节省了电分相相关投资和运营维护费。按照日本方式，每处地面自动过分相装置要设置 8 台断路器和约 2 km 的中性区，显得过于复杂，使用寿命短。采用车上自动过分相，则需在线路旁边设置磁铁，在车上加装控制器，增加了运营、管理难度和费用。并且，电分相的取消，有助于提高线路通过能力，增大运能。

（2）由于变电所左右两侧采用同一端口供电，负荷的均衡性得到改善，显著提高牵引变压器的容量利用率，能减少安装容量，节省大量固定容量和电费（目前这是影响电气化铁路经济性的重要因素）。

（3）由于采用 PFC 可以随时跟踪负荷变动，功率因数始终近似等于 1，无过补和欠补现象，节省了无功罚款。

10.1.4 同相贯通供电技术

前面提出的同相供电技术取消了牵引变电所电分相，但电力系统通常不会允许在分区所实现双边供电，那就依然存在供电上的缺陷。

随着大功率电力电子技术的发展，功率半导体器件容量不断增大，集成水平不断提高，价格不断下降，为解决牵引供电系统与电力系统在电能质量上存在的矛盾提供了新思路。实现同相供电并最终全面解决牵引网电能质量问题的方案应该是实现“独立”供电，利用直流环节的隔离作用，在 PFC 的基础上构建交-直-交全变换的牵引变电所并将牵引网互连，形成独立于上一级电网的环形牵引供电网络。由于采用交—直—交全变换，电力系统与牵引网只交换有功，且三相负荷平衡，不存在负序问题，由此不需要采用平衡变压器方案或换相接线来抑制负序，变压器的容量利用率和负荷率都得到极大提高。同相贯通供电系统结构原理图如图 10-13 所示。

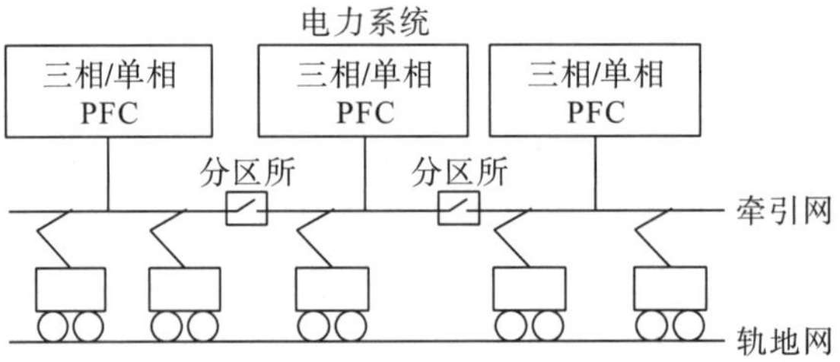

图 10-13　同相贯通供电系统结构原理图

这里提出的同相贯通供电系统，类似于德国及其周边国家采用的模式，为高速、重载铁路的运营带来极大便利。

在图 10-13 中，牵引变电所取电于三相电力系统，牵引馈线应加断路器及相关保护，可仿照单相牵引变电所馈线实现，各断路器对应不同的故障区间。分区所的断路器通常是闭合的，以实现牵引网的同相贯通供电。牵引变电所结构原理如图 10-14 所示。原边三相变压器应适应整流特性，但注意经过正弦调制时谐波含量很低（理论上可以为零）。

直流储能环节经三相四线逆变环节送出所内自用电，经单相逆变环节送出牵引电压。当电力电子器件集成后经济耐受电压足够时，可省去虚线框中的单相升压变压器，使馈线电压额定值为 27.5 kV、50 Hz。

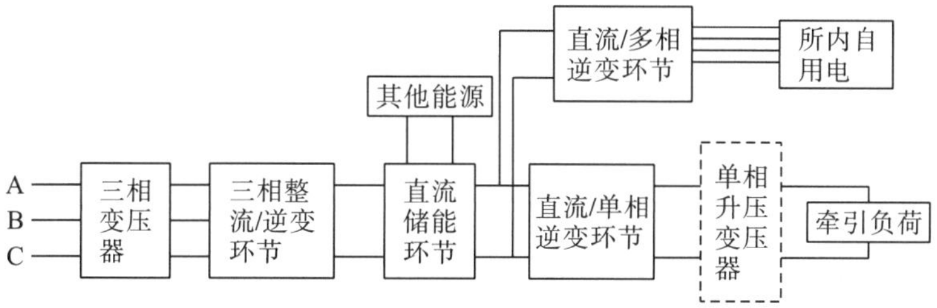

图 10-14 牵引变电所结构原理图

直流储能环节还可连接其他能源发电。这适合电网发展愈发强大而又分散的特点，达到环保与节能的双重目的。太阳能、风力、地热、潮汐、沼气、垃圾等都在积极参与发电，并称为绿色能源。直流储能环节使小容量绿色能源发电的接入更方便、更稳定，同时还能把多余的电能经三相逆变环节送回电网，向电网售电。以发展眼光看，铁路利用或自行参与绿色能源发电是可能的。与电力系统相连的牵引变电所就是一个交—直—交系统，牵引网取流要经过三相交流→直流→单相交流的过程。这个过程都是可逆的，即可由用电转为发电的过程。换言之，是一个功能更为完善的潮流控制器（PFC）。直流储能环节及相关的整流、逆变器件集成与控制环节是同相供电系统的核心。由此，实现电力系统与牵引供电系统电能质量干扰隔离，二者之间具有相对的"独立"性。一般来说，这一环节技术创新多、难度大、投资也大。

与此相似的是电力系统的直流输电，一般是高电压、大容量。图 10-15 所示是直流联络线，图 10-16 所示是交、直流混合输电系统。直流输电的最大特点是潮流的可控制性强。

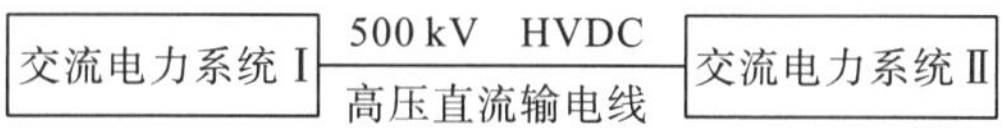

图 10-15 高压直流联络线

图 10-16 交、直流混合输电线

同相贯通供电系统输出的牵引馈线电压可视为电压源，其大小、相角均可自行控制，如图 10-17 所示。牵引网送电时，先将任意一个牵引变电所的牵引馈线投入，如牵引馈线 1，设其电压为 $\dot{U}_1$；然后将牵引馈线 2 电压 $\dot{U}_2$ 由任意向量 $\dot{U}_2'$ 调整至与 $\dot{U}_1$ 大小、相位相同时投入，实现与牵引馈线 1 并车，其他依次投入，实现同相贯通供电。

牵引网馈线电压的可控性为牵引供电系统负荷潮流的有效调度提供了可能。一个原来不可能的事情可能实现，即把每台电力机车的负荷潮流尽可能均分到每个牵引变电所中去。按叠加定理，理想情况下，全线负荷潮流之和可在 n 个变电所均分。

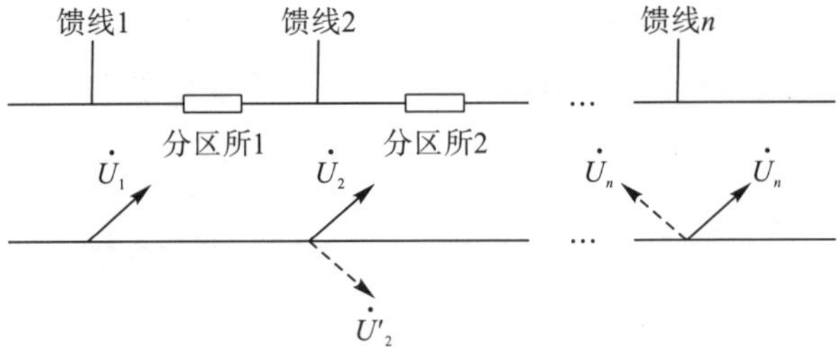

图 10-17 牵引网各馈线电压调整（并车）示意图

10.2 智能牵引供电系统

我国高速铁路全部采用电力牵引方式，牵引供电系统作为高速铁路的心脏，是高速铁路系统的关键，对于保障高速铁路安全、可靠、高效运营具有重要的作用。为提高牵引供电系统的安全可靠性和运营维护水平，将信息技术、网络技术、智能化技术等先进技术应用到牵引供电系统，对于具有“全景感知、安全避险、重组自愈、智慧运维”四大特征的智能牵引供电系统的建设十分重要。

全景感知：实现供电系统所有环节（包括变电所设备、接触网）监测。

安全避险：接触网发生可危及行车安全事故时紧急断电或停车。

重组自愈：供电系统故障时通过供电回路重组，提供列车牵引动力或自用电。

智慧运维：实现供电设备的全面管理，达到供电设备的状态修，实现辅助决策的智能化。

10.2.1 智能牵引供电系统架构

智能牵引供电系统采用高级传感检测技术、计算机技术、物联网技术、信息传输及处理技术、人工智能等高新技术的最新发展成果，在传统牵引供电系统的基础上，通过技术提升和设备新增，构建覆盖整个“牵引网–牵引变电所–综合自动化系统–牵引调度系统”全息、感知、智能系统。智能牵引供电系统的结构如图 10-18 所示。图中，对象、感知、传输、数据处理构成基础体系结构；应用部分可根据需要灵活进行功能组态设计。

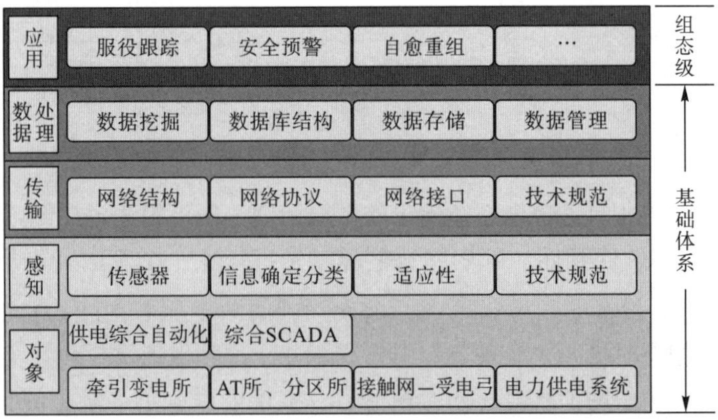

图 10-18 智能牵引供电系统的体系结构

智能牵引供电系统含供电设备检测与监测系统、运营维护与安全保障系统和广域分布智能调度系统，它们之间既相互独立，又相互联系，如图 10-19 所示。各子系统采用分层、分布式结构，子系统内部、子系统之间通过通信信息网络完成信息的传输，整个系统以统一的标准规范体系为指导进行建设。

智能牵引供电系统同时与运营调度系统、时钟系统、综合视频监控系统、综合维修管理信息系统、火灾报警系统（FAS）、国家电网调度系统、既有线电调系统等外部系统相连。

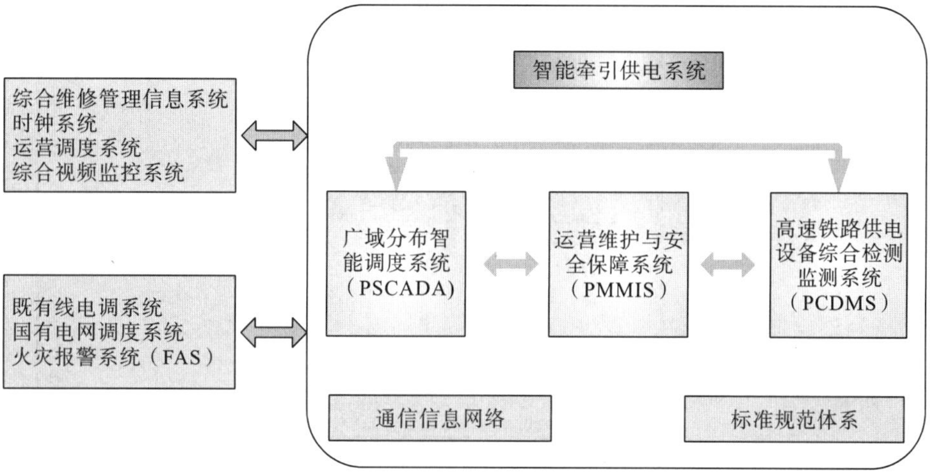

图 10-19　智能牵引供电系统构成

1）广域分布智能调度系统

广域分布智能调度系统是在供电监控与数据采集系统（Power Supervisory Control & Data Acquisition，PSCADA）的基础上，结合高速铁路安全稳定运行的要求，研究广域全景分布式一体化调度技术支持系统建设框架，实现数据传输网络化、运行监视全景化、安全评估动态化、调度决策精细化、运行控制自动化，开发建设新一代智能调度技术支持系统，形成一体化的智能调度体系。广域分布智能调度系统的构成及外部接口关系如图 10-20 所示。

广域分布智能调度系统的构成分为三层。

第一层：PSCADA 部（铁路总公司）调度中心系统。

第二层：PSCADA 调度所系统，目前的客运专线调度所，包括北京、武汉、广州、上海、沈阳、成都六个调度所系统，也可由路局为中心的调度所系统组成。

第三层：现场设备层，包括如下。

（1）设置在客运专线沿线的牵引变电所、AT 分区所、开闭所、AT 所内的牵引变电所综合自动化系统。

（2）设置在客运专线沿线的电力变配电所内的电力变配电所综合自动化系统。

（3）设置在客运专线沿线的站场变电所、区间/站场箱变、高压环网柜内的电力远动监控终端（RTU）。

（4）用于接触网开关监控的接触网开关控制站；接触网开关无线遥控系统；接触网开关光纤监控装置。

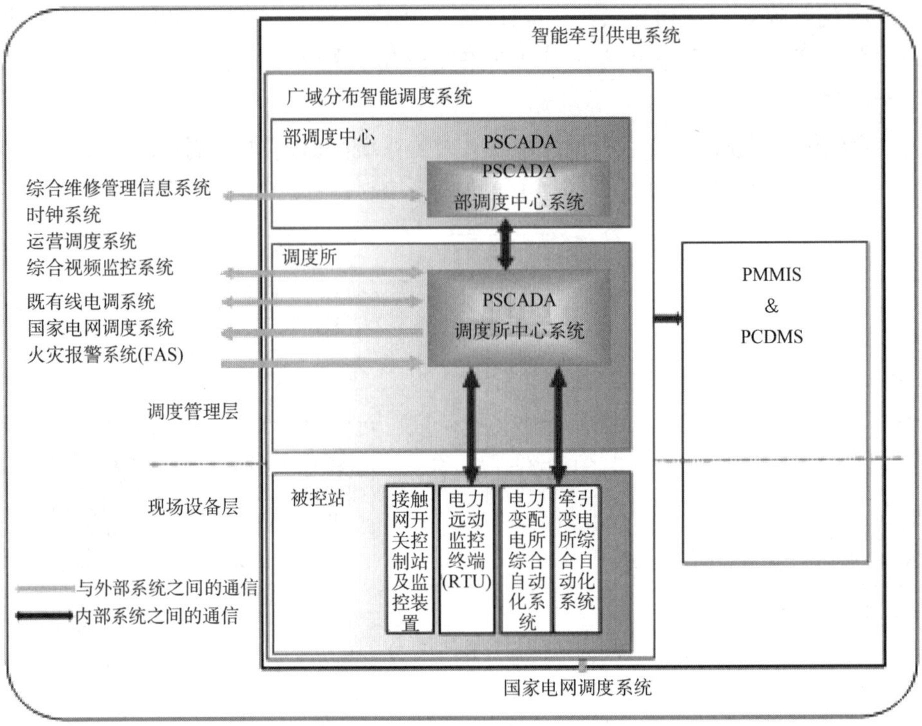

图 10-20 广域分布智能调度系统的构成及外部接口关系图

2）高速铁路供电设备综合检测监测系统

高速铁路供电系统由接触网和各类供变电设备组成，此外，接触网的运行状态与受电弓的工况密切相关，弓网是否良好地匹配也将对高速列车的安全运行产生重大影响。所以要实现对供电设备的综合检测监测，就需要系统地对受电弓、接触网、弓网动态作用参数、线路及所内的各类供变电设备状态进行检测监测。

高速铁路供电设备综合检测监测系统（Power Device Check Monitor System，PCDMS）架构基于分布式数据采集、集中统一的信息处理特性相结合的设计理念，使得与高速铁路供电系统运营相关的各种设备状态信息能够被全面地采集和融合，为调度管理及供电运营维护人员提供维修、抢修的作业依据，保障整个铁路供电系统的安全运营。

高速铁路供电设备综合检测监测系统采用分层分布式结构，由综合数据处理中心、通信网络层、各种检测监测系统构成，如图 10-21 所示。

PCDMS 系统包括如下。

（1）高速弓网综合检测系统（CPCM）。

（2）接触网安全巡检系统（CCVM）。

（3）车载接触网运行状态监控系统（CCLM）。

（4）接触网悬挂状态检测系统（CCHM）。

（5）接触网与受电弓滑板监测系统（CPVM）。

（6）接触网及供电设备地面监测系统（CCGM）。

（7）数据处理中心。

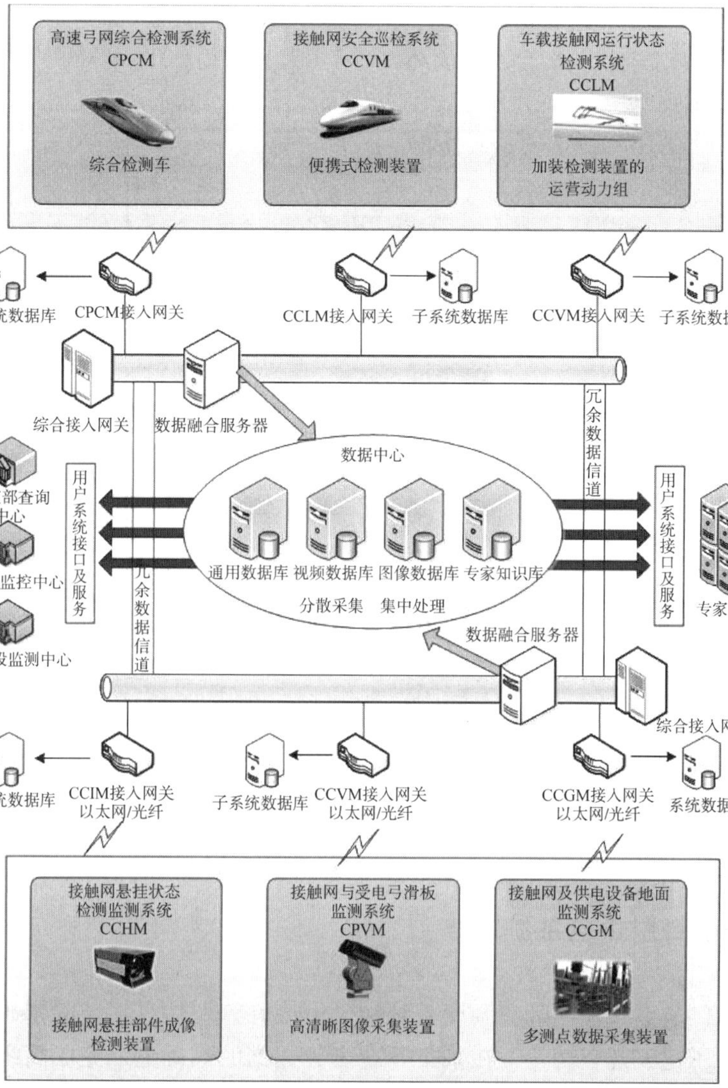

图 10-21　高速铁路 PCDMS 系统构成及接口关系图

3）运营维护与安全保障系统

运营维护与安全保障系统在既有供电维修管理信息系统（Power Maintenance Management Information System，PMMIS）的基础上，按照控制自动化、管理信息化的原则，结合我国高速铁路供电的运营特点，利用在线监测系统、保护控制系统的信息实现设备的状态修及智能化的抢险预案。运营维护与安全保障系统构成及其接口关系如图 10-22 所示。

运营维护与安全保障系统在界面功能、数据结构、系统软硬件等各个层次上高度统一与协调，各部分根据管理需要进行数据和功能整合。硬件平台采用性能优良的商用计算机和网络设备，系统软件采用统一通用的分层分布式平台，确保各级系统在业务管理、数据修改和信息显示等方面的高度一致性；各种数据实施一元化的管理和维护，确保数据的完整性、一致性和准确性。从而有效地管理综合维修过程的固定设备技术状态、维修计划、维修作业过程、日常养护、应急抢险等业务涉及的物流、信息流和人流，实现信息传递快捷、信息沟通及时、信息统计分析准确、信息共享高效等目的，为高质量、高效率、少用人、低成本对客运专线进行养护与维修和应急应变快速反应提供充分的支持。

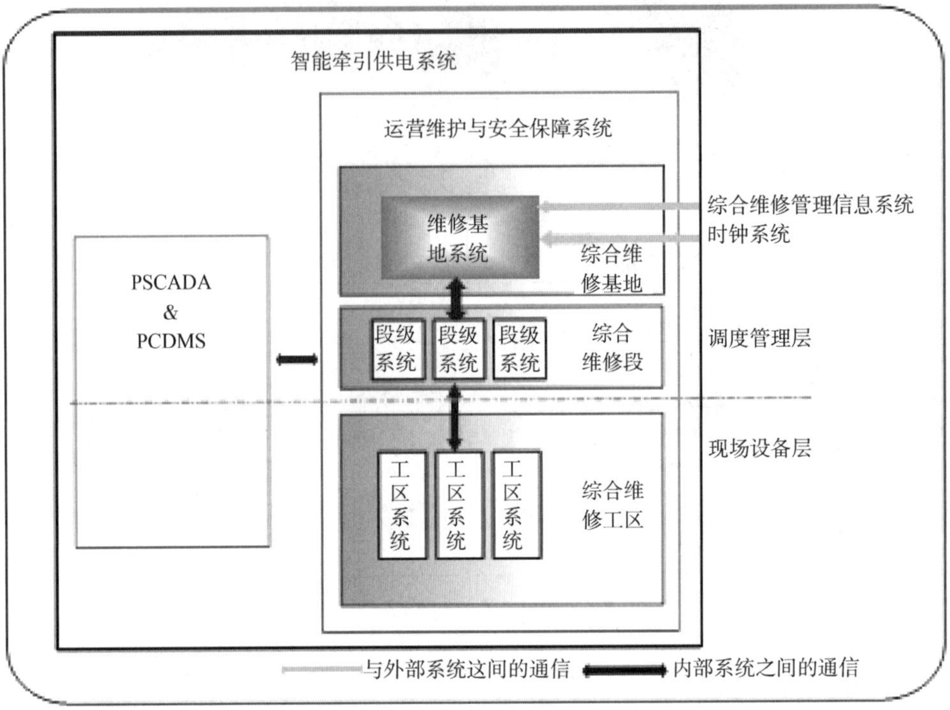

图 10-22 PMMIS 系统构成及其接口关系图

10.2.2 智能牵引供电系统功能

智能牵引供电系统是在既有调度系统和供电维修管理信息系统的基础上，在新的系统架构下，除了完成既有功能，在采集系统全景数据的基础上，完成高级应用功能，同时增加高速铁路供电设备综合检测监测系统。

1）广域分布智能调度系统

广域分布智能调度系统负责对牵引供电系统、电力配电系统进行监控调度，并与运营调度系统等相关外部系统互连互通，其系统功能由铁道部调度中心系统、调度所系统、被控站系统共同完成。

（1）调度系统功能扩展。

多元业务：以实现运行调度、维护检修、管理决策为目标，满足管理人员、维护工程师、运营指挥人员和现场作业人员的业务需求，增加系统状态分析、电能质量监测、状态检修、智能决策等内容。

多元信息融合技术：增加监控对象多元化情况下的信息融合技术以及异构、动态环境中的统一集成技术，提高运行管理、应急抢险、预警决策的效率。

广域海量监测信息的实时可靠传输技术：智能牵引供电系统无处不在的全景感知，在现场层将产生海量的实时监测数据，这些海量数据若全部传输到调度系统，将占用巨大的网络带宽资源，或者将耗费较长的传输时间，为了保障广域海量监测信息的实时传输，需要研究多元相关实时监测数据的去冗余处理算法、监测设备的运行拐点识别算法、呆坏死数据的甄别算法、网络流量的动态调整和优化调度算法。

海量数据的存储与处理技术：在海量数据采集的基础上，满足海量数据的存储与处理，研究高效自适应数据压缩和解压算法、基于特征量表征的状态存储算法、数据存储周期及统计汇总策略、数据备份及恢复策略、灾备数据中心技术。

移动应用终端技术：满足智能牵引供电系统“智慧运维”的移动应用终端，研究移动终端的接入技术、移动应用服务的提供技术、移动终端的通信可靠性保障技术。

基于接口开放环境下的信息安全技术：在接口开放环境下智能供电调度系统的信息安全技术，满足接入安全、用户管理安全、信息安全。

牵引供电动态分析及数据可视化技术：以实时采集数据为基础，对牵引网各组成部分实测电压、电流等数据进行实时或短时、离线或在线的动态分析，完成对牵引网负荷进行全面的统计分析和规律挖掘，深入了解牵引供电系统内在规律，并为设备容量设计选择等提供依据；对挖掘和分析的实时监测数据进行可视化（visualization）展示，便于系统使用者直观了解系统的运行状况；根据牵引网负荷统计分析结果，研究牵引供电系统加强措施，并对运行参数进行自适应调整（如保护整定参数等）。

(2) 变电所自动化功能扩展。

以一次设备智能化、二次设备网络化、设备状态可视化为目标，进行变电所自动系统功能的扩展。

基于故障类型判别的供电重组技术：对于高速铁路采用的 AT 供电方式，目前，发生故障后 T 线、F 线同时跳闸，但无故障类型判别。研究故障类型识别原理，判断出故障发生在 T 线或 F 线，从而实现供电重组，例如，在单线故障情况下，改为直供方式提供电力，保障列车运行（F 线故障情况下）或自用电供电（T 线故障情况下）。

以供电臂为单元的保护配置技术：目前，一条供电臂内的保护是按照牵引变电所、开闭所、AT 所、分区所分别配置的，通过整定值与动作时限进行配合，馈线故障可能导致整个供电臂停电。采用 IEC61850 可以实现所内装置之间和各所之间保护装置的通信，保护的配置可以按照供电臂为单元进行设置，同时对供电臂进行合理的电气分段，达到对供电臂的有限重组。

基于一次设备智能化的二次设备功能优化技术：传统变电站通过保护双重化配置和保护、测控分离来达到二次设备的有限备用功能，在牵引供电系统中，并未配置双重化保护，二次设备没有备用。智能变电站为二次设备的功能优化提供了有利条件，由于一次设备的智能化，保护数据和控制命令通过通信来完成，理论上，只有 CPU 的运算能力和网络的通信能力才是制约系统功能发挥的瓶颈，因此，单个装置可以完成多个一次设备的保护、测控功能。

基于全景感知的非电气量保护与测距技术：目前牵引供电系统的保护原理都是基于电气量的，而牵引供电系统中，时常出现接触网出现倒杆、断线（未短路）等非电气故障，馈线保护不会跳闸，对列车安全运行产生严重危害。若能利用接触网检测到的实时信息实现全臂非电气量保护与测距，对于保证行车安全、实现安全避险是有积极意义的。

2）供电设备综合检测监测系统

高速铁路供电设备综合检测监测系统包括受电弓状态检测监测系统、接触网状态检测监测系统、弓网动态参数检测系统、接触网及贯通线路电气设备状态检测监测系统、变电所设备状态检测监测系统等子系统。

高速弓网综合检测装置：在综合检测列车上安装的车载式检测设备，随着综合检测车在高速铁路上巡回检测运行，对高速铁路接触网的参数和状态、高速弓网关系进行综合性检测。

主要检测参数有弓网接触力、接触网网压、接触线高度、接触线动态拉出值、接触线硬点、弓网离线火花等。

接触网安全巡检装置：在运营动车组上临时安装的检测设备，对接触网的状态进行检测，统计分析接触悬挂部件技术状态，指导接触网状态维修。

通过视频采集设备，判断接触网设备有无脱、断等情况，有无可能危及接触网供电的周边环境因素，有无侵入限界、妨碍机车车辆运行的障碍。

车载接触网运行状态检测装置：在运营的动车组加装车载接触网运行状态检测装置，随着运营动车组的运行监测接触网的运行状态，以实现高速铁路接触网状态的全覆盖、全天候的动态检测。

车载接触网运行状态检测装置可具备下列单一功能或组合功能。

（1）测量接触网动态几何参数，如动态拉出值、接触线高度、线岔和锚段关节处接触线的相对位置。

（2）定量测量主要弓网受流参数，包括弓网离线火化、硬点等。

（3）利用非接触方式检测接触网绝缘子的绝缘状态。

接触网悬挂状态检测监测装置：安装在接触网作业车或专用车辆上，周期性地对接触网悬挂系统的零部件及接触网几何参数，特别是腕臂区域的零部件进行高分辨率成像检测。

主要功能包括接触线几何参数、接触网接触悬挂、绝缘部件、线路开关、附加导线、各种拉线、硬横跨与软横跨、上跨桥及交叉跨越线路情况、线夹、吊弦、定位管等技术状态检测。基本功能如下。

（1）精确定位接触网腕臂安装支柱（或吊弦）位置。

（2）准确拍摄腕臂组成的清晰图像。

（3）连续采集相邻支柱（或吊弦）间接触线及悬挂的清晰图像。

（4）对接触网悬挂部件典型缺陷自动识别。

（5）准确记录发现的接触网缺陷并提供分类汇总报告。

（6）对同一腕臂历史存档图像进行自动对比分析。

受电弓滑板监测装置：对高速铁路的车站、动车组出入库区域、车站咽喉区域安装受电弓滑板监测装置，监测动车组受电弓滑板的技术状态，及时发现动车组受电弓滑板的异常，指导故障消缺，确保接触网和受电弓的运行状态良好。视频监测图像可传至车站值班室、动车段和供电管理部门。

接触网及供电设备地面监测装置：为监测接触网及供电设备运行状态，在接触网的特殊断面（如定位点、隧道出入口）及供电设备处设置地面检测装置，监测接触网的张力、振动、抬升量、线索温度、补偿唯一及供电设备的绝缘状态、电缆头温度等参数，指导接触网与供电设备的维修。

数据中心：数据处理中心的构建完成对高速铁路供电设备综合检测监测数据的集中存储和统计、数据综合分析、预测预警以及应急指挥等功能，为调度管理及供电运营维护人员提供维修、抢修的作业依据。设置三级数据中心，铁道部设置数据管理中心、铁路局综合数据处理中心和供电段数据监测处理中心，如图 10-23 所示。

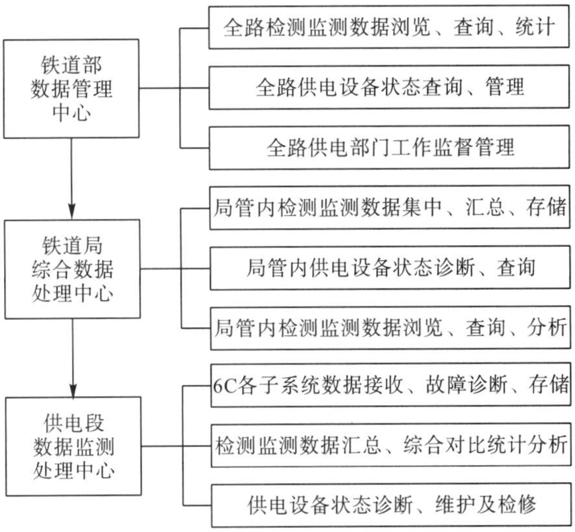

图 10-23 高速铁路供电设备综合检测监测系统数据中心

网络架构与数据传输：网络架构充分利用既有专用网络通道，减少建设成本。数据处理中心之间、数据处理中心与终端之间，各装置与数据处理中心之间采用专用数据网络；移动检测系统与数据处理中心之间采用以人工转储为主，GPRS/GSM-R/3G 等无线通信为辅的网络传输方式，如图 10-24 所示。

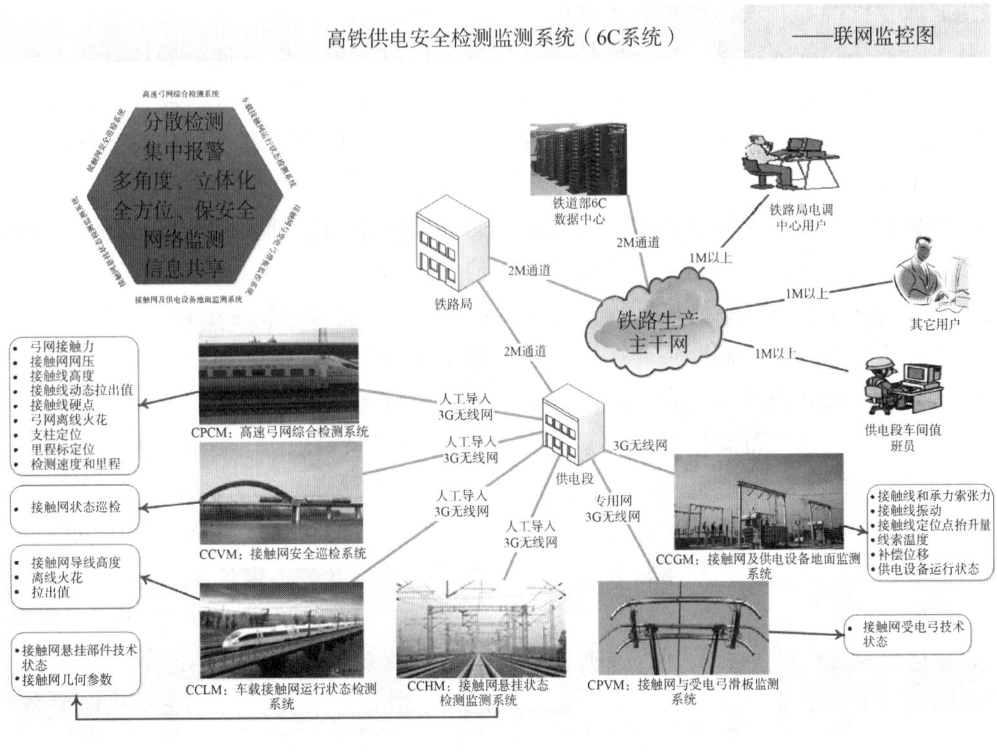

图 10-24 高速铁路供电设备综合检测监测系统通信网络

3）运营维护与安全保障系统

在既有的PMMIS系统基础上，按照控制自动化、管理信息化的原则，结合我国高速铁路的运营特点，利用供电设备检测监测系统、广域分布智能调度系统的信息实现供电系统设备的全面管理、运行状态的监视和统计分析，基于设备全生命周期管理建立设备检修智能决策系统，实现高速铁路供电系统设备的状态修及智能化的抢险预案。

数据标准和信息交换标准：运营维护系统接收供电设备检测监测系统、广域分布智能调度系统的实时数据或统计数据，进行进一步的汇总、统计和分析，因此，建立各种子系统的标准数据字典和信息交换标准接口十分重要。

供电设备的全寿命周期化管理模型：铁路供电设备的固定资产价值大、使用周期长、维护成本高，必须以资产全寿命周期的视角对其进行管理。根据供电设备管理需求，从资产的长期效益出发，全面考虑资产的策略、规划、投资、项目（设计、建设、购置）、运行（包括维护、检修、改造）、处置（退役、转移、报废）的全过程，建立供电设备资产全寿命周期管理模型；基于大量历史数据，跟踪设备全寿命周期内的服役性能，提高运行安全性和运用维护水平，在满足资产绩效的前提下追求资产全寿命周期成本最优。

供电设备维修的标准化、流程化和精细化管理：将各项维修生产作业的制度、流程和标准与运营维护系统的建设结合起来，以检修工单为核心，通过程序控制落实到供电设备维修的各项工作活动中，实现维修生产作业工序和作业资源（作业所需的备品、备料和器具等）的标准化；在优化业务流程的基础上，提高检修计划和预算管理的效率，建立作业成本标准，实现精细化成本管理。

基于全景感知的固定设备状态修技术：传统的供电设备维修管理分为计划修和状态修两种。计划修以标准化的检修计划为指导，按照时间安排对设备进行周期性的维护和检修；状态修由设备故障或缺陷为触发条件，实时地触发检修流程。目前设备状态修的状态数据主要来源于检测车和人工巡视，对设备状态修的管理不够精细。

在全景感知环境的支持下，可以对设备生命周期内全部服役数据进行精确和实时的采集和收集，结合全息实时动态仿真功能对于设备运行状态的实时动态仿真，建立更加精细和高效的固定设备状态修机制，从而对设备维修进行智能、精确管理。

基于全景感知的抢修辅助平台：传统的抢修辅助管理平台将地理信息、设备履历信息、运营数据、抢修预案、抢修指挥、辅助决策和事故记录等功能集成一体，可以实现事故抢修的标准化、规范化，准确高效地排除牵引供电系统故障，缩短故障抢修时间，保证列车的高速安全运行。

在全景感知环境的支持下，抢修辅助管理平台可以采集到更加丰富的现场数据（包括实时传输的图片和视频）和运营数据，对这些数据进行分类、整理和统计，建立更加高效的抢修辅助流程。

智慧运维系统中的专家系统：根据供电系统的专业知识，在实时检测数据和仿真数据对比的基础上，建立运营维护专家系统，应用信号处理和统计学习方法对供电设备检测监测系统、广域分布智能调度系统检测的数据进行相应的噪声处理、数据压缩、特征提取等加工，对有效数据进行合理的分类；将所有的可利用信息进行数据挖掘后分门别类返送回去，及时更新和补充历史数据库，完善既有系统的专家经验。

10.3 轨道车辆新技术

随着电力电子技术与新材料技术发展以及控制理论的完善，越来越多的新技术被应用于轨道车辆驱动，直线电机驱动、永磁电机牵引都已成为轨道车辆技术的研究热点。

10.3.1 直线电机牵引技术

直线电机牵引系统（Linear Motor Car）是由直线电机牵引、轮轨导向、车辆编组运行在小断面隧道及地面和高架专用线路上的中运量轨道交通系统。

直线电机列车（图 10-25）在我国的广州和北京也有应用。由于直线电机列车具有车身矮、重量轻、噪声低、通过小半径曲线和爬坡能力强等优点，可以轻便地钻入地下，爬上高架，是地下与高架接轨的理想车型。以直线电机为动力，其意义还在于它引起了轨道车辆牵引动力的变革。

图 10-25 中国南车制造的直线电机牵引列车

直线电机（线性电机），将传统的旋转电机的定子和转子展开成直线状，改变了传统电动机旋转运动方式，为直线运动方式，如图 10-26 所示。

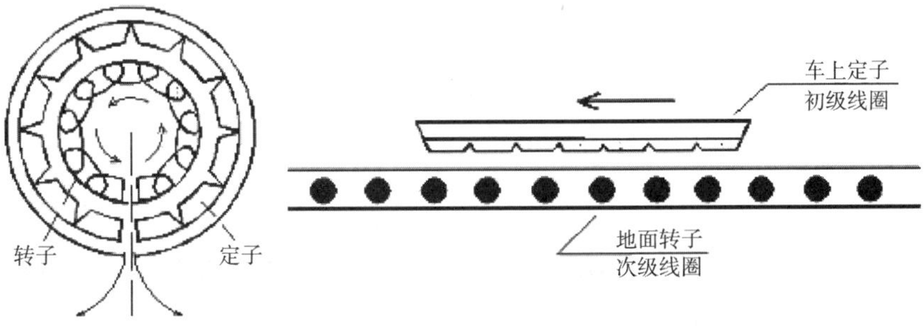

图 10-26 直线电机的原理

它使车辆从传动的依赖摩擦的接触驱动方式中解放出来。采用直线电机的车辆，取消了传统的旋转电机。从旋转运动转换成直线运动的机械减速传动机构，从而能够达到降低噪声、减轻重量；爬坡能力强；由于采用径向转向架，安全过弯的能力强；可以实现地铁轨道截面的小型化，降低建设成本。直线电机地铁，称为 21 世纪理想的新型城市交通系统，目前，直线电机车辆已在加拿大的温哥华、多伦多，美国的底特律，日本的大阪，中国的广州等城市获得应用，如图 10-27 所示。

图 10-27 广州地铁五号线

10.3.2 永磁同步牵引电机及直接驱动技术

直接驱动现代城市轨道交通车辆的交流传动系统的驱动系统是通过齿轮传动装置将动力传递给轮轴来驱动车辆的。齿轮传动装置主要由主电机、齿轮箱、齿轮箱固定装置、齿轮弯曲轴万向接头、轮轴、车轮组成，如图 10-28 所示。

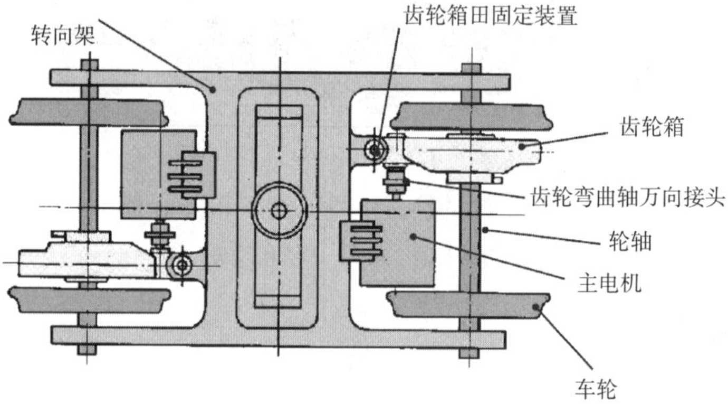

图 10-28 齿轮传动系统图

采用齿轮箱装置后，驱动系统结构变得复杂、其体积增大、重量也随之增加，而且由于传动齿轮的存在，系统成本变高、其运行噪声大、传动效率变低。随着铁路机车车辆技术领域对维修方便、节约能源、降低噪声等越来越高的要求，传统的传动系统已很难得到更大的改善，因此，人们已经开始致力于无齿轮箱的直接驱动系统的研究。直接驱动是将驱动电机与其负载——车轴直接连接起来，电机产生的转矩不经齿轮而直接传递到车辆轮对上。与齿轮传动系统相比，无齿轮箱的直接驱动系统具有如下优点。

（1）无传动齿轮箱的安装及维修费用。

（2）无传动齿轮箱中的能耗。

（3）无油损耗。

（4）无传动齿轮的振动和噪声。

（5）提高了设备的安装精度、控制精度和传动效率。

采用无齿轮箱的直接驱动系统节省了齿轮传动装置，但是为了达到机车牵引的要求，必须按传动比相应增大牵引电机的转矩。牵引电机额定转矩的大小对电机体积、重量有着决定性的影响，而直接驱动式牵引电机有转矩大、重量轻、结实可靠等性能优点。适用于铁道车辆的直接驱动式牵引电机有多种：按类型可分为异步电机和同步电动机；按构造可分为内转子式和外转子式两种（图 10-29）；按冷却方式可分为水冷式和风冷式；按防护形式可分为防护式和全封闭；按车轮驱动方式可分为独立车轮和非独立车轮。

无齿轮箱的直接驱动系统，牵引电机直接与车轴相连，因此牵引电动机受到的冲击较大、转向架簧下质量增大、转矩脉动会直接传递给车轮。为解决这一系列的问题，现阶段，以德国、法国和日本为代表的铁道装备制造强国已对直接驱动式牵引电机进行了较为深入的研究，并且取得了一定的成绩。

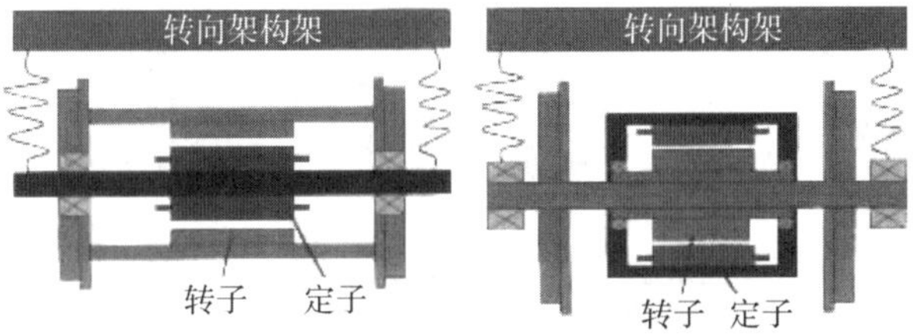

图 10-29　直接驱动牵引电机典型结构

随着科技的发展，对驱动电机的要求越来越高。新技术、新材料、新工艺的不断出现大大推动了直接驱动电机的研究与应用，归纳起来，这类电机的发展趋势主要体现如下。

（1）永磁化：随着电机逐步走向无刷化、电子化，永磁材料在控制电机中的普遍应用已是必然趋势。高性能永磁材料的使用还能减小电机体积，减轻重量，提高效率，降低制造成本等。我国稀土资源丰富，稀土永磁的产量和性能都已处于国际先进水平，为永磁电机的发展提供了良好的条件。

（2）低振动、高效率、低噪声：作为驱动电机，特别是用于机车交流传动系统中的直接驱动电动机，对电机性能有严格要求。低振动使得电机运行平稳，从而保证系统的精度，其关键是抑制电机输出转矩的脉动。高效率是为了节能和降低运行成本，在当前能源不断紧缺的形势下，显得格外重要。

（3）数字化、智能化：数字化是指在其控制单元中采用数字控制芯片，并综合现代控制理论、电力电子技术、微电子技术，从而实现对电机的控制。目前，电动机控制的模拟实现正逐渐退出历史舞台，而采用微处理器、FPGA/CPLD、通用计算机、DSP 等现代数字处理芯片的数字控制系统得到了快速发展。随着数字芯片运算速度不断提高、外设功能不断增强、控制理论不断进步，电机控制系统正朝着高精度、高性能、信息化、网络化、智能化方向发展。

（4）一体化（模块化）：一体化是指通过多台电机组合、电机和传感器的组合、电机和其他机械组合、电机和控制器组合，直至将电机、控制器和传感器等构成一体，形成一套电动控制系统，从而明显提高系统的精度和可靠性。

与异步电机相比，永磁同步电机具有极对数多、转矩密度高的特点，因此其体积和质量可以大幅度减小。近年来，随着高性能永磁材料的使用，以及电力电子技术和电机控制技术的发展，永磁同步电机成为了直接驱动式牵引电机研究领域的热点。直接驱动式永磁同步牵引电机的典型结构如图 10-30 所示。

现代稀土永磁同步电机具有向大功率、高转矩和微型化方向发展的趋势，如在瑞典和德国已分别研制出了功率为 500 kW 的永磁同步电机。所以目前永磁同步电机已经能够满足动力分散动车牵引电机的功率要求（一般为 300～500 kW）。

永磁同步电机的技术特点如下。

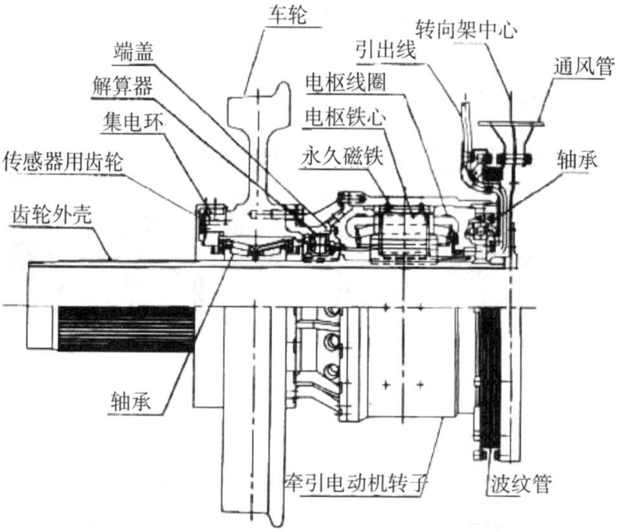

图 10-30 直接驱动永磁同步牵引电机典型结构

（1）高功率因数、高效率：与异步电机相比，永磁同步电机没有无功励磁电流，因此可得到更高的功率因数（低速时该优势更为突出），进而得到相对较小的定子电流和定子铜耗；并且由于永磁同步电机在稳态运行时无转子铜耗，从而可以因总损耗降低而减小冷却风扇容量甚至去掉冷却风扇。它的效率比同规格的异步电机可提高 2%～8%。此外，由于永磁同步电机在 25%～120%额定负载范围内均可以保持较高的功率因数和效率，使其在轻载运行和长时间运行中节能效果显著。

（2）体积小、重量轻：随着高性能永磁材料的不断应用，永磁同步电机的功率密度得到很大的提高，比起同容量的直流电机和异步电机，其体积和质量都有较大的减少。而且由于电机损耗小，可省去庞大的通风冷却系统，使其在相同功率下，体积比异步电机小近 1/3。

（3）控制简单、可靠性高：有源转子永磁同步电机能够在没有变流器和控制参与的情况下，通过备用制动电阻按自然特性进行制动，这在一定的前提下有助于保证车辆制动安全，提高了车辆的可靠性。并且永磁同步电机与直流电机和电励磁同步电机相比，没有电刷，结构简单，系统的可靠性自然也要高。

(4) 可作为全封闭牵引电机：永磁同步电机因转子发热相对较少，能源效率较高，容易采取全封闭自冷方式，这样可大幅降低电动机附近的噪声；同时由于取消内部通风和不需要更换润滑油，有效阻止了灰尘对牵引电机的污染，可以得到减少维护的效果。

1993 年，日本铁道综合技术研究所试制了第一台 RMT1 型直接驱动式永磁牵引电机样机，它以窄轨高速列车 NEXT250 为基础设计，安装于独立车轮转向架。该牵引电机直接装在车轮的外侧，车轮直径仅为 600 mm。与具有同样性能的直接驱动式异步电机相比，其重量减轻了 35%，而效率提高了 2.7%，功率因数增加了 20%。此后，日本铁道综合技术研究所主要致力于直接驱动式永磁同步牵引电机的开发，先后开发了 RMT9、RMT11 和 RMT17（其外型结构见图 10-31）直接驱动式永磁同步电机，并在 103 系通勤车上进行了运行试验，结果表明其效率和功率因数明显提高，噪声水平大幅降低。

图 10-31　RMT17 型永磁同步牵引电机

从 1999 年起，JR 东日本铁路公司开始为 AC Train 电动车组开发直接驱动式永磁同步电机。该电机磁铁使用了高磁通密度、耐减磁性（耐热性）优良的钕系磁铁，同时采用埋入磁铁结构。此外还采用了将产生热量的定子侧的铁心包住，直接靠外部气体冷却的无框架结构；对机内的热空气采用循环管进行冷却；为提高电机表面的散热效果设计了冷却风扇，如图 10-32 (a) 所示。为控制车辆簧下质量增加对轨道造成的影响，在车轴与电机之间放入一弹性体（缓冲橡胶），如图 10-32 (b) 所示。

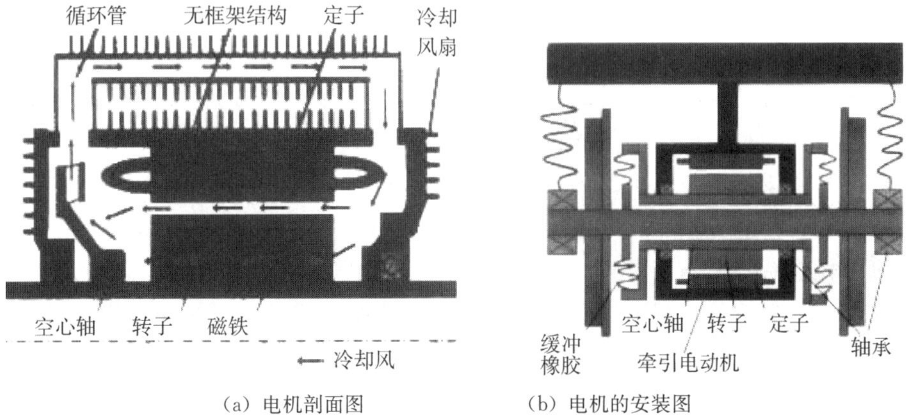

(a) 电机剖面图　　(b) 电机的安装图

图 10-32　JR 东日本铁路公司开发的直接驱动式永磁同步电机

该电机在 AC Train 电动车组上实施了走行实验，并于 2002 年开始搭载在商业运行的 103 系电动车组上。进行了大约 20 万千米的运行试验。试验结果显示：①由于电机效率的提高和动力传送损失的降低，能源可以节省 10%以上；②电机由于全封闭化，可以达到 13 年以上的免维修；③动车内噪声降低，几乎与拖车的噪音相同；④沿线噪声约降低 5dB；⑤通过缓冲橡胶接缝方式，可以获得与原驱动方式相同的运行稳定性，缓解了对钢轨的冲击。

Siemens 公司针对未来城市轨道车辆 Syntegra 开发了永磁同步电机直接驱动系统，如图 10-33 所示。其中噪音可以降低 15 dB，体积减少 30%，效率提高 3%。

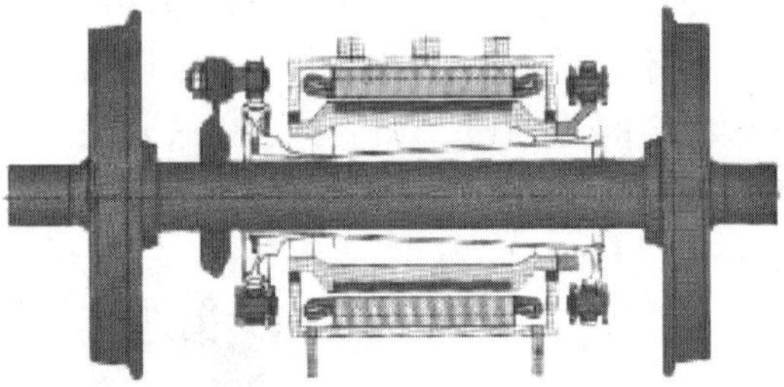

图 10-33 Siemens 公司开发的直接驱动牵引电机

10.4 轨道交通节能减排技术

能源危机与环境保护已成为全球目前所面临的重要挑战，节能减排、低碳经济已经成为我国的重大发展战略。轨道交通在促进国民经济发展、带给人们出行便利的同时，它也是一个能源消耗的大户，节能减排也是轨道交通所面临的一个重要问题。研发基于可再生清洁能源的燃料电池电动机车、采用动力蓄电池的电动机车以及基于各种混合动力的新型机车，都为轨道交通的节能减排提供了新的技术和途径。此外，充分利用电力机车的再生制动能量，也是节能的一个重要手段。本节介绍几种新能源机车和再生制动节能技术。

10.4.1 燃料电池电动机车

近年来，随着燃料电池技术的快速发展，燃料电池电动机车因其所具有的高效、环保等特点而被认为是一种潜力巨大的新型轨道交通工具，受到广泛关注和深入研究，工程化条件也日趋成熟。与传统的内燃机车、电力机车相比，燃料电池混合动力机车具有如下优势：利用新能源氢能发电，反应产物为水，可有效解决能源短缺及环境污染问题；适用于牵引供电系统检修与维护，同时在灾难、战争等紧急条件下能够发挥高效、快速的应急作用；无需传统的牵引供电系统和接触网系统，避免了牵引供电系统和弓网故障引起的事故，提高了机车运行的可靠性，同时大大降低了铁路系统的工程造价。

目前，燃料电池电动机车已成为国内外轨道交通领域的研究重点，国外已走在该领域的研究前列，而国内对于燃料电池在轨道交通领域的应用研究刚刚起步。2002 年，美国开发了世界上第一辆功率为 17 kW 的纯燃料电池动力拖运机车，同年北美 BNSF 公司推出了第一代用于站场调车的大型燃料电池混合动力机车。2006 年，东日本铁路公司开发了世界上第一列燃料电池混合动力机车。此外，俄罗斯、英国、德国、西班牙等国家也正在大力开展基于燃料电池的新能源机车的研发工作。中国第一辆燃料电池电动机车于 2013 年 1 月研制成功。

1. 燃料电池技术

燃料电池（Fuel Cell）是一种高效、环境友好的发电装置，它直接将储存在燃料与氧化剂中的化学能转化为电能。燃料电池根据其工作温度可分为低温燃料电池、中温燃料电池和高温燃料电池。也可根据其使用的电解质分为碱性燃料电池（Alkaline Fuel Cell，AFC）、磷酸型燃料电池（Phosphoric Acid Fuel Cell，PAFC）、熔融碳酸盐燃料电池（Molten Carbonate Fuel Cell，MCFC）、固体氧化物燃料电池（Solid Oxide Fuel Cell，SOFC）、质子交换膜燃料电池（Proton Exchange Membrane Fuel Cell，PEMFC）和直接甲醇燃料电池（Direct Methanol Fuel Cell，DMFC）。PEMFC 除具有燃料电池的一般优点（如能量转化效率高、环境友好等）外，同时还具有可在室温快速启动、无电解液流失、水易排出、寿命长、比功率与比能量高等突出特点。因此，它不仅可用于建设分布式电站，也特别适宜于作为可移动动力源。目前研发的燃料电池电动汽车以及燃料电池电动机车，基本上都采用 PEMFC。

质子交换膜燃料电池以全氟磺酸型固体聚合物为电解质，铂/炭或铂－钌/炭为电催化剂，氢或净化重整气为燃料，空气或纯氧为氧化剂。阳极催化层中的氢气在催化剂作用下发生电极反应，反应所产生的电子经外电路到达阴极，氢离子则经质子交换膜到达阴极。氧气与氢离子及电子在阴极发生反应生成水，其工作原理图如图 10-34 所示。

由于质子交换膜具有隔电子、传质子的功能，所以通过质子交换膜从阳极到达阴极的只能是质子，而电子则只能通过外部负载。因此，当电子连续不断地在外电路移动时，电路就会产生直流电。一般来说，一个 PEMFC 单电池的发电电压理论上是 1.2 V 左右。但是实际情况上，因接有外部负载，所以其电压会发生变化，由其电流密度决定，一般为 0.5～1 V。在实际应用中，为了使一个外部负载正常工作，有可能需要很高的电压，所以通常将多个 PEMFC 串联起来，形成一个燃料电池电堆。

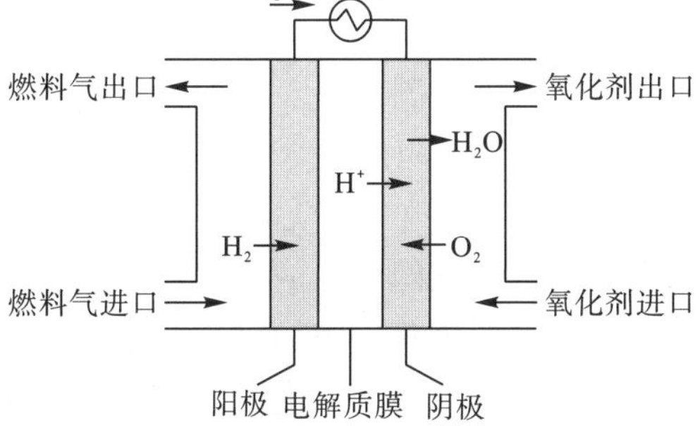

图 10-34　PEMFC 的工作原理图

2. 燃料电池电动机车

1）燃料电池发电系统

机车燃料电池发电系统是由 PEMFC 电堆、空气压缩机、增湿器、散热器、高压氢气罐、流量控制器、冷却器、气液分离器等装置组成，其系统结构示意图如图 10-35 所示。PEMFC 系统的工作原理：通过空气压缩机将空气压缩进入供应管道，经过冷却器和增湿器进入 PEMFC 电堆阴极；高压氢气罐中的氢气在罐内高压作用下经过增湿器进入 PEMFC 电堆阳极；在阳极催化剂层氢气分子分解成质子和电子，氢气质子在电迁移作用下穿过质子交换膜到达阴极，在阴极催化剂层与氧气分子作用生成水，电子通过外电路形成电流，向负载输出电能；在电堆阴极反应后剩余的空气通过回流管道和气液分离器排入大气。

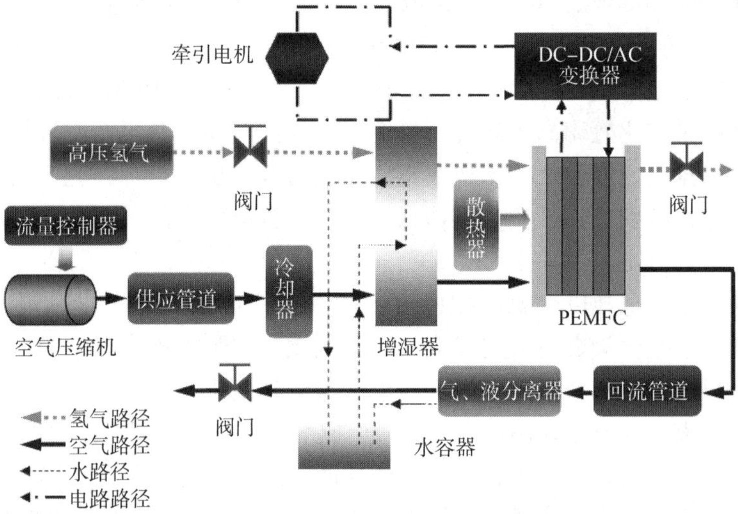

图 10-35 机车燃料电池系统结构示意图

机车燃料电池发电系统的主要控制和管理包括如下。

系统气体控制：PEMFC 系统是由压缩机向电堆阴极供应空气，通过调节电机转速控制空气供应流量和阴极氧气分压力。过多的空气流量会降低燃料电池净输出功率，从而降低系统效率；而空气流量过少，易引起电池电压急剧下降，损坏电堆。同时，质子交换膜两边压力也应保持在一定的范围。

氢气由高压罐供应，通过阀门来控制流量。由于采用高压存储，氢气流量能够被快速地调节，进而使阳极压力快速地跟随阴极压力变化，保证阴、阳两极的压力差恒定。

水管理：水是 PEMFC 的反应物，电堆中无论是水过多还是过少都会对电堆带来负面的影响。在阳极侧膜的失水会引起欧姆电阻的增大，从而导致电池电压下降，而阴极过量的水可能阻碍氧气通过孔隙达到催化剂表面，影响电极的性能，严重时可能导致燃料电池停止工作。为此，通常将氢气用水蒸气饱和，以及对氧气进行相应的增湿，同时及时排除反应生产和冷凝的水。这些过程都需要被精确控制。

热管理：虽然 PEMFC 燃料电池的能量转换率高，但仍有 40％左右的能量会通过热能的形式散发出去。所以为了保证其正常工作，需要采取一定的冷却措施。在实际应用中，冷却的方法有两种：一种是利用空气冷却，另一种是利用水冷却。在小电流密度条件下，一般使用前者冷却；在大电流密度下，常采用后者进行冷却。在机车 PEMFC 系统中通常采用水冷却方式。

3. 燃料电池机车系统

燃料电池电动机车的系统结构如图 10-36 所示。整车控制系统是燃料电池电动机车的关键技术之一，目的是为了实现对车辆加减速、燃料电池发电量控制和高压储氢系统控制等各种控制，它集成了燃料电池系统、储氢系统、逆变器、制动系统等各部分信息。

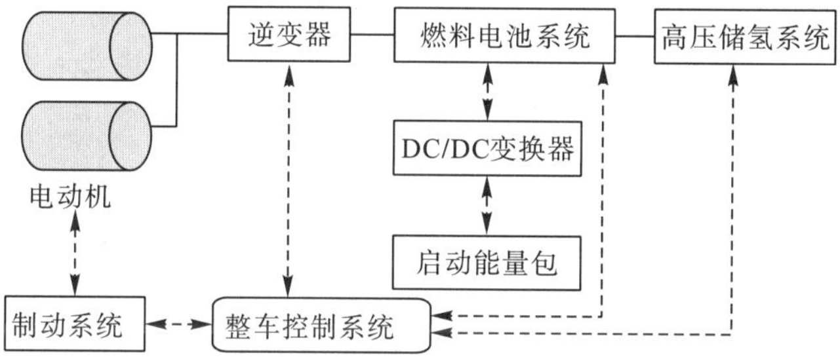

图 10-36　燃料电池机车系统结构原理图

以西南交通大学研制的国内首辆 PEMFC 电动机车为例，对整车系统进行具体说明。

机车主要结构由机械和电气两部分组成。机械部分主要由车体、走行转向架、牵引装置、空气制动系统等组成；电气系统主要由 PEMFC 系统、牵引逆变器、永磁同步牵引电机、电气操纵控制系统、制动电阻等组成。其主要电气部分包括如下。

1）PEMFC 发电系统

PEMFC 电堆：电堆额定功率为 150 kW，工作电压范围为 570～640 V，其内部集成了用于空气加湿、气液分离、氢气循环及排放的辅机部件，并配备了中央控制器 XBO，可通过 CAN 总线与级联电力电子设备的系统控制器进行实时通信。

空气供给系统：采用 10kW 的无刷伺服电机驱动涡轮式空压机，最大工作压力约为 1.2 bar（相对压力），对应的最大空气质量流量约为 150 g/s。与高压运行的 PEMFC 电堆相比，低压运行能够降低系统的寄生损耗，并且仅需要单级增压。

冷却系统：分为主级冷却单元和次级冷却回路单元。其中，主级冷却回路单元采用 5 kW 的伺服驱动器驱动离心泵和主散热风机将电池堆运行过程中产生的热量排出，最高水流速可达 330 L/min，电堆运行温度最高维持在 66 ℃；次级冷却回路单元采用 24VDC 隔膜泵和辅助散热风机为电堆冷凝剂回路散热，最高水流速可达 16 L/min，冷凝剂入口温度最高维持在 60 ℃。

储氢/供氢子系统：氢气存储系统位于车体中间部分，由 9 个铝内胆碳纤维储氢罐组成，总体压缩氢气储量在 350 bar 工作压力下可达 23 kg，每个罐子的体积为 128 L。经过减压后，向电堆提供 12～18 bar 压力的氢气。此外，每个罐体装配有电磁安全阀，并集成有温度/压力使能泄压器件以及手动闭锁功能，以确保储氢系统安全和电堆入口管路压力不高于 20 bar。

中央控制系统：系统由中央控制系统监测和协调，该系统包括可编程逻辑控制器(PLC)、机车驱动控制器以及电堆的XBO控制器。PLC实时监测各传感器输入，以进行快速的异常情况处理。如果检测到异常情况发生，则采取合适的动作，通常会导致功率输出降额、软停机或急停事件的发生。电堆本身的故障状态将通过XBO控制器发送给PLC。

2）电气操纵控制系统

主电路：由主接触器、牵引逆变器、牵引电动机、制动电阻等组成，采用直-交电传动系统。PEMFC系统产生的直流电（电压等级400～800 VDC）供给2台200 kVA的牵引逆变器，再由逆变器将直流电转换成为频率、电压可调的三相交流电，驱动2台120 kW交流永磁同步电动机。

辅助电路：包括24 V直流变换器、空压机电路、空调电路等。PEMFC系统产生的高压直流电经24 V直流变换器转换成低压直流电供给24V蓄电池；经逆变器转换成三相380 VAC交流电供给空压机。

控制电路：分为电源控制和牵引传动控制。其中电源控制包括总控开关、总控锁开关、电源输出开关、PEMFC系统启动与停止开关等；牵引传动控制包括驻车制动与缓解制动按钮等。

照明电路：包括前照灯、辅照灯、司机室灯、仪表照明等。

10.4.2 蓄电池电动机车

采用蓄电池作为牵引动力的地铁拖车，早在1905年就在伦敦地铁得到成功应用。由于蓄电池电动机车采用电力牵引，没有尾气排放，因此，也是一种清洁环保的机车。近年来，由于动力蓄电池发展迅速，尤其是锂离子动力蓄电池技术的快速发展，推动了电动汽车的商业化，同时也促进了蓄电池电动机车和混合动力机车的研发。下面介绍几种蓄电池电动机车。

1. 矿用蓄电池电动机车

考虑到矿井内部空间闭塞，矿井中如使用内燃机车，空气污染问题将十分严重，因此电牵引机车是首选。矿用电牵引机车分为架线式电力机车和蓄电池电动机车。架线式电力机车结构简单，成本低，维护方便，机车的运输能力大，运输费用低，应用最为广泛。但架线式电机车必须配备整流设施和架线设施，灵活性较差，同时架线对巷道尺寸和行人安全有一定影响。对于瓦斯气严重的矿山，由于受电弓与接触线之间容易产生火花，可能会引发瓦斯爆炸，因此不能使用架线式电力机车。

与架线式电力机车相比，蓄电池电动机车自身携带电源，凡是有轨道的地方都可使用，所以适应性强，机动性好，供电系统简单，初期投资较低，特别适合于矿井掘进工作。其缺点是由于蓄电池的容量有限，每次充电后维持工作的时间有限，必须按时对蓄电池充电。蓄电池电动机车有40/48V与110/132V两个等级。

蓄电池电机车有一般型、安全型和矿用防爆特殊型三种。一般型适用于无瓦斯煤尘爆炸危险的矿井巷道运输。安全型电机车的电动机、控制器、灯具、电缆插销等为防爆设计，蓄电池和电池箱为安全型，适用于有瓦斯、煤尘，但有良好通风条件，瓦斯、煤尘不能聚集的矿井巷道运输。防爆特殊型的电动机、控制器灯具、电缆插销等为隔爆型，蓄电池为防爆特殊型。主要用于瓦斯矿井的主要回风道和采区进风及回风道。

矿用蓄电池机车的工作过程：蓄电池提供的直流电经控制器、电阻箱送给电动机，驱动电动机运转。电动机通过传动装置带动车轮转动，从而牵引列车行驶。

矿用机蓄电池车的电气设备主要包括牵引电动机、控制器、启动电阻、受电弓、自动开关与照明等。

1）主要电气设备

牵引电动机：牵引电动机是电传动机车的主要设备之一，目前主要采用直流串激电动机。与其他激磁方式的直流电动机比较，直流串激电动机具有如下优点。

（1）直流串激电动机启动时，能以较小的启动电流获得较大的启动牵引力。因而在相同的牵引条件下，所要求的牵引电动机容量较小。

（2）直流串激电动机的牵引力和转速能根据列车行驶条件及运行阻力，自动地进行调节。

（3）两台串激电动机并联工作时，负荷分配比较均衡。

（4）牵引电网的电压波动时，只影响直流串激电动机的转数，而不影响其牵引力。

（5）直流串激电动机结构简单，与同功率的其他型式电动机相比，其体积和质量都较小。

启动电阻：启动电阻的作用是限制牵引电动机的启动电流。它通常由几个单独的电阻元件组装而成，而且可以有不同的连接方式，因而有不同的电阻值，它是牵引电动机进行启动、调速和进行电气制动的重要设备。

控制器：控制器是操纵牵引电动机及电机车运行的重要设备。它包括控制和换向两部分，前者称为主控制器或主轴，后者称为换向器或换向轴。换向器是改变电机车前进或后退方向用的，有控制单台电动机或两台电动机的挡位。单台挡位用于当一台电动机发生故障时或者需要检查、试验某台电动机时使用。主控制器具有比较完整的消弧装置，能承受较频繁的带电操作；而换向器因无消弧装置，故只能在无负荷电流下变换挡位。

主控制器能保证主轴由电动机运行位置转到电气制动位置时，先转到 0 位，然后反向转到电气制动位置，以保证电气制动前先切断电源。

蓄电池：目前矿用电动机车普遍使用铅酸蓄电池。矿用机车铅酸蓄电池采用多个单体电池串联而成，分为普通型与防爆特殊型两种，防爆特殊型铅酸蓄电池作为矿用防爆型电机车的直流电源使用。

2）电气控制

电机车的电气控制是指对牵引电动机进行启动、调速、断电滑行、电气制动及换向运行等控制。这些控制都是靠司机操纵控制器来实现的。

2. 城市轨道交通用蓄电池电动机车

1）蓄电池地铁机车

蓄电池地铁机车早在 20 世纪初的伦敦地铁就得到了工程应用。伦敦地铁蓄电池机车主要用于地铁停电时的工程牵引车，如图 10-37 所示。

图 10-37 伦敦地铁蓄电池电动机车

蓄电池地铁机车也常常设计为双电源机车。与普通地铁的电力机车一样，它们可以从 630 V 接触轨取电驱动，也可以在无接触轨路段上依靠自身 320 V 蓄电池直流驱动。

2）蓄电池轻轨机车及城市有轨电车

蓄电池轻轨机车和蓄电池城市有轨电车，都是通过配备可充电的大容量锂离子电池、镍氢电池等蓄电池，来实现非电气化区段的行驶。其目的是，通过消除内燃发动机排放的气体来降低二氧化碳排放量和噪声；可在电气化区段和非电气化区段使用同一车辆；通过减少发动机及变速箱等机械部件来提高维护效率。这种技术同样可应用于城市公共大巴的设计中。

图 10-38 是一种蓄电池轻轨机车的示意图。

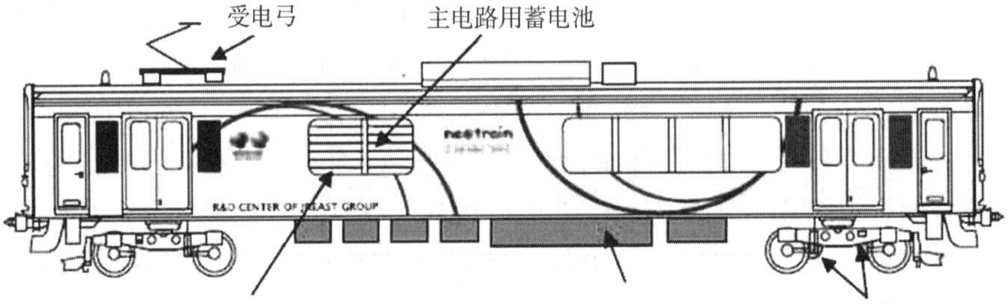

图 10-38 蓄电池轻轨机车

这种新型机车配备了 9 个锂离子充电电池单元（600 V · 163 kWh），同时设置了受电弓、电力转换装置以及发动机控制装置，最高速度可达到 100 km/h。在平坦的路线区间运行时，不计算停靠站点时的耗电量，可行驶 50 km 左右。

该车可利用接触网和充电电池来驱动电动机。在电气化路段行驶时，利用受电弓从 1500 V 直流接触网取电，通过变流器将电压降至 600 V，通过变流器驱动三相电机，同时为锂离子电池充电；在非电气化路段行驶时，依靠锂离子电池供电。再生制动产生的电力同样可储存在充电电池中。运行原理如图 10-39 所示。目前的充电站采用普通配电网通过充电装置为机车蓄电池充电，未来还可设计光伏和风力等新能源发电系统为蓄电池机车充电。

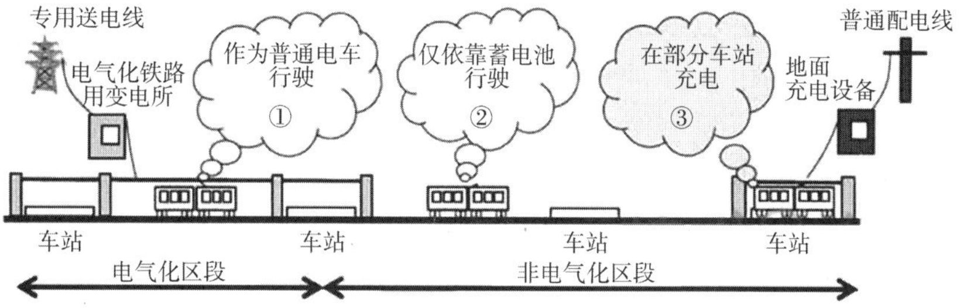

图 10-39　蓄电池机车运行原理图

2012 年 8 月 10 日，我国首辆采用超级电容储存电能为主动力能源的“储能式电力牵引轻轨车辆”原型车研制成功，如图 10-40 所示。该车采用了 2.7 V、3000F/2000A 超级电容模组，超级电容储能额定容量达到 1700 KVA，可以利用乘客上下车的时间，在站台 30 s 内快速完成充电，一次充电能连续行驶 2 km。车辆每次减速制停的能量，可转换成电被超级电容储存起来持续循环利用。

储能式电力牵引轻轨交通系统，由储能式电力牵引轻轨车辆、大容量超级电容模组、车站地面快速充电站、共享公共路权的通信信号系统等构成。整套系统无须架空接触网供电。

图 10-40　超级电容新型电车

10.4.3　混合动力机车

相对于内燃机车，采用混合动力也是机车节能减排的一种重要技术。目前常用的混合动力包括“内燃机/蓄电池”、“内燃机/电力（带接触网）”、“电力（带接触网）/蓄电池”、“内燃机/燃料电池”、“燃料电池/蓄电池”等多种形式，有时还增加超级电容器作为储能单元。

内燃机/蓄电池混合动力机车：内燃机/蓄电池混合动力动车，是在原来柴油发电机组的基础上，增加了蓄电池作为辅助动力，如 600kW 柴油发电机组＋400 kW 磷酸铁锂动力蓄电池组。根据容量配置的不同，可以将一种动力作为主要的牵引动力，另一种作为辅助动力。同时蓄电池可以回收再生制动的能量。

内燃机/电力（带接触网）混合动力机车：内燃机/电力（带接触网）混合动力机车，是在原来柴油发电机组的基础上，增加了通过接触网（或接触轨）受电的电力牵引装置，在接触网有电时，采用接触网的电力作为牵引动力；当接触网无电或进入非电化区段时，采用内燃牵引。

电力（带接触网）/蓄电池混合动力机车：电力（带接触网）/蓄电池混合动力机车，是在常规电力牵引的基础上，增加一定容量的蓄电池作为储能单元。正常时，采用接触网的电力作为牵引动力；当接触网无电或进入非电化区段时，采用蓄电池的牵引。同样，蓄电池可以回收再生制动的能量。

内燃机/燃料电池混合动力机车：内燃机/燃料电池混合动力机车，是在原来柴油发电机组的基础上，增加了燃料电池系统作为辅助动力。根据容量配置的不同，可以将一种动力作为主要的牵引动力，另一种作为辅助动力。

燃料电池/蓄电池混合动力机车：燃料电池/蓄电池混合动力机车，是在燃料电池电动机车的基础上，增加了蓄电池作为辅助动力。同样，蓄电池可以回收再生制动的能量。目前，这种混合动力机车被认为是极有发展前景的一种新能源机车。

一个典型的燃料电池/蓄电池混合动力机车原理如图 10-41 所示。与原来的内燃电传动机车相比，一个 130 kW 的质子交换膜燃料电池替代了原来的柴油机发电机组，410 升的 35MPa 高压储氢罐代替了原来的轻油罐，同时将整流器换成了升压装置（Boost 变换器），蓄电池为 19 kWh 的锂电池，列车运行最高速度可达 100 km/h。

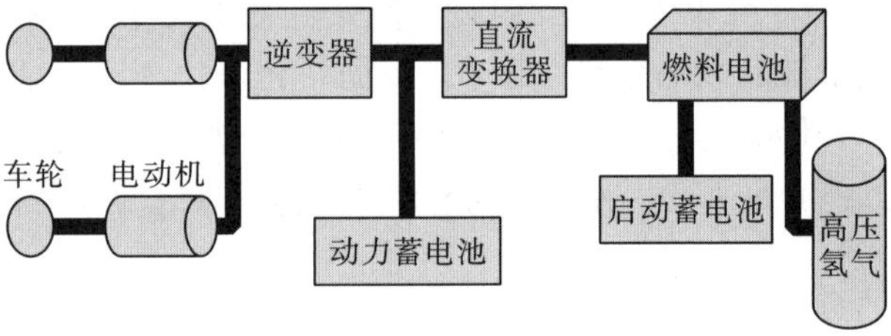

图 10-41 燃料电池/蓄电池混合动力机车原理示意图

2009 年，北美 BNSF 推出了第一代用于站场调车的大型燃料电池混合动力机车。该车同样采用 PEMFC+蓄电池混合动力，其中，PEMFC 为两个电堆，能提供 240kW 的功率，蓄电池为 700 kWh 的铅酸电池，能提供 1.5MW 的最高瞬间功率，机车载有 14 个碳纤维储氢罐，能储存 68 kg 的 35MPa 高压氢气。同时，该车还设计为战时的并网备用电源。2012 年的第二代机车，又增加了两个燃料电池电堆，燃料电池净功率达到 500 kW，并用 168 kWh 锂电池代替了原来的铅酸电池，同时增加了 21 个储氢罐，可以存储 400 kg 的高压氢气（图 10-42）。

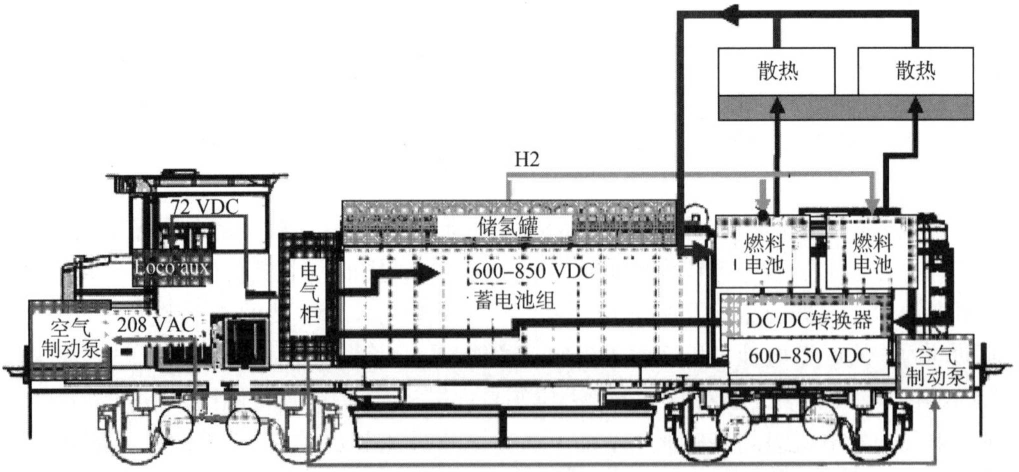

图 10-42 BNSF 推出的第二代燃料电池混合动力调车机车系统原理图

西班牙于 2011 年开发了一辆载人燃料电池混合动力机车（图 10-43），24 kW 的 PEMFC，95 kW 的超级电容/锂电池，600 L 的高压储氢罐，时速 20 km，载客量 20～30 人。

图 10-43　西班牙的燃料电池混合动力载人机车

混合动力的一个关键技术是混合动力的能量管理。能量管理的主要目的：在满足车辆动态性能需求的同时，取得最大的系统效率、提高燃料的利用率，通过控制蓄电池的充放电频率来维护其使用寿命，确保发电机工作在高效率区域、系统能够回收再生制动能量。发电机提供车辆正常运行时的平均功率，能源辅助系统提供车辆运行时所需的峰值功率并回收车辆制动时所需要的能量。因此，能量管理及优化控制，是混合动力机车的关键，直接影响机车的经济性、可靠性、安全性和舒适性，以及燃料电池及辅助能源设备的使用寿命。

混合动力系统能量管理策略的核心在于通过发电机和辅助能源输出功率的合理分配，在保证车辆功率需求的同时优化各能量单元的工作性能，提高整车的燃料经济性。

10.4.4　再生制动的能量回收

城市轨道交通车辆的制动模式基本采用电气制动为主，摩擦制动为辅。电力牵引传动系统电制动时使牵引电机由电动机状态转变为发电机状态，将列车的动能转化为电能回馈到直流牵引电网中，既回收了部分动能，又减少了摩擦制动的损耗，在列车启动、制动频繁的场合，可回收的再生制动能量相当可观。

通常情况下，城轨列车再生制动能够产生牵引能量的 20%～40%，这部分能量除一部分（20%～80%，与列车运行的密度及区间距离有关）被相邻处于牵引状态的列车吸收利用外，剩余的部分由列车的制动电阻或者制动机械发热消耗掉，或者由安装在线路上的吸收装置吸收利用。传统的列车电阻制动是将制动电阻装置在车辆底部，制动电阻不起作用时采用空气制动。在大运量、高密度的运行条件下，电阻制动会在地铁隧道内产生大量的热量，使隧道内温度升高，这就提高了对空调和通风系统的要求，额外造成了能源浪费，由此可见，传统的列车制动方式主要存在以下两点弊端：①部分再生制动能量无法被相邻车辆吸收，通过车辆上的制动电阻发热消耗掉，浪费了大量的电能；②制动产生的热量在隧道内释放，这既增加了隧道温度，又增加了环控设备的用电量。

目前，再生制动能量回收技术主要有超级电容储能技术、蓄电池储能技术、飞轮储能技术、压缩空气储能技术及逆变回馈技术等。超级电容储能技术或蓄电池储能技术主要是利用 IGBT 逆变器吸收列车的再生制动能量，并将能量储存在大容量的超级电容器组或蓄电池组中，当有列车在供电区间内启动或加速需取流时，超级电容器组或蓄电池组释放储存的电能。飞轮储能技术是利用飞轮的惯量将能量储存起来，节能效果好。压缩空气储能技术通过压缩空气储存多余的电能，在需要时将高压空气释放，通过膨胀机做功发电。逆变回馈型装置是利用三相变流器将再生直流电能逆变成工频交流电能反馈回交流电网，供其他负载使用以达到节能的目的。

1. 超级电容储能技术

超级电容器（Super capacitor，SC）是 20 世纪 60 年代发展起来的一种新型储能元件，具有功率密度高、充电时间短、使用寿命长等优异特性，近年来得到了快速发展。超级电容器也被称为双电层电容器（Electric Double-Layer Capacitor，EDLC）和电化学电容器（electrochemical capacitor），是一种具有很大电容密度的电容器。超级电容器是一种比较理想的储能器件，它具有比传统的电容器更高的电容密度和能量密度；比蓄电池更高的功率密度、更长的寿命和更快的充放电时间；比超导储能装置更少的投资和比飞轮储能装置少得多的占地。

利用超级电容储能器构成的再生制动能量吸收装置原理电路如图 10-44 所示。

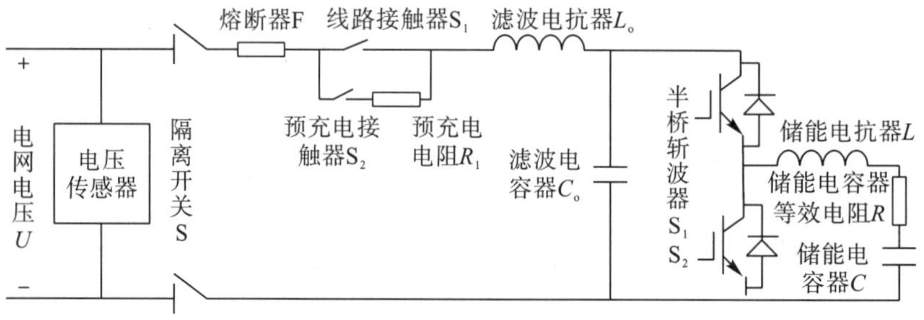

图 10-44　超级电容储能型吸收装置原理图

超级电容器储能装置既可以安装在牵引变电所、线路旁，也可以当做车载设备安装在列车上，当列车再生制动运行时它吸收能量，当列车牵引运行时它释放能量。电容储能装置的主要作用是存储能量和稳定线网电压。列车发生再生制动并且能量没被旁边的车辆吸收时，储能装置的电压传感器实时监测电压的变化，当电压增大到装置预设的电压时，控制装置控制 S_1 的导通，这时电网能量流向储能电容 C，同时电网电压降低；当电网电压降低到一定程度时，控制装置关断 S_1，这时 L 的能量通过 S_2 的续流二极管继续给储能电容充电。通过这一动作的进行，既保证了再生制动的能量被储能电容吸收，而且能限制电压稳定在某范围内。当列车启动和牵引运行时，列车要从电网吸收能量，如果这时没有旁边列车再生制动释放的能量满足列车的启动和牵引运行时，一般会使电网电压降低。当储能装置的电压传感器监测到网压低于储能装置预设的值时，储能装置投入工作，电容释放能量。具体过程：控制装置控制 S_2 导通，这时 C 把能量逐渐转移到

储能电感 L 上，当到一定程度时，关断 S_2，此时 C 上的电压和电感 L 自感电势的和值大于电网电压时就给电网放电，即把能量输送给电网。

由于超级电容功率密度高，可以在短时间里迅速放出能量，且寿命长，效率高。因此，将超级电容器应用于城市轨道交通中用做吸收储能装置，具有功率密度大、循环寿命长、充放电时间短、充放电效率高、能量管理方便、控制简单、稳定直流电网电压、防止再生失效等系列优点。

一个典型的超级电容器储能系统，其最大容量为 1 kWh，最大功率 300 kW，占地面积为 1900 mm×950 mm×455 mm，总重量为 450 kg，同时在逆变器里安装了控制能量双向流动的 IGBT 斩波器。

2. 蓄电池储能技术

1）可充电蓄电池

蓄电池储能技术又可称为化学储能技术，利用电池正负极的氧化还原反应进行充放电工作，常用的储能电池有锂离子电池、锌溴电池、钠硫熔融电池、铬镍电池及铅酸电池等，其主要的性能参数如表 10-2 所示。

表 10-2　主要蓄电池储能技术的性能参数

电池种类	铅酸	镍氢	锂离子	纳硫	钒电池
功率上限/MW	10～20	10～50	1～9	10～19	1～9
比容量/(Wh/kg)	35～50	85	150～200	150～300	80～130
比功率/(W/kg)	75～300	160～230	200～315	90～230	50～140
循环寿命/次	500～1500	2500	1000～10000	4500	13000
充放电效率/%	0～80	0～65	0～95	0～90	0～80
自放电/(%/月)	2～5	15～30	0～1	—	—
环保性能	中	好	好	好	好
技术成熟度	好	好	较好	较好	较好

目前蓄电池储能系统多为铅酸电池，其价格低廉、技术成熟，现已广泛应用于电力系统，其储能容量最高已达 20 MW。但其缺点是铅酸电池深度放电的循环寿命不长，只有几百次；在制造过程中还存在环境污染的问题，且报废铅酸电池的无害化处理比较困难。此外，最主要的是铅酸电池不能深度放电，比能量只有 35～40 Wh/kg，这一致命缺陷使其应用受到了较大限制。

镍镉电池效率高，在使用过程中循环寿命也比较长，但其容量会随着充放电次数的增加而逐渐减少，荷电保持能力不足且会逐步下降，另外还存在重金属污染的弊端，目前已逐渐限用。

锂离子电池能量密度高，环境友好，是目前发展最快的一种储能电池，也是一种具有广泛应用前景的电池。但目前受工艺水平和外部条件等因素影响，大规模集成使用的情况下，系统整体指标难以达到单体水平，使用寿命也会明显下降，此外，其生产维护成本过高的弊端也使锂离子电池在短期内难以大规模推广应用。

钠硫和钒液流电池是当前最有发展前景的大容量电力储能电池。钠硫电池是一种高温型电池，在 300 ℃左右的高温条件下进行充放电工作。当前，钠硫电池储能密度可达 140 kWh/m^3，而体积却只有普通铅酸蓄电池的 1/5，同时系统效率高达 80%，单体寿命可达 15 年，循环寿命可以超过 6000 次，且非常便于模块化制造、运输和安装，建设周期短，且可根据用途和建设规模进行分期安装。自全钒液流电池提出以来，绿色全钒液流电池以其独特的技术优势引起了众多科学研究者的关注。全钒液流储能系统因其具有无污染、长寿命、高能量效率和维护简单等优点，在太阳能、风能储存和并网，以及电网调峰、偏远地区供电系统、不间断电源等领域展示出巨大的应用前景。

2）蓄电池充放电技术

目前，蓄电池的充电方式有很多，主要有恒功率充电、恒压充电、恒流充电、快速充电。

恒功率充电是以恒定不变的功率对蓄电池进行充电。此种方法适用于对功率有一定要求的系统，通过蓄电池储能系统吸收和释放恒定的功率达到某一系统内的功率平衡，从而实现系统内的电压和频率的稳定。这种方法可以有效地解决在系统内的功率平衡问题。

恒流充电是以恒定电流为蓄电池进行充电。在充电过程中随着蓄电池的端电压变化对充电电流进行调整，使得充电电流保持恒定。这种方法多适用于对多个蓄电池串联的蓄电池组进行充电。当蓄电池组中的个别电池出现电压低时，能使落后的蓄电池容量很快得到恢复，比较适合于小电流长时间的充电模式。但是此种充电方法的充电后期，充电电流偏大，蓄电池析出气体较多，会影响蓄电池的充电效率和蓄电池的容量。

恒压充电就是以恒定的电压对蓄电池进行充电。在充电初期，由于蓄电池两端电压较低，充电电流比较大，但其会随着蓄电池端电压的逐渐升高而减小。在充电末期就只有很小的充电电流，这样充电过程中就不需对电流进行调整。相比于恒流充电，恒压充电方法的充电电流可以自动减小，因此充电过程中蓄电池析气量小，充电时间短，能耗低。但是由于初期充电电流较大，容易超过蓄电池的最大充电电流，会损坏电池。

结合以上几种充电方法，取其利弊，可采用分段式充电方法，即分阶段进行恒流充电和恒压充电。一般分为二阶段充电法和三阶段充电法。二阶段充电法是首先对蓄电池恒流充电，当蓄电池充电达到一定容量时，然后采用恒压方式进行充电。这样可以避免过电流的出现，并且在末期不会出现充电压过高的现象。三阶段充电比二阶段充电多了一个恒压浮充阶段。这种方法可以避免初期的过电流冲击、末期的过电压现象，还可以最大程度地使蓄电池充满电。通过恒压浮充可以更好地保持蓄电池的容量。这种方法较好地模拟了蓄电池的最佳充电曲线，具有良好的充电效果。

为了能够最大限度地加快蓄电池内的化学反应速度，缩短蓄电池达到充满状态的时间，减少蓄电池正负极板的极化现象，提高蓄电池的充电效率，提出了一些快速的充电方法和技术，主要有脉冲式充电法、Reflex 快速充电法、变电流间歇充电法等。

3. 飞轮储能技术

飞轮储能是将电能以动能的形式，存储在快速旋转的飞轮中。飞轮储能（Fly Wheel

Energy Storage，FWES）装置的原理如图 10-45 所示，主要由高速飞轮、电机、轴承支撑系统、电子控制系统和真空泵、功率变换器等设备组成。FWES 的原理是当系统储存能量时，将电能通过内部的电机转化为飞轮的动能储存起来，当需要放电时，又将飞轮的动能经过电机还原为电能，输送给外部负载使用。飞轮储能系统中安装有一个内置电机，其共有两种工作模式：在充电时段，它工作于电动机模式给飞轮加速；在放电时段，它工作于发电机模式给外部电网供电，随着飞轮动能的不断释放，此过程中电机的转速会逐渐降低直至为零。飞轮储能系统的储能与发电循环次数基本上不受限制，估计寿命可以达到 20～30 年。

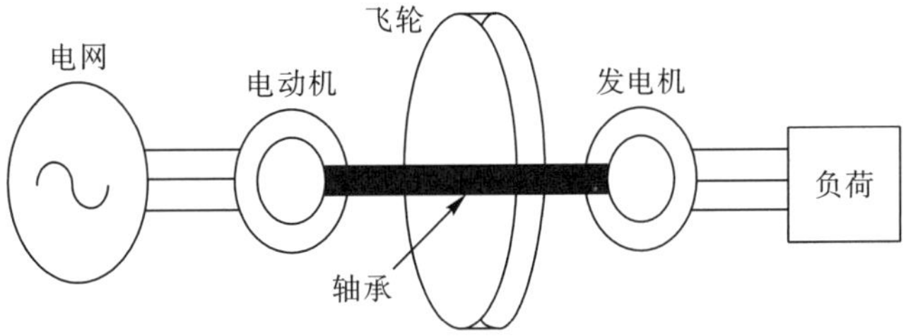

图 10-45　飞轮储能原理图

飞轮储能系统的储能效率和储能密度是飞轮储能技术的两个重要指标。为了提高飞轮储能系统的储能效率，必须减小轴承的摩擦力和风阻损耗；同时，为了提高储能密度，必须将飞轮的转速提高到允许的最高速度。因此，高速、低损耗、高储能密度的飞轮储能技术是主流研究方向。高速飞轮储能系统储能密度大，对飞轮材料、电机、轴承以及控制系统的要求较高。高温超导磁浮轴承的开发和应用解决了传统轴承摩擦力大和高速运行时寿命短的问题，从而加快了高速飞轮储能系统的研究进程。

目前，FWES 的功率密度已大于 5 kW/kg，能量密度也已超过 20 Wh/kg，储能效率在 90%以上，输出的持续时间可达数小时，工作过程中无噪声，无污染，维护简单，且可连续工作，通过积木式组合方法，容量可以达 MW 级。

10.5　磁浮交通

磁浮交通是以磁浮车辆为运载工具的非接触式轨道交通，包括磁浮列车、磁浮轨道、驱动系统和运控系统。本节就磁浮交通系统的主要组成部分及典型磁浮交通系统进行介绍。

10.5.1　磁浮列车分类及系统组成

1. 磁浮列车分类及其特征

1）按磁悬浮原理分类

磁悬浮从原理上可分为吸力悬浮和斥力悬浮，磁浮列车的悬浮方式可分为电磁悬浮

(Electromagnetic Suspension，EMS）和电动悬浮（Electrodynmic Suspension，EDS)。

电磁悬浮即电磁吸力悬浮（图 10-46)，是对车载并置于悬浮轨下方的悬浮电磁铁通电励磁，使悬浮磁铁与悬浮轨相互吸引，将列车向上吸起悬浮于轨道上，悬浮磁铁和悬浮轨悬浮面间的间隙一般为 8～12 mm，通过控制悬浮磁铁的励磁电流来控制悬浮间隙，使悬浮间隙稳定。

电动悬浮即电动斥力悬浮（图 10-47)，是当车载磁体（低温超导磁铁或永磁铁）的运动磁场与安装在线路上的悬浮线圈相互作用，在线圈中产生感应电流，电流再产生磁场，两磁场相互作用产生一个向上的电磁斥力将列车托起一定高度（一般为 100～150 mm)。

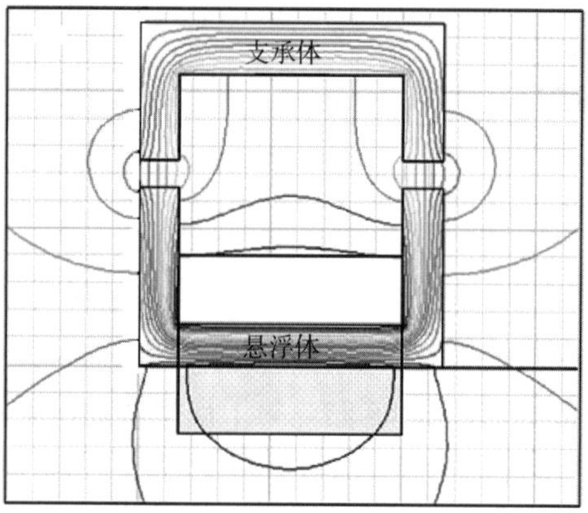

图 10-46　电磁吸力悬浮示意图

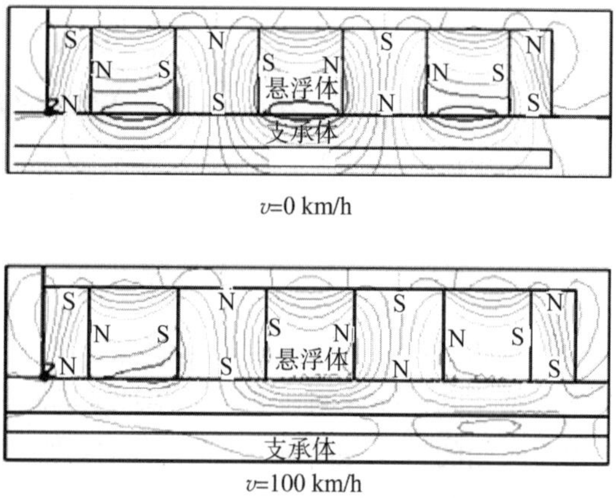

图 10-47　电动斥力悬浮示意图

与电磁吸力悬浮相比，电动斥力悬浮不能实现静止悬浮，必须达到一定速度后才能起浮，而且磁阻力较大；随着速度的提高，悬浮力增加，磁阻力减少，如图 10-48 所示。但电动斥力悬浮的悬浮间隙较大，不需要像电磁吸力悬浮那样进行主动控制，可以运行在更高的速度。

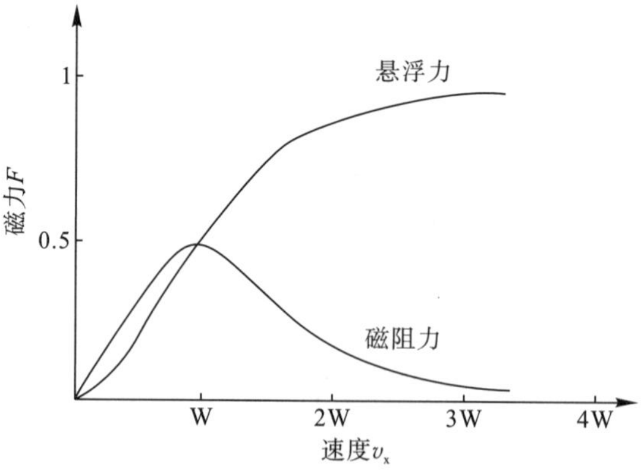

图 10-48　电动悬浮力与磁阻力特性曲线

电磁吸力悬浮式磁浮列车以德国的 TR 系统和日本的 HSST 系统为代表，电动斥力悬浮式磁浮列车以日本 MLX 系统为代表。

2）按驱动方式原理分类

磁浮列车的驱动电机都是直线电机，可分为两种形式，即长定子直线同步电机和短定子直线感应电机。当采用长定子直线同步电机时，电机的定子绕组沿线路铺设，电机的动子安装在车上；当采用短定子直线感应电机时，电机的定子安装在车上，动子安装在轨道上。长定子直线同步电机适合于高速度的磁浮列车驱动，德国的 TR 型常导磁浮列车采用铁心长定子直线同步电机驱动，日本的 MLX 型超导磁浮列车采用空心长定子直线同步电机驱动。

日本的 HSST 型低速磁浮列车则采用短定子直线感应电机驱动。短定子直线感应电机结构比较简单，制造成本较低；但效率和功率因数相对较低，且运行中需要地面供电装置对磁浮列车接触供电，不能实现车轨间完全无接触地运行，所以仅适合于低速磁浮列车。三种典型的磁浮列车如图 10-49 所示。

图 10-49　三种典型磁浮列车

3）按磁铁线圈材料分类

德国的 TR 型磁浮列车和日本的 HSST 型磁浮列车均采用普通导体通电励磁，产生悬浮力和导向力，称为常导磁浮列车；日本的 MLX 型磁浮列车利用安装在车辆上的低温超导线圈产生强磁场，被称为超导磁浮列车。

4）按列车运行速度分类

按运行速度范围来分，德国的 TR 型磁浮列车最大运行速度大致为 500 km/h，日本的 HSST 型磁浮列车最大运行速度为 100 km/h 左右，日本的 MLX 型超导磁浮列车最大运行速度可达 550 km/h 以上。德国磁浮列车和日本的超导磁浮列车可用于城际高速运输，称为高速磁浮列车；而日本的 HSST 型磁浮列车则用于城市内或市郊的交通以及连接机场与市区等，被称为低速磁浮列车。

2. 磁浮列车系统组成

磁浮列车由悬浮、导向和驱动系统三部分组成，其功能均由磁力来完成。

1）悬浮系统

悬浮系统主要功能是为磁浮列车提供一个垂向支撑力，使车体与轨道在垂向不接触，实现列车浮起；可以利用电磁吸力实现，也可以利用电动斥力实现，如图 10-50 所示。利用电磁吸力悬浮时，通过电子调整系统调整车载悬浮电磁铁的电磁吸力，保证车辆与悬浮轨道之间的悬浮间隙为 10 mm；利用电动斥力实现悬浮时，运动的车载磁铁在非磁性悬浮轨中产生电流，使车辆与悬浮轨产生斥力，电磁斥力随气隙的减小而增大，实现稳定悬浮。

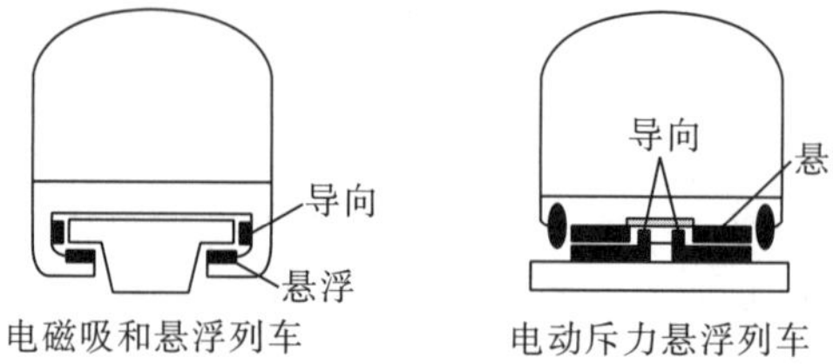

图 10-50 磁浮列车悬浮导向示意图

2）导向系统

导向系统主要功能是为磁浮列车提供一个横向力，使车体与轨道在横向不接触，实现列车导向；可以利用电磁吸力和电动斥力实现，如图 10-50 所示。利用电磁吸力悬浮时，与悬浮系统相同通过电子调整系统调整车载导向电磁铁的电磁吸力，采用对中控制保证车辆与导轨之间的横向间隙为 10 mm；利用电动斥力实现悬浮时，运动的车载磁铁在非磁性导轨中产生电流，使车辆在两侧与导轨产生斥力，实现稳定导向。

3）驱动系统

磁浮列车的驱动是利用直线电动机原理实现的。对于长定子同步直线电机驱动系统，悬浮电磁铁同时是电机的动子，地面轨道上的三相移动磁场驱动绕组起到电枢的作用，也即同步直线电动机的长定子。当定子电枢线圈有电时，驱动电机动子运动，实现磁浮列车的运行。在悬浮状态下，列车可以实现非接触的驱动和制动。对于短定子异步直线电机驱动系统，三相驱动绕组即直线电机定子是装在车上的，电机动子即反应板与轨道安装成一体，当定子电枢线圈通电时，移动磁场与反应板相互作用，驱动磁浮列车的运行。

10.5.2 TR 磁浮交通系统构成及其特征

TR 磁浮系统是德国开发的高速磁浮列车系统，车辆悬浮是根据悬浮间隙大小控制车载悬浮电磁铁励磁电流，从而控制其电磁场，进而控制电磁铁与轨道上长定子直线电机定子铁心间的相互吸力，实现悬浮间隙的稳定控制。电磁铁与轨道之间的悬浮间隙一般控制在 8～12 mm。TR 磁浮交通系统由线路、车辆、供电、运行控制系统等四个主要部分构成，如图 10-51 所示。

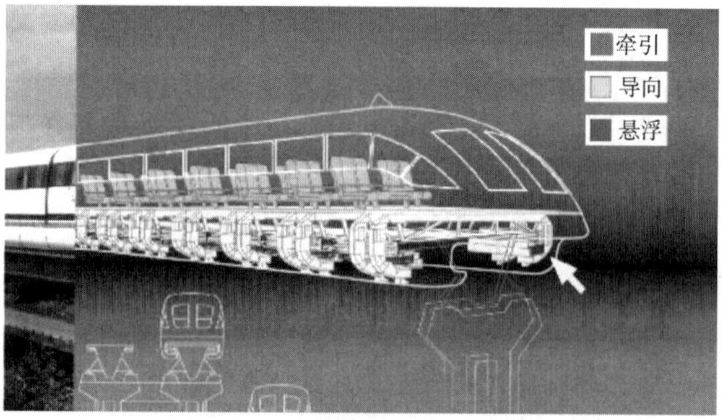

图 10-51 TR 磁浮列车结构示意图

1. 线路

线路的功能是引导磁浮列车前进方向，同时承受磁浮列车的垂向和横向荷载并将其传至地基。线路的上部结构为用于连接长定子的精密焊接的钢结构或钢筋混凝土结构的支承梁，下部结构为钢筋混凝土支墩和基础，如图 10-52 所示。支承梁在力学性质上与传统土木工程简支梁桥或连续梁桥的梁部相同，由于其上需安装直线电机的定子线圈和铁心，因此制造和施工精度要求较高。

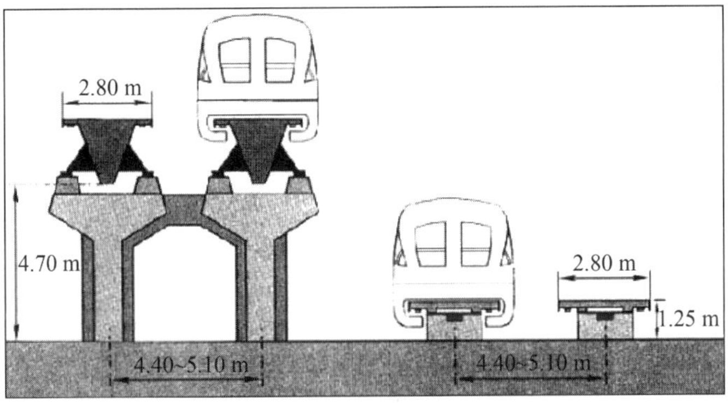

图 10-52　TR 磁浮列车线路结构示意图

鉴于磁浮列车与线路的“外包”和“内藏”耦合关系，线路必须具有一定的高度，并需采用梁式结构。线路可以高架，也可以根据地形直接将梁固定在基础上（称为低置线路）。在桥梁和隧道地段，可在完成桥隧基本结构的基础上，用低置线路的方式将支承梁固定在初级支承结构上。

线路的另一个重要组成部分是道岔，TR 道岔示意图如图 10-53。由于悬浮轨道的支承梁刚度要求较大，道岔的设计和施工较为复杂。道岔是一个多跨连续钢梁，长度与道岔侧向允许通过速度有关，侧向过岔速度≥200 km/h 时称为高速道岔，侧向过岔速度≤100 km/h 时称低速道岔，长度分别为 184.6 m 和 78.4 m。蒂森克虏伯公司还开发了侧向过岔速度可达 400 km/h 的超高速道岔，可用于干线分岔的特殊地段。

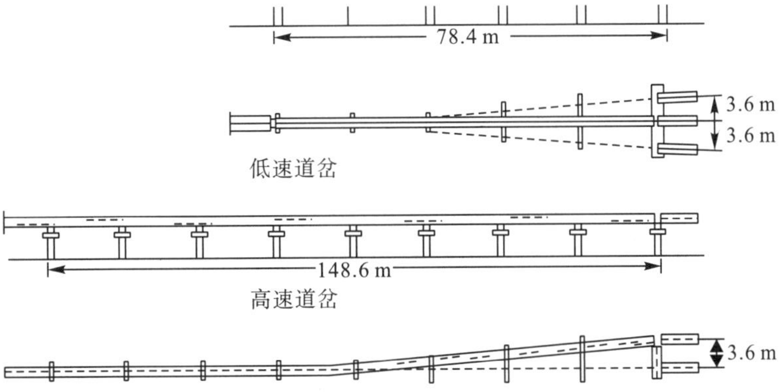

图 10-53　TR 道岔示意图

2. 车辆

车辆是TR高速磁浮交通系统的最重要部分，由悬浮架、二次悬挂和车厢等结构部分组成。电气设备包括车载蓄电池、应急制动系统和悬浮及导向控制系统等。

1）悬浮架

悬浮架的作用是安装电磁铁，并保证列车具有顺利通过曲线和坡道的能力，如图10-54所示。每节车厢设4个悬浮架，每个悬浮架在车体两侧底部各安装一套悬浮电磁铁，相邻两台悬浮架之间也在每侧安装一套悬浮电磁铁，两端分别连接在两台悬浮架上，即悬浮电磁铁首尾相接布满列车两侧，如图10-55所示。每套悬浮电磁铁分为两套独立的控制单元，每端一套。如果电磁铁的某个控制单元发生故障，相邻电磁铁的相邻控制单元仍能控制该电磁铁连接点的悬浮，从而实现功能冗余，提高系统的可靠性。由于悬浮电磁铁是满铺于列车两侧的，即使一列车甚至一辆车上有几个电磁铁同时失效，只要不是同一连接点的相邻两个控制单元同时失效，剩余的电磁铁仍能提供足够的悬浮力保证列车安全运行。

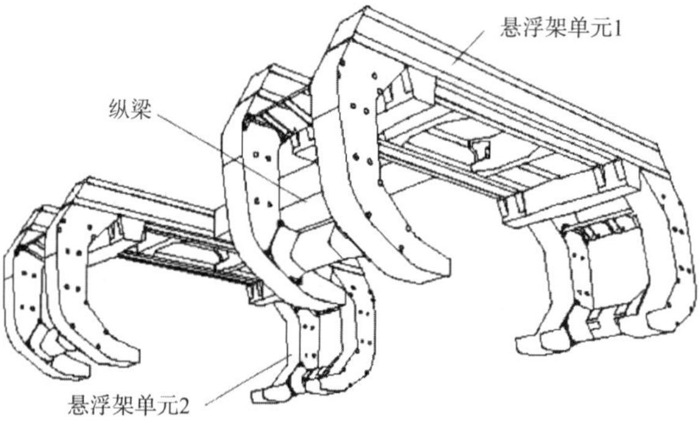

图10-54 TR车辆悬浮架结构图

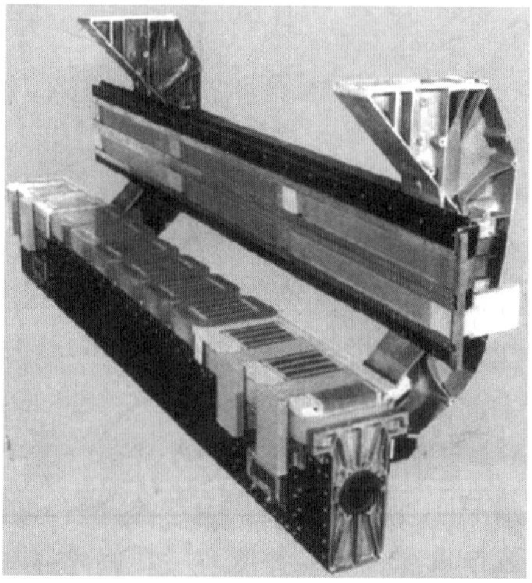

图10-55 TR车辆悬浮模块

与悬浮电磁铁安装相对应，在车辆悬浮架的侧面安装了导向电磁铁，只是在每节车中间两个磁浮架间的侧面安装了涡流制动电磁铁。采用同样的冗余设计，在个别导向电磁铁故障时也不会导致列车运行中断。

2）二次悬挂

二次悬挂的作用是将车厢荷载传递给悬浮架，并使因线路不平顺产生的振动在传递到车厢之前得到衰减，主要包括空气弹簧、摆动机构和防侧滚稳定器等部件。二次悬挂必须保证悬浮架与车厢之间可以进行相对横向和垂向移动，使列车能平顺地通过平曲线、竖曲线及其缓和曲线。

车厢的减振弹簧有两层，第一层减振弹簧是电磁铁与悬浮架之间的弹簧，第二层减振弹簧面积则是车厢与悬浮架间的空气弹簧。在每节车的车厢和悬浮架间安装了空气弹簧，每台悬浮架安装4套，每节车共16套，每套空气弹簧承重2t。

车厢刚度很大，可认为是刚性的。列车在曲线上运行时，悬浮电磁铁必须跟随轨道变化，因此相对于车厢要发生相对位移。为了使悬浮架相对于车厢能进行侧向运动，同时又不能阻碍空气弹簧的垂直方向伸缩功能，设置了摆杆结构，摆杆的数量与空气弹簧相同，摆杆可使悬浮架与车厢间产生侧向和纵向移动。

在列车运行中若遇侧向风力，或过曲线时存在未被平衡离心力，车厢相对于悬浮架将产生侧滚运动，为了衰减这种侧滚运动，车厢与悬浮架之间的摇防侧滚稳定器可有效地减轻侧滚效应。

3）车厢

为了减轻重量和增加强度和刚度，车厢由铝型材和三明治蜂窝铝板通过焊接和铆接的方式制成。侧面窗户由双层玻璃组成，分别从内侧和外侧固定在车厢上，车头玻璃则由三层经化学硬化的玻璃板组成。为了增加车体的刚度，只在车辆的端部设置车门。车厢内部按航空防火标准进行装修。

4）电气设备

车载电气设备主要包括悬浮控制器、导向控制器、紧急制动控制器、车载控制系统、照明系统、空调设备和车载电源设备等。车载用电通过装在悬浮电磁铁上的直线发电机发电再经过整流升压获得，并由车载蓄电池储存。列车运行时，直线发电机线圈中产生感应电势；当列车达到 100 km/h 后，感应电势提供的电能，足够供车辆电气设备使用，并对车载蓄电池充电。当列车紧急停车时，使用电涡流紧急流制动器进行制动。悬浮和导向控制系统保证电磁铁与轨道之间维持正常的间隙。

车辆主要部件为电气和电子部件，均采用多重冗余设计，保证了车辆运行的可靠性。车辆构件还采用了模块化设计，更换方便。对于车辆故障诊断系统监测到的故障部件，可以迅速更换，缩短维修时间，提高车辆利用率。

3. 供电系统

TR 供电系统包括变电站、沿线供电电缆、开关站和其他供电设备。系统从 110 kV 的公用电网引入交流高压电，通过降压变压器降至 20 kV 和 1.5 kV，再整流成为直流，由逆变器变成 0～300 Hz 交流电，升压后通过线路电缆和开关站接入线路上的长定子直线电机绕组。供电系统的整流、逆变、开关和电机定子等设备均在地面，对体积和重量以及抗振性能没有严格要求，容易满足。TR 牵引供电系统示意图如图 10-56 所示。

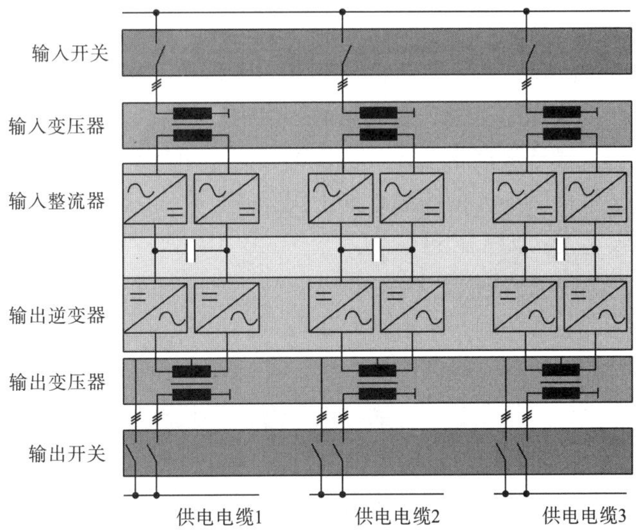

图 10-56　TR 牵引供电系统示意图

1）变电站

变电站主要功能是实现高压交流电的降压、整流和逆变，站内设备有降压变压器、整流变压器、整流器、逆变器和输出变压器等。变电站设在线路旁边，一条线路设若干变电站，每个变电站可向两个方向的线路区段供电。由于两个变电站之间的线路只能运行一列车，因此变电站的间距实际上决定了全线列车的运行密度，其设置应根据运输需求、列车编组、技术约束和经济指标等综合分析而定。

2）供电电缆

供电电缆用于对直线电机的长定子供电，每条线路有 2 组或 3 组相互独立的三相电缆对线路两侧的直线电机长定子实现不间断供电。

3）开关站

开关站连接供电电缆与分段的电机定子绕组，同一供电区间的电机长定子分为若干小段（数百米），在列车通过时交替接通开关，实现列车所在处电机通电，不在时断电，减少定子功率损失的目的，其间距应根据技术和经济分析确定。

4）其他供电设备

供电系统除了对长定子供电以外，还需要道岔电气设备、车地数据传输天线、车站或停车点的静上列车等供电。

4. 运行控制系统

列车运行控制系统是磁浮交通系统正常运转的根本保障，包括所有用于安全保护、控制、执行和计划的设备，还包括用于设备之间相互通信的设备。运行控制系统由运行控制中心、通信系统、分散控制系统和车载控制系统组成。为保证磁浮列车高速、安全运行，并能根据运行中车辆、线路的状况随时调整运行计划，迅速处理运行中的各种突发事件，列车的运行控制就必须实现自动化。

1）运行控制中心

运行控制中心负责安排行车计划，编制运行图，根据线路条件按计划发出列车；当出现故障或冲突时，根据情况的变化改变或撤销计划；通过比较预定计划和实际运行情况，实现整个系统的优化运行。为了保证计划的正常执行，控制中心通过数据传输设备从下属分散控制系统获取各种信息，进行计算分析并提出运行调整计划；运行控制中心还负责保存各种技术数据，用于进一步的统计分析和故障诊断；运行控制中心还负责向乘客发布列车运行信息。

2）分散控制系统

分散控制系统直接参与列车的控制和运行，其功能是保证本区段内列车的运行安全，对本段各种设备状况进行监控和维护，将各种信息传给运行控制中心，并在非计划情况下执行运行控制中心的指示，对设备状态和列车运行进行人工干预。

3）车载控制系统

车载控制系统的主要任务是对各种车载设备进行检测和控制，保证其正常工作。通过移动无线数据传输，使车载保护系统始终和分散控制系统保持联系。也同时与运行控制中心保持无线通信联系，随时将列车运行状况数据传给运行控制中心并接受后者对行车计划的调整命令。车载控制系统的监控设备会随时比较当前运行数据与计划运行数据，一旦两者的差别超出允许范围，就启动列车保护系统，使列车迅速减速或停车。

磁浮交通系统的运行控制系统的费用仅占总投资的 4%左右，但它却是检测技术、有线和无线通信技术、数据处理技术和自动控制技术等的集成，在磁浮交通系统中占有极其重要的地位。

10.5.3　MLX 磁浮交通系统构成及其特征

1. 系统描述

在 MLX 磁浮超导磁浮列车上，对液氦冷却的低温超导空心线圈励磁，形成超导磁体。磁体安装在车辆两端的两侧，其 N 极和 S 极沿车辆运行方向交替排列。用于驱动的长定子空心直线电机线圈和用于悬浮和导向的 8 字形短路线圈均设置在 U 形轨道的侧壁上。车辆侧的超导磁体与线路侧的 8 字形线圈相互作用实现车辆的悬浮和导向，与空心长定子同步电机线圈相互作用实现列车驱动。

图 10-57　MLX 磁浮列车

在线路侧的空心长定子三相绕组中通入三相交流电时，产生沿线路移动的磁场，该磁场与车载超导磁体产生的磁场相互作用驱动车辆同步运行。改变电流的频率和强度可调节驱动力和运行速度。车辆运行时，车载超导磁体与线路侧的 8 字形线圈之间形成相对运动，在 8 字形线圈中感应出电流和磁场，该磁场与车载超导磁体的磁场相互作用产生悬浮力和导向力。由于直线电机绕组线圈和 8 字形短路悬浮导向线圈正对，电机绕组电流不会在悬浮导向线圈中产生感生电流，避免相互电磁耦合。车辆运行速度越高，感应磁场越强，悬浮力和导向力越大。磁浮列车静止时，没有悬浮力和导向力；低速时，磁浮列车依靠橡胶轮支承和导向；列车速度达到 150 km/h，列车进入完全悬浮状态。

2. 线路结构

MLX 超导磁浮线路为 U 形断面，可以设在地面、高架、桥梁上或隧道中，其桥梁与轮轨铁路的桥梁相比，没有什么特别要求。因磁浮列车速度比轮轨列车更高，当线路设在隧道中时，磁浮列车横断面面积与线路隧道断面面积的比值小于轮轨高速铁路。但由于磁浮列车的横断面面积比后者小，所以磁浮线路的隧道横断面面积与后者相当。

MLX 超导磁浮线路的 U 形轨道为预制混凝土结构，采用非铁磁性高锰钢筋和预埋连接件。U 形轨道按每段 12.6 m 在预制厂分段预制，安装好长定子同步电机线圈和悬浮导向 8 字形线圈后送到线路上安装，如图 10-58 所示。由于磁浮列车高速运行时车辆侧壁和底部与 U 形轨道内侧壁的距离均为 10 cm，线路部件的加工和安装精度低于悬浮间隙仅 10 mm 的 TR 磁浮交通系统。

MLX 超导磁浮线路的道岔不同于 TR 磁浮交通系的钢结构可弯曲连续梁结构，而是分段移动的混凝土 U 形轨道。道岔的总长为 80 m，分为 6 段，由液力装置驱动。道岔曲线半径为 780 m，列车通过道岔侧向的速度为 70 km/h。

图 10-58　MLX 磁浮线路结构图

3. 磁浮列车

在日本山梨试验线上试验运行的 MLX 磁浮列车为三辆或四辆编组的磁浮列车，如图 10-57 所示，车上的辅助电源采用车载燃气轮发电机或采用非接触直线发电机提供电能。

如图 10-58，超导磁浮列车的关键部件是装有超导磁体的转向架。为减小磁场对乘客的影响，转向架像轮轨车辆一样设置在车箱两端底部，转向架通过空气弹簧和牵引杆与车厢底架连接。转向架的两侧各安装有两对四极超导线圈，超导线圈放置在低温隔热容器内，上部为液氦冷冻机，每个容器需要 100 L 液氦，每年液氦消耗量为百分之几。导向轮和支承轮等均安装在转向架上。

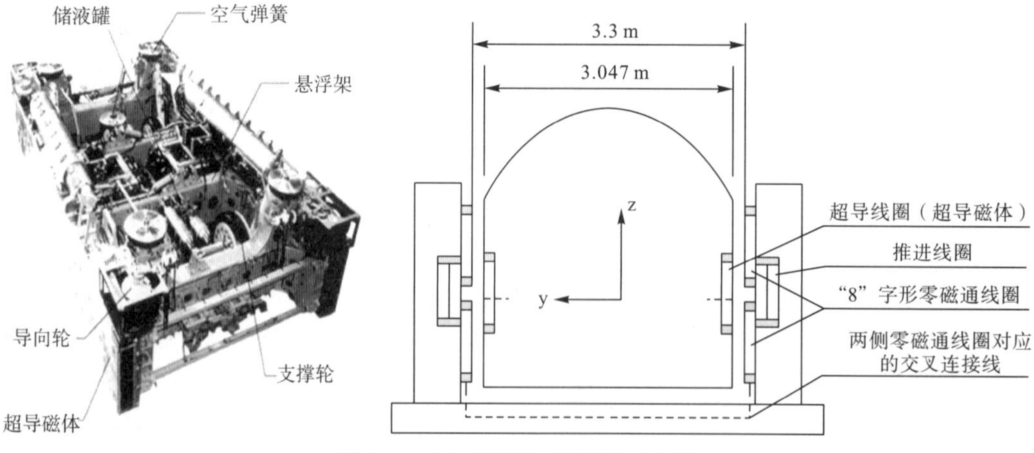

图 10-59　MLX 悬浮与导同原理示意图

由于 MLX 超导磁浮系统的超导磁体没有冗余，为了保证磁浮列车的有效使用，超导磁体需要很高的可靠性。超导磁体的失超问题是影响列车能否正常安全运行的关键问题。失超现象的解决，使超导磁浮铁路向实用化迈进了一大步。

4. 驱动与制动

MLX 磁浮列车的驱动与制动以长定子空心同步直线电机为基础，与 TR 系统的长定子铁心同步电机的驱动与制动系统相似，所不同的仅仅是同步电机本身。将长定子线圈结合在悬浮导向的 8 字形线圈中，可以实现悬浮、导向和驱动三功能合一，降低线路成本，是改进 MLX 超导磁浮交通系统经济性的重要措施。

5. 控制系统

MLX 磁浮交通控制系统的总体结构与 TR 系统相似，分为三个子系统：集中控制子系统、沿线分散控制的子系统和车载移动控制子系统。集中控制子系统即控制中心，控制和监视线路和运行设备；沿线分散的控制子系统的划分与变电站的供电区段一致，控制和监测相应的供电区段的线路和磁浮列车的运行情况，分散的控制子系统受控制中心控制，并实现与车载移动控制子系统的通信。磁浮列车的车载移动控制子系统对车上的重要设备和系统进行监控。在紧急情况下，车载移动控制子系统具有不依赖地面驱动系统和线路侧控制系统的独立实现安全保护的功能。车载移动控制子系统与沿线分散的控制子系统之间，通过漏泄同轴电缆或无线毫米波通信，漏泄同轴电缆敷设在线路 U 形轨道侧壁顶部。

10.5.4 HSST 磁浮交通系统构成及其特征

日本低速磁浮列车称为 HSST 磁浮列车，主要用于城市轨道交通，速度在 100 km/h 左右。

1. 悬浮和导向

HSST 磁浮列车结构见图 10-60。HSST 磁浮轨道的两侧为断面呈 F 形的钢质铁磁性轨道，磁浮车体悬浮架安装的悬浮电磁铁正好置于轨道下方，悬浮磁铁铁心断面呈正 U 形，与 F 形的悬浮轨道相对。电磁铁通电时与悬浮轨道之间的电磁吸引力将车辆向上拉向轨道，间隙传感器实时探测电磁铁与轨道的距离，通过调节电磁铁的励磁电流，调整电磁铁与轨道之间的吸引力，以保证电磁铁与轨道之间的悬浮间隙稳定在 8 mm

图 10-60 HSST 磁浮列车结构示意图

左右，实现列车稳定悬浮。

当车辆偏离中心线时，U形电磁铁的铁心与F形悬浮轨道发生错位，产生一个与偏离方向相反的横向恢复力，使列车返回中心线车辆自动导向，不需要导向电磁铁进行主动导向，如图10-61所示。

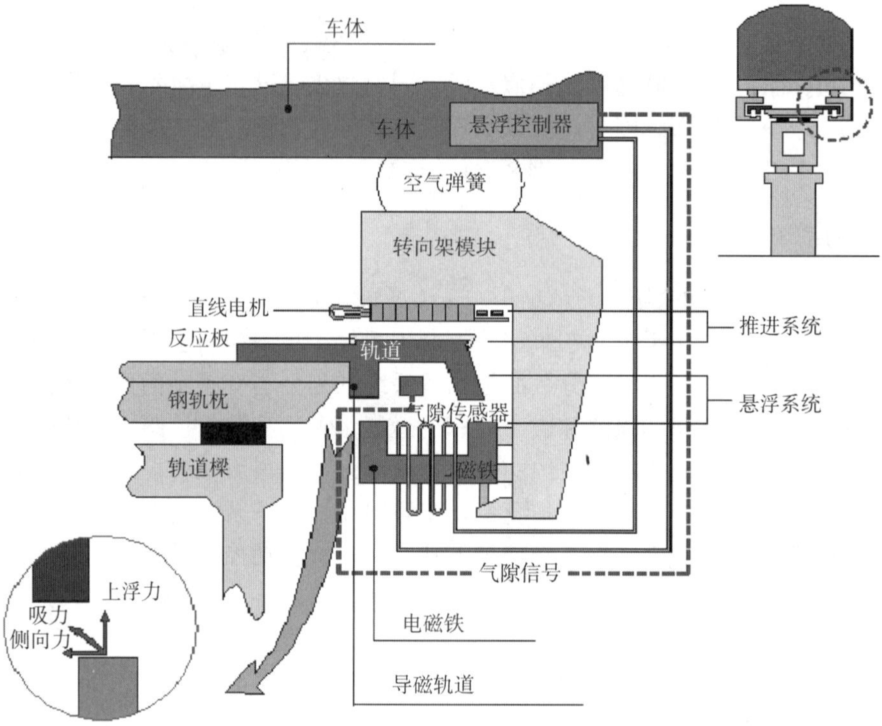

图10-61　HSST磁浮列车悬浮与导向原理图

2. 驱动与供电

与TR系统和MLX系统不同，HSST系统的驱动电机为车载短定子直线电机。电源逆变和驱动控制是在车上完成的。地面供电系统采用供电轨和电刷对磁浮列车接触供电，供电轨为正负两轨供电，电压为DC1500 V。DC1500 V因故停电时，车载蓄电池提供列车安全停车和降落所需电能。

在F悬浮轨的上背面敷设铝质反应板，作为其上方车载直线电机的次极反应板。当车载定子绕组通入三相电流后，产生一个移动磁场，该磁场与反应板相互作用产生推力驱动车辆前进或后退。由于直线电机定子装在车上，HSST的驱动与制动由车载设备完成，而不是像TR或MLX系统那样，在地面实现完成。采用短定子直线感应电机驱动的优点是轨道结构简单、控制方便、发车频率高、造价较低；缺点是定子与反应板的距离较大使电机功率因数和效率都较低。直线感应电机驱动磁浮列车在较高速度下（如300 km/h以上）运行时，效率和功率因数还会更低。因此，HSST磁浮系统适合在较低的速度（低于100 km/h）下应用。

3. 线路及道岔

与 TR 磁浮系统类似，既可以高架，也可以低置于地面，但不能与其他交通线路在同一水平面交叉，由于悬浮间隙较小，对线路的精度要求较高。图 10-62 为 HSST 线路结构示意图。

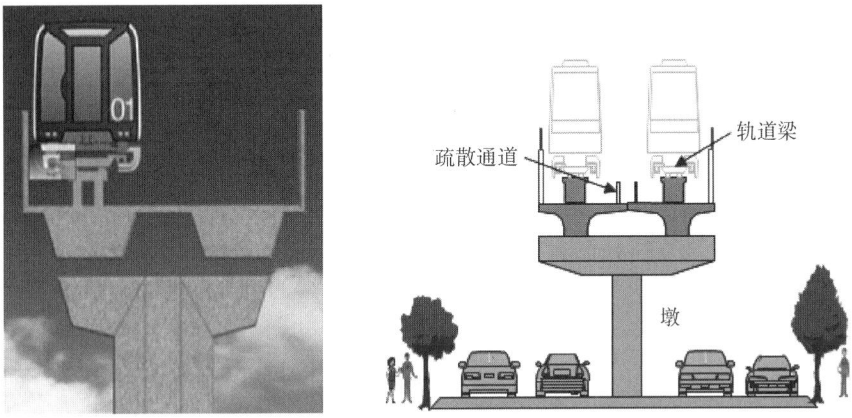

图 10-62　HSST 线路结构示意图

4. 车体

HSST 系统的车体由 3 台或 5 台磁转向架共同悬浮，每台悬浮架都具有独立的悬浮、导向和驱动功能。转向架与车体通过空气弹簧相接。每个转向架有 4 套空气弹簧，由 5（3）台转向架构成的车辆就有 20（12）套空气弹簧。弹簧的压缩气体通过管线和控制系统相互连接，构成磁浮车辆的二系悬挂，使车厢的重量能较均匀地分布在各个悬浮架上，同时减少车身的振动，为乘客提供舒适的乘车感觉。每台悬浮架为两侧为两台悬浮模块，通过防侧滚梁连成一体并实现机械解耦。模块化机械解耦既降低了悬浮控制难度，又使得两侧轨道不必严格保持平行，降低了轨道的精度要求。

5. 制动

HSST 磁浮列车通过驱动直线电机和液压制动器完成制动。通常情况下，速度在 10 km/h 以上时采用电制动；速度为 10～5 km/h 时，机电混合制动；速度低于 5 km/h 时，采用机械制动。液压制动器是通过液压装置使悬浮架上的机械制动装置钳住 F 形轨道边沿，依靠摩擦力制动。紧急情况下机电制动均失效时，可通过车辆降落，依靠摩擦力使车辆制动。

6. 运行控制及信号传输

HSST 系统的定位方式采用交叉感应回线实现，交叉感应回线敷设在轨道中间的轨枕上，在磁浮车辆悬浮底架上，正对交叉感应回线上方，安装有用于定位的信号接收探头和天线，用于实现车与地实时数据传输。磁浮列车可以实现无人驾驶，完全由地面控制中心操作磁浮列车运行；也可以由车上司机操作磁浮列车运行。

7. 安全性与舒适性

与 TR 系统一样，HSST 磁浮列车从外侧环抱着轨道梁，排除了翻车和脱轨的可能。由于 HSST 磁浮列车运行时，没有传统铁路的轮轨接触振动和噪声，运行平稳、安静，具有比传统轮轨交通系统更好的环境友好性和乘坐舒适性。

10.5.5 Magplane 磁浮交通系统构成及其特征

Magplane 磁浮系统是美国麻省理工学院从 20 世纪 70 年代开始进行的一种磁浮概念的研究。其基本结构基本特点是轨道和车体下部的断面均呈圆弧形，轨道两侧为导电的铝质材料，中间部分为长定子空芯直线电机的绕组，车体下部的中间部分是作为直线电机次级的永久磁铁磁极，两侧也是按着一定极性排列的用于悬浮的永久磁铁。Magplane 悬浮导向与驱动原理见图 10-63。

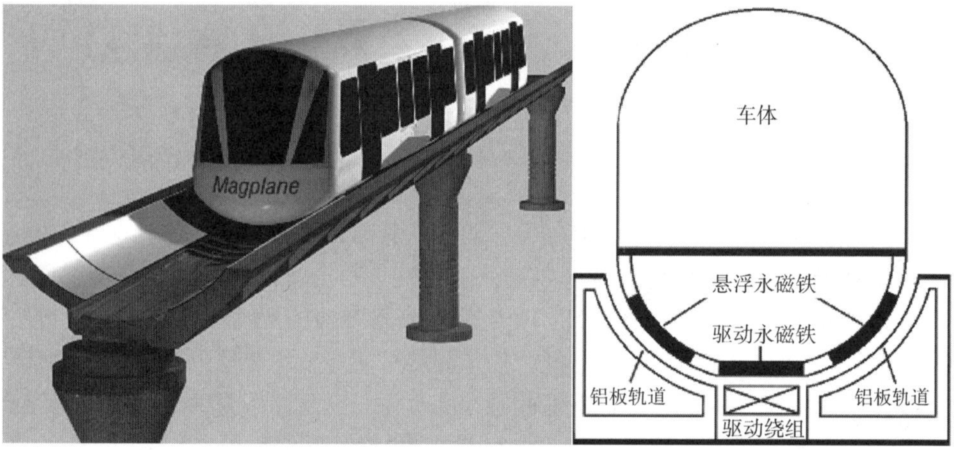

图 10-63 Magplane 悬浮导向与驱动原理图

车体静止时由车轮支撑，车辆运行时在轨道两侧的铝导轨内将产生涡流，产生电磁斥力，当时速达到 20 km/h 以上时，车轮将离开轨道实现悬浮，悬浮间隙为 5～15 cm。由于车体下部及轨道的磁场呈弧形分布，这处结构同时具有悬浮与导向的功能。Magplane 采用的长定子直线空芯同步电机驱动与 MLX 系统类似，只是永磁铁代替了超导磁铁。Magplane 的道岔没有机械移动部件，依靠驱动磁场导向力实现转弯，即所谓“电子道岔”。Magplane 的概念结构简单，有特色，但尚未进行工程试验，商业运用尚需较长时间。

10.5.6 磁浮交通技术的发展

1. 德国磁浮交通技术的发展

（1）早期开发过程。

1922 年德国人赫尔曼·肯佩尔（Hermann Kemper）提出了电磁浮原理，并在 1934

年获得世界上第一项有关磁浮技术的专利。

1975 年将直线同步驱动和悬浮支承结合，率先实现了长定子直线同步电机驱动的磁浮车运行，奠定了 TR 磁浮系统的基础。

(2) 磁浮示范线展示。

1979 年汉堡国际交通博览会成功展出了线路长 900 m，时速 75 km/h 的 TR 磁浮系统，并按时刻表运送了 5 万名参观者，进一步促进了磁浮交通技术的发展。

(3) 建设埃姆斯兰 TR 试验线（TVE)。

1987 年建成 31.5 km 的 TVE 试验线，1988 年，TR06 试验速度达到 412.6 km/h。

(4) TR 系统走向应用。

1993 年，实用的 TR07 型磁浮列车在 TVE 试验最高速度达 450 km/h。

1999 年 10 月，TR08 开始进行试验，准备用于柏林和汉堡磁浮应用线项目（后因经济原因于 2000 年 2 月项目取消)。

2000 年 12 月，中国决定引进 TR 技术建设上海浦东龙阳路地铁站至浦东国际机场高速磁浮交通示范线，2001 年 3 月正式开工建设。

2. 日本磁浮交通技术的发展

(1) 低温超导电动磁浮系统。

1972 年，第一辆电动磁浮原理车 ML100 向公众展示，该车在 480 m 长的试验线路上速度达到了 60 km/h；

1979 年，低温超导的 ML500 型磁浮列车不载客运行速度达到了 517 km/h；

1989 年，MLU002 在宫崎试验线路上运行，不载人试验速度达到 494 km/h；

1997 年 12 月 24 日，超导磁浮山梨试验线的 MLX01 型磁浮列车不载人试验运行速度达到 550 km/h，创下新的世界纪录；

1999 年 4 月，五辆编组的 MLX01 型车达到载人运行的速度了 552 km/h；

现正计划修建东京到大板的高速磁浮列车运营线。

(2) HSST 磁浮交通系统。

1975 年，第一辆试验车 HSST-01 在 11.6 km 长的试验线路上达到了 308 km/h 的试验速度。

1978 年，展出 HSST-02 号车，最高速度约为 100 km/h，总共有 9 个座位；

1985 年，HSST-03 在筑波国际工艺博览会上展出，该车有 48 个座位，车速限制在 30 km/h；

1988 年，HSST-04 在琦玉国际博览会展示，试验速度为 40 km/h；

1989 年，HSST-05 在横滨国际博览会上展示，展示线长 568 m；

1991 年，建成名古屋大江试验线，HSST100S 型磁浮列车最高运行速度达到 130 km/h；

1995 年，实用型 HSSTl00L 开始在大江的试验线路上进行运行试验；

2005 年，在名古屋市郊一条长 8.9 km 的 HSST 型低速磁浮线投入应用。

3. 上海高速磁浮交通示范运营线

上海磁浮列车示范运营线西起浦东龙阳路车站，东至浦东国际机场，正线全长 30 km，并附有 3.5 km 的辅助线路，双线上下行折返运行，设 2 个车站、2 个牵引变电站、1 个运行控制中和 1 个维修中心。最高运行速度为 430 km/h，单向运行时间约 8 min，发车间隔为 10 min。

上海磁浮列车示范运营线全部采用德国 TR 磁浮技术，2001 年 3 月 1 日，工程正式开工，2002 年 12 月 31 日，单线试运行列车运行，2003 年完成考核验收。

4. 其他国家的磁浮交通技术发展

（1）英国。

为了将伯明翰机场与国际博览会展区及火车站连接起来，英国建造了一条 620 m 长的低速磁浮线（图 10-64），线路为复线，轨道架设在 6 m 高的钢结构线路上，来往运行 3 辆磁浮车，速度可达 50 km/h；磁浮车辆重约 5t，设有 6 个座位和 26 个站位。该线路于 1984 年投入载客运行，1996 年，因故障率高、维护困难而关闭。

图 10-64　英国磁浮列车

图 10-65　韩国磁浮列车

（2）苏联。

20 世纪 80 年代，前苏联在莫斯科附近的腊绵斯卡娅的磁浮铁路试验基地，研制了一辆重 18 t 的磁浮车，并在一条 600 m 长的试验线上进行了运行试验。随着前苏联的解体，没有进行进一步的研究和开发。

（3）韩国。

韩国磁浮列车（图 10-65）的结构和尺寸与日本的 HSST100 型磁浮车相近，现正在修建仁川机场磁浮环线，线长达 6.1 km，预计 2013 年建成通车。

（4）中国。

国内从 20 世纪 80 年代开始研究磁浮交通技术，建有高速磁浮交通系统试验线和多条低速磁浮交通系统试验线，包括青城山试验线、长沙试验线、上海试验线、唐山试验线和株洲低速磁浮商用试验线，如图 10-66 所示。国内已掌握了磁浮交通的关键技术，特别是低速磁浮交通系统技术，并具有完全独立的自主知识产权。

图 10-66　国内低速磁浮试验线

思考题

（1）简述基于平衡变压器的同相供电原理。
（2）请给出你心目中智能牵引供电系统的特征、目标、内涵。
（3）智能牵引供电系统的应如何进行建设？
（4）说明永磁同步电机的技术特点。
（5）机车燃料电池发电系统的主要控制和管理包括那些内容？
（6）说明磁浮列车的悬浮系统、导向系统和驱动系统的功能。

参考文献

陈焕新，刘蔚巍，赵向红 . 2004. 燃料电池列车开发的可行性研究 . 中国铁路，3：25－27.

陈维荣，钱清泉，李奇 . 2009. 燃料电池混合动力列车的研究现状与发展趋势 . 西南交通大学学报，44（1）：1－6.

程站立，陈维荣，刘小强 . 2010. 燃料电池混合动力机车加氢装置的安全管理研究 . 内燃机车，1：5－7，21，52.

邓文豪 . 2010. 城市轨道交通地面型超级电容储能系统关键技术的研究 . 北京：中国铁道科学研究院硕士学位论文.

李奇，陈维荣，刘述奎，等 . 2010. 多变量 H_∞ 次优控制在质子交换膜燃料电池压力控制系统中的应用 . 中国电机工程学报，30（20）：123－128.

李小文 . 2012. 一种混合动力内燃机车控制方法 . 机车电传动，2：15－17.

刘宝林 . 2007. 地铁列车能耗分析 . 电力机车与城轨车辆，30（4）：65－70.

雒焕骥，李伟宏，李向庆 . 2011. XQG45-600P 新能源燃料电池轻轨车 . 铁道机车车辆，31（3）：53－54.

孟玉发，彭长福，王选民，等 . 2011. CKD6E5000 型混合动力交流传动内燃调车机车的研制 . 铁道机车车辆，31（4）：1－4.

牛赛．2011．储能技术研究及其在智能电网中的应用．河南：郑州大学专业硕士学位论文.

田睿，康铁男．2012．国内外混合动力机车的发展．内燃机车，(9)：1－3.

田睿．2012．TЭM9H型混合动力调车机车研制成功．国外内燃机车，6：49－49.

汪琪．2012．城市轨道交通列车再生制动能量回收系统的研究．成都：西南交通大学硕士学位论文.

王旭峰．2012．燃料电池混合动力机车建模及能量管理策略研究．成都：西南交通大学硕士学位论文.

王彦峥，苏鹏程．2004．城市轨道交通再生电能回收技术方案的研究．电气化铁道，(2)：37－40.

颜志敏．2012．智能电网中蓄电池储能的价值评估研究．上海：上海交通大学硕士学位论文.

叶顶康，彭长福，刘顺国，等．2012．混合动力牵引调车机车的研发．机车电传动，5：17－20.

衣宝廉．2003．燃料电池——原理技术应用．北京：化学工业出版社.

张秋瑞．2012．城市轨道交通再生制动能量利用技术研究．北京：北京交通大学硕士学位论文.

Bauman J，Kazerani M. 2008. A comparative study of fuel-cell-battery，fuel-cell-ultra capacitor，and fuel-cell-battery-ultracapacitor vehicles. IEEE Transactions on Vehicular Technology，57 (2)：760－769.

Jeong W，Kwon SB，Park D，et al. 2011. Efficient energy management for onboard battery-driven light railway vehicle. Proceedings of 9th World Congress on Railway Research，Lille.

Miller AR，Barnes DL，Velev O，et al. 2004. Fuel cell locomotive for commercial and military railways. Proceeding of the 2004 Fuel Cell Seminar，San Antonio.

Miller AR，Erickson TL，Dippo JL，et al. 2011. Hydrogen fuel-cell locomotive：switching and power-togrid demonstrations. The 9th World Congress on Railway Research，Lille：22－26.

Miller AR，Hess KS，Barnes DL，et al. 2007. System design of a large fuel cell hybrid locomotive. Journal of Power Sources，173 (2)：935－942.

Osawa M，Fujii T. 2006. Development of a new energy (NE) train. Japanese Railway Engineering，156 (4)：62－70.

Pácha M，Štěpánek J. 2012. Energy savings and performance optimizations of shunting hybrid locomotives. Proceedings on 9th International Conference of ELEKTRO：225－231.

Scott DS，Rogner HH，Scott MB. 1993. Fuel cell locomotives in Canada. Hydrogen Energy，18 (3)：253－263.